职 业 教 育 “ 十 三 五 ” 规 划 教 材

网络运维实战

刘　丹　钱亮于　主　编
王忠润　顾　洪　胡志明　副主编
雷正光　主　审

Network Technology Series
网络技术系列

中国铁道出版社有限公司
CHINA RAILWAY PUBLISHING HOUSE CO., LTD.

内 容 简 介

网络运维实战是对计算机网络专业的知识和技能的全面回顾及总结。本书的编写体现了“做中学，学中做，做中教，教中做”的做学教一体的职教特色。内容采用了“项目导向，任务驱动，情境教学”的结构体系，面向计算机网络工程师职业岗位，从工作现场需求与实际应用中引入教学项目，培养学生解决计算机网络实际问题的技能。

本书包含了6个项目，67个网络工程任务。其中6个项目分别是：部署企业内部交换网络、部署企业内部路由网络、部署企业内部无线网络、部署企业内部安全策略、管理企业内部网络设备、规划企业内部IP和日志报表。通过本书的学习，使学生具备网络运行维护的基本能力，能为各类企业熟练部署交换型、路由型、无线等网络，并能部署企业内部安全策略、管理维护网络设备。

本书内容翔实，结构新颖，实用性强，适合作为高职、中专计算机网络专业和非计算机专业的计算机网络实践教材，也可供参加全国高新技术网络管理员四级考试及思科认证考试的读者自学使用。同时本书也可作为上海市星光计划网络搭建与应用项目比赛的训练素材。

图书在版编目（CIP）数据

网络运维实战／刘丹，钱亮于主编．—北京：中国铁道出版社，2019.1（2024.7重印）
职业教育“十三五”规划教材
ISBN 978-7-113-25524-4

Ⅰ.①网…　Ⅱ.①刘…　②钱…　Ⅲ.①计算机网络－职业教育－教材　Ⅳ.①TP393

中国版本图书馆CIP数据核字（2019）第027112号

书　　名：网络运维实战
作　　者：刘　丹　钱亮于

策　　划：王春霞　　　　**编辑部电话：**（010）63549458
责任编辑：王春霞　包　宁
封面设计：付　巍
封面制作：刘　颖
责任校对：张玉华
责任印制：樊启鹏

出版发行：中国铁道出版社有限公司（100054，北京市西城区右安门西街8号）
网　　址：https://www.tdpress.com/51eds/
印　　刷：北京铭成印刷有限公司
版　　次：2019年1月第1版　2024年7月第3次印刷
开　　本：787 mm×1 092 mm　1/16　**印张：**21.25　**字数：**527千
书　　号：ISBN 978-7-113-25524-4
定　　价：65.00元

PREFACE 前言

在21世纪的今天，计算机网络技术已经融入人们的学习、工作和生活中，并以前所未有的发展速度渗透到社会的各个领域。通过网络获取大量的信息，是人们每天工作和学习必不可少的活动。这对现有的计算机网络专业的教学模式提出了新的挑战，同时也带来了前所未有的机遇。深化教学改革，寻求行之有效的育人途径，培养高素质计算机网络技术人员，已是当务之急。

本书针对中、高职教育的特点，在总结多年教学和科研实践经验的基础上，结合精品课程资源共享课程建设和职业教育“十三五”规划教材建设而设计。以知识点分解并分类来降低学生学习抽象理论的难度。将项目逐步分解为图示及说明来提高学生对实际操作的掌握。

本书针对计算机网络专业的主干课程，根据教学大纲要求，通过研习各类项目的分析与设计，使读者通过各种项目的实践，全面、系统地掌握网络运维的基本知识与技能，提高独立分析与解决问题的能力。另外，采用了“项目引领、任务驱动”的方式编写，具有较强的实用性和先进性。

全书共分为6个网络工程大项目，分别为部署企业内部交换网络、部署企业内部路由网络、部署企业内部无线网络、部署企业内部安全策略、管理企业内部网络设备、规划企业内部IP和日志报表。

本书的编排特点如下：

（1）采用情境式分类教学，再辅以项目引领、任务驱动，符合“以就业为导向”的职业教育原则。

（2）充分体现了“做中学，学中做，做中教，教中做”的职业教育理念，强调以直接经验的形式来掌握融于各项实践行动中的知识和技能，方便学生自主训练，并获得实际工作中的情境式真实体验。

（3）书中所有实践题目均在神州数码的相关交换机、路由器、无线设备、防火墙和网络运维管理软件上调试通过，能较好地对实际工作中的项目和具体任务进行实战。并在内容上由小型网络至大型网络，单一任务到综合项目设计，符合学生由浅入深的认知习惯，使其掌握系统、规范的计算机网络知识。

本书设计了 6 个工程项目，全面而系统地介绍了网络运行维护的关键技术，使用本书建议安排 72 学时，其中建议讲授 14 学时，实训 54 学时，复习 2 学时，考试 2 学时，每个项目及任务具体学时建议安排如下：

学时分配表

项目内容	学时分配		
	讲授（%）	实训（%）	学时
项目一　部署企业内部交换网络	20	80	14
项目二　部署企业内部路由网络	20	80	16
项目三　部署企业内部无线网络	20	80	8
项目四　部署企业内部安全策略	20	80	9
项目五　管理企业内部网络设备	20	80	12
项目六　规划企业内部IP和日志报表	20	80	9
复习及考试	2（复习）	2（考试）	4
总计			72

本书编写组为具备丰富的教学及实践经验的上海商业会计学校计算机网络技术专业教师，同时本书还得到了上海神州数码通信网络有限公司专业技术人员的大力支持，因此，本书具有很强的实用性。在此编者向对本书编写工作给予大力支持的相关人员表示深深的感谢。

本书由刘丹、钱亮于任主编，王忠润、顾洪、胡志明任副主编，全书由雷正光主审。

由于编者水平有限，书中难免存在疏漏与不足之处，欢迎广大读者批评指正，邮箱是：peliuz@126.com。

编　者

2018 年 11 月

CONTENTS 目录

项目一 部署企业内部交换网络

项目二 部署企业内部路由网络

项目五　管理企业内部网络设备

项目六　规划企业内部 IP 和日志报表

参考文献

项目一 部署企业内部交换网络

核心概念

交换机 CLI 界面、出厂设置、配置文件、跨交换机、Telnet 方式、交换机端口、二层与多层交换机 VLAN 划分、端口镜像、VLAN 间路由、生成树协议、链路聚合、MAC 与 IP 的绑定、VRRP 任务。

项目描述

在了解计算机网络的基础上，学会选择交换机并对其进行设置和管理，从而能熟练部署企业内部的交换型网络。

学习目标

能掌握交换机的基本设置和调试技巧，并能实现生成树、端口镜像和 VLAN 的划分，还会使用生成树协议和链路聚合技术以及三层交换机技术。

项目任务

- 交换机 CLI 界面调试技巧、恢复出厂设置、管理配置文件、跨交换机相同 VLAN 互访。
- 使用 Telnet 方式管理交换机、交换机端口与 MAC 绑定、二层交换机 MAC 与 IP 的绑定、生成树、交换机端口镜像、多层交换机 VLAN 的划分和 VLAN 间路由。
- 使用生成树协议避免环路产生、静态方法实现交换机之间的链路聚合、三层交换机 MAC 与 IP 的绑定、交换机 VRRP 任务。

任务一 交换机 CLI 界面调试技巧

任务描述

上海御恒信息科技公司已建有局域网。现招聘了一名网络工程师小张，技术部经理要求他尽快熟悉交换机CLI界面，并了解交换机的基本命令格式和部分交换机调试技巧，小张按照经理的要求开始做以下任务分析。

任务分析

（1）选用DCS-3926s系列交换机两台作为实操设备，并确认其软件版本为DCS-3926S_6.1.12.0。

（2）准备PC两台，Console线一根。

（3）任务实现的拓扑如图1-1所示。

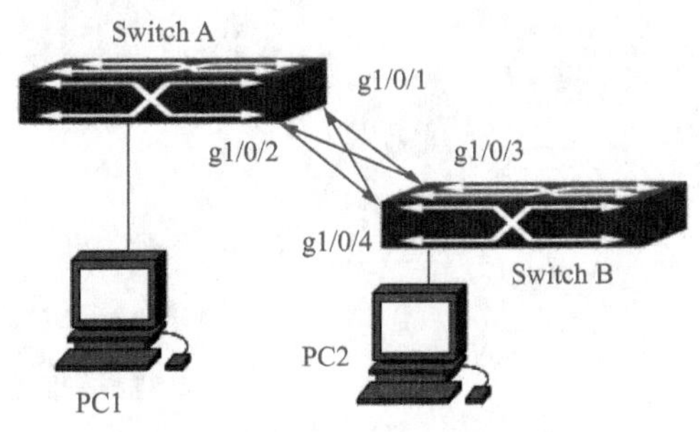

图1-1　交换机CLI界面调试技巧

任务实施

第一步："？"的使用。

```
switch#show v?                           //查看 v开头的命令
version vlan                             //只有两条：show version和show vlan
switch#show version                      //查看交换机版本信息
```

第二步：查看错误信息。

```
switch#show v                            //直接输入show v，按【Enter】键
> Ambiguous command!                     //根据已有输入可以产生至少两种不同的解释
switch#
switch#show valn                         //show vlan 误写成show valn
> Unrecognized command or illegal parameter!    //不识别的命令
switch#
```

第三步：不完全匹配。

```
switch#show ver                  //应该是show version，没有输入完整，但是无歧义即可
  DCS-3926S Device, Aug 23 2005 09:35:31
  HardWare version is 1.01
  SoftWare version is DCS-3926S_6.1.12.0
  DCNOS version is DCNOS_5.1.35.42
  BootRom version is DCS-3926S_1.2.0
  Copyright (C) 2001-2005 by Digital China Networks Limited.
  All rights reserved.
  System up time: 0 days, 0 hours, 22 minutes, 43 seconds.
switch#
```

第四步：【Tab】键的用途。

```
switch#show v    //show v按【Tab】键，出错，因为还有show vlan命令，有二义性
> Ambiguous command!
switch#show ver
switch#show version    //show ver 按【Tab】键补全命令
DCS-3926S Device, Aug 23 2005 09:35:31
  HardWare version is 1.01
  SoftWare version is DCS-3926S_6.1.12.0
  DCNOS version is DCNOS_5.1.35.42
  BootRom version is DCS-3926S_1.2.0
  Copyright (C) 2001-2005 by Digital China Networks Limited.
  All rights reserved.
  System up time: 0 days, 0 hours, 35 minutes, 56 seconds.
switch#
```

只有当前命令正确的情况下才可以使用【Tab】键，也就是说一旦命令没有输入完整，但是【Tab】键又没有起作用时，就说明当前的命令中出现了错误，或者命令错误，或者参数错误等，需要仔细排查。

第五步：否定命令“no”。

```
switch#config                                     //进入全局配置模式
switch(Config)#vlan 10                            //创建vlan 10并进入vlan配置模式
switch(Config-Vlan10)#exit                        //退出vlan配置模式
switch(Config)#show vlan                          //查看vlan
> Unrecognized command or illegal parameter!  //该命令不在全局配置模式下
switch(Config)#exit                               //退出全局配置模式
switch#show vlan                                  //查看vlan信息
VLAN   Name        Type        Media   Ports
-------------------------------------------------------------------------
1      default     Static      ENET    Ethernet0/0/1       Ethernet0/0/2
                                       Ethernet0/0/3       Ethernet0/0/4
                                       Ethernet0/0/5       Ethernet0/0/6
                                       Ethernet0/0
                                       Ethernet0/0/9       Ethernet0/0/10
                                       Ethernet0/0/11      Ethernet0/0/12
                                       Ethernet0/0/13      Ethernet0/0/14
                                       Ethernet0/0/15      Ethernet0/0/16
                                       Ethernet0/0/17      Ethernet0/0/18
                                       Ethernet0/0/19      Ethernet0/0/20
                                       Ethernet0/0/21      Ethernet0/0/22
                                       Ethernet0/0/23      Ethernet0/0/24
10   VLAN0010      Static      ENET           //有vlan 10的存在
switch#config
switch(Config)#no vlan 10                         //使用no命令删掉vlan 10
switch(Config)#exit
switch#show vlan
VLAN   Name        Type        Media     Ports
-------------------------------------------------------------------------
1      default     Static      ENET      Ethernet0/0/1       Ethernet0/0/2
                                         Ethernet0/0/3       Ethernet0/0/4
                                         Ethernet0/0/5       Ethernet0/0/6
                                         Ethernet0/0/7       Ethernet0/0/8
                                         Ethernet0/0/9       Ethernet0/0/10
                                         Ethernet0/0/11      Ethernet0/0/12
                                         Ethernet0/0/13      Ethernet0/0/14
                                         Ethernet0/0/15      Ethernet0/0/16
                                         Ethernet0/0/17      Ethernet0/0/18
                                         Ethernet0/0/19      Ethernet0/0/20
                                         Ethernet0/0/21      Ethernet0/0/22
                                         Ethernet0/0/23      Ethernet0/0/24
switch#                                          //vlan 10不见了，已经删掉了
```

交换机中大部分命令的逆命令都采用no命令模式，只有一种否定模式是enable和disable互逆。

第六步：使用上下光标键【↑】【↓】选择已经输入过的命令来节省时间。

任务小结

交换机CLI界面调试时要学会使用帮助功能，并要对交换机进行输入的检查（主要看成

功的返回信息是什么、错误的返回信息是什么，此外，还要学会使用不完全匹配功能来加快输入的速度。总共要掌握五步。

第一步：使用“？”查阅命令。

第二步：查看错误信息。

第三步：使用不完全匹配命令。

第四步：按【Tab】键补全命令，发现命令错误，或者参数错误等，需要仔细排查。

第五步：使用否定命令“no”取消或关闭相应功能。

相关知识与技能

1. 交换机

交换机（Switch）意为“开关”，是一种用于电（光）信号转发的网络设备。它可以为接入交换机的任意两个网络节点提供独享的电信号通路。最常见的交换机是以太网交换机。其他常见的还有电话语音交换机、光纤交换机等。交换（switching）是按照通信两端传输信息的需要，用人工或设备自动完成的方法，把要传输的信息送到符合要求的相应路由上的技术的统称。交换机根据工作位置的不同，可以分为广域网交换机和局域网交换机。广域的交换机就是一种在通信系统中完成信息交换功能的设备，它应用在数据链路层。交换机有多个端口，每个端口都具有桥接功能，可以连接一个局域网或一台高性能服务器或工作站。实际上，交换机有时被称为多端口网桥。

在计算机网络系统中，交换概念的提出改进了共享工作模式。而Hub集线器就是一种物理层共享设备，Hub本身不能识别MAC地址和IP地址，当同一局域网内的A主机给B主机传输数据时，数据包在以Hub为架构的网络上是以广播方式传输的，由每台终端通过验证数据报头的MAC地址来确定是否接收。也就是说，在这种工作方式下，同一时刻网络上只能传输一组数据帧的通信，如果发生碰撞还得重试。这种方式就是共享网络带宽。通俗地说，普通交换机是不带管理功能的，一根进线，其他接口接到计算机上即可。

在今天，交换机以应用需求为导向，在选择方案和产品时用户还非常关心如何有效保证投资收益。在用户提出需求后，由系统集成商或厂商为其需求提供相应的服务，然后再去选择相应的技术。这点在网络方面表现尤其明显，广大用户，不论是重点行业用户还是一般的企业用户，在应用IT技术方面更加明智，也更加稳健。此外，宽带的广泛应用、大容量视频文件的不断涌现等都对网络传输的中枢——交换机的性能提出了新的要求。

据《2013—2018年中国交换机市场竞争格局及投资前景评估报告》显示：随着网络的发展从技术驱动应用，转为从应用选择技术；网络的融合也从理论走向实践；网络的安全越来越受到重视。而交换网络的智能化提供了解决这些问题的方法。网络将在综合应用、速度和覆盖范围等方面继续发展。

2. 交换机的原理

交换机工作于OSI参考模型的第二层，即数据链路层。交换机内部的CPU会在每个端口成功连接时，通过将MAC地址和端口对应，形成一张MAC表。在今后的通信中，发往该MAC地址的数据包将仅送往其对应的端口，而不是所有的端口。因此，交换机可用于划分数据链路层广播，即冲突域；但它不能划分网络层广播，即广播域。

交换机拥有一条很高带宽的背部总线和内部交换矩阵。交换机的所有端口都挂接在这条背部总线上，控制电路收到数据包以后，处理端口会查找内存中的地址对照表以确定目的MAC（网卡的硬件地址）的NIC（网卡）挂接在哪个端口上，通过内部交换矩阵迅速将数据包传送到目的端口，目的MAC若不存在，广播到所有的端口，接收端口回应后交换机会“学习”新的MAC地址，并把它添加入内部MAC地址表中。使用交换机也可以把网络“分段”，通过对照IP地址表，交换机只允许必要的网络流量通过交换机。通过交换机的过滤和转发，可以有效地减少冲突域，但它不能划分网络层广播，即广播域。

端口：交换机在同一时刻可进行多个端口对之间的数据传输。每一端口都可视为独立的物理网段（即非IP网段），连接在其上的网络设备独自享有全部带宽，无须同其他设备竞争使用。当节点A向节点D发送数据时，节点B可同时向节点C发送数据，而且这两个传输都享有网络的全部带宽，都有着自己的虚拟连接。假使这里使用的是10 Mbit/s的以太网交换机，那么该交换机此时的总流通量就等于2×10 Mbit/s=20 Mbit/s，当使用10 Mbit/s的共享式Hub时，一个Hub的总流通量也不会超出10 Mbit/s。总之，交换机是一种基于MAC地址识别，能完成封装转发数据帧功能的网络设备。交换机可以“学习”MAC地址，并把其存放在内部地址表中，通过在数据帧的始发者和目标接收者之间建立临时的交换路径，使数据帧直接由源地址到达目的地址。

传输：交换机的传输模式有全双工、半双工、全双工/半双工自适应。交换机的全双工是指交换机在发送数据的同时也能够接收数据，两者同步进行，这好像人们平时打电话一样，说话的同时也能够听到对方的声音。交换机都支持全双工。全双工的好处在于迟延小、速度快。提到全双工，就不能不提与之密切对应的另一个概念，那就是“半双工”，半双工是指一个时间段内只有一个动作发生，举个简单例子：一条窄窄的马路，同时只能有一辆车通过，当有两辆车对开时，这种情况下就只能一辆先过，等到头儿后另一辆再开。这个例子形象地说明了半双工的原理。早期的对讲机，以及早期集线器等设备都是实行半双工的产品。随着技术的不断进步，半双工已逐渐退出历史舞台。

任务拓展

1．如何使用set命令设置交换机系统时钟和日期？（借助【Tab】键和？实现）

2．如何调用及查看历史输入命令并更改历史命令记录数量？

3．简述设备CLI配置主要模式及模式切换命令。

任务二 恢复交换机的出厂设置

任务描述

上海御恒信息科技公司已建有局域网。公司办公室的一台DCS-3926S系列交换机坏了，网管小张把机房里的一台备用交换机拿来使用，这台交换机的配置是按照之前的环境设置的，需要改成现在的环境，一条条修改比较麻烦，不如清空交换机的所有配置，恢复到出厂状态。

技术部经理要求他尽快熟悉恢复交换机的出厂设置，并按照要求做以下任务分析。

任务分析

（1）实际环境下：公司办公室的一台 DCS-3926S 系列交换机坏了，网管把机房里的一台交换机拿过来替代。这台交换机的配置是按照机房的环境设置的，需要改成办公室的环境，一条条修改比较麻烦，不如清空交换机的所有配置，恢复到出厂状态。

（2）任务环境下：上一节网络任务课的同学刚做完任务。桌上的交换机已进行过配置，通过 show run 命令发现对交换机作了很多配置。为了不影响下节课的任务，必须将所有配置都删除，最简单的方法就是清空配置，恢复到刚出厂状态，这样就能按照自己的思路进行配置，也能更清楚地了解配置是否生效、是否正确。

（3）任务所需设备：DCS-3926S 系列交换机一台，其软件版本为 DCS-3926S_6.1.12.0，PC 一台，Console 线一根。

（4）任务实现的拓扑如图 1-2 所示。

（5）先给交换机设置 enable 密码，确定 enable 密码设置成功。

（6）对交换机做恢复出厂设置，重新启动后发现 enable 密码消失，表明恢复成功。

（7）了解 show flash 命令以及显示内容。

（8）了解 clock set 命令以及显示内容。

（9）了解 hostname 命令以及显示内容。

（10）了解 language 命令以及显示内容。

图 1-2　恢复交换机的出厂设置

任务实施

第一步：为交换机设置 enable 密码。

```
switch>enable
switch#config t                              //进入全局配置模式
switch(Config)#enable password 8 digitalchina
```

验证配置：

验证方法 1：重新进入交换机。

```
switch#exit                                  //退出特权用户配置模式
switch>
switch>enable                                //进入特权用户配置模式
Password:*****
switch#
```

验证方法 2：通过 show 命令查看。

```
switch#show running-config
Current configuration:
!
   enable password level admin 827ccb0eea8a706c4c34a16891f84e7b
                                    //显示已为交换机设置了 enable 密码
   hostname switch
```

```
!
Vlan 1
   vlan 1
!
……                                        ! 省略部分显示
```

第二步：清空交换机的配置。

```
switch>enable                            // 进入特权用户配置模式
switch#set default                       // 使用 set default 命令
Are you sure? [Y/N] = y                  // 是否确认
switch#write                             // 清空 startup-config 文件
switch #show startup-config              // 显示当前的 startup-config 文件
This is first time start up system.      // 系统提示此启动文件为出厂默认配置

switch#reload                            // 重新启动交换机
Process with reboot? [Y/N] y
```

验证测试：

验证方法 1：重新进入交换机。

```
switch>
switch>enable
switch#                                  // 已经不需要输入密码即可进入特权模式
```

验证方法 2：通过 show 命令查看。

```
switch#show running-config
Current configuration:
!
   hostname switch                       // 已经没有 enable 密码显示了
!
Vlan 1
   vlan 1
!
……                                       ! 省略部分显示
```

第三步：show flash 命令。

```
switch#show flash
file name          file length
nos.img            1720035 bytes         // 交换机软件系统
startup-config     0 bytes               // 启动配置文件当前内容为空
running-config     783 bytes             // 当前配置文件
switch#
switch#write                             // 当前运行配置文件写入启动配置文件
switch#show flash
file name           file length
nos.img             1720035 bytes        // 交换机软件系统
startup-config      783 bytes            // 启动配置文件当前内容已配置
running-config      783 bytes            // 当前配置文件
```

第四步：设置交换机系统日期和时钟。

```
switch#clock set ?                                   // 使用？查询命令格式
  <HH:MM:SS>     -- Time
switch#clock set 15:29:50                            // 配置当前时间
Current time is MON JAN 01 15:29:50 2001             // 配置完即有显示，注意年份不对

switch#clock set 15:29:50 ?                          // 使用？查询，原来命令没有结束
```

```
  <YYYY.MM.DD>        -- Date <year:2000-2035>
  <CR>
switch#clock set 15:29:50 2018.06.21          //配置当前年月日
Current time is TUE JUN 21 15:29:50 2018      //正确显示
```

验证配置：

```
switch#show clock                             //再用 show 命令验证
Current time is TUE JUN 21 15:29:50 2018
switch#
```

第五步：设置交换机命令行界面的提示符（设置交换机的名称）。

```
switch#
switch#config
switch(Config)#hostname DCS-3926S-1           //配置名称
DCS-3926S-1(Config)#exit                      //无须验证，即配置生效
DCS-3926S-1#
```

第六步：配置显示的帮助信息的语言类型。

```
DCS-3926S-1#language ?
  chinese                   -- Chinese
  english                   -- English

DCS-3926S-1#language chinese
DCS-3926S-1#language ?                  //请注意再使用？时，帮助信息已经成了中文
  chinese                   -- 汉语
  english                   -- 英语
```

任务小结

在恢复交换机的出厂设置时要知道交换机的文件管理，并知晓将交换机恢复成出厂设置的时机，知道交换机的基本配置命令。本任务主要掌握以下六步。

第一步：为交换机设置 enable 密码。

第二步：清空交换机的配置。

第三步：show flash 命令。

第四步：设置交换机系统日期和时钟。

第五步：设置交换机命令行界面的提示符（设置交换机的名称）。

第六步：配置显示的帮助信息的语言类型。

相关知识与技能

1. 交换机的分类

从广义上来看，网络交换机分为两种：广域网交换机和局域网交换机。广域网交换机主要应用于电信领域，提供通信用的基础平台。而局域网交换机则应用于局域网络，用于连接终端设备，如 PC 及网络打印机等。从传输介质和传输速度上可分为以太网交换机、快速以太网交换机、千兆以太网交换机、FDDI 交换机、ATM 交换机和令牌环交换机等。从规模应用上又可分为企业级交换机、部门级交换机和工作组交换机等。各厂商划分的尺度并不是完全一致的，一般来讲，企业级交换机都是机架式，部门级交换机可以是机架式（插槽数较少），也可以是固定配置式，而工作组级交换机为固定配置式（功能较为简单）。另一方面，从应用规模来看，

作为主干交换机时，支持500个信息点以上大型企业应用的交换机为企业级交换机，支持300个信息点以下中型企业的交换机为部门级交换机，而支持100个信息点以内的交换机为工作组级交换机。本文所介绍的交换机指的是局域网交换机。

2. 以太网交换机

随着计算机及其互连技术（也即通常所说的“网络技术”）的迅速发展，以太网成为了迄今为止普及率最高的短距离二层计算机网络。而以太网的核心部件就是以太网交换机。不论是人工交换还是程控交换，都是为了传输语音信号，是需要独占线路的“电路交换”。而以太网是一种计算机网络，需要传输的是数据，因此采用的是“分组交换”。但无论采取哪种交换方式，交换机为两点间提供“独享通路”的特性不会改变。就以太网设备而言，交换机和集线器的本质区别在于：当A发信息给B时，如果通过集线器，则接入集线器的所有网络节点都会收到这条信息（也就是以广播形式发送），只是网卡在硬件层面会过滤掉不是发给本机的信息；而如果通过交换机，除非A通知交换机广播，否则发给B的信息C绝不会收到（获取交换机控制权限从而监听的情况除外）。

以太网交换机厂商根据市场需求，推出了三层交换机。但无论如何，其核心功能仍是二层的以太网数据包交换，只是带有了一定的处理IP层甚至更高层数据包的能力。网络交换机是一个扩大网络的器材，能为子网络中提供更多的连接端口，以便连接更多的计算机。随着通信业的发展以及国民经济信息化的推进，网络交换机市场呈稳步上升态势。它具有性能价格比高、高度灵活、相对简单、易于实现等特点。

3. 光交换机

光交换是人们正在研制的下一代交换技术。以前的交换技术都是基于电信号的，目前的光纤交换机也是先将光信号转为电信号，经过交换处理后，再转回光信号发到另一根光纤。由于光电转换速率较低，同时电路的处理速度存在物理学上的瓶颈，因此人们希望设计出一种无须经过光电转换的“光交换机”，其内部不是电路而是光路，逻辑原件不是开关电路而是开关光路。这样将大大提高交换机的处理速率。

4. 交换机的远程配置

交换机除了可以通过Console端口与计算机直接连接外，还可以通过普通端口连接。此时配置交换机就不能用本地配置，而是需要通过Telnet或者Web浏览器的方式实现交换机配置。具体配置方法如下：

（1）Telnet：Telnet协议是一种远程访问协议，可以通过它登录到交换机进行配置。假设交换机IP为192.168.0.1，通过Telnet进行交换机配置只需两步：

第一步，单击“开始”按钮，选择“运行”命令，输入“Telnet 192.168.0.1”。

第二步，输入完成后单击“确定”按钮，或按【Enter】键，建立与远程交换机的连接。然后，即可根据实际需要对该交换机进行相应的配置和管理。

（2）Web：通过Web界面，可以对交换机进行设置。方法如下：

第一步，运行Web浏览器，在地址栏中输入交换机IP，按【Enter】键，弹出对话框。

第二步，输入正确的用户名和密码。

第三步，连接建立，可进入交换机配置系统。

第四步，根据提示进行交换机设置和参数修改。

任务拓展

1．交换机恢复出厂设置的方法是什么，不同品牌的交换机方法相同吗？

2．交换机都有哪些基本的配置命令？

任务三 管理交换机配置文件

任务描述

上海御恒信息科技公司已建有局域网。网络中的交换机已做过配置，为了防止设备配置出现错误或丢失，设备配置文件需要及时保存并备份，以便需要时能够恢复。技术部经理要求小张尽快熟悉如何管理交换机的配置文件，小张按照经理的要求开始做以下任务分析。

任务分析

（1）对交换机进行配置后，应把运行稳定的配置文件和系统文件从交换机里复制出来并保存在稳妥的地方，防止日后如果交换机出了故障导致配置文件丢失。有了保存的配置文件和系统文件，当交换机被清空之后，可以直接把备份的文件下载到交换机上，避免重新配置。

（2）任务所需设备：DCS 二层交换机一台、PC 一台、TFTP Server 一台（一台 PC 也可以，既作为调试机又作为 TFTP 服务器）、Console 线一根、直通双绞线一根。

（3）任务实现的拓扑如图 1-3 所示。

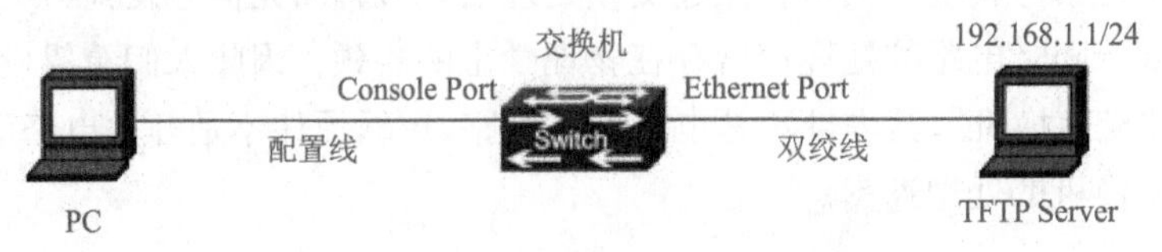

图 1-3　管理交换机配置文件

（4）按照拓扑图连接网络。

（5）PC 和交换机的 24 口用网线相连。

（6）交换机的管理 IP 为 192.168.1.100/24。

（7）PC 网卡的 IP 地址为 192.168.1.101/24。

任务实施

第一步：配置 TFTP 服务器。

市场上 TFTP 服务器的软件很多，每种软件虽然界面不同，但功能都一样，使用方法也类似：首先是 TFTP 软件安装（有些软件连安装都不需要），安装完毕之后设定根目录，需要使用的时候，开启 TFTP 服务器即可。

图 1-4 所示为市场上比较流行的几款 TFTP 服务器。

图 1-4 TFTP 服务器

以第一种 TFTP 服务器为例，Tftpd32.exe 非常简单易学，它甚至不需要安装就能使用（后两者需要安装）。

双击 Tftpd32.exe，出现 TFTP 服务器的主界面，如图 1-5 所示。

在主界面中看到该服务器的根目录是 E:\SHARE，服务器的 IP 地址也自动出现在第二行：192.168.1.101。

更改根目录到自己需要的任何位置，单击“Settings”按钮，弹出图 1-6 所示对话框。

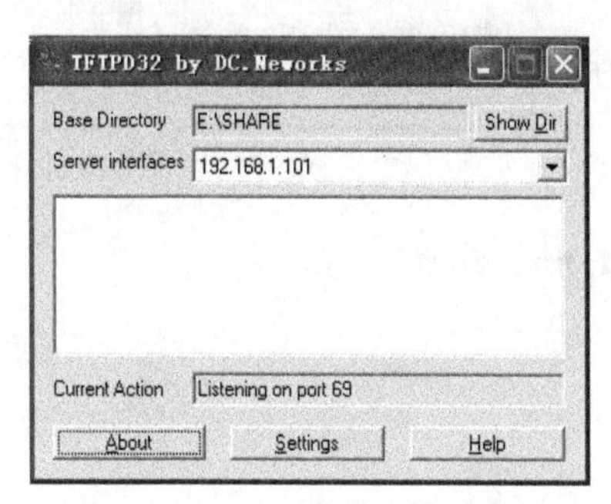

图 1-5 TFTP 服务器主界面

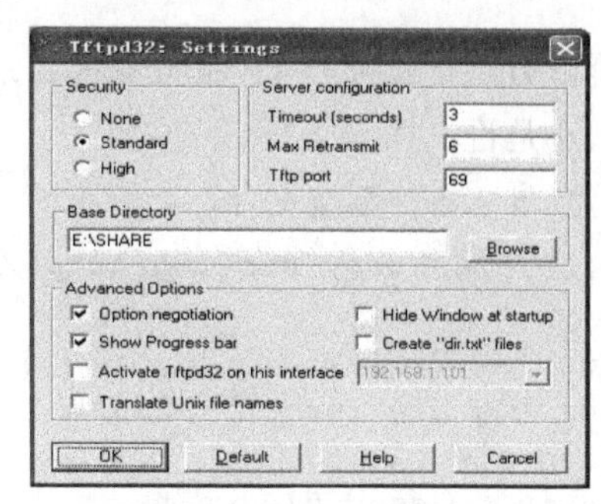

图 1-6 Settings 对话框

单击 Browse 按钮进行设置，单击 OK 按钮进行保存确认。此时 TFTP 服务器已经配置完成。可以将它最小化到右下角的工具栏中。

第二步：给交换机设置 IP 地址，即管理 IP。

```
switch(Config)#interface vlan 1                    //进入 vlan 1 接口
switch(Config-If-Vlan1)#ip address 192.168.1.100 255.255.255.0
switch(Config-If-Vlan1)#no shutdown                //激活 vlan 接口
switch(Config-If-Vlan1)#exit
switch(Config)#exit
switch#
```

第三步：验证主机与交换机是否连通（这一步非常重要）。

```
switch#ping 192.168.1.101
Type ^c to abort.
Sending 5 56-byte ICMP Echos to 192.168.1.101, timeout is 2 seconds.
!!!!!                              //5 个感叹号表示 5 个包都 ping 通了
Success rate is 100 percent (5/5), round-trip min/avg/max = 1/1/1 ms
switch#
```

第四步：查看需要备份的文件。

```
switch#show flash
file name              file length
nos.img                1720035 bytes     //系统文件
startup-config         862 bytes         //开机启动配置文件，该配置文件需要保存
running-config         862 bytes         //运行中的配置文件，该文件中的内容和
                                            startup-config 是一样的，不需要保存
switch#
```

第五步：备份配置文件。

```
switch#copy startup-config tftp://192.168.1.101/startup1

Confirm [Y/N]:y
begin to send file, wait...

file transfers complete.
close tftp client.
switch#
```

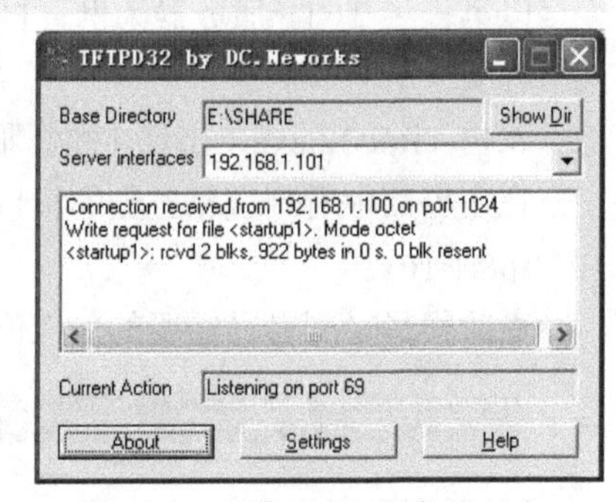

图 1-7　查看 TFTP 服务器日志

验证是否成功：

验证方法 1：查看 TFTP 服务器的日志，如图 1-7 所示。

验证方法 2：到 TFTP 服务器根目录查看文件是否存在，大小是否一样。

第六步：备份系统文件。

```
DCS-3926S#copy nos.img tftp://192.168.1.101/nos.img

Confirm [Y/N]:y
nos.img file length=1720035
read file ok
begin to send file,wait...
######################################################################
######################################################################
######################################################################
######################################################################
################
file transfers complete.
close tftp client.
DCS-3926S#
```

第七步：对当前的配置作修改并保存。

```
switch#config
switch(Config)#hostname DCS-3926S
DCS-3926S(Config)#exit
DCS-3926S#write
DCS-3926S#
```

现在交换机中的配置文件和已经备份到 TFTP 服务器上的配置文件只有交换机的标识符不同，当前的标识符是 DCS-3926S，原来的是 switch。下面就还原服务器上的配置文件，只要重启交换机之后，标识符又重新变成 switch，表明还原成功。

第八步：下载配置文件。

```
DCS-3926S#copy tftp://192.168.1.101/startup_20060101 startup-config
Confirm [Y/N]:y
begin to receive file,wait...
recv 865
write ok
transfer complete
close tftp client.
DCS-3926S#
```

第九步：重新启动并验证是否已经还原。

```
DCS-3926S#reload
```

重新启动完成之后，标识符是 switch，表明任务成功。

第十步：交换机升级。

先下载升级包到 TFTP 服务器。

```
DCS-3926S#copy tftp://192.168.1.101/nos.img nos.img
Confirm [Y/N]:y
begin to receive file, wait...
##########################################################################
##########################################################################
##########################################################################
##########################################################################
#################
recv 3330245
begin writing flash.............................................
end writing flash.
write ok
transfer complete
close tftp client.
DCS-3926S#reload
```

任务小结

在管理交换机配置文件时，要掌握以下 10 步操作。

第一步：配置 TFTP 服务器。

第二步：给交换机设置 IP 地址，即管理 IP。

第三步：验证主机与交换机是否连通（这一步非常重要）。

第四步：查看需要备份的文件。

第五步：备份配置文件。

第六步：备份系统文件。

第七步：对当前的配置作修改并保存。

第八步：下载配置文件。

第九步：重新启动并验证是否已经还原。

第十步：交换机升级。

相关知识与技能

1. TFTP 服务器

交换机文件的备份需要采用 TFTP 服务器（或 FTP 服务器），这也是目前最流行的上传下载的方法。TFTP（Trivial File Transfer Protocol）/FTP（File Transfer Protocol）都是文件传输协议，在 TCP/IP 协议簇中处于第四层，即属于应用层协议，主要用于主机之间、主机与交换机之间传输文件。它们都采用客户机-服务器模式进行文件传输。TFTP 承载在 UDP 之上，提供不可靠的数据流传输服务，同时也不提供用户认证机制以及根据用户权限提供对文件操作授权；它是通过发送包文，应答方式，加上超时重传方式来保证数据的正确传输。TFTP 相对于 FTP 的优点是提供简单的、开销不大的文件传输服务。

FTP 承载于 TCP 之上，提供可靠的面向连接数据流的传输服务，但它不提供文件存取授权，以及简单的认证机制（通过明文传输用户名和密码来实现认证）。FTP 在进行文件传输时，客户机和服务器之间要建立两个连接：控制连接和数据连接。首先由 FTP 客户机发出传送请求，与服务器的 21 号端口建立控制连接，通过控制连接来协商数据连接。由此可见，两种方式的不同特点有其不同的任务应用环境，局域网内备份和升级可以采用 TFTP 方式，广域网中备份和升级则最好使用 FTP 方式。

2．交换机的升级及文件的上传与下载

如果交换机真的出现了故障，那么就会用到本任务的内容：把原来的系统文件和配置文件导入交换机称为文件还原，把最新的系统文件导入交换机替换原来的系统文件称为系统升级。神州数码会把每款产品最新的系统文件放在（http://www.dcnetworks.com.cn）网站上免费供用户下载。新的系统文件会修正原版本的一些问题，或者增加一些新功能。对于交换机用户来说不一定要时时关注系统文件的最新版本，只要交换机在目前的网络环境中能正常稳定地工作，就不需要升级。

文件的上传、下载也是经常听到的专业术语。文件上传对应文件备份，文件下载对应系统升级和文件还原。上传和下载是从 TFTP/FTP 服务器的角度来说的，客户机把文件传输给服务器称为上传，客户机从服务器上取得文件称为下载。

任务拓展

1．简述 TFTP 文件服务器的用法。

2．交换机系统升级的方法是什么？

任务四 跨交换机相同 VLAN 互访

任务描述

上海御恒信息科技公司已建有局域网。公司希望根据部门在交换机上创建对应的 VLAN，技术部经理要求小张尽快熟悉跨交换机相同 VLAN 互访，小张按照经理的要求开始做以下任务分析。

任务分析

（1）办公楼有两层，每个楼层都有一台交换机满足员工上网需求；要求同一个部门的计算机可以互相访问；不同部门之间不可以自由访问。

（2）通过划分 VLAN 使得不同部门之间不可以自由访问；使用 IEEE 802.1Q 协议进行跨交换机的 VLAN。

（3）任务所需设备：DCS 二层交换机两台、PC 两台、Console 线一根，直通双绞线两根。

（4）任务实现的拓扑如图 1-8 所示。

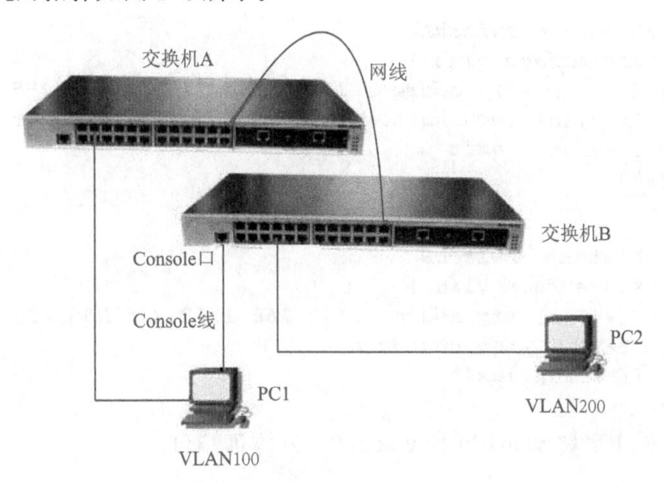

图 1-8 跨交换机相同 VLAN 互访

（5）在交换机 A 和交换机 B 上分别划分两个基于端口的 VLAN：VLAN100、VLAN200。

VLAN	端口成员
100	1~8
200	9~16
trunk 端口	24

使得交换机之间 VLAN100 的成员能够互相访问，VLAN200 的成员能够互相访问；VLAN100 和 VLAN200 成员之间不能互相访问。

（6）PC1 和 PC2 的网络设置为：

设备	IP 地址	Mask
交换机 A	192.168.1.11	255.255.255.0
交换机 B	192.168.1.12	255.255.255.0
PC1	192.168.1.101	255.255.255.0
PC2	192.168.1.102	255.255.255.0

（7）PC1、PC2 分别接在不同交换机 VLAN100 的成员端口 1~8 上，两台 PC 互相可以 ping 通；PC1、PC2 分别接在不同交换机 VLAN200 的成员端口 9~16 上，两台 PC 互相可以 ping 通；PC1 和 PC2 接在不同 VLAN 的成员端口上则互相 ping 不通。

任务实施

第一步：交换机恢复出厂设置。

```
switch#set default
switch#write
switch#reload
```

第二步：给交换机设置标识符和管理 IP。（可选配置）

交换机 A：

```
switch(Config)#hostname switchA
switchA(Config)#interface vlan 1
switchA(Config-If-Vlan1)#ip address 192.168.1.11 255.255.255.0
switchA(Config-If-Vlan1)#no shutdown
switchA(Config-If-Vlan1)#exit
switchA(Config)#
```

交换机 B：

```
switch(Config)#hostname switchB
switchB(Config)#interface vlan 1
switchB(Config-If-Vlan1)#ip address 192.168.1.12 255.255.255.0
switchB(Config-If-Vlan1)#no shutdown
switchB(Config-If-Vlan1)#exit
switchB(Config)#
```

第三步：在交换机中创建 vlan100 和 vlan200，并添加端口。

交换机 A：

```
switchA(Config)#vlan 100
switchA(Config-Vlan100)#
switchA(Config-Vlan100)#switchport interface ethernet 0/0/1-8
switchA(Config-Vlan100)#exit
switchA(Config)#vlan 200
switchA(Config-Vlan200)#switchport interface ethernet 0/0/9-16
switchA(Config-Vlan200)#exit
switchA(Config)#
```

验证配置：

```
switchA#show vlan
VLAN Name          Type       Media    Ports
------------------------------------------------------------------------------
1    default       Static     ENET     Ethernet0/0/17          Ethernet0/0/18
                                       Ethernet0/0/19          Ethernet0/0/20
                                       Ethernet0/0/21          Ethernet0/0/22
                                       Ethernet0/0/23          Ethernet0/0/24
100  VLAN0100      Static     ENET     Ethernet0/0/1           Ethernet0/0/2
                                       Ethernet0/0/3           Ethernet0/0/4
                                       Ethernet0/0/5           Ethernet0/0/6
                                       Ethernet0/0/7           Ethernet0/0/8
200  VLAN0200      Static     ENET     Ethernet0/0/9           Ethernet0/0/10
                                       Ethernet0/0/11          Ethernet0/0/12
                                       Ethernet0/0/13          Ethernet0/0/14
                                       Ethernet0/0/15          Ethernet0/0/16
switchA#
```

交换机 B：配置与交换机 A 一样。

第四步：设置交换机 trunk 端口。

交换机 A：

```
switchA(Config)#interface ethernet 0/0/24
switchA(Config-Ethernet0/0/24)#switchport mode trunk    //设置为trunk模式
Set the port Ethernet0/0/24 mode TRUNK successfully
switchA(Config-Ethernet0/0/24)#switchport trunk allowed vlan all
                                                        //允许所有vlan通过
```

```
set the port Ethernet0/0/24 allowed vlan successfully
switchA(Config-Ethernet0/0/24)#exit
switchA(Config)#
```

验证配置：

```
switchA#show vlan
VLAN Name          Type       Media    Ports
--------------------------------------------------------------------------
1    default       Static     ENET     Ethernet0/0/17         Ethernet0/0/18
                                       Ethernet0/0/19         Ethernet0/0/20
                                       Ethernet0/0/21         Ethernet0/0/22
                                       Ethernet0/0/23
Ethernet0/0/24(T)
100  VLAN0100      Static     ENET     Ethernet0/0/1          Ethernet0/0/2
                                       Ethernet0/0/3          Ethernet0/0/4
                                       Ethernet0/0/5          Ethernet0/0/6
                                       Ethernet0/0/7          Ethernet0/0/8
                                       Ethernet0/0/24(T)
200  VLAN0200      Static     ENET     Ethernet0/0/9          Ethernet0/0/10
                                       Ethernet0/0/11         Ethernet0/0/12
                                       Ethernet0/0/13         Ethernet0/0/14
                                       Ethernet0/0/15         Ethernet0/0/16
                                       Ethernet0/0/24(T)
switchA#
```

24口已经出现在vlan1、vlan100和vlan200中，并且24口不是一个普通端口，是tagged端口。

交换机B：配置同交换机A

第五步：验证任务。

交换机A ping 交换机B：

```
switchA#ping 192.168.1.12
Type ^c to abort.
Sending 5 56-byte ICMP Echos to 192.168.1.12,  timeout is 2 seconds.
!!!!!
Success rate is 100 percent (5/5),  round-trip min/avg/max = 1/1/1 ms
switchA#
```

表明交换机之间的trunk链路已经成功建立。

按下表验证，PC1插在交换机A上，PC2插在交换机B上：

PC1位置	PC2位置	动　作	结　果
1～8端口		PC1 ping 交换机B	不通
9～16端口		PC1 ping 交换机B	不通
17～24端口		PC1 ping 交换机B	通（从VLAN1 Ping B的VLAN1接口）
1～8端口	1～8端口	PC1 ping PC2	通
1～8端口	9～16端口	PC1 ping PC2	不通

任务小结

跨交换机相同VLAN互访时要实现以下五步操作。

第一步：交换机恢复出厂设置。

第二步：给交换机设置标识符和管理IP。（可选配置）

第三步：在交换机中创建 vlan100 和 vlan200，并添加端口。

第四步：设置交换机 trunk 端口。

第五步：验证任务。

相关知识与技能

1. IEEE 802.1Q 协议

IEEE802 委员会定义的 802.1Q 协议定义了同一 VLAN 跨交换机通信桥接的规则以及正确标识 VLAN 的帧格式。在 802.1Q 帧格式中，使用 4 字节的标识首部定义标识（tag）。tag 中包括 2 字节的 vpid（vlan protocol identifier，vlan 协议标识符）和 2 字节的 vci（vlan control information，vlan 控制信息）。其中，vpid 为 0x8100，它标识了该数据帧承载 IEEE 802.1Q 的 tag 信息；vci 包含 3 比特用户优先级、1 比特规范格式指示，默认值为 0（表示以太网）和 12 比特的 vlan 标识符。基于 802.1Q tag vlan 用 vid 划分不同的 vlan，当数据帧通过交换机时，交换机会根据数据帧中 tag 的 vid 信息，来标识它们所在的 vlan，这使得所有属于该 vlan 的数据帧，不管是单播帧、多播帧还是广播帧，都被限制在该逻辑 vlan 内传输。

2. IEEE 802.1Q 内容定义

IEEE 802.1Q 定义了以下内容：VLAN 的架构、VLAN 中所提供的服务、VLAN 实施中涉及的协议和算法。

IEEE 802.1Q 协议不仅规定 VLAN 中的 MAC 帧的格式，而且还制定诸如帧发送及校验、回路检测，对业务质量（QoS）参数的支持以及对网管系统的支持等方面的标准。

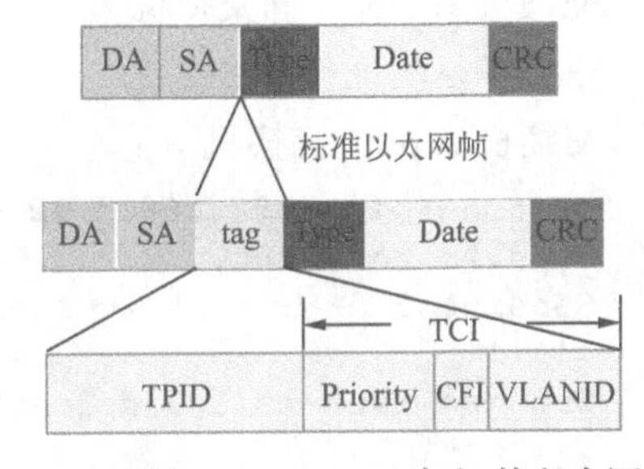

图 1-9　带有 IEEE 802.1Q 标记的以太网帧

VLAN 帧格式：如图 1-9 所示，4 字节的 802.1Q 标签头包含 2 字节的标签协议标识（TPID）和 2 字节的标签控制信息（TCI）。TPID（Tag Protocol Identifier）是 IEEE 定义的新的类型，表明这是一个加了 802.1Q 标签的帧。TPID 包含了一个固定的值 0x8100。

TCI 中包含的是帧的控制信息，它包含了下面的一些元素：

Priority：这 3 位指明帧的优先级。一共有 8 种优先级，0 ～ 7。IEEE 802.1Q 标准使用这三位信息。

Canonical Format Indicator（CFI）：CFI 值为 0 说明是规范格式，1 为非规范格式。它被用在令牌环/源路，由 FDDI 介质访问，指示封装帧中所带地址的比特次序信息。

VLAN Identified（VLAN ID）：这是一个 12 位的域，指明 VLAN 的 ID，范围 1 ～ 4094，每个支持 802.1Q 协议的交换机发送出来的数据包都会包含这个域，以指明自己属于哪个 VLAN。

在一个交换网络环境中，以太网的帧有两种格式：有些帧没有加上这 4 字节标志，称为未标记的帧（ungtagged frame），有些帧加上了这 4 字节标志，称为带有标记的帧（tagged frame）。

总的来说，IEEE 802.1Q 协议也就是 Virtual Bridged Local Area Networks（虚拟桥接局域网，简称“虚拟局域网”）协议，定义一个关于 VLAN 连接介质访问控制层和 IEEE 802.1D 生成树协议的具体概念模型。

任务拓展

1．简述 IEEE 802.1Q 协议？

2．交换机接口的 trunk 模式和 access 模式有何区别？

任务五 使用 Telnet 方式管理交换机

任务描述

上海御恒信息科技公司已建有局域网。公司小张有时候需要远程管理交换机，技术部经理要求他尽快熟悉使用 Telnet 方式管理交换机，小张按照经理的要求开始做以下任务分析。

任务分析

（1）公司有 20 台交换机支撑着公司网的运营，这 20 台交换机分别放置在公司的不同位置。作为网络管理员需要对这 20 台交换机进行管理，通过前面学习的知识，可以通过带外管理的方式（即通过 console 口）去管理，管理员只需捧着笔记本式计算机，带着 console 线到公司的不同位置去调试每台交换机，这样也十分麻烦。

（2）公司网既然是互连互通的，在网络的任何一个信息点都应该能访问其他的信息点，为什么不通过网络的方式来调试交换机呢？通过 Telnet 方式，管理员就可以坐在办公室中不动地方地调试公司所有的交换机。

（3）Telnet 方式和 Web 方式都是交换机的带内管理方式。

（4）提供带内管理方式可以使连接在交换机中的某些设备具备管理交换机的功能。当交换机的配置出现变更，导致带内管理失效时，必须使用带外管理对交换机进行配置管理。

（5）任务所需设备：DCRS-5650 交换机一台（Software version is DCRS-5650-28_5.2.1.0）、PC 一台、Console 线一根、直通双绞线一根。

（6）任务实现的拓扑如图 1-10 所示。

（7）按照拓扑图连接网络。

（8）PC 和交换机的 24 口用网线相连。

（9）交换机的管理 IP 地址为 192.168.1.100/24。

（10）PC 网卡的 IP 地址为 192.168.1.101/24。

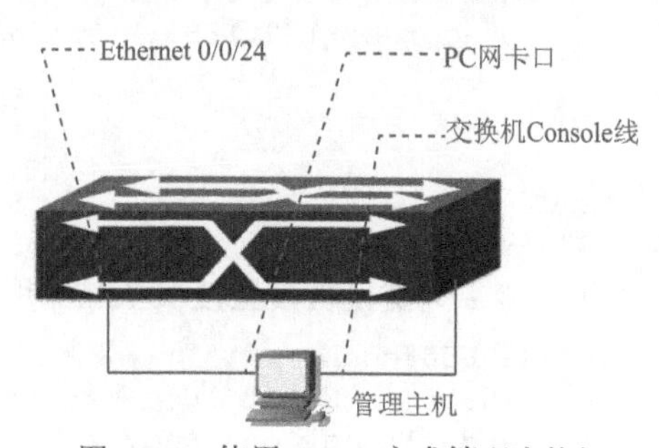

图 1-10　使用 Telnet 方式管理交换机

（11）限制可通过 Telnet 管理交换机的 IP 仅为 192.168.1.101。

任务实施

第一步：交换机恢复出厂设置，设置正确的时钟和标识符。

```
switch#set default
Are you sure? [Y/N]=y
switch#write
switch#reload
Process with reboot? [Y/N] y

switch#clock set 14:04:39 2009.02.25
Current time is WED FEB 25 15:29:50 2009
switch#
switch#config
switch(Config)#hostname DCRS-5650
DCRS-5650(Config)#exit
DCRS-5650#
```

第二步：给交换机设置 IP 地址，即管理 IP。

```
DCRS-5650#config
DCRS-5650(Config)#interface vlan 1            ! 进入 vlan 1 接口
Feb 25 14:06:07 2009: %LINK-5-CHANGED: Interface Vlan1, changed state to UP
DCRS-5650(Config-If-Vlan1)#ip address 192.168.1.100 255.255.255.0 ! 配置地址
DCRS-5650(Config-If-Vlan1)#no shutdown        ! 激活 vlan 接口
DCRS-5650(Config-If-Vlan1)#exit
DCRS-5650(Config)#exit
DCRS-5650#
```

验证配置：

```
DCRS-5650#show run
!
no service password-encryption
!
hostname DCRS-5650
!
vlan 1
!
Interface Ethernet0/0/1
……
Interface Ethernet0/0/28
!
interface Vlan1
   interface vlan 1
   ip address 192.168.1.100 255.255.255.0      ! 已经配置好交换机 IP 地址
!
no login
!
end
DCRS-5650#
```

第三步：为交换机设置授权 Telnet 用户。

```
DCRS-5650#config
DCRS-5650(Config)#telnet-server enable
Telnetd already enabled.
DCRS-5650(Config)#telnet-user xxp password 7 boss
DCRS-5650(Config)#exit
DCRS-5650#
```

验证配置：

```
DCRS-5650#show run
!
```

```
no service password-encryption
!
hostname DCRS-5650
!
telnet-user xxp password 7 ceb8447cc4ab78d2ec34cd9f11e4bed2
!
vlan 1
!
Interface Ethernet0/0/1
……
Interface Ethernet0/0/28
!
interface Vlan1
 ip address 192.168.1.100 255.255.255.0
!
no login
!
end
DCRS-5650#
```

第四步：配置主机的IP地址，在本任务中要与交换机的IP地址在一个网段，如图1-11所示。

验证配置：

在PC主机的DOS命令行中使用ipconfig命令查看IP地址配置，如图1-12所示。

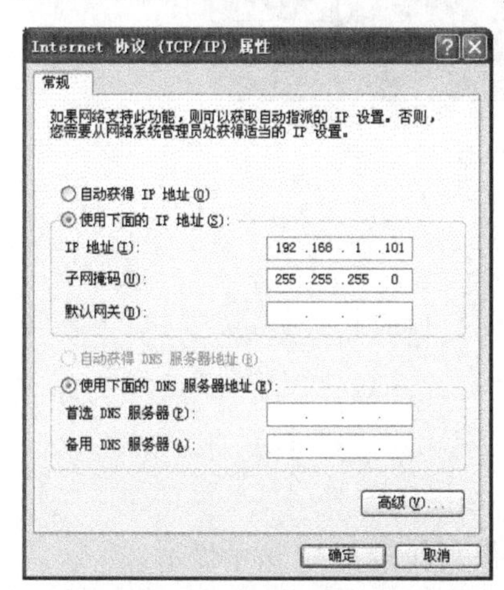

图1-11 配置主机的IP地址

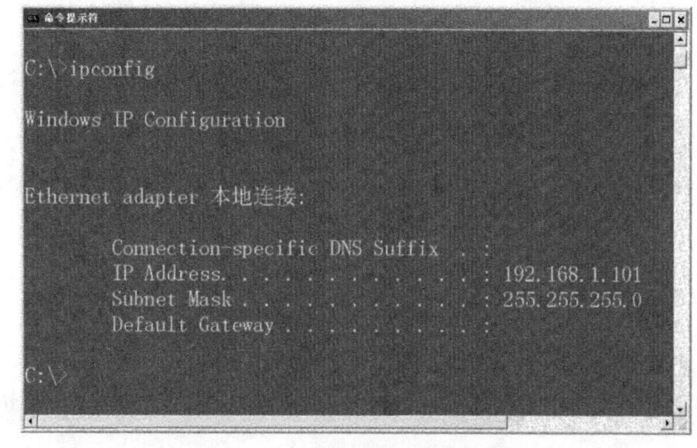

图1-12 查看IP地址配置

第五步：验证主机与交换机是否连通。

验证方法1：在交换机中ping主机。

```
DCRS-5650#ping 192.168.1.101
Type ^c to abort.
Sending 5 56-byte ICMP Echos to 192.168.1.101, timeout is 2 seconds.
!!!!!
Success rate is 100 percent (5/5), round-trip min/avg/max=1/1/1 ms
DCRS-5650#
```

很快出现5个“!”表示已经连通。

验证方法2：在主机DOS命令行中ping交换机，出现图1-13所示信息时表示连通。

第六步：使用Telnet登录。

打开微软视窗系统，单击“开始”按钮，选择“运行”命令，运行Windows自带的

Telnet 客户端程序，并且指定 Telnet 的目的地址，如图 1-14 所示。

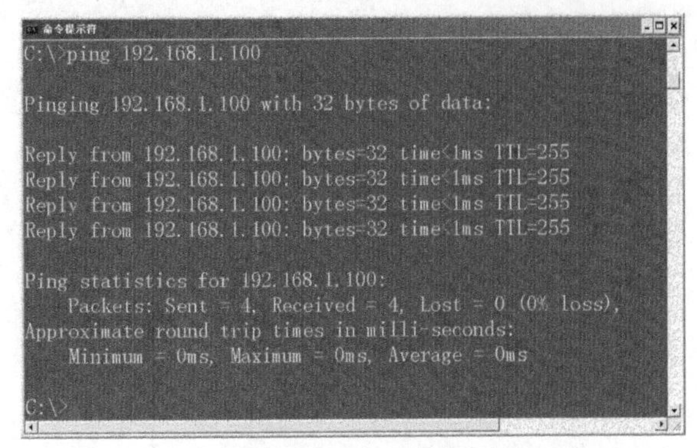

图 1-13　验证主机与交换机是否连通

图 1-14　“运行”对话框

输入正确的登录名和口令，登录名是 xxp，口令是 boss，如图 1-15 所示。

图 1-15　输入用户名和口令

可以对交换机做进一步配置，本任务完成。

第七步：限制 Telnet 客户端登录地址。

```
DCRS-5650(Config)#telnet-server securityip 192.168.1.101
DCRS-5650(Config)#
```

验证配置：

PC 使用 192.168.1.101 telnet 交换机，可登录。

修改 PC 的 IP 为非 192.168.1.101 时，Telnet 交换机得到如图 1-16 所示提示。

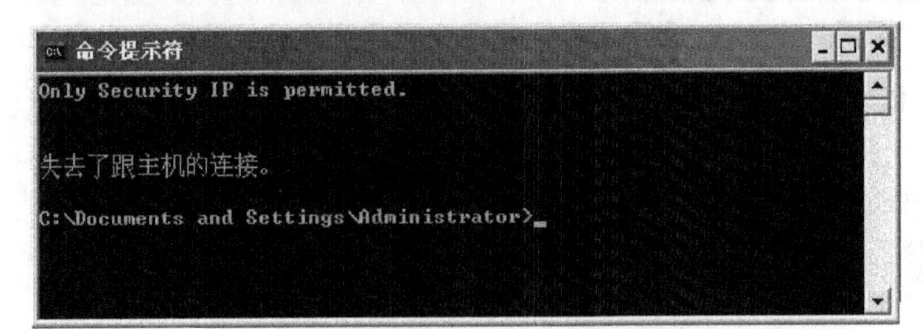

图 1-16　限制 Telnet 客户端登录地址

使用 Telnet 方式管理交换机要进行以下七步操作：

第一步：交换机恢复出厂设置，设置正确的时钟和标识符。

第二步：给交换机设置 IP 地址，即管理 IP。

第三步：为交换机设置授权 Telnet 用户。

第四步：配置主机的 IP 地址，在本任务中要与交换机的 IP 地址在一个网段。

第五步：验证主机与交换机是否连通。

第六步：使用 Telnet 登录。

第七步：限制 Telnet 客户端登录地址。

相关知识与技能

1. 带内管理

目前，使用的网络管理手段基本上都是带内管理，即管理控制信息与数据信息使用统一物理通道进行传送。例如，常用的 HP Openview 网络管理软件就是典型的带内管理系统，数据信息和管理信息都是通过网络设备以太网端口进行传送。带内管理的最大缺陷在于：当网络出现故障中断时数据传输和管理都无法正常进行。

2. 带外管理

带外管理的核心理念在于通过不同的物理通道传送管理控制信息和数据信息，两者完全独立，互不影响。例如，如果把网络管理比喻成街道，那么带内管理就是一条行人和机动车共用的街道，而带外管理就是一条把人行道和机动车道分开的街道。当街道机动车道出现障碍物并造成机动车无法正常行驶时，可以通过人行道过去把障碍物移走来恢复机动车道的正常通行。

3. 交换机的基于 Console、Telnet 和 Web 三种方式的异同

相同点：通过这三种方式均可以对交换机进行配置查看，甚至更改，第一次都需要用 Console 来配置。

不同点如下：

Console 是本地调试，一般连接交换机上的 Console 口或 D 口，采用命令行形式对设备进行查看和配置。

Telnet 是远程调试，只要能 ping 通交换机，就可以采用 Telnet 方式对其进行查看和配置，也是采用命令行形式；Telnet 可以在远程对交换机进行控制，但是必须要先在交换机上启用 tty。

Web 是网页调试，也是远程调试的一种，这种调试更直观，查看参数和修改参数一目了然，缺点是有些配置在 Web 里边没有，只能通过 Console 或 Telnet 进行。Web 方式管理以图形界面代替 Telnet 和 Console 的命令配置，对于非专业人员比较适用，当然也需要在交换机上起用 http 服务。

任务拓展

1. 简述带内管理与带外管理的区别。
2. 如何使用 Telnet 方式管理交换机?

任务六 交换机端口与MAC绑定

任务描述

上海御恒信息科技公司已建有局域网。为了杜绝公司外部非安全的计算机随意接入公司内部网络，技术部经理要求小张尽快熟悉交换机端口与MAC绑定，小张按照经理的要求开始做以下任务分析。

任务分析

（1）当网络中某机器由于中毒进而引发大量的广播数据包在网络中洪泛时，网络管理员的唯一想法就是尽快找到根源主机并把它从网络中暂时隔离开。当网络的布置很随意时，任何用户只要插上网线，在任何位置都能够上网，这虽然使正常情况下的大多数用户很满意，但一旦发生网络故障，网管人员却很难快速准确定位根源主机，就更谈不上将它隔离了。端口与地址绑定技术使主机必须与某一端口进行绑定，也就是说，特定主机只有在某个特定端口下发出数据帧，才能被交换机接收并传输到网络上，如果这台主机移动到其他位置，则无法实现正常联网。这样做看起来似乎对用户苛刻了一些，而且对于有大量使用便携机的员工的园区网并不适用，但基于安全管理的角度考虑，它却起到了至关重要的作用。

（2）为了安全和便于管理，需要将MAC地址与端口进行绑定，即MAC地址与端口绑定后，该MAC地址的数据流只能从绑定端口进入，不能从其他端口进入。该端口可以允许其他MAC地址的数据流通过。但是如果绑定方式采用动态lock的方式会使该端口的地址学习功能关闭，因此在取消lock之前，其他MAC的主机也不能从这个端口进入。

（3）任务所需设备：DCS-3926S交换机一台（Software version is DCRS-5650-28_5.2.1.0）、PC两台、Console线一根，直通双绞线两根。

（4）任务实现的拓扑如图1-17所示。

（5）交换机IP地址为192.168.1.11/24，PC1的地址为192.168.1.101/24；PC2的地址为192.168.1.102/24。

（6）在交换机上作MAC与端口绑定。

（7）PC1在不同的端口上ping交换机的IP，检验理论是否和任务一致。

（8）PC2在不同的端口上ping交换机的IP，检验理论是否和任务一致。

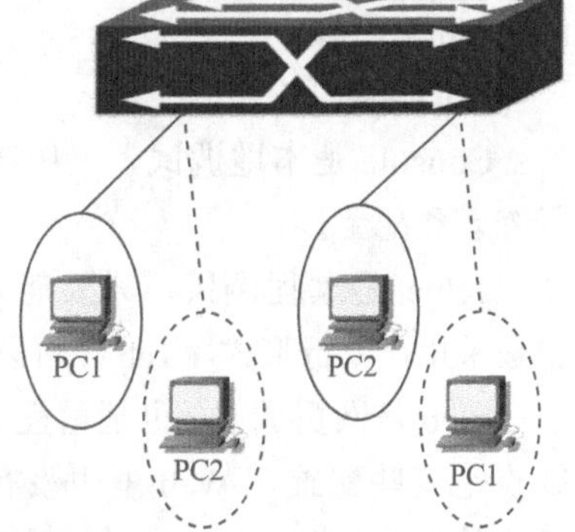

图1-17 交换机端口与MAC绑定

任务实施

第一步：得到PC1主机的MAC地址。

单击“开始”按钮，选择“运行”命令，输入命令行“CMD”，在打开的窗口中输入命令行“ipconfig/all”，运行结果如图1-18所示。

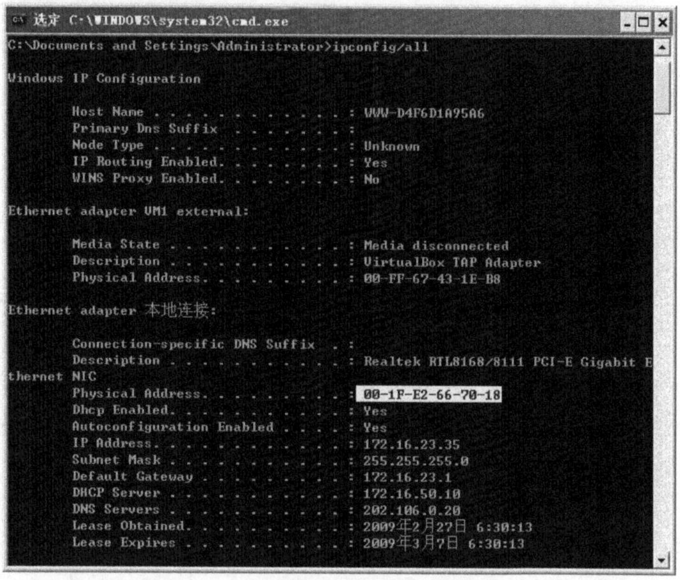

```
选定 C:\WINDOWS\system32\cmd.exe
C:\Documents and Settings\Administrator>ipconfig/all

Windows IP Configuration

        Host Name . . . . . . . . . . . . : WWW-D4F6D1A95A6
        Primary Dns Suffix  . . . . . . . :
        Node Type . . . . . . . . . . . . : Unknown
        IP Routing Enabled. . . . . . . . : Yes
        WINS Proxy Enabled. . . . . . . . : No

Ethernet adapter VM1 external:

        Media State . . . . . . . . . . . : Media disconnected
        Description . . . . . . . . . . . : VirtualBox TAP Adapter
        Physical Address. . . . . . . . . : 00-FF-67-43-1E-B8

Ethernet adapter 本地连接:

        Connection-specific DNS Suffix  . :
        Description . . . . . . . . . . . : Realtek RTL8168/8111 PCI-E Gigabit E
thernet NIC
        Physical Address. . . . . . . . . : 00-1F-E2-66-70-18
        Dhcp Enabled. . . . . . . . . . . : Yes
        Autoconfiguration Enabled . . . . : Yes
        IP Address. . . . . . . . . . . . : 172.16.23.35
        Subnet Mask . . . . . . . . . . . : 255.255.255.0
        Default Gateway . . . . . . . . . : 172.16.23.1
        DHCP Server . . . . . . . . . . . : 172.16.50.10
        DNS Servers . . . . . . . . . . . : 202.106.0.20
        Lease Obtained. . . . . . . . . . : 2009年2月27日 6:30:13
        Lease Expires . . . . . . . . . . : 2009年3月7日 6:30:13
```

图 1-18　查询 PC1 主机的 MAC 地址

得到 PC1 主机的 MAC 地址为：00-1F-E2-66-70-18。

第二步：交换机全部恢复出厂设置，配置交换机的 IP 地址。

```
switch(Config)#interface vlan 1
switch(Config-If-Vlan1)#ip address 192.168.1.11 255.255.255.0
switch(Config-If-Vlan1)#no shut
switch(Config-If-Vlan1)#exit
switch(Config)#
```

第三步：使能端口的 MAC 地址绑定功能。

```
switch(Config)#interface ethernet 0/0/1
switch(Config-Ethernet0/0/1)#switchport port-security
switch(Config-Ethernet0/0/1)#
```

第四步：添加端口静态安全 MAC 地址，默认端口最大安全 MAC 地址数为 1。

```
switch(Config-Ethernet0/0/1)#switchport port-security mac-address 00-1F-
E2-66-70-18
```

验证配置：

```
switch#show port-security
Security Port    MaxSecurityAddr      CurrentAddr        Security Action
                     (count)            (count)
--------------------------------------------------------------------------
 Ethernet0/0/1          1               1                 Protect
--------------------------------------------------------------------------
Max Addresses limit per port :128
Total Addresses in System :1
switch#
switch#show port-security address
Security Mac Address Table
--------------------------------------------------------------------------
Vlan     Mac Address                    Type                  Ports
 1       00-1F-E2-66-70-18              SecurityConfigured    Ethernet0/0/1
--------------------------------------------------------------------------
Total Addresses in System :1
```

```
Max Addresses limit in System :128
switch#
```

第五步：使用 ping 命令验证。

PC	端　口	Ping	结　果	原　因
PC1	0/0/1	192.168.1.11	通	
PC1	0/0/7	192.168.1.11	不通	
PC2	0/0/1	192.168.1.11	通	
PC2	0/0/7	192.168.1.11	通	

第六步：在一个以太口上静态捆绑多个 MAC。

```
Switch(Config-Ethernet0/0/1)#switchport port-security maximum 4
Switch(Config-Ethernet0/0/1)#switchport port-security mac-address aa-aa-aa-aa-aa-aa
Switch(Config-Ethernet0/0/1)#switchport port-security mac-address aa-aa-aa-bb-bb-bb
Switch(Config-Ethernet0/0/1)#switchport port-security mac-address aa-aa-aa-cc-cc-cc
```

验证配置：

```
switch#show port-security
Security Port     MaxSecurityAddr     CurrentAddr      Security Action
                      (count)            (count)
------------------------------------------------------------------------
 Ethernet0/0/1          4                 4              Protect
------------------------------------------------------------------------
Max Addresses limit per port :128
Total Addresses in System :4
switch#show port-security address
Security Mac Address Table
------------------------------------------------------------------------
Vlan    Mac Address              Type                   Ports
 1      00-a0-d1-d1-07-ff        SecurityConfigured     Ethernet0/0/1
 1      aa-aa-aa-aa-aa-aa        SecurityConfigured     Ethernet0/0/1
 1      aa-aa-aa-bb-bb-bb        SecurityConfigured     Ethernet0/0/1
 1      aa-aa-aa-cc-cc-cc        SecurityConfigured     Ethernet0/0/1
------------------------------------------------------------------------
Total Addresses in System :4
Max Addresses limit in System :128
switch#
```

上面使用的都是静态捆绑 MAC 的方法，下面介绍动态 MAC 地址绑定的基本方法，首先清空刚才做过的捆绑。

第七步：清空端口与 MAC 绑定。

```
switch(Config)#
switch(Config)#int ethernet 0/0/1
switch(Config-Ethernet0/0/1)#no switchport port-security
switch(Config-Ethernet0/0/1)#exit
switch(Config)#exit
```

验证配置：

```
switch#show port-security
Security Port    MaxSecurityAddr     CurrentAddr       Security Action
                     (count)            (count)
--------------------------------------------------------------------------
--------------------------------------------------------------------------
Max Addresses limit per port :128
Total Addresses in System :0
```

第八步：使能端口的 MAC 地址绑定功能，动态学习 MAC 并转换。

```
switch(Config)#interface ethernet 0/0/1
switch(Config-Ethernet0/0/1)#switchport port-security
switch(Config-Ethernet0/0/1)#switchport port-security lock
switch(Config-Ethernet0/0/1)#switchport port-security convert
1 dynamic mac have been converted to security mac on interface
Ethernet0/0/1
switch(Config-Ethernet0/0/1)#exit
```

验证配置：

```
switch#show port-security address
Security Mac Address Table
--------------------------------------------------------------------------
Vlan    Mac Address              Type                  Ports
 1      00-a0-d1-d1-07-ff        SecurityConfigured    Ethernet0/0/1
--------------------------------------------------------------------------
Total Addresses in System :1
Max Addresses limit in System :128
switch#
```

第九步：使用 ping 命令验证。

PC	端　口	Ping	结　果	原　因
PC1	0/0/1	192.168.1.11	通	
PC1	0/0/7	192.168.1.11	不通	
PC2	0/0/1	192.168.1.11	不通	
PC2	0/0/7	192.168.1.11	通	

任务小结

交换机端口与 MAC 绑定要经过以下九步操作：

第一步：得到 PC1 主机的 MAC 地址。

第二步：交换机全部恢复出厂设置，配置交换机的 IP 地址。

第三步：使能端口的 MAC 地址绑定功能。

第四步：添加端口静态安全 MAC 地址，默认端口最大安全 MAC 地址数为 1。

第五步：使用 ping 命令验证。

第六步：在一个以太口上静态捆绑多个 MAC。

第七步：清空端口与 MAC 绑定。

第八步：使能端口的 MAC 地址绑定功能，动态学习 MAC 并转换。

第九步：使用 ping 命令验证。

相关知识与技能

1. 交换机的MAC绑定

目前，很多单位的内部网络都采用MAC地址与IP地址的绑定技术。有以下三种方案可供选择，方案1和方案2实现的功能是一样的，即在具体的交换机端口上绑定特定主机的MAC地址（网卡硬件地址），方案3是在具体交换机端口上同时绑定特定主机的MAC地址（网卡硬件地址）和IP地址。

方案1：基于端口的MAC地址绑定

以思科2950交换机为例，登录进入交换机，输入管理口令进入配置模式，输入命令：

```
Switch#config terminal
#进入配置模式
Switch(config)# Interface fastethernet 0/1
#进入具体端口配置模式
Switch(config-if)#Switchport port-secruity
#配置端口安全模式
Switch(config-if )switchport port-security mac-address MAC(主机的MAC地址)
#配置该端口要绑定主机的MAC地址
Switch(config-if )no switchport port-security mac-address MAC(主机的MAC地址)
#删除绑定主机的MAC地址
```

注意

以上命令设置交换机上某个端口绑定一个具体的MAC地址，这样只有这个主机可以使用网络，如果对该主机的网卡进行了更换或者其他PC想通过这个端口使用网络都不可用，除非删除或修改该端口上绑定的MAC地址，才能正常使用。以上功能适用于思科2950、3550、4500、6500系列交换机。

方案2：基于MAC地址的扩展访问列表

```
Switch(config)Mac access-list extended MAC10
#定义一个MAC地址访问控制列表并且命名该列表名为MAC10
Switch(config)permit host 0009.6bc4.d4bf any
#定义MAC地址为0009.6bc4.d4bf的主机可以访问任意主机
Switch(config)permit any host 0009.6bc4.d4bf
#定义所有主机可以访问MAC地址为0009.6bc4.d4bf的主机
Switch(config-if )interface Fa0/20
#进入配置具体端口的模式
Switch(config-if )mac access-group MAC10 in
#在该端口上应用名为MAC10的访问列表(即前面定义的访问策略)
Switch(config)no mac access-list extended MAC10
#清除名为MAC10的访问列表
```

此功能与方案1大体相同，但它是基于端口做的MAC地址访问控制列表限制，可以限定特定源MAC地址与目的地址范围。

注意

以上功能在思科2950、3550、4500、6500系列交换机上可以实现，但是需要注意的是2950、3550需要交换机运行增强的软件镜像（Enhanced Image）。

方案3：IP地址的MAC地址绑定

只能将方案1或方案2与基于IP的访问控制列表组合来使用才能达到IP-MAC绑定功能。

```
Switch(config)Mac access-list extended MAC10
#定义一个MAC地址访问控制列表并且命名该列表名为MAC10
Switch(config)permit host 0009.6bc4.d4bf any
#定义MAC地址为0009.6bc4.d4bf的主机可以访问任意主机
Switch(config)permit any host 0009.6bc4.d4bf
#定义所有主机可以访问MAC地址为0009.6bc4.d4bf的主机
Switch(config)Ip access-list extended IP10
#定义一个IP地址访问控制列表并且命名该列表名为IP10
Switch(config)Permit 192.168.0.1 0.0.0.0 any
#定义IP地址为192.168.0.1的主机可以访问任意主机
Permit any 192.168.0.1 0.0.0.0
#定义所有主机可以访问IP地址为192.168.0.1的主机
Switch(config-if )interface Fa0/20
#进入配置具体端口的模式
Switch(config-if )mac access-group MAC10 in
#在该端口上应用名为MAC10的访问列表(即前面定义的访问策略)
Switch(config-if )Ip access-group IP10 in
#在该端口上应用名为IP10的访问列表(即前面定义的访问策略)
Switch(config)no mac access-list extended MAC10
#清除名为MAC10的访问列表
Switch(config)no Ip access-group IP10 in
#清除名为IP10的访问列表
```

上述所提到的方案1是基于主机MAC地址与交换机端口的绑定，方案2是基于MAC地址的访问控制列表，前两种方案所能实现的功能大体一样。如果要做到IP与MAC地址的绑定只能按照方案3来实现，可根据需求将方案1或方案2与IP访问控制列表结合起来使用以达到自己想要的效果。

所以从表面上看，绑定MAC地址和IP地址可以防止内部IP地址被盗用，但实际上由于各层协议以及网卡驱动等实现技术，MAC地址与IP地址的绑定存在很大的缺陷，并不能真正防止内部IP地址被盗用。

2．端口绑定的静态、动态方式

静态MAC是通过手工输入方式添加到设备中的，动态MAC是根据端口收到的数据帧建立的。静态MAC不会有老化时间，会一直存在。动态MAC是通过arp学习过来的，有个老化时间。

在动态绑定时发现一个缺点：第一个接入交换机的MAC地址会被动态绑定到设备里。为了保障万无一失，需要用到静态绑定指定客户端的MAC，详细配置如下：

（1）配置静态绑定。

```
Switch# config termi
Switch(config)# mac-address-table static 0001.4246.a36c vlan 1 interface f0/2

//将MAC 地址为0001.4246.a36c 静态绑定到vlan1 中的接口 F0/2
SW1# show mac
Mac Address Table
——————————————————————————————
Vlan        Mac Address       Type Ports
——————————————————————————————
1           0001.4246.a36c    STATIC Fa0/2
```

（2）静态指定的MAC地址，交换机重新启动后不会从MAC表中丢失，动态学习到的MAC地址交换机重新启动后会丢失，将交换机重新启动验证静态绑定MAC。

```
SW1# write
Destination filename [startup-config]?
Building configuration…
[OK]
SW1# reload
```

（3）启动后，查看交换机的MAC地址表

```
SW1# show mac
Mac Address Table
————————————————————————————————
Vlan      Mac Address       Type   Ports
————————————————————————————————
1         0001.4246.a36c    STATIC Fa0/2
1         00d0.58b6.24da    STATIC Fa0/1
```

任务拓展

1．请问什么是交换机的MAC绑定功能？

2．请问MAC与端口绑定的静态与动态方式有何区别？

任务七 两层交换机MAC与IP的绑定

任务描述

上海御恒信息科技公司已建有局域网。公司计算机采用自动分配IP地址，但有时候会有员工将IP改为手动设置方式，这导致地址冲突，影响网络通信。技术部经理要求小张尽快熟悉二层交换机MAC与IP的绑定，小张按照经理的要求开始做以下任务分析。

任务分析

（1）公司机房或者网吧等需要固定IP地址上网的场所，为了防止用户任意修改IP地址，造成IP地址冲突，可以使用MAC与IP绑定技术，将MAC、IP和端口绑定在一起，使用户不能随便修改IP地址，不能随便更改接入端口，从而使内部网络从管理上更加完善。

（2）使用交换机的AM功能可以做到MAC和IP的绑定，AM（access management，访问管理）利用收到数据报文的信息，譬如源IP地址和源MAC，与配置硬件地址池相比较，如果找到则转发，否则丢弃。

（3）任务所需设备：DCS-3926S交换机一台、PC两台、Console线两根，直通双绞线若干。

（4）任务实现的拓扑如图1-19所示。

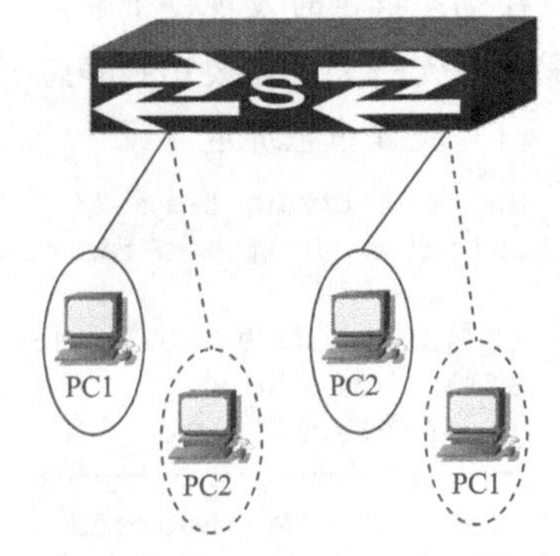

图1-19 二层交换机MAC与IP的绑定

(5) 交换机 IP 地址为 192.168.1.11/24，PC1 的地址为 192.168.1.101/24；PC2 的地址为 192.168.1.102/24。

(6) 在交换机 0/0/1 端口上作 PC1 的 IP、MAC 与端口绑定。

(7) PC1 在 0/0/1 上 ping 交换机的 IP，检验理论是否和任务一致。

(8) PC2 在 0/0/1 上 ping 交换机的 IP，检验理论是否和任务一致。

(9) PC1 和 PC2 在其他端口上 ping 交换机的 IP，检验理论是否和任务一致。

任务实施

第一步：得到 PC1 主机的 MAC 地址，如图 1-20 所示。

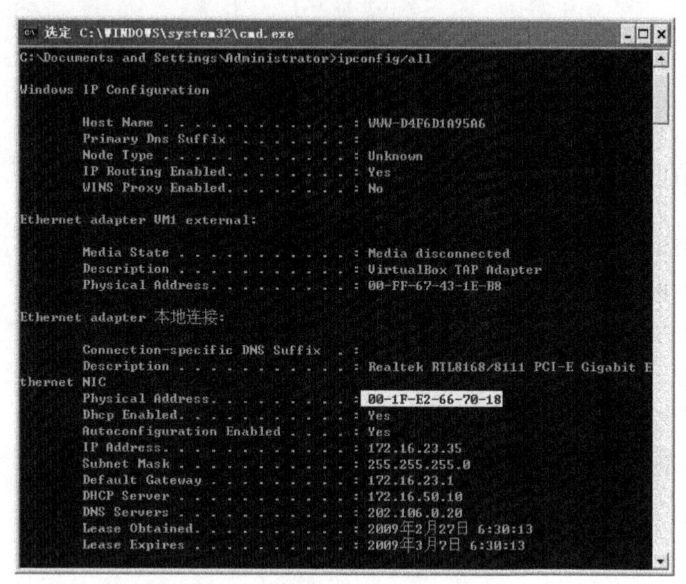

图 1-20 得到 PC1 主机的 MAC 地址

得到 PC1 主机的 MAC 地址为：00-1F-E2-66-70-18。

第二步：交换机全部恢复出厂设置，配置交换机的 IP 地址。

```
switch(Config)#interface vlan 1
switch(Config-If-Vlan1)#ip address 192.168.1.11 255.255.255.0
switch(Config-If-Vlan1)#no shut
switch(Config-If-Vlan1)#exit
switch(Config)#
```

第三步：使能 AM 功能。

```
switch(Config)#am enable
switch(Config)#interface ethernet 0/0/1
switch(Config-Ethernet0/0/1)#am mac-ip-pool 00-1F-E2-66-70-18 192.168.1.101
switch(Config-Ethernet0/0/1)#exit
```

验证配置：

```
switch#show am
Am is enabled
Interface Ethernet0/0/1
am mac-ip-pool 00-1F-E2-66-70-18 192.168.1.101 USER_CONFIG
```

第四步：解锁其他端口。

```
Switch(Config)#interface ethernet 0/0/2
Switch(Config-Ethernet0/0/2)#no am port
Switch(Config)#interface ethernet 0/0/3-20
Switch(Config-Ethernet0/0/3-20)#no am port
```

第五步：使用 ping 命令验证。

PC	端　口	Ping	结　果	原　因
PC1	0/0/1	192.168.1.11	通	
PC1	0/0/7	192.168.1.11	通	
PC2	0/0/1	192.168.1.11	不通	
PC2	0/0/7	192.168.1.11	通	
PC1	0/0/21	192.168.1.11	不通	
PC2	0/0/21	192.168.1.11	不通	

任务小结

两层交换机 MAC 与 IP 的绑定要经过以下五步操作：

第一步：得到 PC1 主机的 MAC 地址。

第二步：交换机全部恢复出厂设置，配置交换机的 IP 地址。

第三步：使能 AM 功能。

第四步：解锁其他端口。

第五步：使用 ping 命令验证。

相关知识与技能

1．IP 地址

IP 地址，指使用 TCP/IP 协议指定给主机的 32 位地址。IP 地址由用点分隔开的 4 个 8 位组构成，如 192.168.0.1。一个 IP 地址使得将来自源地址的数据传输变为可能，IP 地址由所使用的网络决定，使用不同的网络使用的 IP 地址将会不同。

2．MAC 地址

MAC（Media Access Control，物理地址、硬件地址或链路地址）地址一般不可改变，世界上每个以太网设备都具有唯一的 MAC 地址，每台计算机的 MAC 地址是世界上唯一的，MAC 地址不能由用户自己设定。

3．IP 地址与 MAC 地址在互联网中的作用

主要有以下几点：IP 地址的分配是根据网络的拓扑结构，而不是根据谁制造了网络设置。若将高效的路由选择方案建立在设备制造商的基础上而不是网络所处的拓扑位置基础上，这种方案是不可行的。当存在一个附加层的地址寻址时，设备更易于移动和维修。数据包在这些节点之间的移动都是由 ARP（Address Resolution Protocol，地址解析协议）负责将 IP 地址映射到 MAC 地址上来完成的。

4. MAC 和 IP 绑定的好处

计算机都提供了修改 IP 地址的方法，所以用户可以随意更改自己的 IP 地址，IP 地址的随意修改势必影响其他用户的正常上网，所以推行 IP 地址和 MAC 地址绑定，每一个分配的 IP 地址都要绑定到用户自己注册的 MAC 地址上，保证了用户的合法 IP 不被盗用和滥用，有效地保证了网络的安全和通信质量。

5. MAC 与 IP 的绑定方法

假如某台计算机的 IP 是 192.168.1.11，网卡的 MAC 地址是 00-11-2F-3F-96-88。如何查看 MAC 地址呢？在命令行下输入 ipconfig /all，回应如下：

```
Physical Address. . . . . . . . . : 00-11-2F-3F-96-88
DHCP Enabled. . . . . . . . . . . : No
IP Address. . . . . . . . . . . . : 192.168.1.11
Subnet Mask . . . . . . . . . . . : 255.255.255.0
Default Gateway . . . . . . . . . : 192.168.1.1
DNS Servers . . . . . . . . . . . : 61.177.7.1
Primary WINS Server . . . . . . . : 192.168.1.254
```

这些信息就是当前计算机的 IP 地址及 MAC 地址。

接着，在命令行下输入：arp -s 192.168.1.11 00-11-2F-3F-96-88，按【Enter】键，即可绑定。

如果要查看是否绑定，可以输入 arp -a 192.168.1.11，按【Enter】键，会得到如下提示：

```
Internet Address      Physical Address      Type
192.168.1.30          00-11-2f-3f-96-88     static
```

如果要删除呢？在命令行下输入：arp -d 192.168.1.30，按【Enter】键，即可删除。

如果要绑定网关呢？在命令行输入 arp -s 192.168.1.1 xx-xx-xx-xx-xx（网关的 MAC 地址），按【Enter】键，即可绑定。

查看 IP 地址和网卡的 MAC 地址。对于 Windows 98/Me，运行“winipcfg”，即可在对话框中看到 IP 地址，而“适配器地址”就是网卡的 MAC 地址。在 Windows 2000/XP 系统下，要在命令提示符下输入“ipconfig /all”，显示列表中的“Physical Address”就是 MAC 地址，“IP Address”就是 IP 地址；要将二者绑定，输入“arp -s IP 地址 MAC 地址”，如“arp -s 192.168.0.28 54-44-4B-B7-37-21”即可。

任务拓展

1. 简述 MAC 与 IP 绑定的优点。
2. MAC 与 IP 是如何绑定的？

任务八 生成树协议

任务描述

上海御恒信息科技公司已建有局域网。交换机之间为了容错，会增加一条冗余链路，这在某些时刻会导致广播风暴，技术部经理要求小张尽快熟悉生成树任务，小张按照经理的要求开始做以下任务分析。

任务分析

（1）交换机之间具有冗余链路本来是一件很好的事情，但是它可能引起的问题比它能够解决的问题还要多。如果你真的准备两条以上的路，就必然形成了一个环路，交换机并不知道如何处理环路，只是周而复始地转发帧，形成一个“死循环”，这个死循环会造成整个网络处于阻塞状态，导致网络瘫痪。

（2）采用生成树协议可以避免环路。生成树协议的根本目的是将一个存在物理环路的交换网络变成一个没有环路的逻辑树形网络。IEEE 802.1d 协议通过在交换机上运行一套复杂的算法 STA（spanning-tree algorithm），使冗余端口置于“阻断状态”，使得接入网络的计算机在与其他计算机通信时，只有一条链路生效，而当这个链路出现故障无法使用时，IEEE 802.1d 协议会重新计算网络链路，将处于“阻断状态”的端口重新打开，从而既保障了网络正常运转，又保证了冗余能力。

（3）任务所需设备：DCRS-5650 交换机两台（Software version is DCRS-5650-28_5.2.1.0）、PC 两台、Console 线两根，直通双绞线 4 ～ 8 根。

（4）任务实现的拓扑如图 1-21 所示。

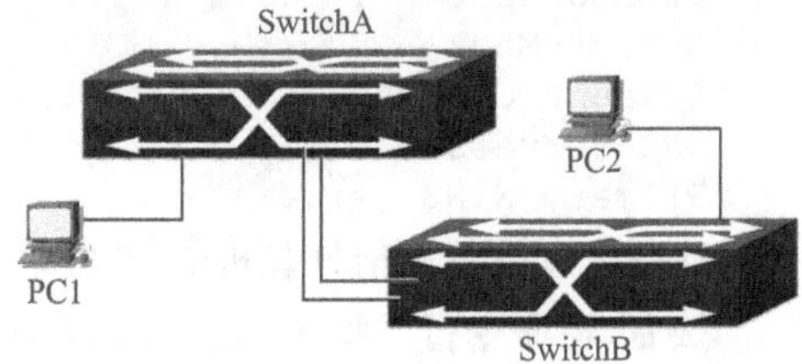

图 1-21　生成树任务

（5）IP 地址设置：

设　备	IP	Mask
交换机 A	192.168.1.11	255.255.255.0
交换机 B	192.168.1.12	255.255.255.0
PC1	192.168.1.101	255.255.255.0
PC2	192.168.1.102	255.255.255.0

（6）网线连接：

交换机 A　e0/0/1	交换机 B　e0/0/3
交换机 A　e0/0/2	交换机 B　e0/0/4
PC1	交换机 A　e0/0/24
PC2	交换机 B　e0/0/23

如果生成树成功，则 PC1 可以 ping 通 PC2。

任务实施

第一步：正确连接网线，恢复出厂设置之后，做初始配置

交换机 A：

```
switch#config
switch(Config)#hostname switchA
switchA(Config)#interface vlan 1
switchA(Config-If-Vlan1)#ip address 192.168.1.11 255.255.255.0
switchA(Config-If-Vlan1)#no shutdown
switchA(Config-If-Vlan1)#exit
switchA(Config)#
```

交换机 B：

```
switch#config
switch(Config)#hostname switchB
switchB(Config)#interface vlan 1
switchB(Config-If-Vlan1)#ip address 192.168.1.12 255.255.255.0
switchB(Config-If-Vlan1)#no shutdown
switchB(Config-If-Vlan1)#exit
switchB(Config)#
```

第二步：使用“PC1 ping PC2 –t ”观察现象。

ping 不通；

所有连接网线端口的绿灯频繁闪烁，表明该端口收发数据量很大，已经在交换机内部形成广播风暴。

使用命令“show cpu usage”观察两台交换机 CPU 使用率。

```
switchA#sh cpu usage

Last  5 second CPU IDLE:  96%
Last 30 second CPU IDLE:  96%
Last  5 minute CPU IDLE:  97%
From  running  CPU IDLE:  97%

switchB#sh cpu usage

Last  5 second CPU IDLE:  96%
Last 30 second CPU IDLE:  97%
Last  5 minute CPU IDLE:  97%
From  running  CPU IDLE:  97%
```

第三步：在两台交换机中都启用生成树协议。

```
switchA(Config)#spanning-tree
MSTP is starting now,  please wait..........
MSTP is enabled successfully.
switchA(Config)#

switchB(Config)#spanning-tree
MSTP is starting now,  please wait..........
MSTP is enabled successfully.
switchB(Config)#
```

验证配置：

```
switchA#show spanning-tree
                    -- MSTP Bridge Config Info --

Standard       :  IEEE 802.1s
Bridge MAC     :  00:03:0f:0f:6e:ad
Bridge Times :  Max Age 20,  Hello Time 2,  Forward Delay 15
Force Version:  3

########################### Instance 0 ###########################
Self Bridge Id    : 32768 -  00:03:0f:0f:6e:ad
Root Id           : 32768.00:03:0f:0b:f8:12
Ext.RootPathCost : 200000
Region Root Id    : this switch
```

```
Int.RootPathCost : 0
Root Port ID     : 128.1
Current port list in Instance 0:
Ethernet0/0/1 Ethernet0/0/2 (Total 2)

  PortName     ID      ExtRPC IntRPC State Role  DsgBridge           DsgPort
-------------- ------- ------- ------ ---   ----  ------------------  -------
Ethernet0/0/1 128.001 0       0      FWD   ROOT  32768.00030f0bf812 128.003
Ethernet0/0/2 128.002 0       0      BLK   ALTR  32768.00030f0bf812 128.004
switchB#show spanning-tree
                    -- MSTP Bridge Config Info --

Standard      :  IEEE 802.1s
Bridge MAC    :  00:03:0f:0b:f8:12
Bridge Times :  Max Age 20,  Hello Time 2,  Forward Delay 15
Force Version:  3

########################### Instance 0 ###########################
Self Bridge Id   : 32768 -  00:03:0f:0b:f8:12
Root Id          : this switch
Ext.RootPathCost : 0
Region Root Id   : this switch
Int.RootPathCost : 0
Root Port ID     : 0
Current port list in Instance 0:
Ethernet0/0/3 Ethernet0/0/4 (Total 2)

  PortName     ID      ExtRPC IntRPC State Role DsgBridge           DsgPort
-------------- ------- ------- ------ ----- ---- ------------------  -------
Ethernet0/0/3 128.003 0       0      FWD   DSGN 32768.00030f0bf812 128.003
Ethernet0/0/4 128.004 0       0      FWD   DSGN 32768.00030f0bf812 128.004
```

从 show 中可以看出，交换机 B 是根交换机，交换机 A 的 1 端口是根端口。

第四步：继续使用“PC1 ping PC2 –t ”观察现象。

拔掉交换机 B 端口 4 的网线，观察现象；再插上交换机 B 端口 4 的网线，观察现象。

任务小结

生成树任务要经过以下四步操作：

第一步：正确连接网线，恢复出厂设置之后，做初始配置。

第二步：使用“PC1 ping PC2 –t ”观察现象。

第三步：在两台交换机中都启用生成树协议。

第四步：继续使用“PC1 ping PC2 –t ”观察现象。

相关知识与技能

1. 生成树协议

生成树算法的网桥协议 STP（Spanning Tree Protocol）通过生成树保证一个已知的网桥在网络拓扑中沿一个环动态工作。网桥与其他网桥交换 BPDU 消息来监测环路，然后关闭选择的网桥接口取消环路，统指 IEEE 802.1 生成树协议标准和早期的数字设备合作生成树协议，该协议是基于后者产生的。

IEEE 版本的生成树协议支持网桥区域，它允许网桥在一个扩展本地网中建设自由环形拓扑结构。IEEE 版本的生成树协议通常为在数字版本之上的首选版本。

生成树协议拓扑结构的思路是：不论网桥（交换机）之间采用怎样的物理连接，网桥（交换机）能够自动发现一个没有环路的拓扑结构的网络，这个逻辑拓扑结构的网络必须是树形的。

生成树协议还能够确定有足够的连接通向整个网络的每一个部分。所有网络节点要么进入转发状态，要么进入阻塞状态，这样就建立了整个局域网的生成树。当首次连接网桥或者网络结构发生变化时，网桥都将进行生成树拓扑的重新计算。为稳定的生成树拓扑结构选择一个根桥，从一点传输数据到另一点，出现两条以上路径时只能选择一条距离根桥最短的活动路径。生成树协议这样的控制机制可以协调多个网桥（交换机）共同工作，使计算机网络可以避免因为一个接点的失败导致整个网络连接功能的丢失，而且冗余设计的网络环路不会出现广播风暴。例如，网络中，*A* 点到 *C* 点，有两条路可以走，当 *ABC* 的路径不通时，可以走 *ADC*。*C* 点到 *A* 点也是如此，路径 *CDA* 不通时可以走 *CBA*。

2. 802.1D 概述

（1）网桥标识（bridge ID）。非扩展的：网桥优先级（2 字节）+ MAC 地址。扩展的：网桥优先级（4 位）+ 系统标识（VLAN ID：12 位）+ MAC 地址。

（2）网桥协议数据单元（BPDU）：

配置（CFG）BPDU：初始时每个网桥都会发送，假设自己就是根网桥收敛后，只从根网桥发出，其他网桥在根端口接收后向下中继。拓扑改变提示（TCN）BGDU：当拓扑发生变化时，其他网桥可以从根端口发出该 BPDU，到达根网桥。根网桥在配置 BPDU 中设定 TCN 位，提示其他网桥快速清理 MAC 地址表。

（3）时间值：

HELLO 间隔：2 s，CFG BPDU 发送间隔。

MAX AGE：20 s，CFG BPDU 的保留时间。

FWD_DELAY：15 s，监听（listening）和学习（learning）的时间。

（4）路径代价：与链路速率相关，用于计算网桥间的距离。

（5）端口状态：

关闭（disable）：端口处于管理关闭状态。

阻塞（blocking）：不能转发用户数据。

监听（listening）：接口开始启动。

学习（learning）：学习 MAC 地址，构建 MAC 表进程项。

转发（forwarding）：可以转发用户数据

（6）选择标准：

最低的网桥标识号；最低的路径代价到根网桥；最低的发送者的网桥标识号；最低的端口标识号。

3. 802.1D 选择操作顺序

（1）选择一个根网桥：每个网络选择一个。

（2）选择一个根端口：每个非根网桥选择一个。

（3）选择一个指派端口：每个网段选择一个。
（4）非指派端口被放置在阻塞状态。

4．在园区网中实现生成树协议

实现优化的生成树拓扑：
（1）每个 VLAN 生成树协议（PVST）：每个 VLAN 有一个生成树的计算进程。
（2）根网桥的选择：楼内分布层交换机应该成为根网桥，即避免访问层交换机成为根网桥。
（3）生成树的负载平衡：配置不同的分布层交换机成为不同 VLAN 的根网桥。

5．配置根网桥：两种方式

（1）定义优先级：

```
(config)#spanning-tree vlan <vlan-id> priority <priority>
```

（2）定义交换机为根网桥：

```
(config)#spanning-tree vlan <vlan-id> root [primary|secondary]
```

6．加速生成树协议的收敛过程

端口快速（postfast)：
（1）端口立即从阻塞状态进入转发状态，不经过监听和学习状态。
（2）应该只将这一特性配置在连接终端主机的端口上，即不应配置在交换机间的端口上。

7．配置命令：两种方式

接口配置模式：

```
(config-if)#spanning-treeportfast
```

全局模式：对所有非骨干链路端口生效。

```
(config)#spanning-treeportfastdefault
```

8．快速生成树协议（RSTP）：802.1w

（1）端口状态：
丢弃（discarding）：不能转发用户数据。
学习（learning）：学习 MAC 地址，构建 MAC 表进程项。
转发（forwarding）：可以转发用户数据。
（2）端口类型：
根（root）端口：与 802.1D 相同。
指派（designated）端口：与 802.1D 相同。
预备（alternative）端口：端口被阻塞，作为根端口的备份。
备份（backup）端口：（learning）端口被阻塞，作为指派端口的备份。
（3）网桥协议数据单元：
数据字段：增加了 4 个字段描述位，说明端口的状态和类型。
CFG BPDU：直接在两个交换机间交换，如果丢失 3 个 BPDU，意味着链路拓扑发生改变。
TCN BPDU：直接在交换机间泛洪。
（4）快速收敛机制：
边缘（edge）端口：连接终端主机的端口，自动实现端口快速特性。

点到点链路：即全双工链路，自动实现快速端口状态改变，不再有 max-age 和 fwd-delay 的延迟。

（5）配置命令：

```
(config)#spanning-tree mode rapid-pvst
```

（6）校验命令：

```
#show spanning-tree vlan <vlan-id>     #debug spanning-tree
```

任务拓展

1．简述生成树协议的内容。

2．生成树如何进行配置？

任务九 交换机端口镜像

任务描述

上海御恒信息科技公司已建有局域网。公司的计算机访问外网经常出现上网慢，技术部经理要求小张对上网的流量进行监控，看是不是有机器在占用带宽，尽快熟悉交换机端口镜像，小张按照经理的要求开始做以下任务分析。

任务分析

（1）集线器无论收到什么数据，都会将数据按照广播的方式在各个端口发送出去，这个方式虽然造成网络带宽的浪费，但对网管设备来说，对网络数据的收集和监听是很有效的；交换机在收到数据帧之后，会根据目的地址的类型决定是否需要转发数据，而且如果不是广播数据，它只会将它发送给某一个特定的端口，这样的方式对网络效率的提高很有好处，但对于网管设备来说，在交换机连接的网络中监视所有端口的往来数据变得很困难。

（2）解决这个问题的办法之一就是在交换机中作配置，使交换机将某一端口的流量在必要的时候镜像给网管设备所在端口，从而实现网管设备对某一端口的监视。这个过程称为“端口镜像”。

（3）在交换式网络中，对网络数据的分析工作并没有像人们预想的那样变得更加快捷，由于交换机是进行定向转发的设备，因此网络中其他不相关的端口将无法收到其他端口的数据，比如网管的协议分析软件安装在一台接在端口 1 下的机器中，而如果想分析端口 2 与端口 3 设备之间的数据流量几乎就变得不可能了。

（4）端口镜像技术可以将一个源端口的数据流量完全镜像到另外一个目的端口进行实时分析。利用端口镜像技术，可以把端口 2 或 3 的数据流量完全镜像到端口 1 中进行分析。端口镜像完全不影响所镜像端口的工作。

（5）任务所需设备：DCRS-5650 交换机一台（Software version is DCRS-5650-28_5.2.1.0）、PC 三台、Console 线一根，直通双绞线三根。

（6）任务实现的拓扑如图 1-22 所示。

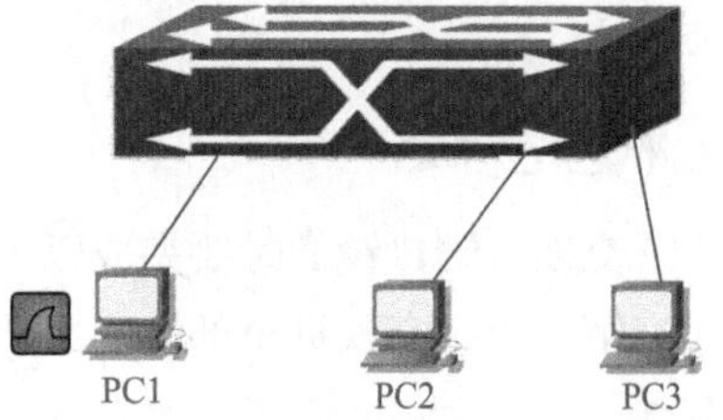

图 1-22 交换机端口镜像

（7）设备配置清单：

设　　备	IP	Mask	端　　口
PC1	192.168.1.101	255.255.255.0	交换机 e0/0/1
PC2	192.168.1.102	255.255.255.0	交换机 e0/0/2
PC3	192.168.1.103	255.255.255.0	交换机 e0/0/3

任务实施

第一步：交换机全部恢复出厂设置，配置端口镜像，将端口 2 或者端口 3 的流量镜像到端口 1。

```
DCRS-5650(Config)#monitor session 1 source interface ethernet 0/0/2 ?
  both                          -- Monitor received and transmitted traffic
  rx                            -- Monitor received traffic only
  tx                            -- Monitor transmitted traffic only
  <CR>
DCRS-5650(Config)#monitor session 1 source interface ethernet 0/0/2 both
DCRS-5650(Config)#monitor session 1 destination interface ethernet 0/0/1
DCRS-5650(Config)#
```

第二步：验证配置。

```
DCRS-5650#show monitor
source ports:
RX port: 0/0/2
TX port: 0/0/2
Destination Ethernet0/0/1 output packet preserve tag
DCRS-5650#
```

第三步：启动 Wireshark，使 PC2 ping PC3，查看是否可以捕捉到数据包，如图 1-23 所示。

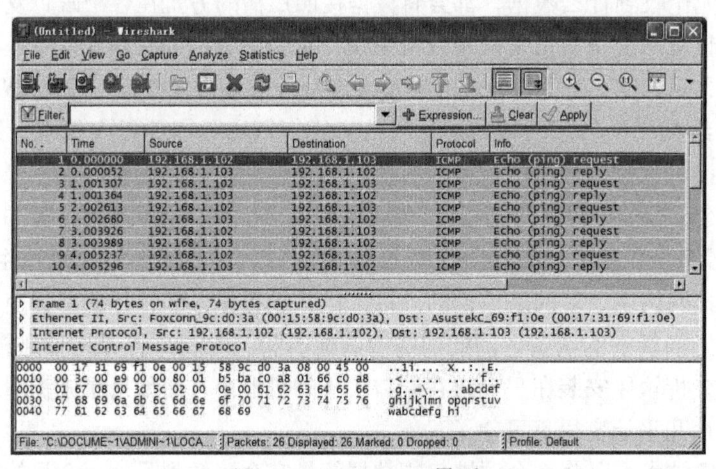

图 1-23　Wireshark 界面

任务小结

交换机端口镜像时要完成以下三步操作：

第一步：交换机全部恢复出厂设置，配置端口镜像，将端口 2 或者端口 3 的流量镜像到端口 1。

第二步：验证配置。

第三步：启动 Wireshark，使 PC2 ping PC3，查看是否可以捕捉到数据包。

相关知识与技能

1. 端口镜像

端口镜像就是运用路由器和交换机，限制一个或者多个数据交换的端口从而实现对流量的监控和控制，通过端口镜像对网络进行监控分析。主要用于企业的内部网络，能够很好地监控数据的交流情况。同时还可以进行网络故障的快速定位，利于企业网络的稳定正常运行。

2. 端口镜像配置方法

一般情况下端口镜像的设置方法有两种。

（1）运用 port Mirroring 技术控制流量，这种方法造价较高，比较适合公司的局域网使用。设置方法：将网络主服务器与互联网相互连接，同时接通使用的计算机，按【Windows+R】组合键弹出“运行”对话框，输入 reasan，进入网络端口，这时将网络镜像光盘放入计算机的光驱中，打开“我的电脑”，打开光盘文件夹并启动“端口镜像 .ios”文件，这时计算机提示选择打开此文件的应用程序。选择运用 Cisco 的交换机进行打开。这时就可以看到计算机提示是否启动安装程序，单击“是”按钮。之后按着提示的步骤将端口镜像安装到计算机中。等安装完成后再进入计算机网络端口，单击“刷新”按钮之后就会在计算机上出现端口镜像。重新启动计算机。开机时按【F12】进入网络端口，在其中即可监控流量的交换。

（2）根据自己每个月使用的流量来交网费。这种方法十分简单，适合家庭中使用，但是监控数据并不太准确。首先，计算机连接网络，在“运行”对话框中输入 naviganting，弹出 Mitt 菜单的信息，单击源端口（这就是监控流量数据的来源），建立接受来自源端口的流量，单击 Appesa 进行确定。重启计算机后在桌面右上角即可看到具体流量。

配置镜像源端口：

```
Switch(config)#monitor session 1 source interface ethernet 1/2-3 both
```

配置镜像的目的端口：

```
Switch(config)#monitor session 1 destination interface ethernet 1/1
```

设置端口镜像最主要的就是端口命令的设置，端口命令设置不好就会直接导致网络服务中断。所以在端口镜像设置时一定要按照以上步骤进行操作。

3. 端口镜像的目的

由于部署 IDS 产品需要监听网络流量（网络分析仪同样也需要），但是在目前广泛采用的交换网络中监听所有流量有相当大的困难，因此需要通过配置交换机把一个或多个端口（VLAN）的数据转发到某一个端口来实现对网络的监听。

4. 端口镜像的功能

监视到进出网络的所有数据包，供安装了监控软件的管理服务器抓取数据，如网吧需提供此功能把数据发往有关部门审查。而企业出于信息安全、保护公司机密的需要，也迫切需要网络中有一个端口能提供这种实时监控功能。在企业中用端口镜像功能，可以很好地对企业内部的网络数据进行监控管理，在网络出现故障时，可以做到很好的故障定位。一般通过配置端口镜像，安装网络监控上网行为管理软件即可实现对整个网络的监控。

注：交换机把某一个端口接收或发送的数据帧完全相同的复制给另一个端口；其中被复制的端口称为镜像源端口，复制的端口称为镜像目的端口。

5. 端口镜像工作原理

SPAN（Switched Port Analyzer）的作用主要是给某种网络分析器提供网络数据流。

它既可以实现一个 VLAN 中若干个源端口向一个监控端口镜像数据，也可以从若干个 VLAN 向一个监控端口镜像数据。源端口的 5 号端口上流转的所有数据流均被镜像至 10 号监控端口，而数据分析设备通过监控端口接收了所有来自 5 号端口的数据流。值得注意的是，源端口和镜像端口必须位于同一台交换机上（但也有例外，如 Catalyst 6000 系列交换机）；而且 SPAN 并不会影响源端口的数据交换，它只是将源端口发送或接收的数据包副本发送到监控端口。

6. 端口镜像配置注意事项

（1）配置端口镜像时，如果需要将设备收到和发出的数据包镜像。需要使用“monitor session 4 source cpu”命令将 CPU 的收发包镜像出来。镜像 CPU 流量时，Session 号必须为 4。

（2）针对箱式交换机（比如 DCRS-7608），每一块板卡只能配置一条镜像的 Session。比如在箱式设备上，已将 1 槽的 1 口镜像到 1 槽的 2 口，就无法再写入源或目的是 1 槽的其他镜像命令。

（3）需要将镜像流量分配到多个端口时，镜像的目的端口只能是 1 个端口。

任务拓展

1. 简述什么是端口镜像。
2. 简述如何配置端口镜像。

任务十 多层交换机 VLAN 的划分和 VLAN 间路由

任务描述

上海御恒信息科技公司已建有局域网。公司为了提高网络通信效率，根据部门划分不同 VLAN，同时要求不同 VLAN 之间也需要互相访问，技术部经理要求小张尽快熟悉多层交换机 VLAN 的划分和 VLAN 间路由，小张按照经理的要求开始做以下任务分析。

任务分析

（1）公司软件开发部的 IP 地址段是 192.168.10.0/24，多媒体开发部的 IP 地址段是 192.168.20.0/24，为了保证它们之间的数据互不干扰，也不影响各自的通信效率，划分了 VLAN，使两个部门属于不同的 VLAN。

（2）两个部门有时也需要相互通信，此时就要利用三层交换机划分 VLAN。

（3）任务所需设备：DCRS-5650 交换机一台（Software version is DCRS-5650-28_5.2.1.0）、PC 两台、Console 线一根，直通双绞线若干。

（4）任务实现的拓扑如图 1-24 所示。

（5）使用一台交换机和两台 PC，将 PC2 作为控制台终端，使用 Console 口配置方式；使用两根网线分别将 PC1 和 PC2 连接到交换机的 RJ-45 接口上。

（6）在交换机上划分两个基于端口的 VLAN：VLAN100、VLAN200。

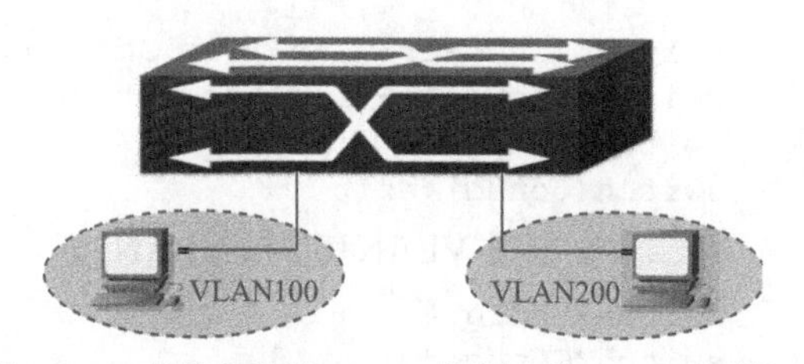

图 1-24　多层交换机 VLAN 的划分和 VLAN 间路由

VLAN	端口成员
100	0/0/1~0/0/12
200	0/0/13~0/0/24

（7）使得 VLAN100 的成员能够互相访问，VLAN200 的成员能够互相访问；VLAN100 和 VLAN200 成员之间不能互相访问。

（8）PC1 和 PC2 的网络设置如下：

配置 I

设　备	端　口	IP	网关 1	Mask
交换机 A		192.168.1.1	无	255.255.255.0
VLAN100		无	无	255.255.255.0
VLAN200		无	无	255.255.255.0
PC1	1~12	192.168.1.101	无	255.255.255.0
PC2	13~24	192.168.1.102	无	255.255.255.0

配置 II

设　备	端　口	IP	网关 1	Mask
交换机 A		192.168.1.1	无	255.255.255.0
VLAN100		192.168.10.1	无	255.255.255.0
VLAN200		192.168.20.1	无	255.255.255.0
PC1	1~12	192.168.10.11	192.168.10.1	255.255.255.0
PC2	13~24	192.168.20.11	192.168.20.1	255.255.255.0

（9）各设备的 IP 地址首先使用配置 I 地址，使用 PC1 ping PC2，不通。

（10）再使用配置 II 地址，并在交换机上配置 VLAN 接口 IP 地址，使用 PC1 ping PC2，则通，该通信属于 VLAN 间通信，要经过三层设备的路由。若任务结果和理论相符，则本任务完成。

任务实施

第一步：交换机恢复出厂设置。

```
switch#set default
switch#write
switch#reload
```

第二步：给交换机设置 IP 地址，即管理 IP。

```
switch#config
switch(Config)#interface vlan 1
```

```
switch(Config-If-Vlan1)#ip address 192.168.1.1 255.255.255.0
switch(Config-If-Vlan1)#no shutdown
switch(Config-If-Vlan1)#exit
switch(Config)#exit
```

第三步：创建 VLAN100 和 VLAN200。

```
switch(Config)#
switch(Config)#vlan 100
switch(Config-Vlan100)#exit
switch(Config)#vlan 200
switch(Config-Vlan200)#exit
switch(Config)#
```

验证配置：

```
switch#show vlan
VLAN    Name          Type       Media     Ports
----    ------------  ---------- --------- --------------------------------
1       default       Static     ENET      Ethernet0/0/1        Ethernet0/0/2
                                           Ethernet0/0/3        Ethernet0/0/4
                                           Ethernet0/0/5        Ethernet0/0/6
                                           Ethernet0/0/7        Ethernet0/0/8
                                           Ethernet0/0/9        Ethernet0/0/10
                                           Ethernet0/0/11       Ethernet0/0/12
                                           Ethernet0/0/13       Ethernet0/0/14
                                           Ethernet0/0/15       Ethernet0/0/16
                                           Ethernet0/0/17       Ethernet0/0/18
                                           Ethernet0/0/19       Ethernet0/0/20
                                           Ethernet0/0/21       Ethernet0/0/22
                                           Ethernet0/0/23       Ethernet0/0/24
                                           Ethernet0/0/25       Ethernet0/0/26
                                           Ethernet0/0/27       Ethernet0/0/28

100   VLAN0100      Static     ENET
200   VLAN0200      Static     ENET
```

第四步：给 VLAN100 和 VLAN200 添加端口。

```
switch(Config)#vlan 100                    ! 进入 vlan 100
switch(Config-Vlan100)#switchport interface ethernet 0/0/1-12
Set the port Ethernet0/0/1 access vlan 100 successfully
Set the port Ethernet0/0/2 access vlan 100 successfully
Set the port Ethernet0/0/3 access vlan 100 successfully
Set the port Ethernet0/0/4 access vlan 100 successfully
Set the port Ethernet0/0/5 access vlan 100 successfully
Set the port Ethernet0/0/6 access vlan 100 successfully
Set the port Ethernet0/0/7 access vlan 100 successfully
Set the port Ethernet0/0/8 access vlan 100 successfully
Set the port Ethernet0/0/9 access vlan 100 successfully
Set the port Ethernet0/0/10 access vlan 100 successfully
Set the port Ethernet0/0/11 access vlan 100 successfully
Set the port Ethernet0/0/12 access vlan 100 successfully
switch(Config-Vlan100)#exit
switch(Config)#vlan 200                     ! 进入 vlan 200
switch(Config-Vlan200)#switchport interface ethernet 0/0/13-24
Set the port Ethernet0/0/13 access vlan 200 successfully
Set the port Ethernet0/0/14 access vlan 200 successfully
Set the port Ethernet0/0/15 access vlan 200 successfully
Set the port Ethernet0/0/16 access vlan 200 successfully
```

```
Set the port Ethernet0/0/17 access vlan 200 successfully
Set the port Ethernet0/0/18 access vlan 200 successfully
Set the port Ethernet0/0/19 access vlan 200 successfully
Set the port Ethernet0/0/20 access vlan 200 successfully
Set the port Ethernet0/0/21 access vlan 200 successfully
Set the port Ethernet0/0/22 access vlan 200 successfully
Set the port Ethernet0/0/23 access vlan 200 successfully
Set the port Ethernet0/0/24 access vlan 200 successfully
switch(Config-Vlan200)#exit
```

验证配置：

```
switch#show vlan
VLAN Name         Type       Media     Ports
---- ------------ ---------- --------- ----------------------------------------
1    default      Static     ENET      Ethernet0/0/25          Ethernet0/0/26
                                       Ethernet0/0/27          Ethernet0/0/28
100  VLAN0100     Static     ENET      Ethernet0/0/1           Ethernet0/0/2
                                       Ethernet0/0/3           Ethernet0/0/4
                                       Ethernet0/0/5           Ethernet0/0/6
                                       Ethernet0/0/7           Ethernet0/0/8
                                       Ethernet0/0/9           Ethernet0/0/10
                                       Ethernet0/0/11          Ethernet0/0/12
200  VLAN0200     Static     ENET      Ethernet0/0/13          Ethernet0/0/14
                                       Ethernet0/0/15          Ethernet0/0/16
                                       Ethernet0/0/17          Ethernet0/0/18
                                       Ethernet0/0/19          Ethernet0/0/20
                                       Ethernet0/0/21          Ethernet0/0/22
                                       Ethernet0/0/23          Ethernet0/0/24
switch#
```

第五步：验证任务。

配置 I 的地址

PC1 位置	PC2 位置	动　　作	结　　果
0/0/1 ~ 0/0/12 端口	0/0/13 ~ 0/0/24 端口	PC1 ping PC2	不通

第六步：添加 VLAN 地址。

```
switch(Config)#interface vlan 100
switch(Config-If-Vlan100)# %Jan 01 00:00:59 2006 %LINK-5-CHANGED: Interface
Vlan100, changed state to UP
switch(Config-If-Vlan100)#ip address 192.168.10.1 255.255.255.0
switch(Config-If-Vlan100)#no shut
switch(Config-If-Vlan100)#exit
switch(Config)#interface vlan 200
switch(Config-If-Vlan200)# %Jan 01 00:00:59 2006 %LINK-5-CHANGED: Interface
Vlan100, changed state to UP
switch(Config-If-Vlan200)#ip address 192.168.20.1 255.255.255.0
switch(Config-If-Vlan200)#no shut
switch(Config-If-Vlan200)#exit
switch(Config)#
```

按要求连接 PC1 与 PC2，验证配置：

```
switch#show ip route
Codes: K - kernel, C - connected, S - static, R - RIP, B - BGP
       O - OSPF, IA - OSPF inter area
       N1 - OSPF NSSA external type 1, N2 - OSPF NSSA external type 2
```

```
        E1 - OSPF external type 1, E2 - OSPF external type 2
        i - IS-IS, L1 - IS-IS level-1, L2 - IS-IS level-2, ia - IS-IS inter area
        * - candidate default

C        127.0.0.0/8 is directly connected, Loopback
C        192.168.10.0/24 is directly connected, Vlan100
C        192.168.20.0/24 is directly connected, Vlan200
switch#
```

任务小结

多层交换机 VLAN 的划分和 VLAN 间路由要完成以下六步操作：

第一步：交换机恢复出厂设置。

第二步：给交换机设置 IP 地址，即管理 IP。

第三步：创建 VLAN100 和 VLAN200。

第四步：给 VLAN100 和 VLAN200 添加端口。

第五步：验证任务。

第六步：添加 VLAN 地址。

相关知识与技能

1. VLAN

VLAN（Virtual Local Area Network，虚拟局域网）是一组逻辑上的设备和用户，这些设备和用户并不受物理位置的限制，可以根据功能、部门及应用等因素将它们组织起来，相互之间的通信就好像它们在同一个网段中一样，由此得名虚拟局域网。VLAN 是一种比较新的技术，工作在 OSI 参考模型的第 2 层和第 3 层，一个 VLAN 就是一个广播域，VLAN 之间的通信是通过第 3 层路由器完成的。与传统的局域网技术相比较，VLAN 技术更加灵活，它具有以下优点：网络设备的移动、添加和修改的管理开销减少；可以控制广播活动；可提高网络的安全性。在计算机网络中，一个二层网络可以被划分为多个不同的广播域，一个广播域对应一个特定的用户组，默认情况下这些不同的广播域是相互隔离的。不同的广播域之间想要通信，需要通过一个或多个路由器。这样的一个广播域称为 VLAN。

> **注意**
>
> IP 划分 VLAN 只能在 hybrid 端口上划分；IP 划分 VLAN 仅对 untagged 报文生效；接口默认没有开启 IP 划分 VLAN 功能。

2. VLAN 配置要点：

第一步：建立 VLAN

第二步：（VLAN 模式）设置 IP 子网 VLAN 地址。

```
ip-subnet-vlan ip X.X.X.X 掩码位数
```

第三步：进入指定接口视图设置接口为 hybrid 类型。

```
port link-type hybrid port link-type hybrid
```

第四步：设置接口允许通过指定的子网 VLAN 报文

第五步：开启接口的 IP 子网划分 VLAN 功能。

```
ip-subnet-vlan enable
```

3．VLAN 的技术原理

（1）VLAN 是指在一个物理网段内进行逻辑的划分，划分成若干个虚拟局域网，VLAN 最大的特性是不受物理位置的限制，可以进行灵活划分。VLAN 具备了一个物理网段所具备的特性。相同 VLAN 内的主机可以相互直接通信，不同 VLAN 间的主机之间互相访问必须经路由设备进行转发，广播数据包只可以在本 VLAN 内进行广播，不能传输到其他 VLAN 中。

（2）Port VLAN 是实现 VLAN 的方式之一，它利用交换机的端口进行 VLAN 的划分，一个端口只能属于一个 VLAN。

（3）Tag VLAN 是基于交换机端口的另一种类型，主要用于交换机的相同 VLAN 内的主机之间直接访问，同时对不同 VLAN 的主机进行隔离。Tag VLAN 遵循 IEEE 802.1Q 协议的标准，在使用配置了 Tag VLAN 的端口进行数据传输时，需要在数据帧内添加 4 字节的 802.1Q 标签信息，用于标识该数据帧属于哪个 VLAN，便于对端交换机接收到数据帧后进行准确过滤。

4．多层交换设备进行 VLAN 的划分

例如：三层交换机划分了三个 VLAN，想实现 VLAN1 与 VLAN2、VLAN3 互访，VLAN2 与 VLAN3 不能互访，可在三个 VLAN 下分别配三段地址（如 ip address 等），然后在全局模式下配 acl 访问列表，例如：

```
acl 3000 match-o
de
auto

ule no
mal deny ip sou
ce   0.0.0.255 destination   0.0

.0.255

ule no
mal deny ip sou
ce   0.0.0.255 destination   0.0

.0.255


ule no
mal deny ip sou
ce   0.0.0.255 destination   0.0

.0.255


ule no
mal deny ip sou
ce   0.0.0.255 destination   0.0
```

```
.0.255

ule no
mal pe
mit ip sou
ce   0.0.0.255 destination   0

.0.0.255

ule no
mal pe
mit ip sou
ce   0.0.0.255 destination   0

.0.0.255
```

让该通的通，不该通的不通（pemit 表示通，deny 表示不通）。

任务拓展

1．简述 VLAN 的原理。

2．简述 VLAN 的配置要点。

任务十一 静态方法实现交换机之间的链路聚合

任务描述

上海御恒信息科技公司已建有局域网。为了提高交换机之间链路的带宽及容错，技术部经理要求小张尽快熟悉静态方法实现交换机之间的链路聚合，小张按照经理的要求开始做以下任务分析。

任务分析

（1）两个部门分别使用一台交换机提供 20 多个信息点，两个部门的互通通过一根级联网线。每个部门的信息点都是百兆到桌面。两个部门之间的带宽也是 100 Mbit/s，如果任务室之间需要大量传输数据，就会明显感觉带宽资源紧张。当楼层之间大量用户都希望以 100 Mbit/s 传输数据时，楼层间的链路就呈现出了独木桥的状态，必然造成网络传输效率下降等后果。

（2）解决这个问题的办法就是提高楼层主交换机之间的连接带宽，实现的方法可以是采用千兆端口替换原来的 100 Mbit/s 端口进行互连，但这样无疑会增加组网的成本，需要更新端口模块，并且线缆也需要作进一步的升级。另一种相对经济的升级办法就是链路聚合技术。

（3）顾名思义，链路聚合是将几个链路作聚合处理，这几个链路必须同时连接两个相同的设备，这样，当作了链路聚合之后就可以实现几个链路相加的带宽。比如，可以将 4 个 100 Mbit/s 链路使用链路聚合作成一个逻辑链路，这样在全双工条件下就可以达到 800 Mbit/s

的带宽，即将近 1000 Mbit/s 的带宽。这种方式比较经济，实现也相对容易。

（4）任务所需设备：DCS-3926S 二层交换机两台、PC 两台、Console 线两根，直通双绞线 4～8 根。

（5）任务实现的拓扑如图 1-25 所示。

（6）设备配置清单如下：（如果链路聚合成功，则 PC1 可以 ping 通 PC2）

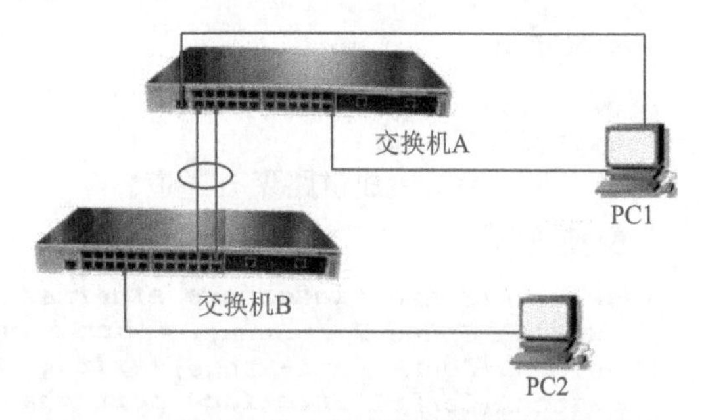

图 1-25 静态方法实现交换机之间的链路聚合

设 备	IP	Mask	端 口
交换机 A	192.168.1.11	255.255.255.0	0/0/1-2 聚合
交换机 B	192.168.1.12	255.255.255.0	0/0/3-4 聚合
PC1	192.168.1.101	255.255.255.0	交换机 A 0/0/23
PC2	192.168.1.102	255.255.255.0	交换机 B 0/0/24

任务实施

第一步：正确连接网线，交换机全部恢复出厂设置，做初始配置（IP 地址为可选配置），注意交换机之间只连接一根网线，以避免广播风暴出现。

交换机 A：

```
switch#config
switch(Config)#hostname switchA
switchA(Config)#interface vlan 1
switchA(Config-If-Vlan1)#ip address 192.168.1.11 255.255.255.0
switchA(Config-If-Vlan1)#no shutdown
switchA(Config-If-Vlan1)#exit
```

交换机 B：

```
switch#config
switch(Config)#hostname switchB
switchB(Config)#interface vlan 1
switchB(Config-If-Vlan1)#ip address 192.168.1.12 255.255.255.0
switchB(Config-If-Vlan1)#no shutdown
switchB(Config-If-Vlan1)#exit
```

第二步：创建 port group。

交换机 A：

```
switchA(Config)#port-group 1
switchA(Config)#
```

验证配置：

```
switchA#show port-group detail
Sorted by the ports in the group 1:
-------------------------------------------------
switchA#show port-group brief
Port-group number : 1
Number of ports in port-group : 0   Maxports in port-channel = 8
Number of port-channels : 0   Max port-channels : 1
switchA#
```

交换机 B

```
switchB(Config)#port-group 2
switchB(Config)#
```

第三步：手工生成链路聚合通道。

交换机 A：

```
switchA(Config)#interface ethernet 0/0/1-2
switchA(Config-Port-Range)#port-group 1 mode on          //注意双端模式匹配性
switchA(Config-Port-Range)#exit
switchA(Config)#interface port-channel 1
switchA(Config-If-Port-Channel1)#
```

注

此时由于是静态配置，故在对端没有配置时亦有通道建立完成。使用动态方式则需要等待协议协商完毕才会形成通道。

验证配置：

```
switchA#show vlan
VLAN  Name          Type        Media      Ports
----  ------------  ----------  ---------  ----------------------------------
1     default       Static      ENET       Ethernet0/0/3      Ethernet0/0/4
                                           Ethernet0/0/5      Ethernet0/0/6
                                           Ethernet0/0/7      Ethernet0/0/8
                                           Ethernet0/0/9      Ethernet0/0/10
                                           Ethernet0/0/11     Ethernet0/0/12
                                           Ethernet0/0/13     Ethernet0/0/14
                                           Ethernet0/0/15     Ethernet0/0/16
                                           Ethernet0/0/17     Ethernet0/0/18
                                           Ethernet0/0/19     Ethernet0/0/20
                                           Ethernet0/0/21     Ethernet0/0/22
                                           Ethernet0/0/23     Ethernet0/0/24
                                           Port-Channel1
switchA#                                       //port-channel1 已经存在
```

交换机 B：

```
switchB(Config)#int e 0/0/3-4
switchB(Config-Port-Range)#port-group 2 mode on
switchB(Config-Port-Range)#exit
switchB(Config)#interface port-channel 2
switchB(Config-If-Port-Channel2)#
```

验证配置：

```
switchB#show port-group brief
Port-group number : 2
Number of ports in port-group : 2   Maxports in port-channel = 8
Number of port-channels : 1   Max port-channels : 1

switchB#
```

第四步：使用 ping 命令验证。

交换机 A	交换机 B	结　果	原　因
0/0/1 0/0/2	0/0/3 0/0/4	通	链路聚合组连接正确
0/0/1 0/0/2	0/0/3	通	拔掉交换机 B 端口 4 的网线，仍然可以通（需要一点时间），此时用 show vlan 命令查看结果，port-channel 消失。只有一个端口连接时，没有必要再维持一个 port-channel
0/0/1 0/0/2	0/0/5 0/0/6	通	等候一小段时间，仍然是通的。用 show vlan 命令查看结果。此时把两台交换机的 spanning-tree 功能关闭

使用 PC1 ping PC2。

任务小结

静态方法实现交换机之间的链路聚合要实现以下四步操作：

第一步：正确连接网线，交换机全部恢复出厂设置，做初始配置。

第二步：创建 port group。

第三步：手工生成链路聚合通道。

第四步：使用 ping 命令验证。

相关知识与技能

1. 链路聚合

链路聚合（Link Aggregation）是指将多个物理端口捆绑在一起，成为一个逻辑端口，以实现出 / 入流量在各成员端口中的负荷分担，交换机根据用户配置的端口负荷分担策略决定报文从哪个成员端口发送到对端的交换机。当交换机检测到其中一个成员端口的链路发生故障时，就停止在此端口上发送报文，并根据负荷分担策略在剩下链路中重新计算报文发送的端口，故障端口恢复后重新计算报文发送端口。链路聚合在增加链路带宽、实现链路传输弹性和冗余等方面是一项很重要的技术。

简单地说，链路聚合是将两个或更多数据信道结合成单个信道，该信道以单个更高带宽的逻辑链路出现。链路聚合一般用来连接一个或多个带宽需求大的设备，例如连接骨干网络的服务器或服务器群。

如果聚合的每个链路都遵循不同的物理路径，则聚合链路也提供冗余和容错。通过聚合调制解调器链路或者数字线路，链路聚合可用于改善对公共网络的访问。链路聚合也可用于企业网络，以便在吉比特以太网交换机之间构建多吉比特的主干链路。

2. 链路聚合的优点

逻辑链路的带宽增加了大约 $(n-1)$ 倍，这里，n 为聚合的路数。另外，聚合后，可靠性大大提高，因为 n 条链路中只要有一条可以正常工作，则这个链路就可以工作。除此之外，链路聚合可以实现负载均衡。因为，通过链路聚合连接在一起的两个（或多个）交换机（或其他网络设备），通过内部控制，也可以合理地将数据分配在被聚合连接的设备上，实现负载分担。

因为通信负载分布在多个链路上，所以链路聚合有时称为负载平衡。但是负载平衡作为一种数据中心技术，利用该技术可以将来自客户机的请求分布到两个或更多的服务器上。聚合有时称为反复用或 IMUX。如果多路复用是将多个低速信道合成为单个高速链路的聚合，那么反复用就是将多个链路上的数据“分散”。它允许以某种增量尺度配置分数带宽，以满足带宽要求。链路聚合又称中继。

按需带宽或结合是指按需要添加线路以增加带宽的能力。在该方案中，线路按带宽的需求自动连接起来。聚合通常伴随着 ISDN 连接。基本速率接口支持两个 64 kbit/s 的链路。一个可用于电话呼叫，而另一个可同时用于数据链路。可以结合这两个链路以建立 128 kbit/s 的数据链路。

3．链路聚合的特性及方式

增加网络带宽，链路聚合可以将多个链路捆绑成为一个逻辑链路，捆绑后的链路带宽是每个独立链路的带宽总和。提高网络连接的可靠性，链路聚合中的多个链路互为备份，当有一条链路断开，流量会自动在剩下链路间重新分配。

链路聚合的方式主要有以下两种：静态 Trunk（静态 Trunk 将多个物理链路直接加入 Trunk 组，形成一条逻辑链路）；动态 LACP：LACP（Link Aggregation Control Protocol，链路聚合控制协议）是一种实现链路动态汇聚的协议。LACP 协议通过 LACPDU（Link Aggregation Control Protocol Data Unit，链路聚合控制协议数据单元）与对端交互信息。激活某端口的 LACP 协议后，该端口将通过发送 LACPDU 向对端通告自己的系统优先级、系统 MAC 地址、端口优先级和端口号。对端接收到这些信息后，将这些信息与自己的属性比较，选择能够聚合的端口，从而双方可以对端口加入或退出某个动态聚合组达成一致。链路聚合往往用在两个重要节点或繁忙节点之间，既能增加互连带宽，又提供了连接的可靠性。

任务拓展

1．简述链路聚合技术。

2．简述链路聚合技术的静态配置是如何实现的。

任务十二 三层交换机 MAC 与 IP 的绑定

任务描述

上海御恒信息科技公司已建有局域网。由于业务的需要，技术部经理要求小张尽快熟悉三层交换机 MAC 与 IP 的绑定，小张按照经理的要求开始做以下任务分析。

任务分析

（1）在前面的任务中介绍了使用二层交换机的 AM 功能可以实现 MAC 和 IP 的绑定，在本任务中将结合前面学到的 ACL，就三层交换机的 MAC-IP 绑定展开任务。

（2）任务所需设备：DCS-3926S 交换机两台（Software version is DCS-3926S_6.1.12.0）、PC 两台、Console 线两根，直通双绞线 4 ～ 8 根。

（3）任务实现的拓扑如图 1-26 所示。

（4）交换机 IP 地址为 192.168.1.11/24，PC1 的地址为 192.168.1.101/24；PC2 的地址为 192.168.1.102/24。

（5）在交换机 0/0/1 端口上作 PC1 的 IP、MAC 与端口绑定。

（6）PC1 在 0/0/1 上 ping 交换机的 IP，检验理论是否和任务一致。

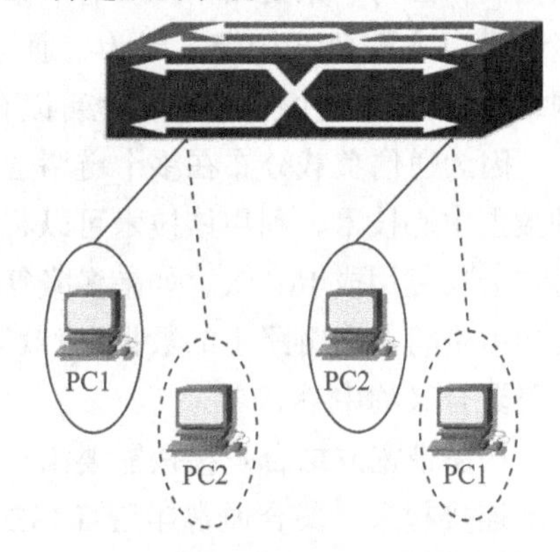

图 1-26　三层交换机 MAC 与 IP 的绑定

（7）PC2 在 0/0/1 上 ping 交换机的 IP，检验理论是否和任务一致。

（8）PC1 和 PC2 在其他端口上 ping 交换机的 IP，检验理论是否和任务一致。

任务实施

第一步：得到 PC1 主机的 MAC 地址，如图 1-27 所示。

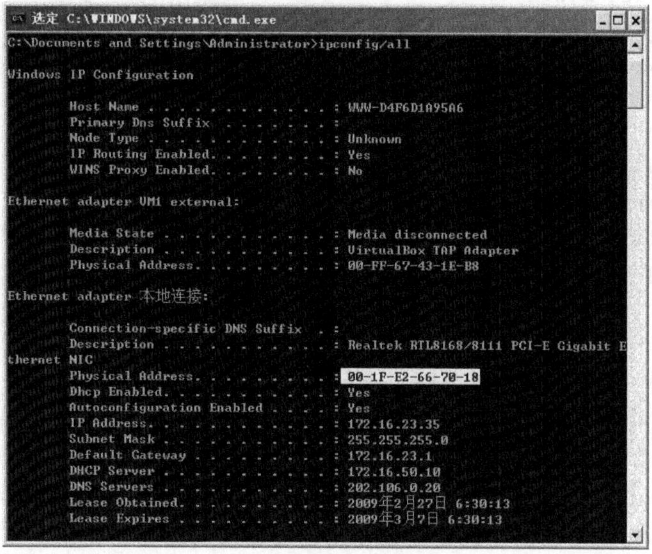

```
选定 C:\WINDOWS\system32\cmd.exe
C:\Documents and Settings\Administrator>ipconfig/all

Windows IP Configuration

        Host Name . . . . . . . . . . . . : WWW-D4F6D1A95A6
        Primary Dns Suffix  . . . . . . . :
        Node Type . . . . . . . . . . . . : Unknown
        IP Routing Enabled. . . . . . . . : Yes
        WINS Proxy Enabled. . . . . . . . : No

Ethernet adapter VM1 external:

        Media State . . . . . . . . . . . : Media disconnected
        Description . . . . . . . . . . . : VirtualBox TAP Adapter
        Physical Address. . . . . . . . . : 00-FF-67-43-1E-B8

Ethernet adapter 本地连接:

        Connection-specific DNS Suffix  . :
        Description . . . . . . . . . . . : Realtek RTL8168/8111 PCI-E Gigabit E
thernet NIC
        Physical Address. . . . . . . . . : 00-1F-E2-66-70-18
        Dhcp Enabled. . . . . . . . . . . : Yes
        Autoconfiguration Enabled . . . . : Yes
        IP Address. . . . . . . . . . . . : 172.16.23.35
        Subnet Mask . . . . . . . . . . . : 255.255.255.0
        Default Gateway . . . . . . . . . : 172.16.23.1
        DHCP Server . . . . . . . . . . . : 172.16.50.10
        DNS Servers . . . . . . . . . . . : 202.106.0.20
        Lease Obtained. . . . . . . . . . : 2009年2月27日 6:30:13
        Lease Expires . . . . . . . . . . : 2009年3月7日 6:30:13
```

图 1-27　得到 PC1 主机的 MAC 地址

得到 PC1 主机的 MAC 地址为：00-1F-E2-66-70-18。

第二步：交换机全部恢复出厂设置，配置交换机的 IP 地址。

```
switch(Config)#interface vlan 1
switch(Config-If-Vlan1)#ip address 192.168.1.11 255.255.255.0
switch(Config-If-Vlan1)#no shut
switch(Config-If-Vlan1)#exit
switch(Config)#
```

第三步：配置全局 MAC-IP 命名访问表。

```
switch(Config)# mac-ip-access-list extended try10
switch(Config-MacIp-Ext-Nacl-try10)#permit host-source-mac 00-17-31-69-f1-0e any-destination-mac ip host-source 192.168.1.101 any-destination
switch(Config-MacIp-Ext-Nacl-try10)#deny any-source-mac any-destination-mac ip any-source any-destination
switch(Config-MacIp-Ext-Nacl-try10)#exit
```

验证配置：

```
switch# sh access-lists
mac-ip-access-list extended try10(used 1 time(s))
    permit host-source-mac 00-17-31-69-f1-0e any-destination-mac ip host-source 192.168.1.101 any-destination
deny any-source-mac any-destination-mac ip any-source any-destination
```

第四步：配置访问控制列表功能开启，默认动作为全部开启。

```
switchA(Config)#firewall enable
switchA(Config)#firewall default permit
switchA(Config)#
```

验证配置：

```
switchA#show firewall
Fire wall is enabled.
Firewall default rule is to permit any ip packet.
switchA#
```

第五步：绑定 ACL 到试验端口。

```
switchA(Config)#interface ethernet 1/1
switchA(Config-Ethernet1/1)# mac-ip access-group try10 in
switchA(Config-Ethernet1/1)#
```

验证配置：

```
switchA#show access-group
interface name:Ethernet0/0/1
   MAC-IP Ingress access-list used is try10, traffic-statistics Disable.
```

第六步：使用 ping 命令验证。

PC	端　口	Ping	结　果	原　因
PC1	0/0/1	192.168.1.11	通	
PC1	0/0/7	192.168.1.11	通	
PC2	0/0/1	192.168.1.11	不通	
PC2	0/0/7	192.168.1.11	通	

任务小结

三层交换机 MAC 与 IP 的绑定要完成以下六步操作：

第一步：得到 PC1 主机的 MAC 地址。

第二步：交换机全部恢复出厂设置，配置交换机的 IP 地址。

第三步：配置全局 MAC-IP 命名访问表。

第四步：配置访问控制列表功能开启，默认动作为全部开启。

第五步：绑定 ACL 到试验端口。

第六步：使用 ping 命令验证。

相关知识与技能

MAC 与 IP 绑定

在网络管理中，IP 地址盗用现象经常发生，不仅对网络的正常使用造成影响，同时由于被盗用的地址往往具有较高的权限，因而也对用户造成了大量的经济上的损失和潜在的安全隐患。有没有什么措施能最大限度地避免此类现象的发生呢？为了防止 IP 地址被盗用，可在代理服务器端分配 IP 地址时，把 IP 地址与网卡地址捆绑。

对于动态分配 IP，做一个 DHCP 服务器来绑定用户网卡 MAC 地址和 IP 地址，然后再根据不同 IP 设定权限。对于静态 IP，如果用三层交换机的话，可以在交换机的每个端口上做 IP 地址的限定，如果有人修改自己的 IP 地址，那么网络就不通了。现在针对静态 IP 地址的绑定讲解一个实例。

查看网卡 MAC 地址：单击“开始”按钮，选择“运行”命令，输入 Winipcfg 命令，即可查出自己的网卡地址，记录后再到代理服务器端让网络管理员把自己上网的静态 IP 地址与所记录计算机的网卡地址捆绑。具体命令是：ARP -s 192.168.0.4 00-EO-4C-6C-08-75。这样，即可将上网的静态 IP 地址 192.168.0.4 与网卡地址为 00-EO-4C-6C-08-75 的计算机绑定在一起，即使别人盗用自己的 IP 地址 192.168.0.4 也无法通过代理服务器上网。其中，应注意的是，此项命令仅在局域网中上网的代理服务器端有用，还要是静态 IP 地址，像一般的 Modem 拨号上网是动态 IP 地址就不起作用了。接下来对各参数的功能进行一些简单的介绍：ARP ?-s?? -d??-a?

-s——将相应的 IP 地址与物理地址捆绑。

-d——删除所给出的 IP 地址与物理地址的捆绑。

-a——通过查询 ARP 协议表来显示 IP 地址和对应物理地址情况。

作为一个网络管理人员，如果对 MAC 地址和 IP 的绑定能灵活熟练地运用，就会创建一个十分安全有利的环境，可以大大减小安全隐患。

任务拓展

1．简述 MAC 与 IP 如何绑定。

2．如何在 Windows 上配置 MAC 与 IP 的绑定?

任务十三 交换机 VRRP 任务

任务描述

上海御恒信息科技公司已建有局域网。公司使用两台三层交换机实现冗余网关功能，技术部经理要求小张尽快熟悉交换机 VRRP 配置，小张按照经理的要求开始做以下任务分析。

任务分析

（1）VRRP 和 HSRP 具有类似的功能，实现方法上略有不同，VRRP 是由 IETF 提出，是一个标准协议，而 HSRP 是由 Cisco 公司制定的。

（2）VRRP（Virtual Router Redundancy Protocol，虚拟路由器冗余协议）是一种容错协议，运行于局域网的多台路由器上，它将这几台路由器组织成一台“虚拟”路由器，或称为一个备份组（Standby Group）。在 VRRP 备份组内，总有一台路由器或以太网交换机是活动路由器（Master），它完成“虚拟”路由器的工作；该备份组中其他路由器或以太网交换机作为备份路由器（Backup，可以不只一台），随时监控 Master 的活动。

（3）当原有的 Master 出现故障时，各 Backup 将自动选举出一个新的 Master 接替其工作，继续为网段内各主机提供路由服务。由于这个选举和接替阶段短暂而平滑，因此，网段内各主机仍然可以正常使用虚拟路由器，实现不间断地与外界保持通信。

（4）任务所需设备：DCRS-5650 交换机两台（Software version is DCRS-5650-28_5.2.1.0）、Hub 或交换机一台、PC2 ～ 4 台、Console 线两根，直通双绞线若干根。

（5）任务实现的拓扑如图 1-28 所示。

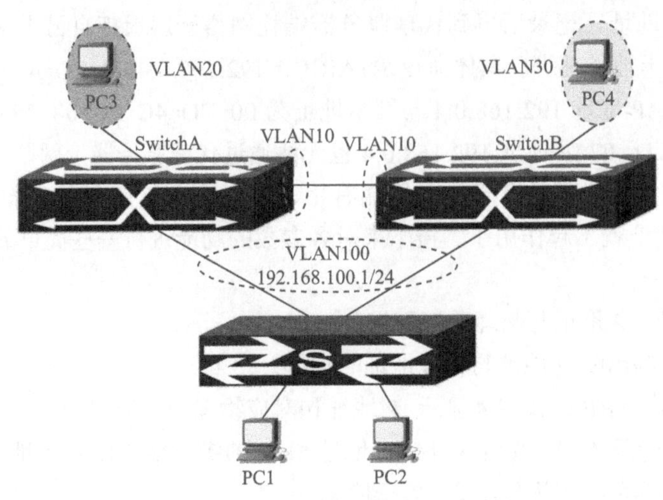

图 1-28 交换机 VRRP 任务

（6）在交换机 DCRS-5650-A 和交换机 DCRS-5650-B 上分别划分基于端口的 VLAN。

交 换 机	VLAN	端 口 成 员	IP
DCRS-5650-A	10	24	10.1.157.1/24
	100	1	192.168.100.2/24
	20	9 ~ 16	192.168.20.1/24
DCRS-5650-B	10	24	10.1.157.2/24
	100	1	192.168.100.3/24
	30	9 ~ 16	192.168.30.1/24

（7）PC1-PC4 的网络设置。

设 备	IP 地址	gateway	Mask
PC1	192.168.100.101	192.168.100.1	255.255.255.0
PC2	192.168.100.102	192.168.100.1	255.255.255.0
PC3	192.168.20.2	192.168.20.1	255.255.255.0
PC4	192.168.30.2	192.168.30.1	255.255.255.0

（8）验证：无论拔掉 192.168.100.2 的线还是 192.168.100.3 的线，PC1 和 PC2 不需要做网络设置的改变都可以与 PC3 和 PC4 通信。则证明 VRRP 正常工作。

任务实施

第一步：交换机全部恢复出厂设置，配置交换机的 VLAN 信息。

第二步：配置交换机各 VLAN 虚接口的 IP 地址。

第三步：DCRS-5650-A 与 B 互通。

验证配置：在交换机 A 中 ping 192.168.30.1，在交换机 B 中 ping 192.168.20.1，如果都通，则配置正确。

第四步：配置 VRRP。

交换机 DCRS-5650-A：

```
DCRS-5650-A(config)#router vrrp 1
DCRS-5650-A(config-router)# virtual-ip 192.168.100.1
DCRS-5650-A(config-router)# priority 150
DCRS-5650-A(config-router)# interface vlan 100
DCRS-5650-A(config-router)# enable
```

交换机 DCRS-5650-B：

```
DCRS-5650-B(config)#router vrrp 1
DCRS-5650-B(config-router)# virtual-ip 192.168.100.1
DCRS-5650-A(config-router)# priority 50
DCRS-5650-A(config-router)#preempt-mode false    ! VRRP 默认为抢占模式，关闭优
先级低的 5650-B 的抢占模式以保证高优先级的 5650-A 在故障恢复后，能主动抢占成为活动路由
DCRS-5650-B(config-router)# interface vlan 100
DCRS-5650-B(config-router)# enable
```

验证配置：

```
DCRS-5650-A# show vrrp
VrId 1
State is Master
Virtual IP is 192.168.100.1 (Not IP owner)
Interface is Vlan100
Priority is 150
Advertisement interval is 1 sec
Preempt mode is TRUE
```

由此可见：VRRP 已经成功建立，并且 master 的机器是 5650-A。

第五步：验证任务。

（1）使用 PC1 和 PC2 ping 目的地址。

PC	Ping	结　果	原　因
PC1、PC2	192.168.100.1	通	
PC1、PC2	PC3、PC4	通	

（2）在 PC1 使用“ping 192.168.100.1 -t”命令，并且在过程中拔掉 192.168.100.3 网线，观察情况。

任务小结

交换机 VRRP 任务需要以下五个步操作完成：

第一步：交换机全部恢复出厂设置，配置交换机的 VLAN 信息。

第二步：配置交换机各 VLAN 虚接口的 IP 地址。

第三步：DCRS-5650-A 与 B 互通。

第四步：配置 VRRP。

第五步：验证任务。

相关知识与技能

1. VRRP 协议

VRRP 是一种选择协议，它可以把一个虚拟路由器的责任动态地分配到局域网上的 VRRP 路由器中的一台。控制虚拟路由器 IP 地址的 VRRP 路由器称为主路由器，它负责转发数据包

到这些虚拟 IP 地址。一旦主路由器不可用，这种选择过程就提供了动态的故障转移机制，这就允许虚拟路由器的 IP 地址可以作为终端主机的默认第一跳路由器。是一种 LAN 接入设备备份协议。一个局域网络内的所有主机都设置默认网关，这样主机发出的目的地址不在本网段的报文将被通过默认网关发往三层交换机，从而实现了主机和外部网络的通信。

VRRP 是一种路由容错协议，也可称为备份路由协议。一个局域网络内的所有主机都设置默认路由，当网内主机发出的目的地址不在本网段时，报文将被通过默认路由发往外部路由器，从而实现了主机与外部网络的通信。当默认路由器端口关闭之后，内部主机将无法与外部通信，如果路由器设置了 VRRP 时，虚拟路由将启用备份路由器，从而实现全网通信。

VRRP 是一种容错协议。通常，一个网络内的所有主机都设置一条默认路由，这样，主机发出的目的地址不在本网段的报文将被通过默认路由发往路由器 RouterA，从而实现了主机与外部网络的通信。当路由器 RouterA 故障时，本网段内所有以 RouterA 为默认路由下一跳的主机将断掉与外部的通信产生单点故障。VRRP 就是为解决上述问题而提出的，它为具有多播组播或广播能力的局域网（如以太网）而设计。

VRRP 将局域网的一组路由器［包括一个 Master（即活动路由器）和若干个 Backup（即备份路由器）］组织成一个虚拟路由器，称为一个备份组。这个虚拟路由器拥有自己的 IP 地址 10.100.10.1（这个 IP 地址可以和备份组内的某个路由器的接口地址相同，相同的则称为 IP 拥有者），备份组内的路由器也有自己的 IP 地址（如 Master 的 IP 地址为 10.100.10.2，Backup 的 IP 地址为 10.100.10.3）。局域网内的主机仅仅知道这个虚拟路由器的 IP 地址 10.100.10.1，而并不知道具体的 Master 路由器的 IP 地址 10.100.10.2 以及 Backup 路由器的 IP 地址 10.100.10.3。它们将自己的默认路由下一跳地址设置为该虚拟路由器的 IP 地址 10.100.10.1。于是，网络内的主机就通过这个虚拟路由器来与其他网络进行通信。如果备份组内的 Master 路由器故障，Backup 路由器将会通过选举策略选出一个新的 Master 路由器，继续向网络内的主机提供路由服务。从而实现网络内的主机不间断地与外部网络进行通信。

2．VRRP 协议的工作原理

VRRP 的工作过程如下：路由器开启 VRRP 功能后，会根据优先级确定自己在备份组中的角色。优先级高的路由器成为主用路由器，优先级低的成为备用路由器。主用路由器定期发送 VRRP 通告报文，通知备份组内的其他路由器自己工作正常；备用路由器则启动定时器等待通告报文的到来。

VRRP 在不同的主用抢占方式下，主用角色的替换方式不同：在抢占方式下，当主用路由器收到 VRRP 通告报文后，会将自己的优先级与通告报文中的优先级进行比较。如果大于通告报文中的优先级，则成为主用路由器；否则将保持备用状态。在非抢占方式下，只要主用路由器没有出现故障，备份组中的路由器始终保持主用或备用状态，备份组中的路由器即使随后被配置了更高的优先级也不会成为主用路由器。

如果备用路由器的定时器超时后仍未收到主用路由器发送来的 VRRP 通告报文，则认为主用路由器已经无法正常工作，此时备用路由器会认为自己是主用路由器，并对外发送 VRRP 通告报文。备份组内的路由器根据优先级选举出主用路由器，承担报文的转发功能。

在实际组网中一般会进行 VRRP 负载分担方式的设置。负载分担方式是指多台路由器同时承担业务，避免设备闲置，因此需要建立两个或更多的备份组实现负载分担。VRRP 负载分担方式具有以下特点：每个备份组都包括一个主用路由器和若干个备用路由器。各备份组的主用路由器可以不相同。同一台路由器可以加入多个备份组，在不同备份组中有不同的优先级，使得该路由器可以在一个备份组中作为主用路由器，在其他备份组中作为备用路由器。VRRP 在提高可靠性的同时，简化了主机的配置。在具有多播或广播能力的局域网中，借助 VRRP 能在某台路由器出现故障时仍然提供高可靠的默认链路，有效避免单一链路发生故障后网络中断的问题，而无须修改动态路由协议、路由发现协议等配置信息。

一个 VRRP 路由器有唯一的标识：VRID，范围为 0 ～ 255，该路由器对外表现为唯一的虚拟 MAC 地址，地址的格式为 00-00-5E-00-01-[VRID]。主控路由器负责对 ARP 请求用该 MAC 地址做应答。这样，无论如何切换，保证给终端设备的是唯一一致的 IP 和 MAC 地址，减少了切换对终端设备的影响。VRRP 控制报文只有一种：VRRP 通告（advertisement）。它使用 IP 多播数据包进行封装，组地址为 224.0.0.18，发布范围只限于同一局域网内。这保证了 VRID 在不同网络中可以重复使用。为了减少网络带宽消耗只有主控路由器才可以周期性地发送 VRRP 通告报文。备份路由器在连续三个通告间隔内收不到 VRRP 或收到优先级为 0 的通告后启动新一轮 VRRP 选举。在 VRRP 路由器组中，按优先级选举主控路由器，VRRP 协议中优先级范围是 0 ～ 255。若 VRRP 路由器的 IP 地址和虚拟路由器的接口 IP 地址相同，则该 VRRP 路由器被称为该 IP 地址的所有者；IP 地址所有者自动具有最高优先级：255。优先级 0 一般用在 IP 地址所有者主动放弃主控者角色时使用。可配置的优先级范围为 1 ～ 254。优先级的配置原则可以依据链路的速度和成本。路由器性能和可靠性以及其他管理策略设定。主控路由器的选举中，高优先级的虚拟路由器获胜，因此，如果在 VRRP 组中有 IP 地址所有者，则它总是作为主控路由的角色出现。对于相同优先级的候选路由器，按照 IP 地址大小顺序选举。VRRP 还提供了优先级抢占策略，如果配置了该策略，高优先级的备份路由器便会剥夺当前低优先级的主控路由器而成为新的主控路由器。

为了保证 VRRP 协议的安全性，提供了两种安全认证措施：明文认证和 IP 头认证。明文认证方式要求：在加入一个 VRRP 路由器组时，必须同时提供相同的 VRID 和明文密码。适合于避免在局域网内的配置错误，但不能防止通过网络监听方式获得密码。IP 头认证的方式提供了更高的安全性，能够防止报文重放和修改等攻击。

3．VRRP 协议的配置

VRRP 协议的工作机理与 Cisco 公司的 HSRP（Hot Standby Routing Protocol）有许多相似之处。但二者主要的区别是在 Cisco 的 HSRP 中，需要单独配置一个 IP 地址作为虚拟路由器对外体现的地址，这个地址不能是组中任何一个成员的接口地址。

使用 VRRP 协议，不用改造网络结构，最大限度地保护了投资，只需最少的管理费用，却大大提升了网络性能，具有重大的应用价值。

最典型的 VRRP 应用：RTA、RTB 组成一个 VRRP 路由器组，假设 RTB 的处理能力高于 RTA，则将 RTB 配置成 IP 地址所有者，H1、H2、H3 的默认网关设定为 RTB。则 RTB 成为主控路由器，负责 ICMP 重定向、ARP 应答和 IP 报文的转发；一旦 RTB 失败，RTA 立即启动切换，成为主控，从而保证了对客户透明的安全切换。

在 VRRP 应用中，RTB 在线时 RTA 只是作为后备，不参与转发工作，闲置了路由器 RTA 和链路 L1。通过合理的网络设计，可以达到备份和负载分担双重效果。让 RTA、RTB 同时属于互为备份的两个 VRRP 组：在组 1 中 RTA 为 IP 地址所有者；组 2 中 RTB 为 IP 地址所有者。将 H1 的默认网关设定为 RTA；H2、H3 的默认网关设定为 RTB。这样，既分担了设备负载和网络流量，又提高了网络可靠性。

4．VRRP 的配置方式

```
spanning-tree                                  开启生成树（默认为 mstp）
spanning-tree mst configuration                进入 mst 配置模式
revision 1                                     指定 MST revision number 为 1
name region1                                   指定 mst 配置名称
instance 0 vlan 1-9,  11-19,  21-4094             默认情况下 vlan 都属于实例 0
instance 1 vlan 10                             手工指定 vlan10 属于实例 1
instance 2 vlan 20                             手工指定 vlan20 属于实例 2
spanning-tree mst 1 priority 0                 指定实例 1 的优先级为 0（为根桥）
spanning-tree mst 2 priority 4096              指定实例 2 的优先级为 4096
interface GigabitEthernet 0/1
switchport access vlan 10                      配置 g0/1 属于 vlan10
interface GigabitEthernet 0/2
switchport access vlan 20                      配置 g0/2 属于 vlan 20
!interface GigabitEthernet 0/3!
interface GigabitEthernet 0/24                 设置 g0/24 为 trunk 接口且允许 vlan10/20 通过
switchport mode trunk!interface VLAN 10           创建 vlan 10 svi 接口
ip address 192.168.10.1 255.255.255.0             配置 ip 地址
vrrp 1 priority 120                               配置 vrrp 组 1 优先级为 120
vrrp 1 ip 192.168.10.254                     配置 vrrp 组 1 虚拟 ip 地址为 192.168.10.254
interface VLAN 20                                 创建 vlan 20 svi 接口
ip address 192.168.20.1 255.255.255.0             配置 ip 地址
vrrp 2 ip 192.168.20.254                     配置 vrrp 组 2 虚拟 ip 地址为 192.168.20.254

默认 vrrp 组的优先级为 100 默认不显示！
line con 0
line vty 0 4
login [4]
```

验证配置：

```
s1#show vlan
VLAN Name Status Ports1 VLAN0001 STATIC Gi0/3, Gi0/4, Gi0/5,  Gi0/6
Gi0/7,  Gi0/8,  Gi0/9,  Gi0/10
Gi0/11, Gi0/12, Gi0/13, Gi0/14
Gi0/15, Gi0/16, Gi0/17, Gi0/18
Gi0/19, Gi0/20, Gi0/21, Gi0/22
Gi0/23, Gi0/24
10 VLAN0010 STATIC Gi0/1, Gi0/24
20 VLAN0020 STATIC Gi0/2, Gi0/24
```

接下来的同级设备照上面大体框架配置即可。

跟踪配置：一般对网关的上联接口监控，如果上联接口故障，则自动让出转发权，配置 VRRP 需要监控的对象。对应的 no 命令取消对接口的监控。

```
vrrp group-number track {interface-name | track-id} [decrement]
no vrrp group-number track {interface-name | track-id}
```

其中，group-number 指定 group-number 号，取值范围是 1 ～ 255。

interface-name 指定监控的接口。

track-id 指定监控的 track 对象 ID。

Decrement 指定优先级降低幅度。默认值为 10。

这里还要在全局模式下配置 track 组：

```
track track-ip intface intface-id line-protocol
```

> **注意**
>
> 在启动了 VRRP 后，才可以配置该命令。

任务拓展

1．简述什么是 VRRP。

2．如何进行 VRRP 协议的配置？

项目综合实训　VLAN 与 VTP 的配置

项目描述

上海御恒信息科技公司办公区域现有一小型的办公网络，办公楼内各个楼层有若干台路由器和交换机（路由器名称分别为 R1、R4、R6、R7，交换机的名称分别为 SW1、SW2）组成的网络，需要对交换机设备进行配置，以实现 VLAN 和 VTP 的功能。网络工程师小张根据以上要求进行相关交换机和路由器的配置，小张按照经理的要求开始做以下的项目分析。

项目分析

（1）根据要求，分别在每台路由器和交换机上配置基本命令。

（2）准备配置四台路由器 R1、R4、R6、R7 和两台交换机 SW1 和 SW2。

（3）两台交换机要想通过 VTP 共享相同的 VLAN 信息，需要配置相同的 VTP 域和 VTP 密码，并且连接两台交换机的端口（本题为 F0/22 端口）要配置为 Trunk 模式，在 Server 模式下可以创建 VLAN，但是 Client 模式下不能创建 VLAN 信息。

（4）VTP 信息可以在 vlan database 模式下进行配置，也可以在全局模式 {Switch(config)#} 下进行配置，命令配置的形式是一样的，只是配置命令的位置不同，下面是两种模式下 VTP 的配置，选其一进行配置即可。

（5）绘制图 1-29 所示的拓扑图。

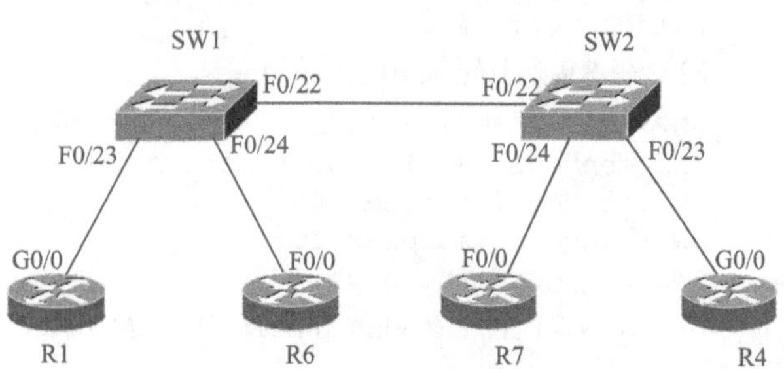

图 1-29　VLAN 与 VTP 的配置

项目实施

第一步：根据要求，分别在每台路由器和交换机上配置基本命令。

配置主机名分别为 R1、R4、R6、R7、SW1 和 SW2。

```
Switch(config)#host SW1
Switch(config)#host SW2
Router(config)#host R1
Router(config)#host R6
Router(config)#host R4
Router(config)#host R7
```

关闭 DNS 查询。

```
SW1(config)#no ip domain-lookup
SW2(config)#no ip domain-lookup
R1(config)#no ip domain-lookup
R6(config)#no ip domain-lookup
R4(config)#no ip domain-lookup
R7(config)#no ip domain-lookup
```

第二步：配置交换机 SW1 和 SW2：SW1 设为 VTP 的服务器端，SW2 设为 VTP 的客户端，并设定 VTP 域为 BIZSMOOTH，VTP 密码为 cisco。(以下有两种方式，任选其一)

方式 1：vlan database 模式下配置 VTP。

```
SW1#vlan database
SW1(vlan)#vtp server
SW1(vlan)#vtp domain BIZSMOOTH
SW1(vlan)#vtp password cisco

SW2#vlan database
SW2(vlan)#vtp client
SW2(vlan)#vtp domain BIZSMOOTH
SW2(vlan)#vtp password cisco
```

方式 2：全局模式下配置 VTP。

```
SW1(config)#vtp mode server
SW1(config)#vtp domain BIZSMOOTH
SW1(vlan)#vtp password cisco

SW2(config)#vtp mode client
SW2(config)#vtp domain BIZSMOOTH
SW2(vlan)#vtp password cisco
```

第三步：配置 SW1。创建 2 个 VLAN，VLAN 2 和 VLAN 3，分别命名为 SALE 和 TECH，将交换机 SW1 的端口 F0/23 分配给 VLAN 2，端口 F0/24 分配给 VLAN 3，将 F0/22 配置成中继端口，同时把三个端口的速度设为 100 Mbit/s，并设置为全双工模式。

(1) 在 SW1 上配置 f0/22 端口：

```
SW1(config-if)#int f0/22
SW1(config-if)#switchport mode trunk
SW1(config-if)#speed 100
SW1(config-if)#duplex full
SW1(config-if)#no shut
```

(2) 在 SW2 上配置 f0/22 端口：

```
SW2(config-if)#int f0/22
SW2(config-if)#switchport mode trunk
SW2(config-if)#speed 100
SW2(config-if)#duplex full
SW2(config-if)#no shut
```

(3) 在 SW1 上配置 vlan 并配置 f0/23 及 f0/24 端口。

```
SW1#vlan database
SW1(vlan)#vlan 2 name SALE
```

```
SW1(vlan)#vlan 3 name TECH
SW1(vlan)#exit

SW1(config)#int f0/23
SW1(config-if)#switchport mode access
SW1(config-if)#switchport access vlan 2
SW1(config-if)#speed 100
SW1(config-if)#duplex full
SW1(config-if)#no shut

SW1(config-if)#int f0/24
SW1(config-if)#switchport mode access
SW1(config-if)#switchport access vlan 3
SW1(config-if)#speed 100
SW1(config-if)#duplex full
SW1(config-if)#no shut
```

第四步：配置 SW2。将 SW2 的 F0/22 配置成中继端口，端口的速度设置为 100 Mbit/s，并设为全双工模式。在 SW2 上检查已经获取 SW1 上的 2 个 VLAN 信息（VLAN2 和 VLAN3，名称分别为 SALE 和 TECH），将交换机 SW2 的端口 F0/23 分配给 VLAN 2，端口 F0/24 分配给 VLAN 3，同时将 F0/23 和 F0/24 两个端口的速度设置为 100 Mbit/s，并设为全双工模式。

（1）在 SW2 上配置 f0/23 端口：

```
SW2(config)#int f0/23
SW2(config-if)#switchport mode access
SW2(config-if)#switchport access vlan 2
SW2(config-if)#speed 100
SW2(config-if)#duplex full
SW2(config-if)#no shut
```

（2）在 SW2 上配置 f0/24 端口：

```
SW2(config-if)#int f0/24
SW2(config-if)#switchport mode access
SW2(config-if)#switchport access vlan 3
SW2(config-if)#speed 100
SW2(config-if)#duplex full
SW2(config-if)#no shut
```

第五步：在路由器 R1、R4、R6、R7 上关闭路由功能，并把路由器端口设置为全双工模式；同时分配 IP 地址如下：R1 的 G0/0 为 172.16.1.1 /24；R7 的 F0/0 为 172.16.2.2 /24；R6 的 F0/0 为 172.16.2.1 /24；R4 的 G0/0 为 172.16.1.2 /24。

（1）在 R1 上进行配置：

```
R1#conf t
R1(config)#no ip routing
R1(config)#int g0/0
R1(config-if)#ip add 172.16.1.1 255.255.255.0
R1(config-if)#duplex full
R1(config-if)#no shut
```

（2）在 R4 上进行配置：

```
R4#conf t
R4(config)#no ip routing
R4(config)#int g0/0
R4(config-if)#ip add 172.16.1.2 255.255.255.0
R4(config-if)#duplex full
R4(config-if)#no shut
```

（3）在 R6 上进行配置：

```
R6#conf t
R6(config)#no ip routing
R6(config)#int f0/0
R6(config-if)#ip add 172.16.2.1 255.255.255.0
R6(config-if)#duplex full
R6(config-if)#no shut
```

（4）在 R7 上进行配置：

```
R7#conf t
R7(config)#no ip routing
R7(config)#int f0/0
R7(config-if)#ip add 172.16.2.2 255.255.255.0
R7(config-if)#duplex full
R7(config-if)#no shut
```

项目小结

（1）进行路由器和交换机的基本配置。

（2）进行 VTP 的域名和密码及模式配置。

（3）在交换机 SW1 上创建 VLAN 和端口分配。

（4）在交换机 SW2 上接受 VLAN 信息和端口分配。

（5）在路由器 R1、R4、R6、R7 上进行配置。

项目实训评价表

<table>
<tr><td colspan="6">项目一　部署企业内部交换网络</td></tr>
<tr><td></td><td colspan="2">内　容</td><td colspan="3">评　价</td></tr>
<tr><td></td><td>学习目标</td><td>评价项目</td><td>3</td><td>2</td><td>1</td></tr>
<tr><td rowspan="13">职业能力</td><td rowspan="4">交换机初级</td><td>任务一　交换机 CLI 界面调试技巧</td><td></td><td></td><td></td></tr>
<tr><td>任务二　恢复交换机的出厂设置</td><td></td><td></td><td></td></tr>
<tr><td>任务三　管理交换机配置文件</td><td></td><td></td><td></td></tr>
<tr><td>任务四　跨交换机相同 VLAN 互访</td><td></td><td></td><td></td></tr>
<tr><td rowspan="6">交换机中级</td><td>任务五　使用 Telnet 方式管理交换机</td><td></td><td></td><td></td></tr>
<tr><td>任务六　交换机端口与 MAC 绑定</td><td></td><td></td><td></td></tr>
<tr><td>任务七　两层交换机 MAC 与 IP 的绑定</td><td></td><td></td><td></td></tr>
<tr><td>任务八　生成树协议</td><td></td><td></td><td></td></tr>
<tr><td>任务九　交换机端口镜像</td><td></td><td></td><td></td></tr>
<tr><td>任务十　多层交换机 VLAN 的划分和 VLAN 间路由</td><td></td><td></td><td></td></tr>
<tr><td rowspan="3">交换机高级</td><td>任务十一　静态方法实现交换机之间的链路聚合</td><td></td><td></td><td></td></tr>
<tr><td>任务十二　三层交换机 MAC 与 IP 的绑定</td><td></td><td></td><td></td></tr>
<tr><td>任务十三　交换机 VRRP 任务</td><td></td><td></td><td></td></tr>
<tr><td rowspan="2">通用能力</td><td colspan="2">动手能力</td><td></td><td></td><td></td></tr>
<tr><td colspan="2">解决问题能力</td><td></td><td></td><td></td></tr>
<tr><td colspan="3">综合评价</td><td></td><td></td><td></td></tr>
</table>

评价等级说明表	
等　　级	说　　明
3	能高质、高效地完成此学习目标的全部内容，并能解决遇到的特殊问题
2	能高质、高效地完成此学习目标的全部内容
1	能圆满完成此学习目标的全部内容，不需要任何帮助和指导

项目二 部署企业内部路由网络

核心概念

单臂路由、静态路由、RIP 协议、OSPF 配置、虚链路、路由汇总、路由重发布、策略路由、MAC 与 IP 的绑定、VRRP 任务。

项目描述

在了解计算机网络的基础上学会选择合适的路由器来设置并管理路由器，从而能熟练部署企业内部的路由型网络。

学习目标

能掌握路由器的基本设置和调试技巧，并能实现单臂路由、静态路由、OSPF 配置及 RIP、OSPF 和基于源地址或应用的策略路由。

项目任务

- 单臂路由配置、静态路由的配置、多层交换机静态路由任务。
- 路由器 RIP 协议的配置方法、三层交换机 RIP 动态路由。
- 路由器单区域 OSPF 配置、三层交换机 OSPF 动态路由、RIPv1 与 RIPv2 的兼容。
- OSPF 在广播环境下邻居发现过程、多区域 OSPF 基础配置。
- OSPF 虚链路的配置、OSPF 路由汇总配置。
- 直连路由和静态路由的重发布、RIP 和 OSPF 的重发布。
- 基于源地址的策略路由、基于应用的策略路由。

任务一 路由器以太网端口单臂路由配置

任务描述

上海御恒信息科技公司已建有局域网。公司交换机上划分了不同的 VLAN，不仅能够有效隔离广播，还能提高网络安全系数及网络带宽的利用效率，但默认 VLAN 之间是不能互通的，使用路由器的单臂路由可以解决此问题。小张根据需求开始做以下任务分析。

任务分析

（1）路由器的以太网端口通常用来连接企业的局域网络，在很多时候内网又划分了多个 VLAN，这些 VLAN 的用户都需要从一个出口访问外网。这个统一的出口在交换机中以 IEEE 802.1Q 的方式封装，就意味着数据从这个出口访问对端设备时，必须能够识别并区分对待来自多个 VLAN 的数据，这样才可以保证链路的正常通信，路由器以太网口在此时应该如何配置呢？这就是本任务解决的问题。

（2）使用 DCR-1702 路由器作为实训设备，实际使用中由于设备和软件版本不同，功能和配置方法将有可能存在差异，请查阅相应版本的使用说明。

（3）任务所需设备：DCS 二层交换机一台、DCR 路由器一台、直通双绞线三根。

（4）任务实现的拓扑如图 2-1 所示。

（5）交换机划分 VLAN10 和 VLAN20，端口 1 ～ 4 和 5 ～ 8 分别属于 VLAN10 和 VLAN20；配置交换机的 24 口为 Trunk 端口。

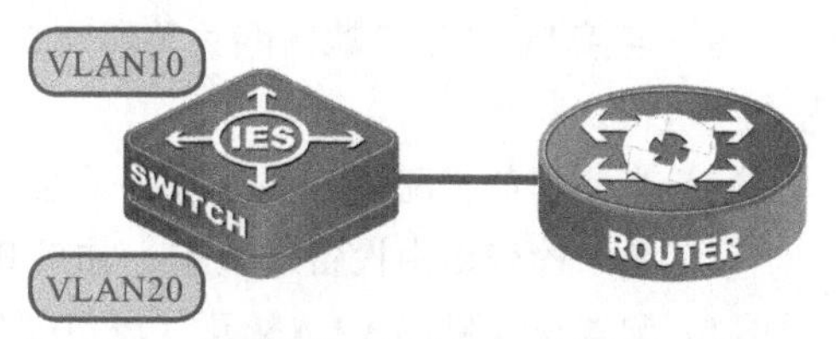

图 2-1 路由器以太网端口单臂路由配置

（6）路由器使用 f0/0 端口与交换机的 24 口连接，同样打封装，允许 VLAN10 和 VLAN20 的数据进出此端口。

（7）路由器中 VLAN10 的接口地址为 192.168.1.1；VLAN20 的接口地址是 192.168.2.1。

（8）配置完成后使得 VLAN10 的用户与 VLAN20 的用户在配置正确的网关地址后可以相互连通。

任务实施

第一步：检查路由设备的版本，如果其为 1.3.3A 及以上时，可以参考如下方式配置设备。

（1）配置交换机的 VLAN 及其成员端口，设置 24 端口的 Trunk 属性，配置 PVID 等。

```
switch#
switch#config
switch(Config)#vlan 10
switch(Config-Vlan10)#switchport interface ethernet 0/0/1-4
Set the port Ethernet0/0/1 access vlan 10 successfully
Set the port Ethernet0/0/2 access vlan 10 successfully
Set the port Ethernet0/0/3 access vlan 10 successfully
Set the port Ethernet0/0/4 access vlan 10 successfully
switch(Config-Vlan10)#exit
```

```
switch(Config)#vlan 20
switch(Config-Vlan20)#switchport interface ethernet 0/0/5-8
Set the port Ethernet0/0/5 access vlan 20 successfully
Set the port Ethernet0/0/6 access vlan 20 successfully
Set the port Ethernet0/0/7 access vlan 20 successfully
Set the port Ethernet0/0/8 access vlan 20 successfully
switch(Config-Vlan20)#exit
switch(Config)#interface ethernet 0/0/24
switch(Config-Ethernet0/0/24)#switchport mode trunk
Set the port Ethernet0/0/24 mode TRUNK successfully
switch(Config-Ethernet0/0/24)#switchport trunk allowed vlan all
set the port Ethernet0/0/24 allowed vlan successfully
switch(Config-Ethernet0/0/24)#
```

（2）为路由器创建以太网接口的子接口，并在子接口上配置 VID 和对应的 IP 地址等。

```
Router_config#interface fastethernet f0/0.1
Router_config_f0/0.1#ip address 192.168.1.1 255.255.255.0
Router_config_f0/0.1#encapsulation dot1q 10
Router_config_f0/0.1#exit
Router_config#interface fastethernet f0/0.2
Router_config_f0/0.2#ip address 192.168.2.1 255.255.255.0
Router_config_f0/0.2#encapsulation dot1q 20
Router_config_f0/0.2#exit
Router_config#
```

（3）连接 PC，配置默认网关为路由器对应 VLAN 的接口地址，测试连通性。具体方法参考上述过程。

（4）当使用如上配置方法（称为子接口方法）时，测试过程不能用 VLAN1 接口验证。

第二步：检查路由设备的版本，如果其为 1.3.2E 时，可以参考如下方式配置设备。

（1）配置交换机的 VLAN 及其成员端口，设置 24 端口的 Trunk 属性，配置 PVID 等。

```
switch#
switch#config
switch(Config)#vlan 10
switch(Config-Vlan10)#switchport interface ethernet 0/0/1-4
Set the port Ethernet0/0/1 access vlan 10 successfully
Set the port Ethernet0/0/2 access vlan 10 successfully
Set the port Ethernet0/0/3 access vlan 10 successfully
Set the port Ethernet0/0/4 access vlan 10 successfully
switch(Config-Vlan10)#exit
switch(Config)#vlan 20
switch(Config-Vlan20)#switchport interface ethernet 0/0/5-8
Set the port Ethernet0/0/5 access vlan 20 successfully
Set the port Ethernet0/0/6 access vlan 20 successfully
Set the port Ethernet0/0/7 access vlan 20 successfully
Set the port Ethernet0/0/8 access vlan 20 successfully
switch(Config-Vlan20)#exit
switch(Config)#interface ethernet 0/0/24
switch(Config-Ethernet0/0/24)#switchport mode trunk
Set the port Ethernet0/0/24 mode TRUNK successfully
switch(Config-Ethernet0/0/24)#switchport trunk native vlan 10 //设置 PVID 为 10
Set the port Ethernet0/0/24 native vlan 10 successfully
switch(Config-Ethernet0/0/24)#switchport trunk allowed vlan all //允许所有 VLAN 传递
set the port Ethernet0/0/24 allowed vlan successfully
switch(Config-Ethernet0/0/24)#
```

（2）为路由器创建 VLAN，并配置以太网接口为 Trunk 模式，配置 PVID 等。

```
    Router_config#vlan 10
    Router_config_vlan10#
    Router_config_vlan10#exit
    Router_config#vlan 20
    Router_config_vlan20#2004-1-1 00:00:44 Line on Interface Vlan-intf10,
changed state to up
    Router_config_vlan20#exit
    Router_config#interface fastethernet 0/0
    Router_config_f0/0#switchport pvid 10
    Router_config_f0/0#switchport mode trunk
    Router_config_f0/0#switchport trunk vlan-allowed all
    Router_config_f0/0#exit
    Router_config#
```

（3）配置路由器的 VLAN 接口地址。

```
    Router_config#interface vlan-intf10
    Router_config_vl10#ip address 192.168.1.1 255.255.255.0
    Router_config_vl10#exit
    Router_config#interface vlan-intf20
    Router_config_vl20#ip address 192.168.2.1 255.255.255.0
    Router_config_vl20#exit
    Router_config#
```

（4）连接 PC，配置默认网关为路由器对应 VLAN 的接口地址，测试连通性。

（5）假设 PC1 地址配置为 192.168.1.10，默认网关为 192.168.1.1，PC2 地址配置为 192.168.2.10，默认网关为 192.168.2.1，测试 PC1 与 PC2 的 ping 连通性。

任务小结

路由器以太网端口单臂路由配置需要以下六个步骤来完成：

第一步：检查路由设备的版本。

第二步：配置交换机的 VLAN 及其成员端口，设置 24 端口的 Trunk 属性，配置 PVID 等。

第三步：为路由器创建 VLAN，并配置以太网接口为 Trunk 模式，配置 PVID 等。

第四步：配置路由器的 VLAN 接口地址。

第五步：连接 PC，配置默认网关为路由器对应 VLAN 的接口地址，测试连通性。

第六步：假设 PC1 地址配置为 192.168.1.10，默认网关为 192.168.1.1，PC2 地址配置为 192.168.2.10，默认网关为 192.168.2.1，测试 PC1 与 PC2 的 ping 连通性。

相关知识与技能

1．路由器

路由（Routing）是指分组从源到目的地时，决定端到端路径的网络范围的进程。路由是工作在 OSI 参考模型第三层——网络层的数据包转发设备。路由器通过转发数据包来实现网络互连。虽然路由器可以支持多种协议（如 TCP/IP、IPX/SPX、AppleTalk 等），但是在我国，绝大多数路由器运行 TCP/IP 协议。路由器通常连接两个或多个由 IP 子网或点到点协议标识的逻辑端口，至少拥有 1 个物理端口。路由器根据收到数据包中的网络层地址以及路由器内部维护的路由表决定输出端口以及下一跳地址，并且重写链路层数据包头实现转发数据包。路由器通过动态维护路由表来反映当前的网络拓扑，并通过网络上其他路由器交换路由和链路信息来维护路由表。

2. 以太网端口

以太网（Ethernet）是目前应用最广泛的局域网通信方式，同时也是一种协议。以太网协议定义了一系列软件和硬件标准，从而将不同的计算机设备连接在一起。以太网设备组网的基本元素有交换机、路由器、集线器、光纤和普通网线以及以太网协议和通信规则。以太网中网络数据连接的端口就是以太网接口。有以下几种常见的以太网接口类型。

（1）SC光纤接口，SC光纤接口在100Base-TX以太网时代就已经得到了应用，因此当时称为100Base-FX（F是光纤单词fiber的缩写），不过当时由于性能并不比双绞线突出但是成本却较高，因此没有得到普及，现在业界大力推广千兆网络，SC光纤接口则重新受到重视。光纤接口类型很多，SC光纤接口主要用于局域网交换环境，在一些高性能以太网交换机和路由器上提供了这种接口，它与RJ-45接口看上去很相似，不过SC接口显得更扁些，其明显区别还是里面的触片，如果是8条细的铜触片，则是RJ-45接口，如果是一根铜柱则是SC光纤接口。

（2）RJ-45接口，这种接口就是现在最常见的网络设备接口，俗称“水晶头”，专业术语为RJ-45连接器，属于双绞线以太网接口类型。RJ-45插头只能沿固定方向插入，设有一个塑料弹片与RJ-45插槽卡住以防止脱落。这种接口在10Base-T以太网、100Base-TX以太网、1000Base-TX以太网中都可以使用，传输介质都是双绞线，不过根据带宽的不同对介质也有不同的要求，特别是1000Base-TX千兆以太网连接时，至少要使用超五类线，要保证稳定、高速的话还要使用6类线。

（3）FDDI接口，FDDI是目前成熟的LAN技术中传输速率最高的一种，具有定时令牌协议的特性，支持多种拓扑结构，传输媒体为光纤。光纤分布式数据接口（FDDI）是由美国国家标准化组织（ANSI）制定的在光缆上发送数字信号的一组协议。FDDI使用双环令牌，传输速率可以达到100 Mbit/s。CCDI是FDDI的一个变种，它采用双绞铜缆为传输介质，数据传输速率通常为100 Mbit/s。FDDI-2是FDDI的扩展协议，支持语音、视频及数据传输，是FDDI的另一个变种，称为FDDI全双工技术（FFDT），它采用与FDDI相同的网络结构，但传输速率可以达到200 Mbit/s。由于使用光纤作为传输媒体具有容量大、传输距离长、抗干扰能力强等优点，常用于城域网、校园环境的主干网、多建筑物网络分布的环境，于是FDDI接口在网络主干交换机上比较常见，现在随着千兆的普及，一些高端的千兆交换机上也开始使用这种接口 。

（4）AUI接口，AUI接口专门用于连接粗同轴电缆，早期的网卡上有这样的接口与集线器、交换机相连组成网络，现在一般用不到了。AUI接口是一种D形15针接口，之前在令牌环网或总线型网络中使用，可以借助外接的收发转发器（AUI-to-RJ-45），实现与10Base-T以太网络的连接。

（5）BNC接口，BNC是专门用于与细同轴电缆连接的接口，细同轴电缆也就是常说的“细缆”，它最常见的应用是分离式显示信号接口，即采用红、绿、蓝和水平、垂直扫描频率分开输入显示器的接口，信号相互之间的干扰更小。现在BNC基本上已经不再使用于交换机，只有一些早期的RJ-45以太网交换机和集线器中还提供少数BNC接口。

(6) Console 接口，可进行网络管理的以太网交换机上一般都有一个 Console 端口，它是专门用于对交换机进行配置和管理的。通过 Console 端口连接并配置交换机，是配置和管理交换机必须经过的步骤。因为其他方式的配置往往需要借助于 IP 地址、域名或设备名称才可以实现，而新购买的交换机显然不可能内置有这些参数，所以 Console 端口是最常用、最基本的交换机管理和配置端口。不同类型的交换机 Console 端口所处的位置并不相同，有的位于前面板，而有的则位于后面板。通常是模块化交换机大多位于前面板，而固定配置交换机则大多位于后面板。在该端口的上方或侧方都会有类似 Console 字样的标识。除位置不同之外，Console 端口的类型也有所不同，绝大多数交换机都采用 RJ-45 端口，但也有少数采用 DB-9 串口端口或 DB-25 串口端口。无论以太网交换机采用 DB-9 或 DB-25 串行接口，还是采用 RJ-45 接口，都需要通过专门的 Console 线连接至配置方计算机的串行口。与以太网交换机不同的 Console 端口相对应，Console 线也分为两种：一种是串行线，即两端均为串行接口（两端均为母头），两端可以分别插入至计算机的串口和交换机的 Console 端口；另一种是两端均为 RJ-45 接头（RJ-45 to RJ-45）的扁平线。由于扁平线两端均为 RJ-45 接口，无法直接与计算机串口进行连接，因此，还必须同时使用一个 RJ-45 to DB-9（或 RJ-45 to DB-25）的适配器。通常情况下，在交换机的包装箱中都会随机赠送这么一条 Console 线和相应的 DB-9 或 DB-25 适配器。

3．单臂路由

单臂路由（router-on-a-stick）是指在路由器的一个接口上通过配置子接口（或“逻辑接口”，并不存在真正物理接口）的方式，实现原来相互隔离的不同 VLAN（虚拟局域网）之间的互连互通。在 Cisco 网络认证体系中，单臂路由是一个重要的学习知识点。通过单臂路由的学习，能够深入地了解 VLAN（虚拟局域网）的划分、封装和通信原理，理解路由器子接口、ISL 协议和 802.1Q 协议，是 CCNA 考试中经常考的。在路由器的一个接口上配置子接口，路由器的物理接口可以被划分成为多个逻辑接口，这些划分后的逻辑接口被形象地称为子接口。值得注意的是这些逻辑子接口不能被单独开启或关闭，也就是说，当物理接口被开启或关闭时，所有该接口的子接口也随之被开启或关闭。VLAN 能有效分割局域网，实现各网络区域之间的访问控制。但现实中，往往需要配置某些 VLAN 之间的互连互通。比如，公司划分为领导层、销售部、财务部、人力部、科技部、审计部，并为不同部门配置了不同的 VLAN，部门之间不能相互访问，有效保证了各部门的信息安全。但领导层经常需要跨越 VLAN 访问其他各个部门，这个功能就由单臂路由来实现。优点：实现不同 VLAN 之间的通信，有助于理解、学习 VLAN 原理和子接口概念。缺点：容易成为网络单点故障，配置稍有复杂，现实意义不大。

任务拓展

1．简述路由器单臂路由的原理。

2．简述使用单臂路由器 VLAN 间路由的缺点是什么。

任务二　路由器静态路由配置

任务描述

上海御恒信息科技公司已建有局域网并安装了基本的路由及交换设备。技术部经理要求新招聘的网络工程师小张尽快学会路由器静态路由的配置，小张按照经理的要求开始做以下的任务分析。

任务分析

（1）在小规模环境里，静态路由是最佳的选择，另外静态路由开销小，但不灵活，适用于相对稳定的网络。

（2）本任务使用DCR-1702路由器作为实训设备，软件版本为1.3.2E/1.3.3A。

（3）任务所需设备：DCR路由器三台、CR-V35FC一条（或CR-V35FCC一条）、CR-V35MT一条（或CR-V35MTT一条），具体线缆类型依据实训室环境选择。

（4）绘制任务拓扑如图2-2所示。

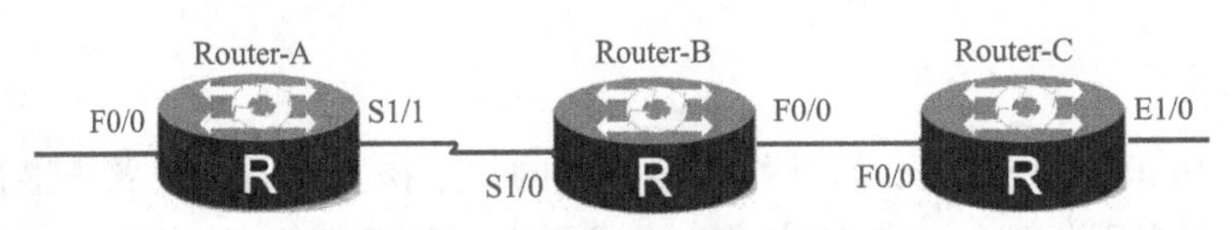

图2-2　路由器静态路由的配置

（5）绘制任务配置表。

Router-A		Router-B		Router-C	
S1/1（DCE）	192.168.1.1	S/1/0（DTE）	192.168.1.2	F0/0	192.168.2.2
F0/0	192.168.0.1	F0/0	192.168.2.1	E1/0	192.168.3.1

任务实施

第一步：参照前面的方法，按照上表配置所有接口的IP地址，保证所有接口全部是up状态，测试连通性。

第二步：查看Router-A的路由表。

```
Router-A#show ip route
Codes: C - connected, S - static, R - RIP, B - BGP, BC - BGP connected
       D - DEIGRP, DEX - external DEIGRP, O - OSPF, OIA - OSPF inter area
       ON1 - OSPF NSSA external type 1, ON2 - OSPF NSSA external type 2
       OE1 - OSPF external type 1, OE2 - OSPF external type 2
       DHCP - DHCP type

VRF ID: 0

C      192.168.0.0/24  is directly connected, FastEthernet0/0    //直连的路由
C      192.168.1.0/24  is directly connected, Serial1/1          //直连的路由
```

第三步：查看Router-B的路由表。

```
Router-B#show ip route
Codes: C - connected, S - static, R - RIP, B - BGP, BC - BGP connected
       D - DEIGRP, DEX - external DEIGRP, O - OSPF, OIA - OSPF inter area
       ON1 - OSPF NSSA external type 1, ON2 - OSPF NSSA external type 2
       OE1 - OSPF external type 1, OE2 - OSPF external type 2
       DHCP - DHCP type

VRF ID: 0

C      192.168.1.0/24        is directly connected, Serial1/0
C      192.168.2.0/24        is directly connected, FastEthernet0/0
```

第四步：查看 Router-C 的路由表。

```
Router-C#show ip route
Codes: C - connected, S - static, R - RIP, B - BGP, BC - BGP connected
       D - DEIGRP, DEX - external DEIGRP, O - OSPF, OIA - OSPF inter area
       ON1 - OSPF NSSA external type 1, ON2 - OSPF NSSA external type 2
       OE1 - OSPF external type 1, OE2 - OSPF external type 2
       DHCP - DHCP type

VRF ID: 0

C      192.168.3.0/24        is directly connected, Ethernet1/0
C      192.168.2.0/24        is directly connected, Ethernet0/0
```

第五步：在 Router-A 上 ping 路由器 C。

```
Router-A#ping 192.168.2.2
PING 192.168.2.2 (192.168.2.2): 56 data bytes
.....
--- 192.168.2.2 ping statistics ---
5 packets transmitted, 0 packets received, 100% packet loss   //不通
```

第六步：在路由器 A 上配置静态路由。

```
Router-A#config
Router-A_config#ip route 192.168.2.0 255.255.255.0 192.168.1.2//配置目标网段
和下一跳
Router-A_config#ip route 192.168.3.0 255.255.255.0 192.168.1.2
```

第七步：查看路由表。

```
Router-A#show ip route
Codes: C - connected, S - static, R - RIP, B - BGP, BC - BGP connected
       D - DEIGRP, DEX - external DEIGRP, O - OSPF, OIA - OSPF inter area
       ON1 - OSPF NSSA external type 1, ON2 - OSPF NSSA external type 2
       OE1 - OSPF external type 1, OE2 - OSPF external type 2
       DHCP - DHCP type

VRF ID: 0

C      192.168.0.0/24        is directly connected, FastEthernet0/0
C      192.168.1.0/24        is directly connected, Serial1/1
S      192.168.2.0/24        [1,0] via 192.168.1.2 //注意静态路由的管理距离是1
S      192.168.3.0/24        [1,0] via 192.168.1.2
```

第八步：配置路由器 B 的静态路由并查看路由表。

```
Router-B#config
Router-B_config#ip route 192.168.0.0 255.255.255.0 192.168.1.1
Router-B_config#ip route 192.168.3.0 255.255.255.0 192.168.2.2
```

```
Router-B_config#^Z
Router-B#show ip route
Codes: C - connected, S - static, R - RIP, B - BGP, BC - BGP connected
       D - DEIGRP, DEX - external DEIGRP, O - OSPF, OIA - OSPF inter area
       ON1 - OSPF NSSA external type 1, ON2 - OSPF NSSA external type 2
       OE1 - OSPF external type 1, OE2 - OSPF external type 2
       DHCP - DHCP type

VRF ID: 0

S      192.168.0.0/24        [1,0] via 192.168.1.1
C      192.168.1.0/24        is directly connected, Serial1/0
C      192.168.2.0/24        is directly connected, FastEthernet0/0
S      192.168.3.0/24        [1,0] via 192.168.2.2
```

第九步：配置路由器 C 的静态路由并查看路由表。

```
Router-C#config
Router-C_config#ip route 192.168.0.0 255.255.0.0 192.168.2.1  //采用超网的方法
Router-C_config#^Z
Router-C#show ip route
Codes: C - connected, S - static, R - RIP, B - BGP
       D - DEIGRP, DEX - external DEIGRP, O - OSPF, OIA - OSPF inter area
       ON1 - OSPF NSSA external type 1, ON2 - OSPF NSSA external type 2
       OE1 - OSPF external type 1, OE2 - OSPF external type 2

S    192.168.0.0/16      [1,0] via 192.168.2.1             //注意掩码是16位
C    192.168.2.0/24      is directly connected,  FastEthernet0/0
C    192.168.3.0/24      is directly connected,  Ethernet1/0
```

第十步：测试。

```
Router-C#ping 192.168.0.1
PING 192.168.0.1 (192.168.0.1): 56 data bytes
!!!!!                                                  //成功
--- 192.168.0.1 ping statistics ---
5 packets transmitted, 5 packets received, 0% packet loss
round-trip min/avg/max=30/32/40 ms
```

任务小结

路由器静态路由的配置由以下几步完成：

第一步：配置所有接口的 IP 地址，保证所有接口全部是 up 状态，测试连通性。

第二步：查看 Router-A 的路由表。

第三步：查看 Router-B 的路由表。

第四步：查看 Router-C 的路由表。

第五步：在 Router-A 上 ping 路由器 C。

第六步：在路由器 A 上配置静态路由。

第七步：查看路由表。

第八步：配置路由器 B 的静态路由并查看路由表。

第九步：配置路由器 C 的静态路由并查看路由表。

第十步：测试。

相关知识与技能

1. 路由表

在计算机网络中，路由表又称路由择域信息库（RIB）是一个存储在路由器或者联网计算机中的电子表格（文件）或类数据库。路由表存储着指向特定网络地址的路径（在有些情况下，还记录有路径的路由度量值）。路由表中含有网络周边的拓扑信息。路由表建立的主要目标是为了实现路由协议和静态路由选择。在现代路由器构造中，路由表不直接参与数据包的传输，而是用于生成一个小型指向表，这个指向表仅仅包含由路由算法选择的数据包传输优先路径，这个表格通常为了优化硬件存储和查找而被压缩或提前编译。每个路由器中都有一个路由表和 FIB（Forward Information Base）表：路由表用来决策路由，FIB 用来转发分组。路由表中路由有三类：①链路层协议发现的路由（即直连路由）；②静态路由；③动态路由协议发现的路由。FIB 表中每条转发项都指明分组到某个网段或者某个主机应该通过路由器的哪个物理接口发送，然后就可以到达该路径的下一个路由器，或者不再经过别的路由器而传送到直接相连的网络中的目的主机。

2. 路由表的主要工作

路由器的主要工作就是为经过路由器的每个数据包寻找一条最佳的传输路径，并将该数据有效地传送到目的站点。由此可见，选择最佳路径的策略即路由算法是路由器的关键所在。为了完成这项工作，在路由器中保存着各种传输路径的相关数据——路由表（Routing Table），供路由选择时使用，表中包含的信息决定了数据转发的策略。打个比方，路由表就像我们平时使用的地图一样，标识着各种路线，路由表中保存着子网的标志信息、网上路由器的个数和下一个路由器的名字等内容。路由表可以是由系统管理员固定设置好的，也可以由系统动态修改，可以由路由器自动调整，也可以由主机控制。

3. 路由表的分类

（1）静态路由表。由系统管理员事先设置好的、固定的路由表称为静态（static）路由表，一般是在系统安装时就根据网络的配置情况预先设定的，它不会随未来网络结构的改变而改变。

（2）动态路由表。动态（Dynamic）路由表是路由器根据网络系统的运行情况而自动调整的路由表。路由器根据路由选择协议（Routing Protocol）提供的功能，自动学习和记忆网络运行情况，在需要时自动计算数据传输的最佳路径。

路由器通常依靠所建立及维护的路由表来决定如何转发。路由表能力是指路由表内所容纳路由表项数量的极限。由于 Internet 上执行 BGP 协议的路由器通常拥有数十万条路由表项，所以该项目也是路由器能力的重要体现。

4. 路由表项

首先，路由表的每个项的目的字段含有目的网络前缀；其次，每个项还有一个附加字段，还有用于指定网络前缀位数的子网掩码（subnet mask）；第三，当下一跳字段代表路由器时，下一跳字段的值使用路由的 IP 地址。

理解网际网络中可用的网络地址（或网络 ID）有助于路由决定。这些知识是从称为路由表的数据库中获得的。路由表是一系列称为路由的项，其中包含有关网际网络的网络 ID 位置信息。路由表不是对路由器专用的。主机（非路由器）也可能有用来决定优化路由的路由表。

路由表中的表项内容包括：

- destination mask pre costdestination：目的地址，用来标识 IP 包的目的地址或者目的网络。
- mask：网络掩码，与目的地址一起标识目的主机或者路由器所在的网段的地址。
- pre：标识路由加入 IP 路由表的优先级。可能到达一个目的地有多条路由，但是优先级的存在让其先选择优先级高的路由进行利用。
- cost：路由开销，当到达一个目的地的多个路由优先级相同时，路由开销最小的将成为最优路由。
- interface：输出接口，说明 IP 包将从该路由器哪个接口转发。
- nexthop：下一跳 IP 地址，说明 IP 包所经过的下一个路由器。

5. 静态路由

静态路由是指由用户或网络管理员手工配置的路由信息。当网络的拓扑结构或链路的状态发生变化时，网络管理员需要手工修改路由表中相关的静态路由信息。静态路由信息在默认情况下是私有的，不会传递给其他路由器。当然，网络管理员也可以通过对路由器进行设置使之成为共享的。静态路由一般适用于比较简单的网络环境，在这样的环境中，网络管理员易于清楚地了解网络的拓扑结构，便于设置正确的路由信息。

在一个支持 DDR（Dial-on-Demand Routing）的网络中，拨号链路只在需要时才拨通，因此不能为动态路由信息表提供路由信息的变更情况。在这种情况下，网络也适合使用静态路由。优点：使用静态路由的好处是网络安全保密性高。动态路由因为需要路由器之间频繁地交换各自的路由表，而对路由表的分析可以揭示网络的拓扑结构和网络地址等信息。因此，网络出于安全方面的考虑也可以采用静态路由。不占用网络带宽，因为静态路由不会产生更新流量。缺点：大型和复杂的网络环境通常不宜采用静态路由。一方面，网络管理员难以全面地了解整个网络的拓扑结构；另一方面，当网络的拓扑结构和链路状态发生变化时，路由器中的静态路由信息需要大范围调整，这一工作的难度和复杂程度非常高。当网络发生变化或网络发生故障时，不能重选路由，很可能使路由失败。

任务拓展

1. 简述静态路由的优缺点。
2. 路由表中的表项内容有哪些？

任务三 多层交换机静态路由任务

任务描述

上海御恒信息科技公司已建有局域网并安装了基本的路由及交换设备。技术部经理要求新招聘的网络工程师小张尽快学会多层交换机静态路由的任务，小张按照经理的要求开始做以下的任务分析。

任务分析

（1）当两台三层交换机相连时，为了保证每台交换机上所连接的网段可以和另一台交换机上连接的网段互相通信，最简单的方法就是设置静态路由。

（2）任务所需设备：DCRS-5650 交换机两台（Software version is DCRS-5650-28_5.2.1.0）；PC 2～4 台；Console 线两根；直通网线 2～4 根。

（3）绘制任务拓扑如图 2-3 所示。

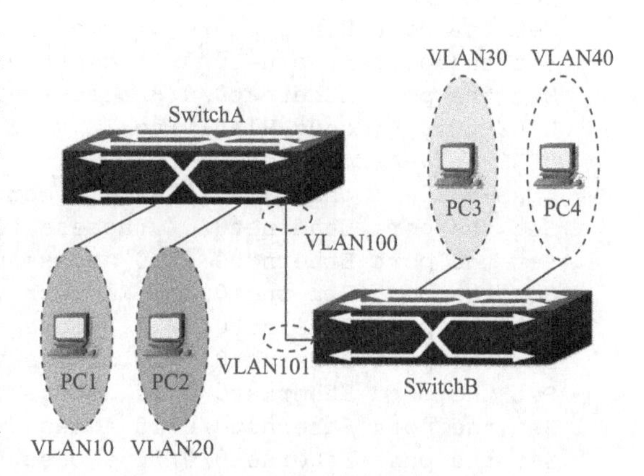

图 2-3 多层交换机静态路由任务

（4）在交换机 A 和交换机 B 上分别划分基于端口的 VLAN，如下表所示。

交 换 机	VLAN	端 口 成 员
交换机 A	10	1 ~ 8
	20	9 ~ 16
	100	24
交换机 B	30	1 ~ 8
	40	9 ~ 16
	101	24

（5）交换机 A 和 B 通过 24 口级联。

（6）配置交换机 A 和 B 各 VLAN 虚拟接口的 IP 地址，如下表所示。

VLAN10	VLAN20	VLAN30	VLAN40	VLAN100	VLAN101
192.168.10.1	192.168.20.1	192.168.30.1	192.168.40.1	192.168.100.1	192.168.100.2

（7）PC1 ～ PC4 的网络设置如下表所示。

设　备	IP 地址	gateway	Mask
PC1	192.168.10.101	192.168.10.1	255.255.255.0
PC2	192.168.20.101	192.168.20.1	255.255.255.0
PC3	192.168.30.101	192.168.30.1	255.255.255.0
PC4	192.168.40.101	192.168.40.1	255.255.255.0

任务实施

第一步：交换机全部恢复出厂设置，配置交换机的 VLAN 信息。

交换机 A：

```
DCRS-5650-A#conf
DCRS-5650-A(Config)#vlan 10
DCRS-5650-A(Config-Vlan10)#switchport interface ethernet 0/0/1-8
Set the port Ethernet0/0/1 access vlan 10 successfully
Set the port Ethernet0/0/2 access vlan 10 successfully
Set the port Ethernet0/0/3 access vlan 10 successfully
```

```
Set the port Ethernet0/0/4 access vlan 10 successfully
Set the port Ethernet0/0/5 access vlan 10 successfully
Set the port Ethernet0/0/6 access vlan 10 successfully
Set the port Ethernet0/0/7 access vlan 10 successfully
Set the port Ethernet0/0/8 access vlan 10 successfully
DCRS-5650-A(Config-Vlan10)#exit
DCRS-5650-A(Config)#vlan 20
DCRS-5650-A(Config-Vlan20)#switchport interface ethernet 0/0/9-16
Set the port Ethernet0/0/9 access vlan 20 successfully
Set the port Ethernet0/0/10 access vlan 20 successfully
Set the port Ethernet0/0/11 access vlan 20 successfully
Set the port Ethernet0/0/12 access vlan 20 successfully
Set the port Ethernet0/0/13 access vlan 20 successfully
Set the port Ethernet0/0/14 access vlan 20 successfully
Set the port Ethernet0/0/15 access vlan 20 successfully
Set the port Ethernet0/0/16 access vlan 20 successfully
DCRS-5650-A(Config-Vlan20)#exit
DCRS-5650-A(Config)#vlan 100
DCRS-5650-A(Config-Vlan100)#switchport interface ethernet 0/0/24
Set the port Ethernet0/0/24 access vlan 100 successfully
DCRS-5650-A(Config-Vlan100)#exit
DCRS-5650-A(Config)#
```

验证配置：

```
DCRS-5650-A#show vlan
VLAN Name      Type     Media    Ports
---- -------   -------- -------- ---------------------------------------
1    default   Static   ENET     Ethernet0/0/17          Ethernet0/0/18
…
10   VLAN0010  Static   ENET     Ethernet0/0/1           Ethernet0/0/2
                                 Ethernet0/0/3           Ethernet0/0/4
                                 Ethernet0/0/5           Ethernet0/0/6
                                 Ethernet0/0/7           Ethernet0/0/8
20   VLAN0020  Static   ENET     Ethernet0/0/9           Ethernet0/0/10
                                 Ethernet0/0/11          Ethernet0/0/12
                                 Ethernet0/0/13          Ethernet0/0/14
                                 Ethernet0/0/15          Ethernet0/0/16
100  VLAN0100  Static   ENET     Ethernet0/0/24
DCRS-5650-A#
```

交换机 B：

```
DCRS-5650-B(Config)#vlan 30
DCRS-5650-B(Config-Vlan30)#switchport interface ethernet 0/0/1-8
Set the port Ethernet0/0/1 access vlan 30 successfully
Set the port Ethernet0/0/2 access vlan 30 successfully
Set the port Ethernet0/0/3 access vlan 30 successfully
Set the port Ethernet0/0/4 access vlan 30 successfully
Set the port Ethernet0/0/5 access vlan 30 successfully
Set the port Ethernet0/0/6 access vlan 30 successfully
Set the port Ethernet0/0/7 access vlan 30 successfully
Set the port Ethernet0/0/8 access vlan 30 successfully
DCRS-5650-B(Config-Vlan30)#exit
DCRS-5650-B(Config)#vlan 40
DCRS-5650-B(Config-Vlan40)#switchport interface ethernet 0/0/9-16
Set the port Ethernet0/0/9 access vlan 40 successfully
Set the port Ethernet0/0/10 access vlan 40 successfully
```

```
Set the port Ethernet0/0/11 access vlan 40 successfully
Set the port Ethernet0/0/12 access vlan 40 successfully
Set the port Ethernet0/0/13 access vlan 40 successfully
Set the port Ethernet0/0/14 access vlan 40 successfully
Set the port Ethernet0/0/15 access vlan 40 successfully
Set the port Ethernet0/0/16 access vlan 40 successfully
DCRS-5650-B(Config-Vlan40)#exit
DCRS-5650-B(Config)#vlan 101
DCRS-5650-B(Config-Vlan101)#switchport interface ethernet 0/0/24
Set the port Ethernet0/0/24 access vlan 101 successfully
DCRS-5650-B(Config-Vlan101)#exit
DCRS-5650-B(Config)#
```

验证配置：

```
DCRS-5650-B#show vlan
VLAN Name      Type     Media     Ports
---- --------- -------- --------- ------------------------------------
1    default   Static   ENET      Ethernet0/0/17      Ethernet0/0/18
…
30   VLAN0030  Static   ENET      Ethernet0/0/1       Ethernet0/0/2
                                  Ethernet0/0/3       Ethernet0/0/4
                                  Ethernet0/0/5       Ethernet0/0/6
                                  Ethernet0/0/7       Ethernet0/0/8
40   VLAN0040  Static   ENET      Ethernet0/0/9       Ethernet0/0/10
                                  Ethernet0/0/11      Ethernet0/0/12
                                  Ethernet0/0/13      Ethernet0/0/14
                                  Ethernet0/0/15      Ethernet0/0/16
101  VLAN0101  Static   ENET      Ethernet0/0/24
DCRS-5650-B#
```

第二步：配置交换机各 VLAN 虚接口的 IP 地址。

交换机 A：

```
DCRS-5650-A(Config)#interface vlan 10
DCRS-5650-A(Config-If-Vlan10)#ip address 192.168.10.1 255.255.255.0
DCRS-5650-A(Config-If-Vlan10)#no shut
DCRS-5650-A(Config-If-Vlan10)#exit
DCRS-5650-A(Config)#interface vlan 20
DCRS-5650-A(Config-If-Vlan20)#ip address 192.168.20.1 255.255.255.0
DCRS-5650-A(Config-If-Vlan20)#no shut
DCRS-5650-A(Config-If-Vlan20)#exit
DCRS-5650-A(Config)#interface vlan 100
DCRS-5650-A(Config-If-Vlan100)#ip address 192.168.100.1 255.255.255.0
DCRS-5650-A(Config-If-Vlan100)#no shut
DCRS-5650-A(Config-If-Vlan100)#exit
DCRS-5650-A(Config)#
```

交换机 B：

```
DCRS-5650-B(Config)#interface vlan 30
DCRS-5650-B(Config-If-Vlan30)#ip address 192.168.30.1 255.255.255.0
DCRS-5650-B(Config-If-Vlan30)#no shut
DCRS-5650-B(Config-If-Vlan30)#exit
DCRS-5650-B(Config)#interface vlan 40
DCRS-5650-B(Config-If-Vlan40)#ip address 192.168.40.1 255.255.255.0
DCRS-5650-B(Config-If-Vlan40)#exit
DCRS-5650-B(Config)#interface vlan 101
DCRS-5650-B(Config-If-Vlan101)#ip address 192.168.100.2 255.255.255.0
```

```
DCRS-5650-B(Config-If-Vlan101)#exit
DCRS-5650-B(Config)#
```

第三步：配置各PC的IP地址，注意配置网关，如下表所示。

设　备	IP 地址	gateway	Mask
PC1	192.168.10.101	192.168.10.1	255.255.255.0
PC2	192.168.20.101	192.168.20.1	255.255.255.0
PC3	192.168.30.101	192.168.30.1	255.255.255.0
PC4	192.168.40.101	192.168.40.1	255.255.255.0

第四步：验证PC之间是否连通，如下表所示。

PC	端　口	PC	端　口	结　果
PC1	A：1/1	PC2	A：1/9	通
PC1	A：1/1	VLAN 100	A：1/24	通
PC1	A：1/1	VLAN101	B：0/0/24	不通
PC1	A：1/1	PC3	B：0/0/1	不通

查看路由表，分析上一步产生现象的原因。

交换机A：

```
DCRS-5650-A#show ip route
Codes: K - kernel, C - connected, S - static, R - RIP, B - BGP
       O - OSPF, IA - OSPF inter area
       N1 - OSPF NSSA external type 1, N2 - OSPF NSSA external type 2
       E1 - OSPF external type 1, E2 - OSPF external type 2
       i - IS-IS, L1 - IS-IS level-1, L2 - IS-IS level-2, ia - IS-IS inter area
       * - candidate default

C       127.0.0.0/8 is directly connected, Loopback
C       192.168.10.0/24 is directly connected, Vlan10
C       192.168.20.0/24 is directly connected, Vlan20
C       192.168.100.0/24 is directly connected, Vlan100
```

交换机B：

```
DCRS-5650-B#show ip route
Codes: K - kernel, C - connected, S - static, R - RIP, B - BGP
       O - OSPF, IA - OSPF inter area
       N1 - OSPF NSSA external type 1, N2 - OSPF NSSA external type 2
       E1 - OSPF external type 1, E2 - OSPF external type 2
       i - IS-IS, L1 - IS-IS level-1, L2 - IS-IS level-2, ia - IS-IS inter area
       * - candidate default

C       127.0.0.0/8 is directly connected, Loopback
C       192.168.30.0/24 is directly connected, Vlan30
C       192.168.40.0/24 is directly connected, Vlan40
C       192.168.100.0/24 is directly connected, Vlan100
```

第五步：配置静态路由。

交换机A：

```
DCRS-5650-A(Config)#ip route 192.168.30.0 255.255.255.0 192.168.100.2
DCRS-5650-A(Config)#ip route 192.168.40.0 255.255.255.0 192.168.100.2
```

验证配置：

```
DCRS-5650-A#show ip route
C       127.0.0.0/8 is directly connected, Loopback
C       192.168.10.0/24 is directly connected, Vlan10
C       192.168.20.0/24 is directly connected, Vlan20
S       192.168.30.0/24 [1/0] via 192.168.100.2, Vlan100
S       192.168.40.0/24 [1/0] via 192.168.100.2, Vlan100
C       192.168.100.0/24 is directly connected, Vlan100
（S 代表静态配置的网段）
```

交换机 B：

```
DCRS-5650-B(Config)#ip route 192.168.10.0 255.255.255.0 192.168.100.1
DCRS-5650-B(Config)#ip route 192.168.20.0 255.255.255.0 192.168.100.1
```

验证配置：

```
DCRS-5650-B#show ip route
C       127.0.0.0/8 is directly connected, Loopback
S       192.168.10.0/24 [1/0] via 192.168.100.2, Vlan100
S       192.168.20.0/24 [1/0] via 192.168.100.2, Vlan100
C       192.168.30.0/24 is directly connected, Vlan30
C       192.168.40.0/24 is directly connected, Vlan30
C       192.168.100.0/24 is directly connected, Vlan100
```

第六步：验证 PC 之间是否连通。

PC	端　口	PC	端　口	结　果	原因
PC1	A：1/1	PC2	A：1/9	通	
PC1	A：1/1	VLAN100	A：1/24	通	
PC1	A：1/1	VLAN101	B：0/0/24	通	
PC1	A：1/1	PC3	B：0/0/1	通	

第七步：验证。

（1）没有静态路由之前：PC1 与 PC2、PC3 与 PC4 可以互通。PC1、PC2 与 PC3、PC4 不通。

（2）配置静态路由之后：四台 PC 之间都可以互通。若任务结果和理论相符，则本任务完成。

任务小结

多层交换机静态路由的配置由以下七步完成：

第一步：交换机全部恢复出厂设置，配置交换机的 VLAN 信息。

第二步：配置交换机各 VLAN 虚接口的 IP 地址。

第三步：配置各 PC 的 IP 地址，注意配置网关。

第四步：验证 PC 之间是否连通。

第五步：配置静态路由。

第六步：验证 PC 之间是否连通。

第七步：验证。

相关知识与技能

1．三层交换机

出于安全和管理方便的考虑，主要是为了减小广播风暴的危害，必须把大型局域网按功能或地域等因素划成一个个小的局域网，这就使 VLAN 技术在网络中得以大量应用，而各个不同 VLAN 间的通信都要经过路由器完成转发，随着网间互访的不断增加。单纯使用路由器来实现网间访问，不但由于端口数量有限，而且路由速度较慢，从而限制了网络的规模和访问速度。基于这种情况，三层交换机便应运而生，三层交换机是为 IP 设计的，接口类型简单，拥有很强的二层包处理能力，非常适用于大型局域网内的数据路由与交换，它既可以工作在协议第三层替代或部分完成传统路由器的功能，同时又具有几乎第二层交换的速度，且价格相对便宜些。

在企业网和教学网中，一般会将三层交换机用在网络的核心层，用三层交换机上的千兆端口或百兆端口连接不同的子网或 VLAN。不过三层交换机是加快大型局域网内部的数据交换，所以它的路由功能没有同一档次的专业路由器强。毕竟在安全、协议支持等方面还有许多欠缺，并不能完全取代路由器工作。

在实际应用过程中，典型的做法是：处于同一个局域网中的各个子网的互连以及局域网中 VLAN 间的路由，用三层交换机来代替路由器，而只有局域网与公网互连且要实现跨地域的网络访问时，才通过专业路由器。

2．三层交换机的路由原理

使用 IP 的设备 *A*—三层交换机—使用 IP 的设备 *B*。比如 *A* 要给 *B* 发送数据，已知目的 IP，那么 *A* 就用子网掩码取得网络地址，判断目的 IP 是否与自己在同一网段。如果在同一网段，但不知道转发数据所需的 MAC 地址，*A* 就发送一个 ARP 请求，*B* 返回其 MAC 地址，*A* 用此 MAC 封装数据包并发送给交换机，交换机起用二层交换模块，查找 MAC 地址表，将数据包转发到相应的端口。

如果目的 IP 地址显示不是同一网段的，那么 *A* 要实现和 *B* 的通信，在流缓存条目中没有对应 MAC 地址条目，就将第一个正常数据包发送给一个默认网关，这个默认网关一般在操作系统中已经设好，对应第三层路由模块，所以可见对于不是同一子网的数据，最先在 MAC 表中放的是默认网关的 MAC 地址；然后就由三层模块接收到此数据包，查询路由表以确定到达 *B* 的路由，将构造一个新的帧头，其中以默认网关的 MAC 地址为源 MAC 地址，以主机 *B* 的 MAC 地址为目的 MAC 地址。通过一定的识别触发机制，确立主机 *A* 与 *B* 的 MAC 地址及转发端口的对应关系，并记录进流缓存条目表，以后 *A* 到 *B* 的数据，就直接交由二层交换模块完成。这就是通常所说的一次路由多次转发。

表面上看，第三层交换机是第二层交换机与路由器的合二为一，然而这种结合并非简单的物理结合，而是各取所长的逻辑结合。即第三层交换机的交换机方案，实际上是一个能够支持多层次动态集成的解决方案，虽然这种多层次动态集成功能在某些程度上也能由传统路由器和第二层交换机搭载完成，但这种搭载方案与采用三层交换机相比，不仅需要更多的设备配置、占用更大的空间、设计更多的布线和花费更高的成本，而且数据传输性能也差得多，因为在海量数据传输中，搭载方案中的路由器无法克服路由传输速率瓶颈。

显然，第二层交换机和第三层交换机都是基于端口地址的端到端的交换过程，虽然这种基于 MAC 地址和 IP 地址的交换机技术，能够极大地提高各节点之间的数据传输率，但却无法根据端口主机的应用需求来自主确定或动态限制端口的交换过程和数据流量，即缺乏第四层智能应用交换需求。第四层交换机不仅可以完成端到端交换，还能根据端口主机的应用特点，确定或限制它的交换流量。简单地说，第四层交换机是基于传输层数据包的交换过程的，是一类基于 TCP/IP 协议应用层的用户应用交换需求的新型局域网交换机。第四层交换机支持 TCP/UDP 第四层以下的所有协议，可识别至少 80 个字节的数据包包头长度，可根据 TCP/UDP 端口号区分数据包的应用类型，从而实现应用层的访问控制和服务质量保证。所以，与其说第四层交换机是硬件网络设备，还不如说它是软件网络管理系统。也就是说，第四层交换机是一类以软件技术为主，以硬件技术为辅的网络管理交换设备。

最后值得指出的是，数据包的第二层 IEEE 802.1P 字段或第三层 IPToS 字段可以用于区分数据包本身的优先级，一般说第四层交换机基于第四层数据包交换，这是说它可以根据第四层 TCP/UDP 端口号来分析数据包应用类型，即第四层交换机不仅完全具备第三层交换机的所有交换功能和性能，还能支持第三层交换机不可能拥有的网络流量和服务质量控制的智能型功能。

任务拓展

1．简述三层交换机的特点。

2．如何配置三层路由器的静态路由？

任务四 路由器 RIP 协议的配置方法

任务描述

上海御恒信息科技公司已建有局域网并安装了基本的路由及交换设备。技术部经理要求新招聘的网络工程师小张尽快学会路由器 RIP 协议的配置方法，小张按照经理的要求开始做以下的任务分析。

任务分析

（1）在路由器较多的环境里，手工配置静态路由给网络管理员带来很大的工作负担。

（2）在不太稳定的网络环境里，手工修改路由表不现实。

（3）本任务使用 DCR-1702 路由器作为实训设备，软件版本为 1.3.2E/1.3.3A。

（4）任务所需设备：DCR 路由器三台；CR-V35FC 一条；CR-V35MT 一条。

（5）绘制任务拓扑如任务三的图 2-3 所示。

（6）绘制配置表如下。

Router-A		Router-B		Router-C	
S1/1（DCE）	192.168.1.1	S/1/0（DTE）	192.168.1.2	F0/0	192.168.2.2
F0/0	192.168.0.1	F0/0	192.168.2.1	E1/0	192.168.3.1

任务实施

第一步：参照前面任务，按照上表配置所有接口的 IP 地址，保证所有接口全部是 up 状态，测试连通性。

第二步：查看 Router-A 的路由表，同任务三。

第三步：查看 Router-B 的路由表，同任务三。

第四步：查看 Router-C 的路由表，同任务三。

第五步：在 Router-A 上 ping 路由器 C。

```
Router-A#ping 192.168.2.2
PING 192.168.2.2 (192.168.2.2): 56 data bytes
.....
--- 192.168.2.2 ping statistics ---
5 packets transmitted, 0 packets received, 100% packet loss    //不通
```

第六步：在路由器 A 上配置 RIP 协议并查看路由表。

```
Router-A_config#router rip                                   //启动RIP协议
Router-A_config_rip#network 192.168.0.0                      //宣告网段
Router-A_config_rip#network 192.168.1.0
Router-A_config_rip#^Z
Router-A#sh ip route
Codes: C - connected, S - static, R - RIP, B - BGP, BC - BGP connected
       D - DEIGRP, DEX - external DEIGRP, O - OSPF, OIA - OSPF inter area
       ON1 - OSPF NSSA external type 1, ON2 - OSPF NSSA external type 2
       OE1 - OSPF external type 1, OE2 - OSPF external type 2
       DHCP - DHCP type
VRF ID: 0
C      192.168.0.0/24       is directly connected, FastEthernet0/0
C      192.168.1.0/24       is directly connected, Serial1/1
//注意到并没有出现RIP学习到的路由
```

第七步：在路由器 B 上配置 RIP 协议并查看路由表。

```
Router-B_config#router rip
Router-B_config_rip#network 192.168.1.0
Router-B_config_rip#network 192.168.2.0
Router-B_config_rip#^Z
Router-B#2004-1-1 00:15:58 Configured from console 0 by DEFAULT
Router-B#show ip route
Codes: C - connected, S - static, R - RIP, B - BGP, BC - BGP connected
       D - DEIGRP, DEX - external DEIGRP, O - OSPF, OIA - OSPF inter area
       ON1 - OSPF NSSA external type 1, ON2 - OSPF NSSA external type 2
       OE1 - OSPF external type 1, OE2 - OSPF external type 2
       DHCP - DHCP type

VRF ID: 0

R    192.168.0.0/24  [120,1] via 192.168.1.1(on Serial1/0) //从A学习到的路由
C    192.168.1.0/24        is directly connected, Serial1/0
C    192.168.2.0/24        is directly connected, FastEthernet0/0
```

第八步：在路由器 C 上配置 RIP 协议并查看路由表。

```
Router-C_config#router rip
Router-C_config_rip#network 192.168.2.0
Router-C_config_rip#network 192.168.3.0
Router-C_config_rip#^Z
Router-C#show ip route
Codes: C - connected, S - static, R - RIP, B - BGP
       D - DEIGRP, DEX - external DEIGRP, O - OSPF, OIA - OSPF inter area
       ON1 - OSPF NSSA external type 1, ON2 - OSPF NSSA external type 2
       OE1 - OSPF external type 1, OE2 - OSPF external type 2
```

```
R     192.168.0.0/24     [120,2] via 192.168.2.1(on  FastEthernet0/0)
R     192.168.1.0/24     [120,1] via 192.168.2.1(on  FastEthernet0/0)
C     192.168.2.0/24     is directly connected,  FastEthernet0/0
C     192.168.3.0/24     is directly connected,  Ethernet1/0
```

第九步：再次查看 A 和 B 的路由表。

```
Router-B#show ip route
Codes: C - connected, S - static, R - RIP, B - BGP, BC - BGP connected
       D - DEIGRP, DEX - external DEIGRP, O - OSPF, OIA - OSPF inter area
       ON1 - OSPF NSSA external type 1, ON2 - OSPF NSSA external type 2
       OE1 - OSPF external type 1, OE2 - OSPF external type 2
       DHCP - DHCP type

VRF ID: 0

R      192.168.0.0/24       [120,1] via 192.168.1.1(on Serial1/0)
C      192.168.1.0/24       is directly connected, Serial1/0
C      192.168.2.0/24       is directly connected, FastEthernet0/0
R      192.168.3.0/24       [120,1] via 192.168.2.2(on FastEthernet0/0)

Router-A#show ip route
Codes: C - connected, S - static, R - RIP, B - BGP, BC - BGP connected
       D - DEIGRP, DEX - external DEIGRP, O - OSPF, OIA - OSPF inter area
       ON1 - OSPF NSSA external type 1, ON2 - OSPF NSSA external type 2
       OE1 - OSPF external type 1, OE2 - OSPF external type 2
       DHCP - DHCP type

VRF ID: 0

C      192.168.0.0/24       is directly connected, FastEthernet0/0
C      192.168.1.0/24       is directly connected, Serial1/1
R      192.168.2.0/24       [120,1] via 192.168.1.2(on Serial1/1)
R      192.168.3.0/24       [120,2] via 192.168.1.2(on Serial1/1)
//注意到所有网段都学习到了路由
```

第十步：用相关的查看命令进行查看。

```
Router-A#show ip rip                                          //显示RIP状态
RIP protocol:  Enabled
 Global version: default( Decided on the interface version control )
 Update: 30,  Expire: 180,  Holddown: 120
 Input-queue: 50
 Validate-update-source enable
 No neighbor

Router-A#sh ip rip protocol                                   //显示协议细节
RIP is Active
 Sending updates every 30 seconds, next due in 30 seconds  //注意定时器的值
 Invalid after 180 seconds, holddown 120
 update filter list for all interfaces is:
 update offset list for all interfaces is:
 Redistributing:
```

```
Default version control: send version 1, receive version 1 2
 Interface          Send            Recv
 FastEthernet0/0    1               1 2
 Serial1/1          1               1 2
Automatic network summarization is in effect
Routing for Networks:
 192.168.1.0/24
 192.168.0.0/16
Distance: 120 (default is 120)                     //注意默认的管理距离
Maximum route count: 1024,     Route count:6

Router-A#show ip rip database                      ! 显示RIP数据库
 192.168.0.0/24  directly connected  FastEthernet0/0
 192.168.0.0/24  auto-summary
 192.168.1.0/24  directly connected  Serial1/1
 192.168.1.0/24  auto-summary
 192.168.2.0/24  [120,1]  via 192.168.1.2 (on Serial1/1) 00:00:13
                                                   //收到RIP广播的时间
 192.168.3.0/24  [120,2]  via 192.168.1.2 (on Serial1/1)  00:00:13

Router-A#sh ip route rip                           //仅显示RIP学习到的路由
R      192.168.2.0/24       [120,1] via 192.168.1.2(on Serial1/1)
R      192.168.3.0/24       [120,2] via 192.168.1.2(on Serial1/1)
```

任务小结

路由器 RIP 协议的配置由以下几步完成：

第一步：配置所有接口的 IP 地址，保证所有接口全部是 up 状态，测试连通性。

第二步：查看 Router-A 的路由表。

第三步：查看 Router-B 的路由表。

第四步：查看 Router-C 的路由表。

第五步：在 Router-A 上 ping 路由器 C。

第六步：在路由器 A 上配置 RIP 协议并查看路由表。

第七步：在路由器 B 上配置 RIP 协议并查看路由表。

第八步：在路由器 C 上配置 RIP 协议并查看路由表。

第九步：再次查看 A 和 B 的路由表。

第十步：用相关的查看命令进行查看。

相关知识与技能

1. 动态路由

动态路由是与静态路由相对的一个概念，指路由器能够根据路由器之间交换的特定路由信息自动地建立自己的路由表，并且能够根据链路和节点的变化适时地进行自动调整。当网络中节点或节点间的链路发生故障，或存在其他可用路由时，动态路由可以自行选择最佳的可用路由并继续转发报文。

2. 动态路由与静态路由的特征对比

动态路由机制的运作依赖路由器的两个基本功能：路由器之间适时的路由信息交换，对路由表的维护。

(1) 路由器之间适时地交换路由信息。动态路由之所以能根据网络的情况自动计算路由、选择转发路径，是由于当网络发生变化时，路由器之间彼此交换的路由信息会告知对方网络的这种变化，通过信息扩散使所有路由器都能得知网络变化。

(2) 路由器根据某种路由算法（不同的动态路由协议算法不同）把收集到的路由信息加工成路由表，供路由器在转发 IP 报文时查阅。

在网络发生变化时，收集到最新的路由信息后，路由算法重新计算，从而可以得到最新的路由表。需要说明的是，路由器之间的路由信息交换在不同路由协议中的过程和原则是不同的。交换路由信息的最终目的在于通过路由表找到一条转发 IP 报文的“最佳”路径。每一种路由算法都有其衡量“最佳”的一套原则，大多是在综合多个特性的基础上进行计算，这些特性有：路径所包含的路由器结点数（hop count）、网络传输费用（cost）、带宽（bandwidth）、延迟（delay）、负载（load）、可靠性（reliability）和最大传输单元 MTU（maximum transmission unit）。

3. 常见的动态路由协议

常见的动态路由协议有：RIP、OSPF、IS-IS、BGP、IGRP/EIGRP。每种路由协议的工作方式、选路原则等都有所不同。

(1) 路由信息协议（RIP）是内部网关协议 IGP 中最先得到广泛使用的协议。RIP 是一种分布式的基于距离向量的路由选择协议，是因特网的标准协议，其最大优点是实现简单，开销较小。

(2) OSPF（Open Shortest Path First，开放式最短路径优先）是一个内部网关协议（Interior Gateway Protocol，IGP），用于在单一自治系统（autonomous system，AS）内决策路由。

(3) IS-IS（Intermediate System-to-Intermediate System，中间系统到中间系统）路由协议最初是 ISO（the International Organization for Standardization，国际标准化组织）为 CLNP（Connection Less Network Protocol，无连接网络协议）设计的一种动态路由协议。

(4) BGP，边界网关协议是运行于 TCP 上的一种自治系统的路由协议。BGP 是唯一用来处理像因特网大小的网络的协议，也是唯一能够妥善处理好不相关路由域间的多路连接的协议。特点：无须管理员手工维护，减轻了管理员的工作负担；占用了网络带宽；在路由器上运行路由协议，使路由器可以自动根据网络拓扑结构的变化调整路由条目；网络规模大、拓扑复杂的网络。

4. RIP 协议

RIP 协议是一种内部网关协议（IGP），是一种动态路由选择协议，用于自治系统（AS）内的路由信息的传递。RIP 协议基于距离矢量算法（Distance Vector Algorithms），使用“跳数”（即 metric）衡量到达目标地址的路由距离。这种协议的路由器只关心自己周围的世界，只与自己相邻的路由器交换信息，范围限制在 15 跳（15 度）之内，再远，它就不关心了。RIP 应用于 OSI 网络七层模型的网络层。各厂家定义的管理距离（AD，即优先级）如下：华为定义的优先级是 100，思科及神州数码定义的优先级是 120。

任务拓展

1．简述动态路由与静态路由的区别。

2．简述 RIP 协议的特点。

任务五 三层交换机 RIP 动态路由

任务描述

上海御恒信息科技公司已建有局域网并安装了基本的路由及交换设备。技术部经理要求新招聘的网络工程师小张尽快学会三层交换机 RIP 动态路由，小张按照经理的要求开始做以下的任务分析。

任务分析

（1）当两台三层交换机级联时，为了保证每台交换机上所连接的网段可以和另一台交换机上连接的网段互相通信，使用 RIP 协议可以动态学习路由。

（2）任务所需设备：DCRS-5650 交换机两台（Software version is DCRS-5650-28_5.2.1.0）；PC 2 ～ 4 台；Console 线两根；直通网线 2 ～ 4 根。

（3）绘制任务拓扑如图 2-4 所示。

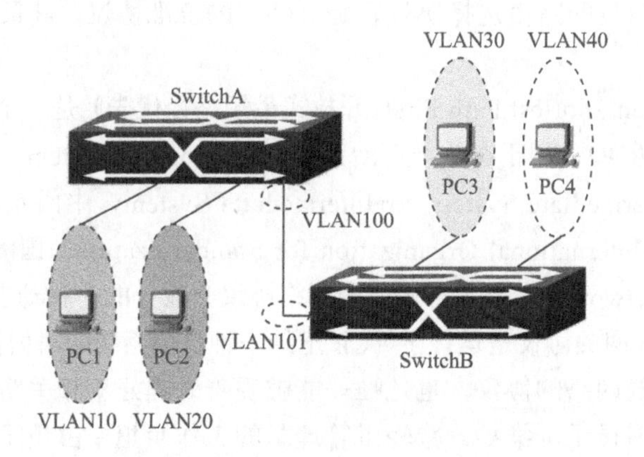

图 2-4 三层交换机 RIP 动态路由

（4）在交换机 A 和交换机 B 上分别划分基于端口的 VLAN，如下表所示。

交 换 机	VLAN	端 口 成 员
交换机 A	10	1 ～ 8
	20	9 ～ 16
	100	24
交换机 B	30	1 ～ 8
	40	9 ～ 16
	101	24

（5）交换机 A 和 B 通过 24 口级联。配置交换机 A 和 B 各 VLAN 虚拟接口的 IP 地址，如下表所示。

VLAN10	VLAN20	VLAN30	VLAN40	VLAN100	VLAN101
192.168.10.1	192.168.20.1	192.168.30.1	192.168.40.1	192.168.100.1	192.168.100.2

（6）PC1 ～ PC4 的网络设置如下表所示。

设　备	IP 地址	gateway	Mask
PC1	192.168.10.101	192.168.10.1	255.255.255.0
PC2	192.168.20.101	192.168.20.1	255.255.255.0
PC3	192.168.30.101	192.168.30.1	255.255.255.0
PC4	192.168.40.101	192.168.40.1	255.255.255.0

任务实施

第一步：交换机全部恢复出厂设置，配置交换机的 VLAN 信息。

交换机 A：

```
DCRS-5650-A#config
DCRS-5650-A(Config)#vlan 10
DCRS-5650-A(Config-Vlan10)#switchport interface ethernet 0/0/1-8
Set the port Ethernet0/0/1 access vlan 10 successfully
Set the port Ethernet0/0/2 access vlan 10 successfully
Set the port Ethernet0/0/3 access vlan 10 successfully
Set the port Ethernet0/0/4 access vlan 10 successfully
Set the port Ethernet0/0/5 access vlan 10 successfully
Set the port Ethernet0/0/6 access vlan 10 successfully
Set the port Ethernet0/0/7 access vlan 10 successfully
Set the port Ethernet0/0/8 access vlan 10 successfully
DCRS-5650-A(Config-Vlan10)#exit
DCRS-5650-A(Config)#vlan 20
DCRS-5650-A(Config-Vlan20)#switchport interface ethernet 0/0/9-16
Set the port Ethernet0/0/9 access vlan 20 successfully
Set the port Ethernet0/0/10 access vlan 20 successfully
Set the port Ethernet0/0/11 access vlan 20 successfully
Set the port Ethernet0/0/12 access vlan 20 successfully
Set the port Ethernet0/0/13 access vlan 20 successfully
Set the port Ethernet0/0/14 access vlan 20 successfully
Set the port Ethernet0/0/15 access vlan 20 successfully
Set the port Ethernet0/0/16 access vlan 20 successfully
DCRS-5650-A(Config-Vlan20)#exit
DCRS-5650-A(Config)#vlan 100
DCRS-5650-A(Config-Vlan100)#switchport interface ethernet 0/0/24
Set the port Ethernet0/0/24 access vlan 100 successfully
DCRS-5650-A(Config-Vlan100)#exit
DCRS-5650-A(Config)#
```

验证配置：

```
DCRS-5650-A#show vlan
VLAN Name         Type       Media     Ports
---------------------------------------------------------------------------
1    default      Static     ENET      Ethernet0/0/17          Ethernet0/0/18
```

```
                                          Ethernet0/0/19       Ethernet0/0/20
                                          Ethernet0/0/21       Ethernet0/0/22
                                          Ethernet0/0/23       Ethernet0/0/25
                                          Ethernet0/0/26       Ethernet0/0/27
                                          Ethernet0/0/28
10   VLAN0010    Static     ENET          Ethernet0/0/1        Ethernet0/0/2
                                          Ethernet0/0/3        Ethernet0/0/4
                                          Ethernet0/0/5        Ethernet0/0/6
                                          Ethernet0/0/7        Ethernet0/0/8
20   VLAN0020    Static     ENET          Ethernet0/0/9        Ethernet0/0/10
                                          Ethernet0/0/11       Ethernet0/0/12
                                          Ethernet0/0/13       Ethernet0/0/14
                                          Ethernet0/0/15       Ethernet0/0/16
100  VLAN0100    Static     ENET          Ethernet0/0/24
DCRS-5650-A#
```

交换机 B：

```
DCRS-5650-B(Config)#vlan 30
DCRS-5650-B(Config-Vlan30)#switchport interface ethernet 0/0/1-8
Set the port Ethernet0/0/1 access vlan 30 successfully
Set the port Ethernet0/0/2 access vlan 30 successfully
Set the port Ethernet0/0/3 access vlan 30 successfully
Set the port Ethernet0/0/4 access vlan 30 successfully
Set the port Ethernet0/0/5 access vlan 30 successfully
Set the port Ethernet0/0/6 access vlan 30 successfully
Set the port Ethernet0/0/7 access vlan 30 successfully
Set the port Ethernet0/0/8 access vlan 30 successfully
DCRS-5650-B(Config-Vlan30)#exit
DCRS-5650-B(Config)#vlan 40
DCRS-5650-B(Config-Vlan40)#switchport interface ethernet 0/0/9-16
Set the port Ethernet0/0/9 access vlan 40 successfully
Set the port Ethernet0/0/10 access vlan 40 successfully
Set the port Ethernet0/0/11 access vlan 40 successfully
Set the port Ethernet0/0/12 access vlan 40 successfully
Set the port Ethernet0/0/13 access vlan 40 successfully
Set the port Ethernet0/0/14 access vlan 40 successfully
Set the port Ethernet0/0/15 access vlan 40 successfully
Set the port Ethernet0/0/16 access vlan 40 successfully
DCRS-5650-B(Config-Vlan40)#exit
DCRS-5650-B(Config)#vlan 101
DCRS-5650-B(Config-Vlan101)#switchport interface ethernet 0/0/24
Set the port Ethernet0/0/24 access vlan 101 successfully
DCRS-5650-B(Config-Vlan101)#exit
DCRS-5650-B(Config)#
```

验证配置：

```
DCRS-5650-B#show vlan
VLAN Name         Type       Media    Ports
---------------------------------------------------------------------------
1    default      Static     ENET     Ethernet0/0/17       Ethernet0/0/18
                                      Ethernet0/0/19       Ethernet0/0/20
                                      Ethernet0/0/21       Ethernet0/0/22
                                      Ethernet0/0/23       Ethernet0/0/25
                                      Ethernet0/0/26       Ethernet0/0/27
                                      Ethernet0/0/28
10   VLAN0010     Static     ENET     Ethernet0/0/1        Ethernet0/0/2
```

```
                                      Ethernet0/0/3          Ethernet0/0/4
                                      Ethernet0/0/5          Ethernet0/0/6
                                      Ethernet0/0/7          Ethernet0/0/8
20   VLAN0020     Static     ENET     Ethernet0/0/9          Ethernet0/0/10
                                      Ethernet0/0/11         Ethernet0/0/12
                                      Ethernet0/0/13         Ethernet0/0/14
                                      Ethernet0/0/15         Ethernet0/0/16
100  VLAN0100     Static     ENET     Ethernet0/0/24
DCRS-5650-B#
```

第二步：配置交换机各 VLAN 虚接口的 IP 地址。

交换机 A：

```
DCRS-5650-A(Config)#int vlan 10
DCRS-5650-A(Config-If-Vlan10)#ip address 192.168.10.1 255.255.255.0
DCRS-5650-A(Config-If-Vlan10)#no shut
DCRS-5650-A(Config-If-Vlan10)#exit
DCRS-5650-A(Config)#int vlan 20
DCRS-5650-A(Config-If-Vlan20)#ip address 192.168.20.1 255.255.255.0
DCRS-5650-A(Config-If-Vlan20)#no shut
DCRS-5650-A(Config-If-Vlan20)#exit
DCRS-5650-A(Config)#int vlan 100
DCRS-5650-A(Config-If-Vlan100)#ip address 192.168.100.1 255.255.255.0
DCRS-5650-A(Config-If-Vlan100)#no shut
DCRS-5650-A(Config-If-Vlan100)#
DCRS-5650-A(Config-If-Vlan100)#exit
DCRS-5650-A(Config)#
```

交换机 B：

```
DCRS-5650-B(Config)#int vlan 30
DCRS-5650-B(Config-If-Vlan30)#ip address 192.168.30.1 255.255.255.0
DCRS-5650-B(Config-If-Vlan30)#no shut
DCRS-5650-B(Config-If-Vlan30)#exit
DCRS-5650-B(Config)#interface vlan 40
DCRS-5650-B(Config-If-Vlan40)#ip address 192.168.40.1 255.255.255.0
DCRS-5650-B(Config-If-Vlan40)#exit
DCRS-5650-B(Config)#int vlan 101
DCRS-5650-B(Config-If-Vlan101)#ip address 192.168.100.2 255.255.255.0
DCRS-5650-B(Config-If-Vlan101)#exit
DCRS-5650-B(Config)#
```

第三步：配置各 PC 的 IP 地址，注意配置网关。

设　备	IP 地址	gateway	Mask
PC1	192.168.10.101	192.168.10.1	255.255.255.0
PC2	192.168.20.101	192.168.20.1	255.255.255.0
PC3	192.168.30.101	192.168.30.1	255.255.255.0
PC4	192.168.40.101	192.168.40.1	255.255.255.0

第四步：验证 PC 之间是否连通。

PC	端　口	PC	端　口	结　果	原　因
PC1	A：0/0/1	PC2	A：0/0/9	通	
PC1	A：0/0/1	VLAN100	A：0/0/24	通	
PC1	A：0/0/1	VLAN101	B：0/0/24	不通	
PC1	A：0/0/1	PC3	B：0/0/1	不通	

查看路由表，分析上一步产生现象的原因。

交换机 A：

```
DCRS-5650-A#show ip route
Codes: K - kernel, C - connected, S - static, R - RIP, B - BGP
       O - OSPF, IA - OSPF inter area
       N1 - OSPF NSSA external type 1, N2 - OSPF NSSA external type 2
       E1 - OSPF external type 1, E2 - OSPF external type 2
       i - IS-IS, L1 - IS-IS level-1, L2 - IS-IS level-2, ia - IS-IS inter area
       * - candidate default

C        127.0.0.0/8 is directly connected, Loopback
C        192.168.10.0/24 is directly connected, Vlan10
C        192.168.20.0/24 is directly connected, Vlan20
C        192.168.100.0/24 is directly connected, Vlan100
```

交换机 B：

```
DCRS-5650-B#sho ip route
Codes: K - kernel, C - connected, S - static, R - RIP, B - BGP
       O - OSPF, IA - OSPF inter area
       N1 - OSPF NSSA external type 1, N2 - OSPF NSSA external type 2
       E1 - OSPF external type 1, E2 - OSPF external type 2
       i - IS-IS, L1 - IS-IS level-1, L2 - IS-IS level-2, ia - IS-IS inter area
       * - candidate default

C        127.0.0.0/8 is directly connected, Loopback
C        192.168.30.0/24 is directly connected, Vlan30
C        192.168.40.0/24 is directly connected, Vlan40
C        192.168.101.0/24 is directly connected, Vlan101
```

第五步：启动 RIP 协议，并将对应的直连网段配置到 RIP 进程中。

交换机 A：

```
DCRS-5650-A(config)#router rip
DCRS-5650-A(config-router)#network vlan 10
DCRS-5650-A(config-router)#network vlan 20
DCRS-5650-A(config-router)#network vlan 100
DCRS-5650-A(config-router)#
```

交换机 B：

```
DCRS-5650-B(Config)#router rip
DCRS-5650-B(config-router)#network vlan 30
DCRS-5650-B(config-router)#network vlan 40
DCRS-5650-B(config-router)#network vlan 101
DCRS-5650-B(config-router)#
```

验证配置：

```
DCRS-5650-A#show ip rip
Codes: R - RIP, K - Kernel, C - Connected, S - Static, O - OSPF, I - IS-IS,
       B - BGP

   Network            Next Hop           Metric From           If       Time
R  192.168.10.0/24                          1                  Vlan10
R  192.168.20.0/24                          1                  Vlan20
R  192.168.30.0/24    192.168.100.2         2 192.168.100.2    Vlan100 02:36
R  192.168.40.0/24    192.168.100.2         2 192.168.100.2    Vlan100 02:36
R  192.168.100.0/24                         1                  Vlan100
```

```
DCRS-5650-A#show ip route
Codes: K - kernel, C - connected, S - static, R - RIP, B - BGP
       O - OSPF, IA - OSPF inter area
       N1 - OSPF NSSA external type 1, N2 - OSPF NSSA external type 2
       E1 - OSPF external type 1, E2 - OSPF external type 2
       i - IS-IS, L1 - IS-IS level-1, L2 - IS-IS level-2, ia - IS-IS inter area
       * - candidate default

C       127.0.0.0/8 is directly connected, Loopback
C       192.168.10.0/24 is directly connected, Vlan10
C       192.168.20.0/24 is directly connected, Vlan20
R       192.168.30.0/24 [120/2] via 192.168.100.2, Vlan100, 00:03:00
R       192.168.40.0/24 [120/2] via 192.168.100.2, Vlan100, 00:03:00
C       192.168.100.0/24 is directly connected, Vlan100
（R表示rip协议学习到的网段）

DCRS-5650-B#show ip rip
Codes: R - RIP, K - Kernel, C - Connected, S - Static, O - OSPF, I - IS-IS,
       B - BGP

   Network            Next Hop          Metric From              If       Time
R  192.168.10.0/24    192.168.100.1        2 192.168.100.1    Vlan101 02:42
R  192.168.20.0/24    192.168.100.1        2 192.168.100.1    Vlan101 02:42
R  192.168.30.0/24                         1                    Vlan30
R  192.168.40.0/24                         1                    Vlan40
R  192.168.100.0/24                        1                    Vlan101

DCRS-5650-B#show ip route
Codes: K - kernel, C - connected, S - static, R - RIP, B - BGP
       O - OSPF, IA - OSPF inter area
       N1 - OSPF NSSA external type 1, N2 - OSPF NSSA external type 2
       E1 - OSPF external type 1, E2 - OSPF external type 2
       i - IS-IS, L1 - IS-IS level-1, L2 - IS-IS level-2, ia - IS-IS inter area
       * - candidate default

C       127.0.0.0/8 is directly connected, Loopback
R       192.168.10.0/24 [120/2] via 192.168.100.1, Vlan101, 00:00:31
R       192.168.20.0/24 [120/2] via 192.168.100.1, Vlan101, 00:00:31
C       192.168.30.0/24 is directly connected, Vlan30
C       192.168.40.0/24 is directly connected, Vlan40
C       192.168.100.0/24 is directly connected, Vlan101
（R表示rip协议学习到的网段）
```

第六步：验证PC之间是否连通。

PC	端　口	PC	端　口	结　果	原　因
PC1	A：0/0/1	PC2	A：0/0/9	通	
PC1	A：0/0/1	VLAN100	A：0/0/24	通	
PC1	A：0/0/1	VLAN101	B：0/0/24	通	
PC1	A：0/0/1	PC3	B：0/0/1	通	

第七步：验证。

（1）没有RIP路由协议之前：PC1与PC2、PC3与PC4可以互通。PC1、PC2与PC3、

PC4 不通。

(2) 配置 RIP 路由协议之后：四台 PC 之间都可以互通。若任务结果和理论相符，则本任务完成。

任务小结

三层交换机 RIP 动态路由由以下七步完成：

第一步：交换机全部恢复出厂设置，配置交换机的 VLAN 信息。

第二步：配置交换机各 VLAN 虚接口的 IP 地址。

第三步：配置各 PC 的 IP 地址，注意配置网关。

第四步：验证 PC 之间是否连通。

第五步：启动 RIP 协议，并将对应的直连网段配置到 RIP 进程中。

第六步：验证 PC 之间是否连通。

第七步：验证。

相关知识与技能

1. RIP 与 RIP2

(RIP/RIP2/RIPng：Routing Information Protocol)，RIP 作为 IGP（内部网关协议）中最先得到广泛使用的一种协议，主要应用于 AS 系统，即自治系统（Autonomous System）。连接 AS 系统有专门的协议，其中最早的协议是 EGP（外部网关协议），仍然应用于因特网，这样的协议通常被视为内部 AS 路由选择协议。RIP 主要设计来利用同类技术与大小适度的网络一起工作。因此通过速度变化不大的接线连接，RIP 比较适用于简单的校园网和区域网，但并不适用于复杂网络的情况。

RIP 是一种分布式的基于距离向量的路由选择协议，是因特网的标准协议，其最大优点就是简单。RIP 协议要求网络中每个路由器都要维护从它自己到其他每个目的网络的距离记录。RIP 协议将“距离”定义为：从一路由器到直接连接的网络的距离定义为 1。从一路由器到非直接连接的网络的距离定义为每经过一个路由器则距离加 1。“距离”又称“跳数”。RIP 允许一条路径最多只能包含 15 个路由器，因此，距离等于 16 时即为不可达。可见 RIP 协议只适用于小型互联网。

RIP 2 由 RIP 而来，属于 RIP 协议的补充协议，主要用于扩大装载的有用信息的数量，同时增加其安全性能。RIPv1 和 RIPv2 都是基于 UDP 的协议。在 RIP2 下，每台主机或路由器通过路由选择进程发送和接收来自 UDP 端口 520 的数据包。RIP 协议默认的路由更新周期是 30 s。

2. RIP 的工作原理

(1) 初始化——RIP 初始化时，会从每个参与工作的接口上发送请求数据包。该请求数据包会向所有的 RIP 路由器请求一份完整的路由表。该请求通过 LAN 上的广播形式发送 LAN 或者在点到点链路发送到下一跳地址来完成。这是一个特殊的请求，向相邻设备请求完整的路由更新。

（2）接收请求——RIP 有两种类型的消息，响应和接收消息。请求数据包中的每个路由条目都会被处理，从而为路由建立度量以及路径。RIP 采用跳数度量，值为 1，意味着是一个直连的网络；值为 16，为网络不可达。路由器会把整个路由表作为接收消息的应答返回。

（3）接收到响应——路由器接收并处理响应，它会通过对路由表项进行添加、删除或者修改作出更新。

（4）常规路由更新和定时——路由器以更新周期 30 s 将整个路由表以应答消息的形式发送到邻居路由器。路由器收到新路由或者现有路由的更新信息时，会设置一个 180 s 的超时时间。如果 180 s 没有任何更新信息，路由的跳数设为 16。路由器以度量值 16 宣告该路由，直到刷新计时器从路由表中删除该路由。刷新计时器的更新周期为 240 s，或者比过期计时器时间多 60 s。Cisco 还用了第三个计时器，称为抑制计时器。接收到一个度量更高的路由之后的 180 s 时间就是抑制计时器的时间，在此期间，路由器不会用它接收到的新信息对路由表进行更新，这样能够为网络的收敛提供一段额外的时间。

（5）触发路由更新——当某个路由度量发生改变时，路由器只发送与改变有关的路由，并不发送完整的路由表。

任务拓展

1．什么是 RIP？
2．RIP 的作用是什么？
3．RIP 如何传递路由信息？
4．如何计算 Metric？

任务六 路由器单区域 OSPF 协议的配置方法

任务描述

上海御恒信息科技公司已建有局域网并安装了基本的路由及交换设备。OSPF 协议是目前网络中应用最广泛的协议之一，能够适应各种规模的网络环境。技术部经理要求新招聘的网络工程师小张尽快学会路由器单区域 OSPF 协议的配置方法，小张按照经理的要求开始做以下的任务分析。

任务分析

（1）在大规模网络中，OSPF 作为链路状态路由协议的代表应用非常广泛。它具有无自环、收敛快的特点。

（2）本任务使用 DCR-1702 路由器作为实训设备，软件版本为：1.3.2E/1.3.3A。此外还需要 DCR 路由器两台；CR-V35MT 一条；CR-V35FC 一条。

（3）绘制任务拓扑如图 2-5 所示。

（4）两台路由器的基本配置如下所示。

图 2-5 路由器单区域 OSPF 协议的配置方法

```
ROUTER-A
S1/1              192.168.1.1/24
Loopback0         10.10.10.1/24
```

```
ROUTER-B
S1/0              192.168.1.2/24
Loopback0         10.10.11.1/24
```

任务实施

第一步：路由器环回接口的配置（其他接口配置请参见相关任务）。

路由器A：

```
Router-A_config#interface  loopback0                          //设置loop口
Router-A_config_l0#ip address 10.10.10.1 255.255.255.0
```

路由器B：

```
Router-B#config
Router-B_config#interface loopback0
Router-B_config_l0#ip address  10.10.11.1 255.255.255.0
```

第二步：验证接口配置。

```
Router-B#sh interface loopback0
Loopback0 is up, line protocol is up
Hardware is Loopback
Interface address is 10.10.11.1/24
MTU 1514 bytes, BW 8000000 kbit, DLY 500 usec
Encapsulation LOOPBACK
```

第三步：路由器的OSPF配置。

路由器A：

```
Router-A_config#router ospf 1                     //启动OSPF进程，进程号为1
Router-A_config_ospf_1#network 10.10.10.0 255.255.255.0 area 0//注意要写掩码和区域号
Router-A_config_ospf_1#network 192.168.1.0 255.255.255.0 area 0
```

路由器B：

```
Router-B_config#router ospf 1
Router-B_config_ospf_1#network 10.10.11.0 255.255.255.0 area 0
Router-B_config_ospf_1#network 192.168.1.0 255.255.255.0 area 0
```

第四步：查看路由表。

路由器A：

```
Router-A#sh ip route
Codes: C - connected, S - static, R - RIP, B - BGP, BC - BGP connected
       D - DEIGRP, DEX - external DEIGRP, O - OSPF, OIA - OSPF inter area
       ON1 - OSPF NSSA external type 1, ON2 - OSPF NSSA external type 2
       OE1 - OSPF external type 1, OE2 - OSPF external type 2
       DHCP - DHCP type

VRF ID: 0

C      10.10.10.0/24        is directly connected, Loopback0
O      10.10.11.1/32        [110,1600] via 192.168.1.2(on Serial1/1)
                                              //注意到环回接口产生的是主机路由
C      192.168.1.0/24       is directly connected, Serial1/1
```

路由器B：

```
Router-B#show ip route
Codes: C - connected, S - static, R - RIP, B - BGP, BC - BGP connected
       D - DEIGRP, DEX - external DEIGRP, O - OSPF, OIA - OSPF inter area
```

```
      ON1 - OSPF NSSA external type 1, ON2 - OSPF NSSA external type 2
      OE1 - OSPF external type 1, OE2 - OSPF external type 2
      DHCP - DHCP type

VRF ID: 0

O      10.10.10.1/32       [110,1601] via 192.168.1.1(on Serial1/0)
                                              //注意管理距离为110
C      10.10.11.0/24         is directly connected, Loopback0
C      192.168.1.0/24        is directly connected, Serial1/0
```

第五步：其他验证命令。

```
Router-B#sh ip ospf 1                                  //显示该OSPF进程的信息
OSPF process: 1, Router ID: 192.168.2.1
Distance: intra-area 110,  inter-area 110,  external 150
SPF schedule delay 5 secs, Hold time between two SPFs 10 secs
SPFTV:11(1), TOs:24, SCHDs:27
All Rtrs support Demand-Circuit.
Number of areas is 1
AREA: 0
  Number of interface in this area is 2(UP: 3)
  Area authentication type:  None
  All Rtrs in this area support Demand-Circuit.

Router-A#show ip ospf interace                         //显示OSPF接口状态和类型
Serial1/1 is up, line protocol is up
  Internet Address: 192.168.1.1/24
  Nettype: Point-to-Point
  OSPF process is 2,  AREA: 0, Router ID: 192.168.1.1
  Cost: 1600, Transmit Delay is 1 sec, Priority 1
  Hello interval is 10, Dead timer is 40, Retransmit is 5
  OSPF INTF State is IPOINT_TO_POINT
  Neighbor Count is 1, Adjacent neighbor count is 1
    Adjacent with neighbor 192.168.1.2

Loopback0 is up, line protocol is up
  Internet Address: 10.10.10.1/24
  Nettype: Broadcast                               //环回接口的网络类型默认为广播
  OSPF process is 2,  AREA: 0, Router ID: 192.168.1.1
  Cost: 1, Transmit Delay is 1 sec, Priority 1
  Hello interval is 10, Dead timer is 40, Retransmit is 5
  OSPF INTF State is ILOOPBACK
  Neighbor Count is 0, Adjacent neighbor count is 0

Router-A#sh ip ospf neighbor                   //显示OSPF邻居
-----------------------------------------------------------------------
                                OSPF process: 2


                                 AREA: 0
Neighbor ID       Pri    State             DeadTime   Neighbor Addr     Interface
192.168.2.1       1      FULL/-            31         192.168.1.2       Serial1/1
```

第六步：修改环回接口的网络类型。

```
Router-A#conf
Router-A_config#interface  loopback 0
Router-A_config_l0#ip ospf network point-to-point           //将类型改为点到点
```

第七步：查看接口状态和路由器 B 的路由表。

```
Router-A#sh ip ospf interface
Serial1/1 is up, line protocol is up
  Internet Address: 192.168.1.1/24
  Nettype: Point-to-Point
  OSPF process is 2,  AREA: 0, Router ID: 192.168.1.1
  Cost: 1600, Transmit Delay is 1 sec, Priority 1
  Hello interval is 10, Dead timer is 40, Retransmit is 5
  OSPF INTF State is IPOINT_TO_POINT
  Neighbor Count is 1, Adjacent neighbor count is 1
    Adjacent with neighbor 192.168.1.2

Loopback0 is up, line protocol is up
  Internet Address: 10.10.10.1/24
  Nettype: Point-to-Point                     //网络类型为点对点
  OSPF process is 2,  AREA: 0, Router ID: 192.168.1.1
  Cost: 1, Transmit Delay is 1 sec, Priority 1
  Hello interval is 10, Dead timer is 40, Retransmit is 5
  OSPF INTF State is IPOINT_TO_POINT
  Neighbor Count is 0, Adjacent neighbor count is 0

Router-B#sh ip route
Codes: C - connected, S - static, R - RIP, B - BGP, BC - BGP connected
       D - DEIGRP, DEX - external DEIGRP, O - OSPF, OIA - OSPF inter area
       ON1 - OSPF NSSA external type 1, ON2 - OSPF NSSA external type 2
       OE1 - OSPF external type 1, OE2 - OSPF external type 2
       DHCP - DHCP type

VRF ID: 0

O      10.10.10.0/24          [110,1600] via 192.168.1.1(on Serial1/0)
C      10.10.11.0/24          is directly connected, Loopback0
C      192.168.1.0/24         is directly connected, Serial1/0
```

任务小结

路由器单区域 OSPF 协议的配置由以下七步完成：

第一步：路由器环回接口的配置。

第二步：验证接口配置。

第三步：路由器的 OSPF 配置。

第四步：查看路由表。

第五步：其他验证命令。

第六步：修改环回接口的网络类型。

第七步：查看接口状态和路由器 B 的路由表。

相关知识与技能

1. OSPF

OSPF 是一个路由协议，其作用是让路由器之间能够动态地共享网络信息，并获取远程网络信息。区域的概念是 OSPF 特有的一种属性，因为 OSPF 在运行时有一个操作称为 LSA 泛洪，泛洪会占用网络很大的带宽，同时消耗路由器的资源，严重的影响可能会导致路由器宕机。

为了减小这种影响，其中一种方式就是减少参与泛洪的路由器数量，于是将网络中运行 OSPF 的路由器逻辑地划分为几个区域，泛洪的操作只在区域中进行，路由器减少了，同样就是减小了泛洪的影响。当网络中的路由器数量较少时，可以不对其进行区域划分，让其只运行在一个区域中，即 area 0，就是单区域路由。当路由器数量较大时，就得进行区域的划分，划分之后就是多区域路由，但不管在什么时候 area 0 必须存在，其他区域必须与 area 0 相连。

2．单区域 OSPF 基本配置

（1）配置好路由器上每个端口的 IP 地址。

（2）在每台路由器上启用 OSPF。

（3）检查各个端口是否互通。

（4）在每台路由器上观察路由表的情况；观察 OSPF 邻居表；观察拓扑结构数据库信息。

注意

在配置单区域 OSPF 时，所有声明网段后所跟的 area 都为 0；多区域配置 OSPF 时，area 后对应相应的区域号。

任务拓展

1．单区域 OSPF 如何进行配置？

2．什么是链路状态路由协议？

任务七 三层交换机 OSPF 动态路由

任务描述

上海御恒信息科技公司已建有局域网并安装了基本的路由及交换设备。技术部经理要求新招聘的网络工程师小张尽快学会三层交换机 OSPF 动态路由的配置，小张按照经理的要求开始做以下的任务分析。

任务分析

（1）当两台三层交换机级联时，为了保证每台交换机上所连接的网段可以和另一台交换机上连接的网段互相通信，使用 OSPF 协议可以动态学习路由。

（2）任务所需设备：DCRS-5656 交换机两台（Software version is DCRS-5650-28_5.2.1.0）；PC 2～4台；Console 线两根；直通网线 2～4 根。

（3）绘制任务拓扑如图 2-6 所示。

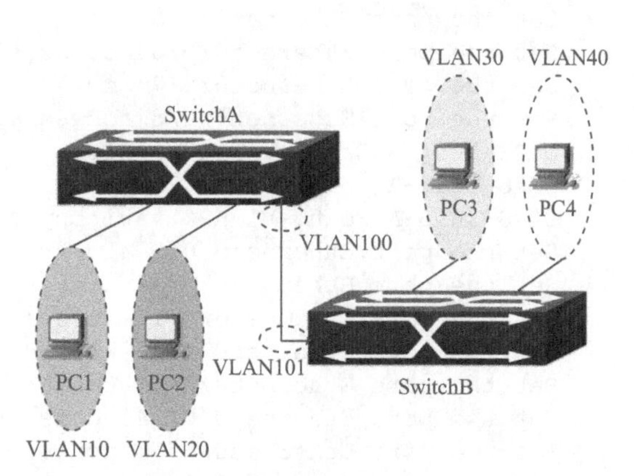

图 2-6 三层交换机 OSPF 动态路由

（4）在交换机 A 和交换机 B 上分别划分

基于端口的VLAN，如下表所示。

交换机	VLAN	端口成员
交换机A	10	1～8
	20	9～16
	100	24
交换机B	30	1～8
	40	9～16
	101	24

（5）交换机A和B通过24口级联。

（6）配置交换机A和B各VLAN虚拟接口的IP地址，如下表所示：

VLAN10	VLAN20	VLAN30	VLAN40	VLAN100	VLAN101
192.168.10.1	192.168.20.1	192.168.30.1	192.168.40.1	192.168.100.1	192.168.100.2

（7）PC1～PC4的网络设置如下表所示。

设备	IP地址	gateway	Mask
PC1	192.168.10.101	192.168.10.1	255.255.255.0
PC2	192.168.20.101	192.168.20.1	255.255.255.0
PC3	192.168.30.101	192.168.30.1	255.255.255.0
PC4	192.168.40.101	192.168.40.1	255.255.255.0

任务实施

第一步：交换机全部恢复出厂设置，配置交换机的VLAN信息。

交换机A：

```
DCRS-5656-A#conf
DCRS-5656-A(Config)#vlan 10
DCRS-5656-A(Config-Vlan10)#switchport interface ethernet 0/0/1-8
Set the port Ethernet0/0/1 access vlan 10 successfully
Set the port Ethernet0/0/2 access vlan 10 successfully
Set the port Ethernet0/0/3 access vlan 10 successfully
Set the port Ethernet0/0/4 access vlan 10 successfully
Set the port Ethernet0/0/5 access vlan 10 successfully
Set the port Ethernet0/0/6 access vlan 10 successfully
Set the port Ethernet0/0/7 access vlan 10 successfully
Set the port Ethernet0/0/8 access vlan 10 successfully
DCRS-5656-A(Config-Vlan10)#exit
DCRS-5656-A(Config)#vlan 20
DCRS-5656-A(Config-Vlan20)#switchport interface ethernet 0/0/9-16
Set the port Ethernet0/0/9 access vlan 20 successfully
Set the port Ethernet0/0/10 access vlan 20 successfully
Set the port Ethernet0/0/11 access vlan 20 successfully
Set the port Ethernet0/0/12 access vlan 20 successfully
Set the port Ethernet0/0/13 access vlan 20 successfully
Set the port Ethernet0/0/14 access vlan 20 successfully
Set the port Ethernet0/0/15 access vlan 20 successfully
Set the port Ethernet0/0/16 access vlan 20 successfully
```

```
DCRS-5656-A(Config-Vlan20)#exit
DCRS-5656-A(Config)#vlan 100
DCRS-5656-A(Config-Vlan100)#switchport interface ethernet 0/0/24
Set the port Ethernet0/0/24 access vlan 100 successfully
DCRS-5656-A(Config-Vlan100)#exit
DCRS-5656-A(Config)#
```

验证配置：

```
DCRS-5656-A#show vlan
VLAN Name       Type     Media  Ports
---------------------------------------------------------------------------------
1    default    Static   ENET   Ethernet0/0/17          Ethernet0/0/18
                                Ethernet0/0/19          Ethernet0/0/20
                                Ethernet0/0/21          Ethernet0/0/22
                                Ethernet0/0/23          Ethernet0/0/25
                                Ethernet0/0/26          Ethernet0/0/27
                                Ethernet0/0/28
10   VLAN0010   Static   ENET   Ethernet0/0/1           Ethernet0/0/2
                                Ethernet0/0/3           Ethernet0/0/4
                                Ethernet0/0/5           Ethernet0/0/6
                                Ethernet0/0/7           Ethernet0/0/8
20   VLAN0020   Static   ENET   Ethernet0/0/9           Ethernet0/0/10
                                Ethernet0/0/11          Ethernet0/0/12
                                Ethernet0/0/13          Ethernet0/0/14
                                Ethernet0/0/15          Ethernet0/0/16
100  VLAN0100   Static   ENET   Ethernet0/0/24
DCRS-5656-A#
```

交换机 B：

```
DCRS-5656-B(Config)#vlan 30
DCRS-5656-B(Config-Vlan30)#switchport interface ethernet 0/0/1-8
Set the port Ethernet0/0/1 access vlan 30 successfully
Set the port Ethernet0/0/2 access vlan 30 successfully
Set the port Ethernet0/0/3 access vlan 30 successfully
Set the port Ethernet0/0/4 access vlan 30 successfully
Set the port Ethernet0/0/5 access vlan 30 successfully
Set the port Ethernet0/0/6 access vlan 30 successfully
Set the port Ethernet0/0/7 access vlan 30 successfully
Set the port Ethernet0/0/8 access vlan 30 successfully
DCRS-5656-B(Config-Vlan30)#exit
DCRS-5656-B(Config)#vlan 40
DCRS-5656-B(Config-Vlan40)#switchport interface ethernet 0/0/9-16
Set the port Ethernet0/0/9 access vlan 40 successfully
Set the port Ethernet0/0/10 access vlan 40 successfully
Set the port Ethernet0/0/11 access vlan 40 successfully
Set the port Ethernet0/0/12 access vlan 40 successfully
Set the port Ethernet0/0/13 access vlan 40 successfully
Set the port Ethernet0/0/14 access vlan 40 successfully
Set the port Ethernet0/0/15 access vlan 40 successfully
Set the port Ethernet0/0/16 access vlan 40 successfully
DCRS-5656-B(Config-Vlan40)#exit
DCRS-5656-B(Config)#vlan 101
DCRS-5656-B(Config-Vlan101)#switchport interface ethernet 0/0/24
Set the port Ethernet0/0/24 access vlan 101 successfully
DCRS-5656-B(Config-Vlan101)#exit
DCRS-5656-B(Config)#
```

验证配置：

```
DCRS-5656-B#show vlan
VLAN Name           Type        Media    Ports
------------------------------------------------------------------------
1    default        Static      ENET     Ethernet0/0/17         Ethernet0/0/18
                                         Ethernet0/0/19         Ethernet0/0/20
                                         Ethernet0/0/21         Ethernet0/0/22
                                         Ethernet0/0/23         Ethernet0/0/25
                                         Ethernet0/0/26         Ethernet0/0/27
                                         Ethernet0/0/28
10   VLAN0010       Static      ENET     Ethernet0/0/1          Ethernet0/0/2
                                         Ethernet0/0/3          Ethernet0/0/4
                                         Ethernet0/0/5          Ethernet0/0/6
                                         Ethernet0/0/7          Ethernet0/0/8
20   VLAN0020       Static      ENET     Ethernet0/0/9          Ethernet0/0/10
                                         Ethernet0/0/11         Ethernet0/0/12
                                         Ethernet0/0/13         Ethernet0/0/14
                                         Ethernet0/0/15         Ethernet0/0/16
100  VLAN0100       Static      ENET     Ethernet0/0/24
DCRS-5656-B#
```

第二步：配置交换机各 VLAN 虚接口的 IP 地址。

交换机 A：

```
DCRS-5656-A(Config)#int vlan 10
DCRS-5656-A(Config-If-Vlan10)#ip address 192.168.10.1 255.255.255.0
DCRS-5656-A(Config-If-Vlan10)#no shut
DCRS-5656-A(Config-If-Vlan10)#exit
DCRS-5656-A(Config)#int vlan 20
DCRS-5656-A(Config-If-Vlan20)#ip address 192.168.20.1 255.255.255.0
DCRS-5656-A(Config-If-Vlan20)#no shut
DCRS-5656-A(Config-If-Vlan20)#exit
DCRS-5656-A(Config)#int vlan 100
DCRS-5656-A(Config-If-Vlan100)#ip address 192.168.100.1 255.255.255.0
DCRS-5656-A(Config-If-Vlan100)#no shut
DCRS-5656-A(Config-If-Vlan100)#
DCRS-5656-A(Config-If-Vlan100)#exit
DCRS-5656-A(Config)#
```

交换机 B：

```
DCRS-5656-B(Config)#int vlan 30
DCRS-5656-B(Config-If-Vlan30)#ip address 192.168.30.1 255.255.255.0
DCRS-5656-B(Config-If-Vlan30)#no shut
DCRS-5656-B(Config-If-Vlan30)#exit
DCRS-5656-B(Config)#interface vlan 40
DCRS-5656-B(Config-If-Vlan40)#ip address 192.168.40.1 255.255.255.0
DCRS-5656-B(Config-If-Vlan40)#exit
DCRS-5656-B(Config)#int vlan 101
DCRS-5656-B(Config-If-Vlan101)#ip address 192.168.100.2 255.255.255.0
DCRS-5656-B(Config-If-Vlan101)#exit
DCRS-5656-B(Config)#
```

第三步：配置各 PC 的 IP 地址，注意配置网关，如下表所示。

设备	IP 地址	gateway	Mask
PC1	192.168.10.101	192.168.10.1	255.255.255.0
PC2	192.168.20.101	192.168.20.1	255.255.255.0
PC3	192.168.30.101	192.168.30.1	255.255.255.0
PC4	192.168.40.101	192.168.40.1	255.255.255.0

第四步：验证 PC 之间是否连通，如下表所示。

PC	端　口	PC	端　口	结　果	原　因
PC1	A：0/0/1	PC2	A：0/0/9	通	
PC1	A：0/0/1	VLAN100	A：0/0/24	通	
PC1	A：0/0/1	VLAN101	B：0/0/24	不通	
PC1	A：0/0/1	PC3	B：0/0/1	不通	

查看路由表，分析上一步产生现象的原因。

交换机 A：

```
DCRS-5656-A#show ip route
Codes: K - kernel, C - connected, S - static, R - RIP, B - BGP
       O - OSPF, IA - OSPF inter area
       N1 - OSPF NSSA external type 1, N2 - OSPF NSSA external type 2
       E1 - OSPF external type 1, E2 - OSPF external type 2
       i - IS-IS, L1 - IS-IS level-1, L2 - IS-IS level-2, ia - IS-IS inter area
       * - candidate default

C       127.0.0.0/8 is directly connected, Loopback
C       192.168.10.0/24 is directly connected, Vlan10
C       192.168.20.0/24 is directly connected, Vlan20
C       192.168.100.0/24 is directly connected, Vlan100
```

交换机 B：

```
DCRS-5656-B#show ip route
Codes: K - kernel, C - connected, S - static, R - RIP, B - BGP
       O - OSPF, IA - OSPF inter area
       N1 - OSPF NSSA external type 1, N2 - OSPF NSSA external type 2
       E1 - OSPF external type 1, E2 - OSPF external type 2
       i - IS-IS, L1 - IS-IS level-1, L2 - IS-IS level-2, ia - IS-IS inter area
       * - candidate default

C       127.0.0.0/8 is directly connected, Loopback
C       192.168.30.0/24 is directly connected, Vlan30
C       192.168.40.0/24 is directly connected, Vlan40
C       192.168.102.0/24 is directly connected, Vlan101
```

第五步：启动 OSPF 协议，并将对应的直连网段配置到 OSPF 进程中。

交换机 A：

```
DCRS-5656-A(config)#router ospf
DCRS-5656-A(config-router)#network 192.168.10.0/24 area 0
DCRS-5656-A(config-router)#network 192.168.20.0/24 area 0
DCRS-5656-A(config-router)#network 192.168.100.0/24 area 0
DCRS-5656-A(config-router)#exit
```

交换机 B：

```
DCRS-5656-B(config)#router ospf
```

```
DCRS-5656-B(config-router)#network 192.168.30.0/24 area 0
DCRS-5656-B(config-router)#network 192.168.40.0/24 area 0
DCRS-5656-B(config-router)#network 192.168.101.0/24 area 0
DCRS-5656-B(config-router)#exit
```

验证配置：

交换机 A：

```
DCRS-5656-A#show ip route
Codes: K - kernel, C - connected, S - static, R - RIP, B - BGP
       O - OSPF, IA - OSPF inter area
       N1 - OSPF NSSA external type 1, N2 - OSPF NSSA external type 2
       E1 - OSPF external type 1, E2 - OSPF external type 2
       i - IS-IS, L1 - IS-IS level-1, L2 - IS-IS level-2, ia - IS-IS inter area
       * - candidate default

C        127.0.0.0/8 is directly connected, Loopback
C        192.168.10.0/24 is directly connected, Vlan10
C        192.168.20.0/24 is directly connected, Vlan20
O        192.168.30.0/24 [110/20] via 192.168.100.2, Vlan100, 00:00:23
O        192.168.40.0/24 [110/20] via 192.168.100.2, Vlan100, 00:00:23
C        192.168.100.0/24 is directly connected, Vlan100
(O代表ospf学习到的路由网段)
```

交换机 B：

```
DCRS-5656-B#show ip route
Codes: K - kernel, C - connected, S - static, R - RIP, B - BGP
       O - OSPF, IA - OSPF inter area
       N1 - OSPF NSSA external type 1, N2 - OSPF NSSA external type 2
       E1 - OSPF external type 1, E2 - OSPF external type 2
       i - IS-IS, L1 - IS-IS level-1, L2 - IS-IS level-2, ia - IS-IS inter area
       * - candidate default

C        127.0.0.0/8 is directly connected, Loopback
O        192.168.10.0/24 [110/20] via 192.168.100.1, Vlan101, 00:00:23
O        192.168.20.0/24 [110/20] via 192.168.100.1, Vlan101, 00:00:23
C        192.168.30.0/24 is directly connected, Vlan30
C        192.168.40.0/24 is directly connected, Vlan40
C        192.168.100.0/24 is directly connected, Vlan101
(O代表ospf学习到的路由网段)
```

第六步：验证 PC 之间是否连通，如下表所示。

PC	端口	PC	端口	结果	原因
PC1	A：0/0/1	PC2	A：0/0/9	通	
PC1	A：0/0/1	VLAN100	A：0/0/24	通	
PC1	A：0/0/1	VLAN101	B：0/0/24	通	
PC1	A：0/0/1	PC3	B：0/0/1	通	

第七步：验证。

（1）没有 OSPF 路由协议之前：PC1 与 PC2、PC3 与 PC4 可以互通；PC1、PC2 与 PC3、PC4 不通。

（2）配置 OSPF 路由协议之后：四台 PC 之间都可以互通；若任务结果和理论相符，则本任务完成。

任务小结

三层交换机 OSPF 动态路由由以下几步完成：

第一步：交换机全部恢复出厂设置，配置交换机的 VLAN 信息。

第二步：配置交换机各 VLAN 虚接口的 IP 地址。

第三步：配置各 PC 的 IP 地址，注意配置网关。

第四步：验证 PC 之间是否连通。

第五步：启动 OSPF 协议，并将对应的直连网段配置到 OSPF 进程中。

第六步：验证 PC 之间是否连通。验证没有配置 OSPF 路由协议之前和配置 OSPF 路由协议之后各 PC 之间是否连通。

相关知识与技能

1．OSPF 协议

OSPF（Open Shortest Path First，开放式最短路径优先）协议是通过路由器之间通告链路的状态来建立链路状态数据库，网络中所有的路由器具有相同的链路状态数据库，通过该数据库构建出网络拓扑。此外，运行 OSPF 协议的路由器通过网络拓扑计算得到各个网络的最短路径（开销最小的路径），路由器使用这些最短路径来构造路由表。

2．OSPF 术语

（1）Router-ID：使用 IP 地址的形式来表示，该 ID 可以手工指定或为路由器上活动 Loopback 接口中最大的 IP 地址，如 C 类地址优先于 B 类地址，注意非活动接口的 IP 地址不能被用作 Router-ID。如果没有活动 Loopback 接口，则选择活动物理接口中最大的 IP 地址，每一台 OSPF 路由器只有一个 Router-ID。

（2）开销（Cost）:OSPF 协议选择最佳路径的标准是带宽，带宽越高计算出来的开销越低。到达目标网络的各个链路累计开销最低的，就是最佳路径。用 Metric（度量值）来表示开销，如 10 Mbit/s 接口（10 000 000），其 Metric=100 000 000/10 000 000 = 10。其中的分子是个固定值。

OSPF 路由器计算到目标网络的 Metric 值，必须将沿途所有接口的 Cost 值累加起来，但只累加出接口，不计算进接口。OSPF 会自动计算接口上的 Cost 值，但也可以通过手工指定该接口的 Cost 值，手工指定的值优先于自动计算的值。如果到目标网络的 Cost 值相同，会执行负载均衡，最多有 6 条链路同时执行负载均衡。

（3）链路（Link）：运行在 OSPF 进程下的路由器接口。

（4）链路状态（Link-State，LSA）：即 OSPF 接口上的描述信息。如接口的 IP 地址、子网掩码、网络类型、Cost 值等。OSPF 路由器之间交换的并不是路由表，而是链路状态。

（5）邻居（Neighbor）：要想在 OSPF 路由器之间交换 LSA，必须先形成 OSPF 邻居。只有邻居才会交换 LSA，路由器将链路状态数据库中所有的内容毫不保留地发给所有邻居。

OSPF 靠周期性地发送 Hello 包来建立和维护。当超过 4 倍的 Hello 时间（即 Dead 时间）过后还没收到邻居的 Hello 包，邻居关系将被断开。

任务拓展

1．什么是 OSPF？

2．OSPF 都有哪些术语？

任务八 RIPv1 与 RIPv2 的兼容

任务描述

上海御恒信息科技公司已建有局域网并安装了基本的路由及交换设备。技术部经理要求新招聘的网络工程师小张尽快学会 RIPv1 与 RIPv2 的兼容，小张按照经理的要求开始做以下的任务分析。

任务分析

（1）网络协议的设计总是提供向后和向前的兼容性的，在 RIP 版本 1 和版本 2 共存的环境中，通常也可以使用配置的方式进行兼容，而不必一定统一调整为版本 2 或 1。

（2）任务准备：两台路由器、两台 PC、若干网线。

（3）绘制任务拓扑如图 2-7 所示。

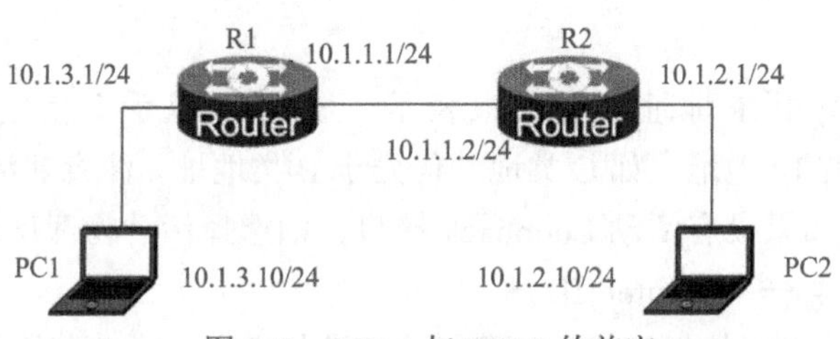

图 2-7 RIPv1 与 RIPv2 的兼容

（4）配置基础环境。

（5）配置 R1 使用 RIPv1，R2 使用 RIPv2，分别使用 network 命令进行网段宣告。

（6）在 R2 中使用命令兼容 R1 的版本 1。

（7）开启 DEBUG 查看 R1 和 R2 收发的 RIP 报文。

任务实施

第一步：配置基础环境，如下表所示。

	R1	R2
F0/0	10.1.1.1	10.1.1.2
F0/1	10.1.3.1	
F0/3		10.1.2.1

```
-----------------------------R1--------------------------------------
Router_config#hostname R1
R1_config#interface fastEthernet 0/0
```

```
R1_config_f0/0#ip address 10.1.1.1 255.255.255.0
R1_config_f0/0#exit
R1_config#interface fastEthernet 0/1
R1_config_f0/1#ip address 10.1.3.1 255.255.255.0
R1_config_f0/1#exit
R1_config#

---------------------------R2-------------------------------------
Router_config#hostname R2
R2_config#interface fastEthernet 0/0
R2_config_f0/0#ip address 10.1.1.2 255.255.255.0
R2_config_f0/0#exit
R2_config#interface fastEthernet 0/3
R2_config_f0/3#ip address 10.1.2.1 255.255.255.0
R2_config_f0/3#exit
R2_config#
```

配置 RIP 协议：

```
--------------------------R1-------------------------------------
R1_config#router rip
R1_config_rip#network 10.1.1.0
R1_config_rip#network10.1.3.0
R1_config_rip#version 1
R1_config_rip#exit

--------------------------R2-------------------------------------

R2_config#router rip
R2_config_rip#network 10.1.1.0 255.255.255.0
R2_config_rip#network 10.1.2.0 255.255.255.0
R2_config_rip#version 2
R2_config_rip#
```

查看路由表：

```
--------------------------R1-------------------------------------

R1_config#show ip route
Codes: C - connected, S - static, R - RIP, B - BGP, BC - BGP connected
       D - DEIGRP, DEX - external DEIGRP, O - OSPF, OIA - OSPF inter area
       ON1 - OSPF NSSA external type 1, ON2 - OSPF NSSA external type 2
       OE1 - OSPF external type 1, OE2 - OSPF external type 2
       DHCP - DHCP type

VRF ID: 0

C      10.1.1.0/24          is directly connected, FastEthernet0/0
R      10.1.2.0/24          [120,1] via 10.1.1.2(on FastEthernet0/0)
C      10.1.3.0/24          is directly connected, FastEthernet0/1
R1_config#

--------------------------R2-------------------------------------
R2#sh ip route
Codes: C - connected, S - static, R - RIP, B - BGP, BC - BGP connected
       D - DEIGRP, DEX - external DEIGRP, O - OSPF, OIA - OSPF inter area
       ON1 - OSPF NSSA external type 1, ON2 - OSPF NSSA external type 2
       OE1 - OSPF external type 1, OE2 - OSPF external type 2
```

```
        DHCP - DHCP type

    VRF ID: 0

    C       10.1.1.0/24          is directly connected, FastEthernet0/0
    C       10.1.2.0/24          is directly connected, FastEthernet0/3
    R       10.1.3.0/24          [120,1] via 10.1.1.1(on FastEthernet0/0)
    R2#
```

第二步：兼容性思考。

这里观察到，即使R1使用了v1，而R2使用了v2，它们依然可以建立起路由表，并且互通性测试也是没有问题的，但详细查看RIP的数据库就有问题了，如下：

```
R2#sh ip rip data
 10.0.0.0/8          auto-summary
 10.1.1.0/24         directly connected  FastEthernet0/0
 10.1.2.0/24         directly connected  FastEthernet0/3
 10.1.3.0/24         [120,1]  via 10.1.1.1 (on FastEthernet0/0)  00:02:39
……//省略一段时间
R2#sh ip rip data
 10.0.0.0/8          auto-summary
 10.1.1.0/24         directly connected  FastEthernet0/0
 10.1.2.0/24         directly connected  FastEthernet0/3
 10.1.3.0/24      [120,16]  via 10.1.1.1 holddown (on FastEthernet0/0)  00:00:14
```

以上选取了R2的数据库查看，发现其对于远端网络的学习已经终止了，3 min后进入了holddown时间，再经过2 min即从数据库中清除了这条路由。

而从holddown时间开始，从终端发起的测试连通就已经无法连通了，如下所示：

```
Reply from 10.1.3.10: bytes=32 time<1ms TTL=126
Reply from 10.1.3.10: bytes=32 time<1ms TTL=126
Reply from 10.1.2.1: Destination host unreachable.
Reply from 10.1.2.1: Destination host unreachable.
```

以上任务表明，RIP版本1和版本2之间并不是自动兼容的。开启R1和R2的debug功能可以得到如下的信息：

```
R2#2002-1-1 01:56:26 RIP: send to 224.0.0.9 via FastEthernet0/0
2002-1-1 01:56:26        vers 2, CMD_RESPONSE, length 24
2002-1-1 01:56:26        10.1.2.0/24 via 0.0.0.0 metric 1
2002-1-1 01:56:26 RIP: send to 224.0.0.9 via FastEthernet0/3
2002-1-1 01:56:26        vers 2, CMD_RESPONSE, length 24
2002-1-1 01:56:26        10.1.1.0/24 via 0.0.0.0 metric 1
2002-1-1 01:56:43 RIP: ignored V1 packet from 10.1.1.1 (Illegal version).
//R2路由器忽略了来自10.1.1.1的V1版本数据
2002-1-1 01:56:56 RIP: send to 224.0.0.9 via FastEthernet0/0
2002-1-1 01:56:56        vers 2, CMD_RESPONSE, length 24
2002-1-1 01:56:56        10.1.2.0/24 via 0.0.0.0 metric 1
2002-1-1 01:56:56 RIP: send to 224.0.0.9 via FastEthernet0/3
2002-1-1 01:56:56        vers 2, CMD_RESPONSE, length 24
2002-1-1 01:56:56        10.1.1.0/24 via 0.0.0.0 metric 1
```

以下是R1路由器中的debug信息：

```
2002-1-1 03:40:14 RIP: send to 255.255.255.255 via FastEthernet0/0
2002-1-1 03:40:14        vers 1, CMD_RESPONSE, length 24
2002-1-1 03:40:14        10.1.3.0/0 via 0.0.0.0 metric 1
2002-1-1 03:40:14 RIP: send to 255.255.255.255 via FastEthernet0/1
```

```
2002-1-1 03:40:14        vers 1, CMD_RESPONSE, length 44
2002-1-1 03:40:14        10.1.1.0/0 via 0.0.0.0 metric 1
2002-1-1 03:40:14        10.1.2.0/0 via 0.0.0.0 metric 2
2002-1-1 03:40:27 RIP: recv RIP from 10.1.1.2 on FastEthernet0/0
2002-1-1 03:40:27        vers 2, CMD_RESPONSE, length 24

//R1 对 R2 的版本 2 信息是可以接收到的，这从 R1 的路由表也可以看到
2002-1-1 03:40:27        10.1.2.0/24 via 0.0.0.0 metric 1
```

R1 的路由表如下：

```
1#sh ip route
Codes: C - connected, S - static, R - RIP, B - BGP, BC - BGP connected
       D - DEIGRP, DEX - external DEIGRP, O - OSPF, OIA - OSPF inter area
       ON1 - OSPF NSSA external type 1, ON2 - OSPF NSSA external type 2
       OE1 - OSPF external type 1, OE2 - OSPF external type 2
       DHCP - DHCP type

VRF ID: 0

C      10.1.1.0/24         is directly connected, FastEthernet0/0
R      10.1.2.0/24         [120,1] via 10.1.1.2(on FastEthernet0/0)
C      10.1.3.0/24         is directly connected, FastEthernet0/1
```

而 R2 的信息中却没有 10.1.3.0 的表项。

以上操作说明了一个问题：RIP 的版本 1 是可以识别并采纳来自版本 2 的更新的，而版本 2 却不能识别版本 1 的信息，因此，此时在版本 2 的 R2 路由器中增加识别版本 1 更新的能力即可。

第三步：注意事项和排错。

可以在 R2 的 F/0 端口中添加特殊命令完成兼容性的配置，如下即可：

```
R2_config#interface fastEthernet 0/0
R2_config_f0/0#ip rip receive version 1
R2_config_f0/0#
```

此时再次查看 R2 的路由表如下：

```
R2#sh ip route
Codes: C - connected, S - static, R - RIP, B - BGP, BC - BGP connected
       D - DEIGRP, DEX - external DEIGRP, O - OSPF, OIA - OSPF inter area
       ON1 - OSPF NSSA external type 1, ON2 - OSPF NSSA external type 2
       OE1 - OSPF external type 1, OE2 - OSPF external type 2
       DHCP - DHCP type

VRF ID: 0

C      10.1.1.0/24         is directly connected, FastEthernet0/0
C      10.1.2.0/24         is directly connected, FastEthernet0/3
R      10.1.3.0/24         [120,1] via 10.1.1.1(on FastEthernet0/0)
R2#
```

而此时从终端的 ping 也可以连通了。

值得注意的是，此时如果在版本 1 的设备中操作，可以添加发送版本为 2，达到兼容的效果。如下所示：

```
R1_config#int f 0/0
R1_config_f0/0#ip rip send version 2
```

以上两种方法二选一即可。

第四步：配置文档，如下所示。

```
----------------R1-----------------
R1#sh ru
Building configuration...

Current configuration:
!
!version 1.3.3G
service timestamps log date
service timestamps debug date
no service password-encryption
!
hostname R1
!
gbsc group default
!
interface FastEthernet0/0
 ip address 10.1.1.1 255.255.255.0
 no ip directed-broadcast
!
interface FastEthernet0/1
 ip address 10.1.3.1 255.255.255.0
 no ip directed-broadcast
!
interface Serial0/2
 no ip address
 no ip directed-broadcast
!
interface Serial0/3
 no ip address
 no ip directed-broadcast
!
interface Async0/0
 no ip address
 no ip directed-broadcast
!

router rip
 network 10.0.0.0

!
```

```
----------------R2----------------
R2#sh ru
Building configuration...

Current configuration:
!
!version 1.3.3G
service timestamps log date
service timestamps debug date
no service password-encryption
!
hostname R2
!
gbsc group default
!
interface FastEthernet0/0
 ip address 10.1.1.2 255.255.255.0
 no ip directed-broadcast
 ip rip receive version 1
!
interface FastEthernet0/3
 ip address 10.1.2.1 255.255.255.0
 no ip directed-broadcast
!
interface Serial0/1
 no ip address
 no ip directed-broadcast
!
interface Serial0/2
 no ip address
 no ip directed-broadcast
!
interface Async0/0
 no ip address
 no ip directed-broadcast
!
router rip
 version 2
 network 10.1.1.0 255.255.255.0
 network 10.1.2.0 255.255.255.0
```

任务小结

RIPv1 与 RIPv2 的兼容由以下四步完成：

第一步：配置基础环境。

第二步：兼容性思考。

第三步：注意事项和排错。

第四步：配置文档。

相关知识与技能

1. RIP

RIP（routing information protocol，路由信息协议）是一种较为简单的动态路由协议，但在实际使用中有着广泛的应用。

2. RIP 的工作机制

RIP 是一种基于距离矢量（distance-vector）算法的协议，它使用 UDP 报文进行路由信息的交换。RIP 使用跳数（hop count）来衡量到达信宿机的距离，称为路由权（routing cost）。在 RIP 中，路由器（防火墙）到与它直接相连网络的跳数为 0，通过一个路由器（防火墙）可达的网络的跳数为 1，其余依此类推。为限制收敛时间，RIP 规定 cost 取值 0~15 的整数，大于或等于 16 的跳数被定义为无穷大，即目的网络或主机不可达。RIP 每隔 30 s 发送一次路由刷新报文，如果在 180 s 内收不到从某一网络邻居发来的路由刷新报文，则将该网络邻居的所有路由标记为不可达。如果在 300 s 之内收不到从某一网上邻居发来的路由刷新报文，则将该网上邻居的路由从路由表中清除。

3. RIP 版本 1 和版本 2 之间的差异

（1）RIPv1 采用广播地址作为通告路由更新信息的目的地地址。而 RIPv2 采用组播地址作为通告路由更新信息的目的地地址。

（2）RIPv1 是有类路由协议，路由更新中没有子网延码，自动汇总。

（3）RIPv2 是无类路由协议，路由更新中包含子网延码，可以手动汇总，支持 VLSM。

4. RIPv2 的配置

由于 RIPv2 只是 RIPv1 的增强版，而不是一个单独的协议，因此，在 RIPv1 中介绍的某些命令可以同样的方法在 RIPv2 中正确使用。

（1）基本配置：

```
router rip
version 2
network 172.25.0.0
network 192.168.50.0
```

可以在路由器配置模式（config-router mode）下输入命令 NO VERSION 恢复到原来的默认方式。

（2）RIPv2 与 RIPv1 相结合：基于端口级别（interface-level）的“兼容性开关”，用“ip rip send version 版本号”和“Ip rip recevie version 版本号”来实现。

```
router(config)#interface ethernet0
router(config-if)#no shutdown
router(config-if)#ip address 192.168.50.1 255.255.255.0
router(config-if)#ip rip send vervion 1
router(config-if)#ip rip receive verion 1 (RIP V1  mode)
router(config-if)#interface ethernet 1
router(config-if)#no shutdown
router(config-if)#ip address 172.25.150.1 255.255.0.0
router(config-if)#ip rip send version 1 2 (RIP V1 V2 mode)
router(config-if)#interface ethernet 2
```

```
router(config-if)#no shutdown
router(config-if)#ip address 172.50.0.0 255.255.0.0
router(config-if)#end
router(config)#router rip
router(config-router)#version2
router(config-router)#network172.25.0.0
router(config-router)#network192.168.0.0
```

（3）使用可变长子网掩码。划分子网的基本目的总是相同的：路由器必须能够使用唯一的地址来标识每条数据链路，以区别于互联网中的其他地址。

（4）不连续的子网和无类路由。无类路由选择协议并没有关于不连续子网的这些困难。因为每条路由更新都包含一个子网掩码，因而一个主网络的子网能够通告给另一个主网络。

RIPv2 协议默认的行为要在主网络边界上进行路由汇总，为了关闭路由汇总功能以允许被通告的子网通过主网络的边界，可以在 RIP 的处理中使用 no auto-summary。

```
router(config)#router rip
router(config-router)#version 2
router(config-router)#no auto-summary
```

任务拓展

RIPv1 和 RIPv2 之间的区别是什么？

任务九 OSPF 在广播环境下邻居发现过程

任务描述

上海御恒信息科技公司已建有局域网并安装了基本的路由及交换设备。OSPF 协议区分链路类型：点对点环境（Point-to-Point）和广播型多路访问（Broadcast Multi-Access）。技术部经理要求新招聘的网络工程师小张尽快学会 OSPF 在广播环境下邻居发现过程，小张按照经理的要求开始做以下的任务分析。

任务分析

（1）针对 OSPF 在各种网络环境下的配置、状态进行逐一分析。

（2）本任务模拟在纯广播状态下 OSPF 邻居的发现过程，使用做协议分析的 Debug 命令。

（3）任务设备有：DCR-2611 路由器两台（Version 1.3.3G（MIDDLE））；Hub 一台；双绞线三根；抓包软件 PC 一台。

（4）绘制任务拓扑如图 2-8 所示，并按照拓扑图连接网络。

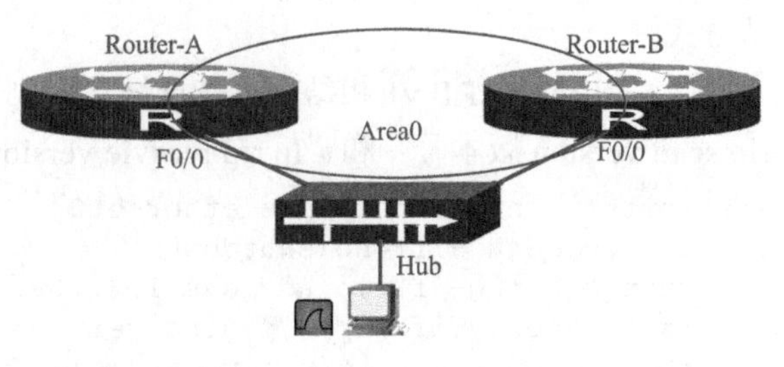

图 2-8　OSPF 在广播环境下邻居发现过程

（5）按照下表要求配置路由器各接口的 IP 地址。

Router-A		Router-B	
F0/0	172.16.24.1/24	F0/0	172.16.24.2/24
Loopback0	10.10.10.1/24	Loopback0	10.10.11.1/24

任务实施

第一步:按照上表配置路由器各接口的IP地址,保证所有接口全部是up状态,测试连通性。

第二步：启动Router-A、B，开启单区域OSPF，并且宣告直连接口的网络。

```
Router-A:
Router-A_config#router ospf 1
Router-A_config_ospf_1#network 172.16.24.0 255.255.255.0 area 0
Router-B:
Router-B_config#router ospf 1
Router-B_config_ospf_1#network 172.16.24.0 255.255.255.0 area 0
```

第三步：使用show ip ospf interface命令查看端口类型。

```
Router-A:
Router-A_config#show ip ospf interface
FastEthernet0/0 is up, line protocol is up
        Internet Address: 172.16.24.1/24
        Interface index: 4
        Nettype: Broadcast                    ！接口的网络类型是广播
        OSPF process is 1,  AREA: 0, Router ID: 10.10.10.1
        ！ OSPF进程号是1，处在0区域，Router ID就是loopback IP地址
        Cost: 1, Transmit Delay is 1 sec, Priority 1
                                              ！优先级默认是1
        Hello interval is 10, Dead timer is 40, Retransmit is 5
        ！默认HELLO时间间隔为10s，等待时间和死亡时间为HELLO时间间隔的四倍，即40s
        OSPF INTF State is IDrOTHER
                                              ！这里表明了该路由器在OSPF中的身份
        Designated Router ID: 10.10.11.1, Interface address 172.16.24.2
        Backup Designated Router ID: 10.10.10.1, Interface address 172.16.24.1
                                        ！在这里知道了谁是DR和BDR以及接口的IP地址
        Neighbor Count is 1, Adjacent neighbor count is 1
              Adjacent with neighbor 10.10.11.1 (Designated Router)
                                              ！这里指明了自己的邻居和邻居的身份

Router-B:
Router-B_config#show ip ospf interface
FastEthernet0/0 is up, line protocol is up
        Internet Address: 172.16.24.2/24
        Interface index: 4
        Nettype: Broadcast
        OSPF process is 1,  AREA: 0, Router ID: 10.10.11.1
        Cost: 1, Transmit Delay is 1 sec, Priority 1
        Hello interval is 10, Dead timer is 40, Retransmit is 5
        OSPF INTF State is IBACKUP
        Designated Router ID: 10.10.11.1, Interface address 172.16.24.2
        Backup Designated Router ID: 10.10.10.1, Interface address 172.16.24.1
        Neighbor Count is 1, Adjacent neighbor count is 1
```

```
                         Adjacent with neighbor 10.10.10.1 (Backup Designated Router)
```

第四步：使用 show ip ospf neighbor 命令查看 OSPF 邻居表。

```
Router-A:
Router-A_config#show ip ospf neighbor
----------------------------------------------------------------------
                              OSPF process: 1
                               AREA: 0
Neighbor ID   Pri  State        DeadTime Neighbor Addr  Interface
10.10.11.1    1    FULL/DR      34       172.16.24.2    FastEthernet0/0
----------------------------------------------------------------------

Router-B:
Router-B_config#show ip ospf neighbor
----------------------------------------------------------------------
                              OSPF process: 1
                               AREA: 0
Neighbor ID   Pri  State        DeadTime Neighbor Addr  Interface
10.10.10.1    1   FULL/BDR      39       172.16.24.1    FastEthernet0/0
----------------------------------------------------------------------
!通过上面的输出可以知道 Router-B 是 DR，Router-A 是 BDR。这是因为在优先级相同的情况下
Router-B 的 Router ID 最大，Router-A 的次之
```

第五步：使用 show ip ospf database 查看 LSA 类型。

```
Router-A:
Router-A#show ip ospf database
----------------------------------------------------------------------
                            OSPF process: 1
                            (Router ID: 10.10.10.1)

                            AREA: 0
                            Router Link States
Link ID        ADV Router     Age       Seq Num    Checksum Link Count
10.10.10.1     10.10.10.1     33        0x80000005 0x3b0a    1
10.10.11.1     10.10.11.1     36        0x80000005 0x370b    1
                            Net Link States
Link ID        ADV Router     Age       Seq Num    Checksum
172.16.24.2    10.10.11.1     34        0x80000002 0x9b42
----------------------------------------------------------------------

Router-B:
Router-B#show ip ospf database
----------------------------------------------------------------------
                            OSPF process: 1
                            (Router ID: 10.10.11.1)

                            AREA: 0
                            Router Link States
Link ID        ADV Router     Age       Seq Num    Checksum Link Count
10.10.10.1     10.10.10.1     391       0x80000006 0x390b    1
10.10.11.1     10.10.11.1     387       0x80000006 0x350c    1
                            Net Link States
Link ID        ADV Router     Age       Seq Num    Checksum
172.16.24.2    10.10.11.1     386       0x80000003 0x9943
----------------------------------------------------------------------
                                       !观察到两台路由器上都只有 1 类和 2 类 LSA
```

第六步：使用 Wireshark 通过 Hub 抓 ospf 包，按照标准过程验证邻居的建立过程。

```
⊞ Frame 2 (78 bytes on wire, 78 bytes captured)
⊞ Ethernet II, Src: Shanghai_7a:4c:20 (00:e0:0f:7a:4c:20), Dst: IPv4mcast_00:00:05 (01:00:5e:00:00:05)
⊞ Internet Protocol, Src: 172.16.23.1 (172.16.23.1), Dst: 224.0.0.5 (224.0.0.5)
⊟ Open Shortest Path First
  ⊞ OSPF Header
  ⊟ OSPF Hello Packet
      Network Mask: 255.255.255.0
      Hello Interval: 10 seconds
    ⊞ Options: 0x02 (E)
      Router Priority: 1
      Router Dead Interval: 40 seconds
      Designated Router: 0.0.0.0
      Backup Designated Router: 0.0.0.0
⊞ Frame 3 (78 bytes on wire, 78 bytes captured)
⊞ Ethernet II, Src: Shanghai_7a:4c:18 (00:e0:0f:7a:4c:18), Dst: IPv4mcast_00:00:05 (01:00:5e:00:00:05)
⊞ Internet Protocol, Src: 172.16.23.2 (172.16.23.2), Dst: 224.0.0.5 (224.0.0.5)
⊟ Open Shortest Path First
  ⊞ OSPF Header
  ⊟ OSPF Hello Packet
      Network Mask: 255.255.255.0
      Hello Interval: 10 seconds
    ⊞ Options: 0x02 (E)
      Router Priority: 1
      Router Dead Interval: 40 seconds
      Designated Router: 0.0.0.0
      Backup Designated Router: 0.0.0.0
```

! OSPF 进程启动，RA 和 RB 向 224.0.0.5 发 Hello 包，DR 和 BDR 设置为空

```
⊞ Frame 9 (82 bytes on wire, 82 bytes captured)
⊞ Ethernet II, Src: Shanghai_7a:4c:20 (00:e0:0f:7a:4c:20), Dst: IPv4mcast_00:00:05 (01:00:5e:00:00:05)
⊞ Internet Protocol, Src: 172.16.23.1 (172.16.23.1), Dst: 224.0.0.5 (224.0.0.5)
⊟ Open Shortest Path First
  ⊞ OSPF Header
  ⊟ OSPF Hello Packet
      Network Mask: 255.255.255.0
      Hello Interval: 10 seconds
    ⊞ Options: 0x02 (E)
      Router Priority: 1
      Router Dead Interval: 40 seconds
      Designated Router: 0.0.0.0
      Backup Designated Router: 0.0.0.0
      Active Neighbor: 10.10.11.1
⊞ Frame 10 (82 bytes on wire, 82 bytes captured)
⊞ Ethernet II, Src: Shanghai_7a:4c:18 (00:e0:0f:7a:4c:18), Dst: IPv4mcast_00:00:05 (01:00:5e:00:00:05)
⊞ Internet Protocol, Src: 172.16.23.2 (172.16.23.2), Dst: 224.0.0.5 (224.0.0.5)
⊟ Open Shortest Path First
  ⊞ OSPF Header
  ⊟ OSPF Hello Packet
      Network Mask: 255.255.255.0
      Hello Interval: 10 seconds
    ⊞ Options: 0x02 (E)
      Router Priority: 1
      Router Dead Interval: 40 seconds
      Designated Router: 0.0.0.0
      Backup Designated Router: 0.0.0.0
      Active Neighbor: 10.10.10.1
```

! RA 和 RB 检测到邻居，并将对方在邻居表中的状态改为 init

```
⊞ Frame 15 (82 bytes on wire, 82 bytes captured)
⊞ Ethernet II, Src: Shanghai_7a:4c:20 (00:e0:0f:7a:4c:20), Dst: IPv4mcast_00:00:05 (01:00:5e:00:00:05)
⊞ Internet Protocol, Src: 172.16.23.1 (172.16.23.1), Dst: 224.0.0.5 (224.0.0.5)
⊟ Open Shortest Path First
  ⊞ OSPF Header
  ⊟ OSPF Hello Packet
      Network Mask: 255.255.255.0
      Hello Interval: 10 seconds
    ⊞ Options: 0x02 (E)
      Router Priority: 1
      Router Dead Interval: 40 seconds
      Designated Router: 172.16.23.2
      Backup Designated Router: 172.16.23.1
      Active Neighbor: 10.10.11.1
⊞ Frame 26 (82 bytes on wire, 82 bytes captured)
⊞ Ethernet II, Src: Shanghai_7a:4c:18 (00:e0:0f:7a:4c:18), Dst: IPv4mcast_00:00:05 (01:00:5e:00:00:05)
⊞ Internet Protocol, Src: 172.16.23.2 (172.16.23.2), Dst: 224.0.0.5 (224.0.0.5)
⊟ Open Shortest Path First
  ⊞ OSPF Header
  ⊟ OSPF Hello Packet
      Network Mask: 255.255.255.0
      Hello Interval: 10 seconds
    ⊞ Options: 0x02 (E)
      Router Priority: 1
      Router Dead Interval: 40 seconds
      Designated Router: 172.16.23.1
      Backup Designated Router: 172.16.23.2
      Active Neighbor: 10.10.10.1
```

! 当从对方的 hello 包中看到自己发送的 Hello 包，则将对方在邻居表中的状态改为 2-way，并通过比较 priority 和 router-id，选出 DR 及 BDR

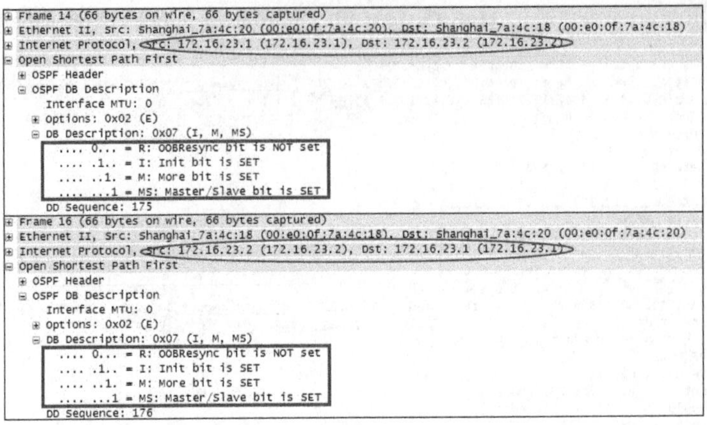

```
⊞ Frame 14 (66 bytes on wire, 66 bytes captured)
⊞ Ethernet II, Src: Shanghai_7a:4c:20 (00:e0:0f:7a:4c:20), Dst: Shanghai_7a:4c:18 (00:e0:0f:7a:4c:18)
⊞ Internet Protocol, Src: 172.16.23.1 (172.16.23.1), Dst: 172.16.23.2 (172.16.23.2)
⊟ Open Shortest Path First
  ⊞ OSPF Header
  ⊟ OSPF DB Description
      Interface MTU: 0
    ⊞ Options: 0x02 (E)
    ⊟ DB Description: 0x07 (I, M, MS)
        .... 0... = R: OOBResync bit is NOT set
        .... .1.. = I: Init bit is SET
        .... ..1. = M: More bit is SET
        .... ...1 = MS: Master/Slave bit is SET
      DD Sequence: 175
⊞ Frame 16 (66 bytes on wire, 66 bytes captured)
⊞ Ethernet II, Src: Shanghai_7a:4c:18 (00:e0:0f:7a:4c:18), Dst: Shanghai_7a:4c:20 (00:e0:0f:7a:4c:20)
⊞ Internet Protocol, Src: 172.16.23.2 (172.16.23.2), Dst: 172.16.23.1 (172.16.23.1)
⊟ Open Shortest Path First
  ⊞ OSPF Header
  ⊟ OSPF DB Description
      Interface MTU: 0
    ⊞ Options: 0x02 (E)
    ⊟ DB Description: 0x07 (I, M, MS)
        .... 0... = R: OOBResync bit is NOT set
        .... .1.. = I: Init bit is SET
        .... ..1. = M: More bit is SET
        .... ...1 = MS: Master/Slave bit is SET
      DD Sequence: 176
```

！ 2-way 状态后，RA 和 RB 马上通过单播方式给对方发送空 DBD 包，互相宣称自己是主设备(MS=1) 收到空 DBD 包后，进入 ExStart 状态

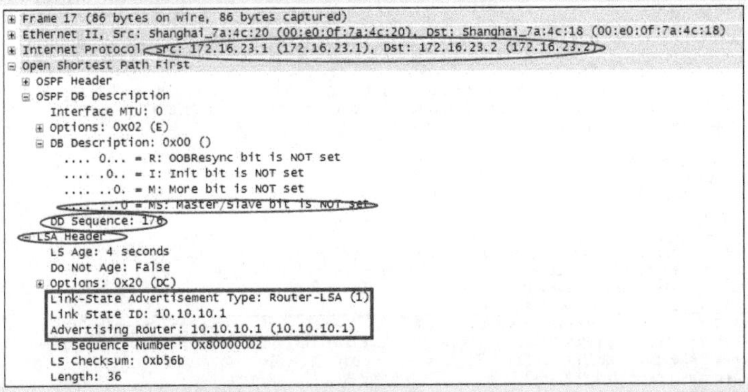

```
⊞ Frame 17 (86 bytes on wire, 86 bytes captured)
⊞ Ethernet II, Src: Shanghai_7a:4c:20 (00:e0:0f:7a:4c:20), Dst: Shanghai_7a:4c:18 (00:e0:0f:7a:4c:18)
⊞ Internet Protocol, Src: 172.16.23.1 (172.16.23.1), Dst: 172.16.23.2 (172.16.23.2)
⊟ Open Shortest Path First
  ⊞ OSPF Header
  ⊟ OSPF DB Description
      Interface MTU: 0
    ⊞ Options: 0x02 (E)
    ⊟ DB Description: 0x00 ()
        .... 0... = R: OOBResync bit is NOT set
        .... .0.. = I: Init bit is NOT set
        .... ..0. = M: More bit is NOT set
        .... ...0 = MS: Master/Slave bit is NOT set
      DD Sequence: 176
  ⊟ LSA Header
      LS Age: 4 seconds
      Do Not Age: False
    ⊞ Options: 0x20 (DC)
      Link-State Advertisement Type: Router-LSA (1)
      Link State ID: 10.10.10.1
      Advertising Router: 10.10.10.1 (10.10.10.1)
      LS Sequence Number: 0x80000002
      LS Checksum: 0xb56b
      Length: 36
```

！ 通过比较 router-id，RB 为主设备（只有主设备才能增加序列号），RA 为从设备，当从设备收到一个主设备发出的 DBD 空包后，从设备需要使用相同序列号的 DBD 包来确认主设备的 DBD 包，当主从设备选举出来后，将对方在邻居表中的状态改为 Exchange，同时从设备发出的也是第一个带 LSA 头部的 DBD 包，包中的序列号等于主设备发给从设备的最后一个空 DBD 包中的序列号

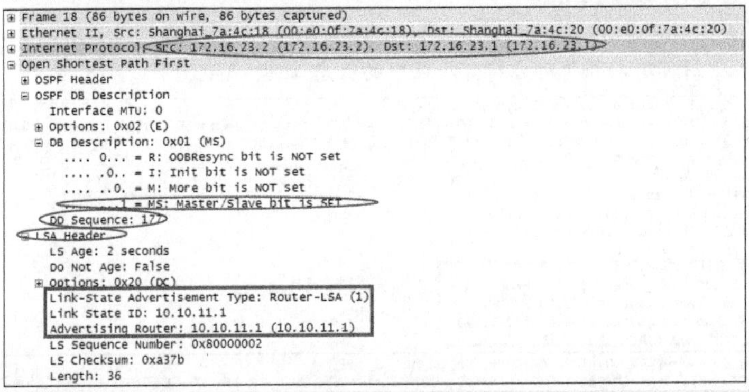

```
⊞ Frame 18 (86 bytes on wire, 86 bytes captured)
⊞ Ethernet II, Src: Shanghai_7a:4c:18 (00:e0:0f:7a:4c:18), Dst: Shanghai_7a:4c:20 (00:e0:0f:7a:4c:20)
⊞ Internet Protocol, Src: 172.16.23.2 (172.16.23.2), Dst: 172.16.23.1 (172.16.23.1)
⊟ Open Shortest Path First
  ⊞ OSPF Header
  ⊟ OSPF DB Description
      Interface MTU: 0
    ⊞ Options: 0x02 (E)
    ⊟ DB Description: 0x01 (MS)
        .... 0... = R: OOBResync bit is NOT set
        .... .0.. = I: Init bit is NOT set
        .... ..0. = M: More bit is NOT set
        .... ...1 = MS: Master/Slave bit is SET
      DD Sequence: 177
  ⊟ LSA Header
      LS Age: 2 seconds
      Do Not Age: False
    ⊞ Options: 0x20 (DC)
      Link-State Advertisement Type: Router-LSA (1)
      Link State ID: 10.10.11.1
      Advertising Router: 10.10.11.1 (10.10.11.1)
      LS Sequence Number: 0x80000002
      LS Checksum: 0xa37b
      Length: 36
```

！ 主设备 RB 也单播一个带 LSA 头部的 DBD 包给从设备 RA 并将序列号加 1，同时把 M 位置 0，通知 R1（我的 LSA 已发完）

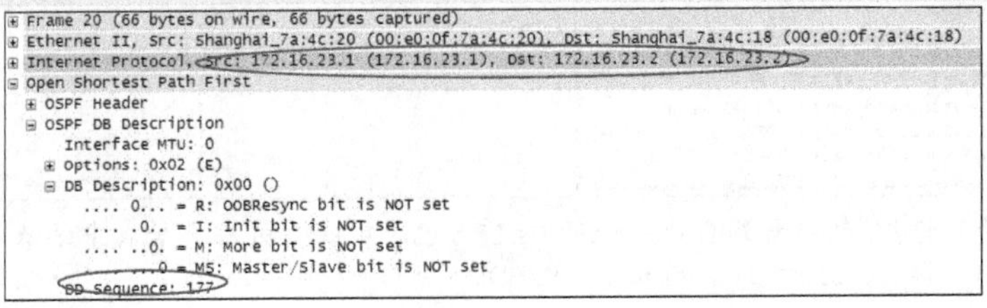

```
⊞ Frame 20 (66 bytes on wire, 66 bytes captured)
⊞ Ethernet II, Src: Shanghai_7a:4c:20 (00:e0:0f:7a:4c:20), Dst: Shanghai_7a:4c:18 (00:e0:0f:7a:4c:18)
⊞ Internet Protocol, Src: 172.16.23.1 (172.16.23.1), Dst: 172.16.23.2 (172.16.23.2)
⊟ Open Shortest Path First
  ⊞ OSPF Header
  ⊟ OSPF DB Description
      Interface MTU: 0
    ⊞ Options: 0x02 (E)
    ⊟ DB Description: 0x00 ()
        .... 0... = R: OOBResync bit is NOT set
        .... .0.. = I: Init bit is NOT set
        .... ..0. = M: More bit is NOT set
        .... ...0 = MS: Master/Slave bit is NOT set
      DD Sequence: 177
```

！最后，从设备发出一个空 DBD 包，用于确认 RB 上一个 DBD 包（序列号相同），至此，链路状态数据库交换完毕

```
⊞ Frame 19 (70 bytes on wire, 70 bytes captured)
⊞ Ethernet II, Src: Shanghai_7a:4c:18 (00:e0:0f:7a:4c:18), Dst: Shanghai_7a:4c:20 (00:e0:0f:7a:4c:20)
⊞ Internet Protocol, Src: 172.16.23.2 (172.16.23.2), Dst: 172.16.23.1 (172.16.23.1)
⊟ Open Shortest Path First
  ⊞ OSPF Header
  ⊟ Link State Request
      Link-State Advertisement Type: Router-LSA (1)
      Link State ID: 10.10.10.1
      Advertising Router: 10.10.10.1 (10.10.10.1)
⊞ Frame 21 (70 bytes on wire, 70 bytes captured)
⊞ Ethernet II, Src: Shanghai_7a:4c:20 (00:e0:0f:7a:4c:20), Dst: Shanghai_7a:4c:18 (00:e0:0f:7a:4c:18)
⊞ Internet Protocol, Src: 172.16.23.1 (172.16.23.1), Dst: 172.16.23.2 (172.16.23.2)
⊟ Open Shortest Path First
  ⊞ OSPF Header
  ⊟ Link State Request
      Link-State Advertisement Type: Router-LSA (1)
      Link State ID: 10.10.11.1
      Advertising Router: 10.10.11.1 (10.10.11.1)
```

！ Exchange 状态 DBD 交换完毕后，进入 Loading 状态。开始互发 LSR 请求对方更新 LSA

```
⊞ Frame 22 (98 bytes on wire, 98 bytes captured)
⊞ Ethernet II, Src: Shanghai_7a:4c:20 (00:e0:0f:7a:4c:20), Dst: Shanghai_7a:4c:18 (00:e0:0f:7a:4c:18)
⊞ Internet Protocol, Src: 172.16.23.1 (172.16.23.1), Dst: 172.16.23.2 (172.16.23.2)
⊟ Open Shortest Path First
  ⊟ OSPF Header
      OSPF Version: 2
      Message Type: LS Update (4)
      Packet Length: 64
      Source OSPF Router: 10.10.10.1 (10.10.10.1)
      Area ID: 0.0.0.0 (Backbone)
      Packet Checksum: 0xa6ed [correct]
      Auth Type: Null
      Auth Data (none)
  ⊟ LS Update Packet
      Number of LSAs: 1
    ⊞ LS Type: Router-LSA
⊞ Frame 23 (98 bytes on wire, 98 bytes captured)
⊞ Ethernet II, Src: Shanghai_7a:4c:18 (00:e0:0f:7a:4c:18), Dst: Shanghai_7a:4c:20 (00:e0:0f:7a:4c:20)
⊞ Internet Protocol, Src: 172.16.23.2 (172.16.23.2), Dst: 172.16.23.1 (172.16.23.1)
⊟ Open Shortest Path First
  ⊟ OSPF Header
      OSPF Version: 2
      Message Type: LS Update (4)
      Packet Length: 64
      Source OSPF Router: 10.10.11.1 (10.10.11.1)
      Area ID: 0.0.0.0 (Backbone)
      Packet Checksum: 0xb5df [correct]
      Auth Type: Null
      Auth Data (none)
  ⊟ LS Update Packet
      Number of LSAs: 1
    ⊞ LS Type: Router-LSA
```

！双方会多次互发 LSU 回应对方的报文更新 LSA

```
⊞ Frame 27 (98 bytes on wire, 98 bytes captured)
⊞ Ethernet II, Src: Shanghai_7a:4c:20 (00:e0:0f:7a:4c:20), Dst: IPv4mcast_00:00:05 (01:00:5e:00:00:05)
⊞ Internet Protocol, Src: 172.16.23.1 (172.16.23.1), Dst: 224.0.0.5 (224.0.0.5)
⊟ Open Shortest Path First
  ⊟ OSPF Header
      OSPF Version: 2
      Message Type: LS Update (4)
      Packet Length: 64
      Source OSPF Router: 10.10.10.1 (10.10.10.1)
      Area ID: 0.0.0.0 (Backbone)
      Packet Checksum: 0x7a1e [correct]
      Auth Type: Null
      Auth Data (none)
  ⊟ LS Update Packet
      Number of LSAs: 1
    ⊞ LS Type: Router-LSA
⊞ Frame 32 (94 bytes on wire, 94 bytes captured)
⊞ Ethernet II, Src: Shanghai_7a:4c:18 (00:e0:0f:7a:4c:18), Dst: IPv4mcast_00:00:05 (01:00:5e:00:00:05)
⊞ Internet Protocol, Src: 172.16.23.2 (172.16.23.2), Dst: 224.0.0.5 (224.0.0.5)
⊟ Open Shortest Path First
  ⊟ OSPF Header
      OSPF Version: 2
      Message Type: LS Update (4)
      Packet Length: 60
      Source OSPF Router: 10.10.11.1 (10.10.11.1)
      Area ID: 0.0.0.0 (Backbone)
      Packet Checksum: 0xa4f6 [correct]
      Auth Type: Null
      Auth Data (none)
  ⊟ LS Update Packet
      Number of LSAs: 1
    ⊞ LS Type: Network-LSA
```

！因为处在广播状态下，因此还要发送一种作为洪泛更新报文（也是多次互发），注意比较两种 LSU 的目的地址和 LSU 类型，其中 2 型 LSA 只有 DR 才能生成

```
⊞ Frame 28 (78 bytes on wire, 78 bytes captured)
⊞ Ethernet II, Src: Shanghai_7a:4c:18 (00:e0:0f:7a:4c:18), Dst: IPv4mcast_00:00:05 (01:00:5e:00:00:05)
⊞ Internet Protocol, Src: 172.16.23.2 (172.16.23.2), Dst: 224.0.0.5 (224.0.0.5)
⊟ Open Shortest Path First
  ⊞ OSPF Header
  ⊟ LSA Header
      LS Age: 1 seconds
      Do Not Age: False
    ⊞ Options: 0x20 (DC)
      Link-State Advertisement Type: Router-LSA (1)
      Link State ID: 10.10.10.1
      Advertising Router: 10.10.10.1 (10.10.10.1)
      LS Sequence Number: 0x80000003
      LS Checksum: 0x1f2b
      Length: 36
```

```
⊞ Frame 34 (98 bytes on wire, 98 bytes captured)
⊞ Ethernet II, Src: Shanghai_7a:4c:20 (00:e0:0f:7a:4c:20), Dst: IPv4mcast_00:00:05 (01:00:5e:00:00:05)
⊞ Internet Protocol, Src: 172.16.23.1 (172.16.23.1), Dst: 224.0.0.5 (224.0.0.5)
⊟ Open Shortest Path First
  ⊞ OSPF Header
  ⊟ LSA Header
      LS Age: 1 seconds
      Do Not Age: False
    ⊞ Options: 0x20 (DC)
      Link-State Advertisement Type: Router-LSA (1)
      Link State ID: 10.10.11.1
      Advertising Router: 10.10.11.1 (10.10.11.1)
      LS Sequence Number: 0x80000004
      LS Checksum: 0x192d
      Length: 36
  ⊟ LSA Header
      LS Age: 1 seconds
      Do Not Age: False
    ⊞ Options: 0x20 (DC)
      Link-State Advertisement Type: Network-LSA (2)
      Link State ID: 172.16.23.2
      Advertising Router: 10.10.11.1 (10.10.11.1)
      LS Sequence Number: 0x80000001
      LS Checksum: 0xa363
      Length: 32
```

！同时对应 LSR 会有相应的 LSAck 用来收到更新 LSA 后的确认。

最后通过多次 LSR，多次 LSU 交换以后，RA 和 RB 的 LSDB 链路状态数据库同步完成，它们都达到 Full 状态，邻居关系建立完毕。

结论

在广播环境下，OSPF 的邻居关系是自动建立的，并且需要有 DR/BDR 的选取；

注意几个特别计时器的设置，hello 间隔为 10 s，死亡、等待时间为 hello 时间间隔的 4 倍，即 40 s。

任务小结

OSPF 在广播环境下邻居发现过程由以下几步完成：

第一步：配置路由器各接口的 IP 地址，保证所有接口全部是 up 状态，测试连通性。

第二步：启动 Router-A、B，开启单区域 OSPF，并且宣告直连接口的网络。

第三步：使用 show ip ospf interface 命令查看端口类型。

第四步：使用 show ip ospf neighbor 命令查看 OSPF 邻居表。

第五步：使用 show ip ospf database 查看 LSA 类型。

第六步：使用 Wireshark 通过 Hub 抓 ospf 包，按照标准过程验证邻居的建立过程。

相关知识与技能

1．OSPF 建立邻居的过程

OSPF 使用邻居状态机制的目的在于在路由器之间交换路由信息，不是所有的路由器之间都会形成邻居关系，尤其在广播网络和 NBMA 网络中。邻居状态是通过 hello 报文建立和维护的。

路由器会周期性地发出 hello 报文到他的邻居。如果某路由器在其邻居的 hello 包中被列出，那么它们之间会成为 two-way 状态，在广播和 NBMA 网络中，周期性地发送 hello 报文用来选举 DR 和 BDR。当 two-way 关系建立以后，路由器之间会考虑是否建立邻居关系，这决定于邻居路由器的状态 以及网络的类型。如果网络的类型是广播或者非广播，那么仅仅会在 DR 和 BDR 路由器之间建立邻居关系。在其他类型的网络中（NBMA），邻居关系只会在邻居路由器之间建立。

形成邻居关系的第一步是进行路由器之间数据库的同步，每个路由器通过 DB 报文描述它的 LS 数据库，但是在路由器之间交换的信息只包含 LSA 的报头信息，在交换过程中会选举 maste 和 slave，而且每个路由器都会对其接收的 LSA 做一个标记，在数据库同步完成的时候，路由器会发送 ls 的 request 数据包，来请求那些在数据库同步过程中被标记的 LSA。邻居路由器会发送 LSU 数据包给对方，当对方收到 LSU 数据包之后，会发送 LSack 数据包给对方。此时，数据库同步完成。

2．OSPF 的状态

OSPF 有以下几种状态：Down、Attempt、Init、two-way、Exstart、Exchange、Loading、Full。

3．OSPF NBMA 定义的三种链路类型

不同类型的 OSPF 网络，其路由生成过程是相同的，只是 OSPF 邻居的发现、路由更新的发送方式不同。

（1）广播：就是将 NBMA 完全当成广播型链路，使用 OSPF 组播 Hello 来自动发现邻居，而不是像 non-broadcast 为每个 PVC 提供一个 LSA 副本。应用这种模式的前提是 NMBA 拓扑为 Full-Mesh，且在 FR Map 中使用了关键字 broadcast（ip ospf network broadcast）。

（2）点到多点：如果在 VC 上没有启用组播和广播功能，即定义 Map 时没有使用关键字 broadcast，那么就要应用 point-to-multipoint non-broadcast 相应地取消组播 hello 功能，代以手动配置邻居（ip ospf network point-to-multipoint non-broadcast）。

（3）点到点：如果一个物理链路中涉及多个子网，那么一定要用到 Point-to-Point 类型，也一定会用到子接口（ip ospf network point-to-pioint）。

任务拓展

OSPF 有哪几种网络类型？

任务十 多区域 OSPF 基础配置

任务描述

上海御恒信息科技公司已建有局域网并安装了基本的路由及交换设备。技术部经理要求新

招聘的网络工程师小张尽快学会多区域 OSPF 基础配置，小张按照经理的要求开始做以下的任务分析。

任务分析

（1）区域的概念是 OSPF 优于 RIP 的重要部分，它可以有效地提高路由的效率，缩减部分路由器的 OSPF 路由条目，降低路由收敛的复杂度，在区域边界上，实现路由的汇总、过滤、控制，大大提高了网络的稳定性。

（2）任务所需设备：DCR-2611 路由器三台（Version 1.3.3G（MIDDLE））；CR-V35FC 一根；CR-V35MT 一根。

（3）绘制任务拓扑如图 2-9 所示，并按照拓扑图连接网络。

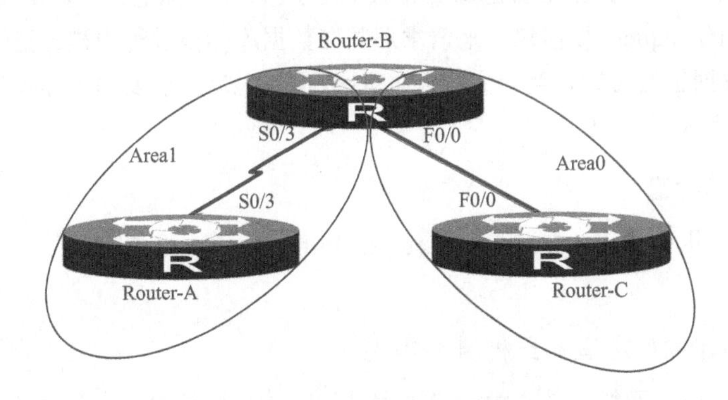

图 2-9　多区域 OSPF 基础配置

（4）按照要求配置路由器各接口的 IP 地址。

Router-A		Router-B		Router-C	
		Serial0/3	172.16.24.2/24	F0/0	172.16.25.2/24
Serial0/3	172.16.24.1/24	F0/0	172.16.25.1/24		
Loopback 0	10.10.10.1/24	Loopback 0	10.10.11.1/24	Loopback 0	10.10.12.1/24

任务实施

第一步：按照上表配置路由器各接口的 IP 地址，保证所有接口全部是 up 状态，测试连通性。

第二步：将 Router-A、B 相应接口加入 area0。

```
Router-A:
Router-A_config#router ospf 1
Router-A_config_ospf_1#network 172.16.24.0 255.255.255.0 area 0
Router-B:
Router-B_config#router ospf 1
Router-B_config_ospf_1#network 172.16.24.0 255.255.255.0 area 0
```

第三步：将 Router-B、C 相应接口加入 area1。

```
Router-B:
Router-B_config#router ospf 1
Router-B_config_ospf_1#network 172.16.25.0 255.255.255.0 area 1
```

```
Router-C:
Router-C_config#router ospf 1
Router-C_config_ospf_1# network 172.16.25.0 255.255.255.0 area 1
```

第四步：查看 RA、RC 上的 OSPF 路由表。

```
Router-A:
        Router-A#show ip route
Codes: C - connected, S - static, R - RIP, B - BGP, BC - BGP connected
       D - DEIGRP, DEX - external DEIGRP, O - OSPF, OIA - OSPF inter area
       ON1 - OSPF NSSA external type 1, ON2 - OSPF NSSA external type 2
       OE1 - OSPF external type 1, OE2 - OSPF external type 2
       DHCP - DHCP type

VRF ID: 0

C      10.10.10.0/24         is directly connected, Loopback0
C      172.16.24.0/24        is directly connected, Serial0/2
O IA   172.16.25.0/24        [110,1601] via 172.16.24.2(on Serial0/2)
! 提示学习到的是 OIA 区域间路由，OIA 的路由是通过 LSA3 来传播的（后面任务详解）
Router-C:
        Router-C# show ip route
Codes: C - connected, S - static, R - RIP, B - BGP, BC - BGP connected
       D - DEIGRP, DEX - external DEIGRP, O - OSPF, OIA - OSPF inter area
       ON1 - OSPF NSSA external type 1, ON2 - OSPF NSSA external type 2
       OE1 - OSPF external type 1, OE2 - OSPF external type 2
       DHCP - DHCP type

VRF ID: 0

C      10.10.12.0/24         is directly connected, Loopback0
O IA   172.16.24.0/24        [110,1601] via 172.16.25.1(on FastEthernet0/0)
C      172.16.25.0/24        is directly connected, FastEthernet0/0
! 提示学习到的是 OIA 区域间路由，OIA 的路由是通过 LSA3 来传播的（后面任务详解）
```

任务小结

多区域 OSPF 基础配置由以下四步完成：

第一步：配置路由器各接口的 IP 地址，保证所有接口全部是 up 状态，测试连通性。

第二步：将 Router-A、B 相应接口加入 area0。

第三步：将 Router-B、C 相应接口加入 area1。

第四步：查看 RA、RC 上的 OSPF 路由表。

相关知识与技能

1. OSPF 概述

OSPF（下称“协议”或“本协议”）仅在单一自治系统内部路由网际协议（IP）数据包，因此被分类为内部网关协议。该协议从所有可用的路由器中搜集链路状态（Link-state）信息从而构建该网络的拓扑图，由此决定提交给网际层（Internet Layer）的路由表，最终路由器依据在网际协议数据包中发现的目的 IP 地址，结合路由表作出转发决策。OSPF 原生支持 VLSM 与 CIDR。本协议使用 Dijkstra 算法计算出到达每一网络的最短路径，并在检测链路的变化情况（如链路失效）时执行该算法快速收敛到新的无环路拓扑。本协议可以通过调整路由界面的开销值来管控数据包的流向（也就是说，OSPF 通过开销值来落实管理员所制定的路由策略）。开销值是 RTT、链路吞吐量、链路可用（可靠）性等衡量因素的无量纲整数表达。

一个 OSPF 网络可以划分成多个与骨干区域（Backbone Area，区域号为 0）相连的区域，各区域的区域号可以使用正整数(如 0)或点分十进制记法(如 0.0.0.0)表达。0 号(或 0.0.0.0 号)区域分配给该网络的核心,称为骨干区域,其他区域必须与骨干区域通过区域边界路由器（Area Border Router）直接或间接（通过 OSPF 虚链接）相连。同时,ABR 负责维护全网的聚合路由,并为每个区域保留一份单独的链路状态数据库（Link-State Database）。

与大多数路由协议不同（参考 BGP 和 RIP 的工作过程），本协议不依赖于传输层协议（如 TCP、UDP）提供数据传输、错误检测与恢复服务，数据包直接封装在网际协议（协议号 89）内传输。

本协议使用多播（Multicast）技术提供邻居发现（Neighbor Discovery）服务，对于不支持多播（广播）功能的链路，协议提供了相应的配置选项以便正常工作。默认情况下，协议监听 224.0.0.5（IPv4）、FF02::5（IPv6）组播地址（别名：AllSPFRouters）。对 DR 与 BDR，协议会额外监听 224.0.0.6（IPv4）、FF02::6（IPv6）组播地址（别名：AllDRRouters）。本协议数据包只传输一跳（TTL 或 Hop Count 等于且仅等于 1），不能跨越广播域。

在 IPv4 协议上工作时，OSPF 可通过内建的安全机制保护链路状态数据库的安全性。在 IPv6 网络上，本协议使用 IPSec 提供安全服务。

2．OSPFv3 对 OSPFv2 进行的修改

（1）邻居路由器只使用链路本地地址进行路由信息交换（虚拟链路除外）。

（2）OSPFv3 基于每条单独的链路进行工作。

（3）链路状态通告与 Hello 报文中不再包含网际协议前缀（IP Prefix）信息。

3．OSPF 的区域

因为 OSPF 路由器之间会将所有的链路状态（LSA）相互交换，毫不保留，当网络规模达到一定程度时，LSA 将形成一个庞大的数据库，势必会给 OSPF 计算带来巨大的压力；为了能够降低 OSPF 计算的复杂程度，缓存计算压力，OSPF 采用分区域计算，将网络中所有 OSPF 路由器划分成不同的区域，每个区域负责各自区域精确的 LSA 传递与路由计算，然后再将一个区域的 LSA 简化和汇总之后转发到另外一个区域，这样一来，在区域内部，拥有网络精确的 LSA,而在不同区域,则传递简化的 LSA。区域的划分为了能够尽量设计成无环网络,所以采用了 Hub-Spoke 拓扑架构，也就是采用核心与分支的拓扑。

区域命名可采用整数数字，如 1、2、3、4，也可以采用 IP 地址的形式，0.0.0.1、0.0.0.2，因为采用了 Hub-Spoke 拓扑架构，所以必须定义出一个核心，然后其他部分都与核心相连，OSPF 的区域 0 就是所有区域的核心，称为 BackBone 区域（骨干区域），而其他区域称为 Normal 区域（常规区域），在理论上，所有的常规区域应该直接和骨干区域相连，常规区域只能和骨干区域交换 LSA，常规区域与常规区域之间即使直连也无法互换 LSA。

任务拓展

OSPF 定义了哪五种网络类型？

任务十一 OSPF 虚链路的配置

任务描述

上海御恒信息科技公司已建有局域网并安装了基本的路由及交换设备。OSPF 默认非骨干区域和骨干区域要直接相连，但在有些网络改造或其他限制情况下，当非骨干区域与骨干区域 Area0 不连续时必须建立虚链路。技术部经理要求新招聘的网络工程师小张尽快学会 OSPF 虚链路的配置，小张按照经理的要求开始做以下的任务分析。

任务分析

（1）在大规模网络中，通常划分区域减少资源消耗，并将拓扑的变化本地化。由于实际环境的限制，物理上不能将其他区域环绕骨干区域，可以采用虚连接的方式从逻辑上连接到骨干区域，使骨干区域自身也必须保持连通。

（2）任务所需设备：DCR-2611 路由器三台（Version 1.3.3G（MIDDLE））；CR-V35FC 一根；CR-V35MT 一根。

（3）绘制任务拓扑如图 2-10 所示，并按照拓扑图连接网络。

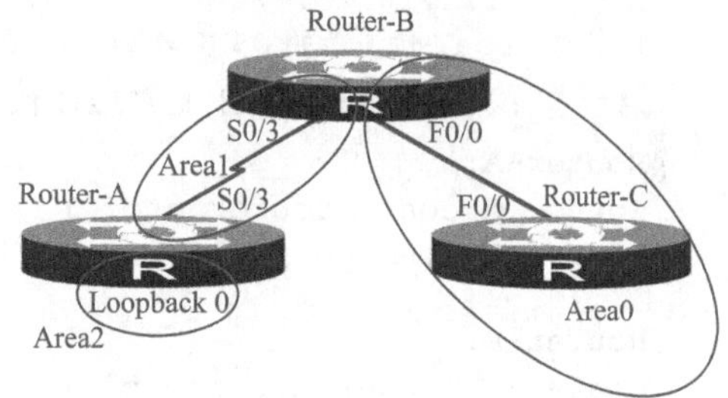

图 2-10　OSPF 虚链路路的配置

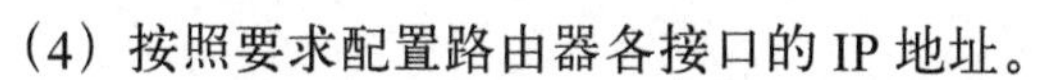

（4）按照要求配置路由器各接口的 IP 地址。

Router-A		Router-B		Router-C	
S0/3(DCE)	172.16.24.1	S0/3(DTE)	172.16.24.2	F0/0	172.16.25.2
		F0/0	172.16.25.1		
Loopback 0	10.10.10.1	Loopback 0	172.16.25.1	Loopback 0	12.10.10.1

任务实施

第一步：按照上表配置路由器各接口的 IP 地址，保证所有接口全部是 up 状态，测试连通性。

第二步：将 Router-A、B 相应接口按照拓扑加入 area1、area2。

```
Router-A:
Router-A_config#router ospf 1
Router-A_config_ospf_1#network 10.10.10.0 255.255.255.0 area 2
Router-A_config_ospf_1#network 172.16.24.0 255.255.255.0 area 1

Router-B:
Router-B_config#router ospf 1
Router-B_config_ospf_1#network 172.16.24.0 255.255.255.0 area 1
```

第三步：将 Router-B、C 相应接口按照拓扑加入 area0。

```
Router-B:
Router-B_config#router ospf 1
Router-B_config_ospf_1#network 172.16.25.0 255.255.255.0 area 0
```

```
Router-C:
Router-C_config#router ospf 1
Router-C_config_ospf_1# network 172.16.25.0 255.255.255.0 area 0
```

第四步：查看 Router-C 上的路由表。

```
Router-C:
Router-C_config_ospf_1#sh ip route
Codes: C - connected, S - static, R - RIP, B - BGP, BC - BGP connected
       D - DEIGRP, DEX - external DEIGRP, O - OSPF, OIA - OSPF inter area
       ON1 - OSPF NSSA external type 1, ON2 - OSPF NSSA external type 2
       OE1 - OSPF external type 1, OE2 - OSPF external type 2
       DHCP - DHCP type

VRF ID: 0

C      12.10.10.0/24        is directly connected, Loopback0
O IA   172.16.24.0/24       [110,1601] via 172.16.25.1(on FastEthernet0/0)
C      172.16.25.0/24       is directly connected, FastEthernet0/0
! 只有 area1 传递来的 OSPF 路由，发现没有 RA 的 Loopback 接口路由
```

第五步：为 Router-A、B 配置虚连接。

```
Router-A:
Router-A_config#router ospf 1
Router-A_config_ospf_1#area 1 virtual-link 11.10.10.1

Router-B:
Router-B_config#router ospf 1
Router-B_config_ospf_1#area 1 virtual-link 10.10.10.1
! 注意都是 Router-id
```

第六步：在 RB 上查看虚链路状态。

```
Router-B:
Router-B_config_ospf_1#sh ip ospf virtual-link
Virtual Link Neighbor ID 10.10.10.1 (UP)
Run as Demand-Circuit
  TransArea: 1, Cost is 1600
  Hello interval is 10, Dead timer is 40  Retransmit is 5
  INTF Adjacency state is IPOINT_TO_POINT
! 观察到已经建立起了一条虚链路，虚链路在逻辑上是等同于一条物理的按需链路，即只有在两端路由器的配置有变动的时候才进行更新
```

第七步：查看 Router-C 上的路由表和 OSPF 数据库。

```
Router-C:
Router-C_config_ospf_1#sh ip route
Codes: C - connected, S - static, R - RIP, B - BGP, BC - BGP connected
       D - DEIGRP, DEX - external DEIGRP, O - OSPF, OIA - OSPF inter area
       ON1 - OSPF NSSA external type 1, ON2 - OSPF NSSA external type 2
       OE1 - OSPF external type 1, OE2 - OSPF external type 2
       DHCP - DHCP type

VRF ID: 0

O IA   10.10.10.1/32        [110,1602] via 172.16.25.1(on FastEthernet0/0)
C      12.10.10.0/24        is directly connected, Loopback0
O IA   172.16.24.0/24       [110,1601] via 172.16.25.1(on FastEthernet0/0)
O IA   172.16.24.2/32       [110,3201] via 172.16.25.1(on FastEthernet0/0)
C      172.16.25.0/24       is directly connected, FastEthernet0/0
```

```
! 已经学到了RA的Loopback接口路由。注意它的Metric值为1602，虚链路的Metric等同于所经过的全部链路开销之和，在这个网络中，Metric=1（Loopback）+到达area1的开销1061=1062

Router-C_config_ospf_1#show ip ospf database
--------------------------------------------------------------------------------
                           OSPF process: 1
                          (Router ID: 12.10.10.1)

                              AREA: 0
                        Router Link States
Link ID          ADV Router        Age           Seq Num      Checksum Link Count
10.10.10.1       10.10.10.1        1      (DNA)  0x80000003 0x0bab    1
11.10.10.1       11.10.10.1        435           0x80000005 0xf8fa    2
12.10.10.1       12.10.10.1        935           0x80000004 0x2b15    1
                        Net Link States
Link ID          ADV Router        Age           Seq Num      Checksum
172.16.25.2      12.10.10.1        935           0x80000002 0x9070
                        Summary Net Link States
Link ID          ADV Router        Age           Seq Num      Checksum
10.10.10.1       10.10.10.1        41     (DNA)  0x80000002 0x45b9
172.16.24.0      11.10.10.1        864           0x80000003 0xcd34
172.16.24.0      10.10.10.1        41     (DNA)  0x80000002 0xd82b
172.16.24.2      10.10.10.1        41     (DNA)  0x80000002 0xc43d
--------------------------------------------------------------------------------
! 这里的（DNA）就是DoNotAge，使用的是不老化（DoNotAge）LSA，即虚链路是无须Hello包控制的
```

任务小结

OSPF 虚链路的配置由以下七步完成：

第一步：配置路由器各接口的 IP 地址，保证所有接口全部是 up 状态，测试连通性。

第二步：将 Router-A、B 相应接口按照拓扑加入 area1、area2。

第三步：将 Router-B、C 相应接口按照拓扑加入 area0。

第四步：查看 Router-C 上的路由表。

第五步：为 Router-A、B 配置虚连接。

第六步：在 RB 上查看虚链路状态。

第七步：查看 Router-C 上的路由表和 OSPF 数据库。

相关知识与技能

OSPF 的虚链路

虚连接（Virtual-link）：是指在两台 ABR 之间，穿过一个非骨干区域（转换区域，即 Transit Area），建立的一条逻辑上的连接通道，可以理解为两台 ABR 之间存在一个点对点的连接。“逻辑通道”是指两台 ABR 之间的多台运行 OSPF 的路由器只是起到一个转发报文的作用（由于协议报文的目的地址不是这些路由器，所以这些报文对于它们是透明的，只是当作普通的 IP 报文来转发），两台 ABR 之间直接传递路由信息。这里的路由信息是指由 ABR 生成的 type3 的 LSA，区域内的路由器同步方式没有因此改变。

虚连接：由于网络的拓扑结构复杂，有时无法满足每个区域必须和骨干区域直接相连的要

求，为解决此问题，OSPF 提出了虚链路的概念。

虚连接是设置在两个路由器之间，这两个路由器都有一个端口与同一个非主干区域相连。虚连接被认为是属于主干区域的，在 OSPF 路由协议看来，虚连接两端的两个路由器被一个点对点的链路连接在一起。在 OSPF 路由协议中，通过虚连接的路由信息是作为域内路由来看待的。

任务拓展

什么是 OSPF 的虚链路？

任务十二 OSPF 路由汇总配置

任务描述

上海御恒信息科技公司已建有局域网并安装了基本的路由及交换设备。OSPF 支持无类路由协议，因此子网划分越多，其明细路由条目就会越多，为了减少路由表尺寸，优化路由查找时间，技术部经理要求新招聘的网络工程师小张尽快学会 OSPF 路由汇总配置，小张按照经理的要求开始做以下的任务分析。

任务分析

（1）在 OSPF 骨干区域当中，一个区域的所有地址都会被通告进来。但是如果某个子网忽好忽坏不稳定，那么在它每次改变状态的时候，都会引起 LSA 在整个网络中泛洪。为了解决这个问题，可以对网络地址进行汇总。

（2）任务所需设备：DCR-2611 路由器两台（Version 1.3.3G（MIDDLE））；CR-V35FC 一根；CR-V35MT 一根。

（3）绘制任务拓扑如图 2-11 所示，并按照拓扑图连接网络。

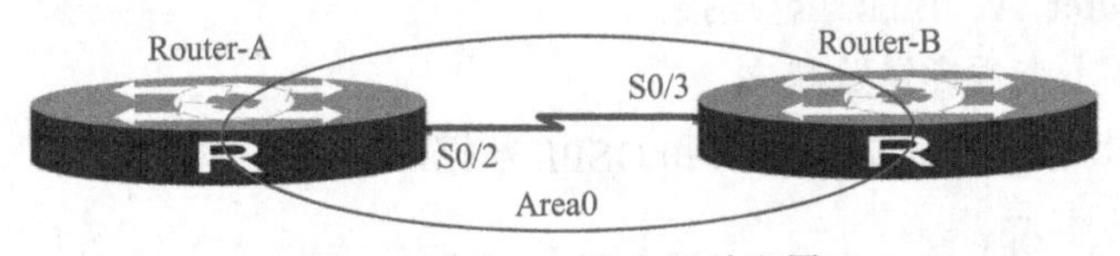

图 2-11　OSPF 路由汇总配置

（4）按照要求配置路由器各接口地址

Router-A		Router-B	
S0/2	172.16.24.1/24	S0/3	172.16.24.2/24
Loopback0	10.10.10.1/24	Loopback0	11.10.10.1/24

任务实施

第一步：按照上表配置路由器各接口的 IP 地址，保证所有接口全部是 up 状态，测试连通性。

第二步：为 Router-A、B 配置 Loopback 接口 1~6。

```
Router-A:
Router-A_confi#int Loopback 1
Router-A_config_l1#ip add 1.1.0.1 255.255.255.0
Router-A_config_l1#int Loopback 2
Router-A_config_l2#ip add 1.2.0.1 255.255.255.0
Router-A_config_l2#int Loopback 3
Router-A_config_l3#ip add 1.3.0.1 255.255.255.0
Router-A_config_l3#int Loopback 4
Router-A_config_l4#ip add 1.4.0.1 255.255.255.0
Router-A_config_l4#int Loopback 5
Router-A_config_l5#ip add 1.5.0.1 255.255.255.0
Router-A_config_l5#int Loopback 6
Router-A_config_l6#ip add 1.6.0.1 255.255.255.0

Router-B:
Router-B_config#int Loopback 1
Router-B_config_l1#ip add 2.1.0.1 255.255.255.0
Router-B_config_l1#int Loopback 2
Router-B_config_l2#ip add 2.2.0.1 255.255.255.0
Router-B_config_l2#int Loopback 3
Router-B_config_l3#ip add 2.3.0.1 255.255.255.0
Router-B_config_l3#int Loopback 4
Router-B_config_l4#ip add 2.4.0.1 255.255.255.0
Router-B_config_l4#int Loopback 5
Router-B_config_l5#ip add 2.5.0.1 255.255.255.0
Router-B_config_l5#int Loopback 6
Router-B_config_l6#ip add 2.6.0.1 255.255.255.0
```

第三步：将 Router-A、B 相应接口按照拓扑加入 area0。

```
Router-A:
Router-A_config#router ospf 1
Router-A_config_ospf_1#network 172.16.24.0 255.255.255.0 area 0

Router-B:
Router-B_config#router ospf 1
Router-B_config_ospf_1#network 172.16.24.0 255.255.255.0 area 0
```

区域路由汇总。

第四步：把 Router-B 配置成为 ABR。

```
Router-B:
Router-B_config_ospf_1#network 2.1.0.0 255.255.0.0 area 1
Router-B_config_ospf_1#network 2.2.0.0 255.255.0.0 area 1
Router-B_config_ospf_1#network 2.3.0.0 255.255.0.0 area 1
Router-B_config_ospf_1#network 2.4.0.0 255.255.0.0 area 1
Router-B_config_ospf_1#network 2.5.0.0 255.255.0.0 area 1
Router-B_config_ospf_1#network 2.6.0.0 255.255.0.0 area 1
```

第五步：查看 Router-A 上 OSPF 路由表和数据库。

```
Router-A:
Router-A_config#sh ip route
Codes: C - connected, S - static, R - RIP, B - BGP, BC - BGP connected
       D - DEIGRP, DEX - external DEIGRP, O - OSPF, OIA - OSPF inter area
       ON1 - OSPF NSSA external type 1, ON2 - OSPF NSSA external type 2
       OE1 - OSPF external type 1, OE2 - OSPF external type 2
       DHCP - DHCP type
```

```
VRF ID: 0

C       1.1.0.0/24          is directly connected, Loopback1
C       1.2.0.0/24          is directly connected, Loopback2
C       1.3.0.0/24          is directly connected, Loopback3
C       1.4.0.0/24          is directly connected, Loopback4
C       1.5.0.0/24          is directly connected, Loopback5
C       1.6.0.0/24          is directly connected, Loopback6
O IA    2.1.0.1/32          [110,1601] via 172.16.24.2(on Serial0/2)
O IA    2.2.0.1/32          [110,1601] via 172.16.24.2(on Serial0/2)
O IA    2.3.0.1/32          [110,1601] via 172.16.24.2(on Serial0/2)
O IA    2.4.0.1/32          [110,1601] via 172.16.24.2(on Serial0/2)
O IA    2.5.0.1/32          [110,1601] via 172.16.24.2(on Serial0/2)
O IA    2.6.0.1/32          [110,1601] via 172.16.24.2(on Serial0/2)
C       10.10.10.0/24       is directly connected, Loopback0
C       172.16.24.0/24      is directly connected, Serial0/2

Router-A_config#show ip ospf database
-----------------------------------------------------------------------
                        OSPF process: 1
                       (Router ID: 10.10.10.1)

                            AREA: 0
                      Router Link States
Link ID         ADV Router      Age        Seq Num     Checksum Link Count
10.10.10.1      10.10.10.1      255        0x80000003 0x8c03    2
11.10.10.1      11.10.10.1      162        0x80000004 0x7e0d    2
                      Summary Net Link States
Link ID         ADV Router      Age        Seq Num     Checksum
2.3.0.1         11.10.10.1      34         0x80000002 0x67af
2.4.0.1         11.10.10.1      34         0x80000002 0x5bba
2.5.0.1         11.10.10.1      34         0x80000002 0x4fc5
2.1.0.1         11.10.10.1      34         0x80000002 0x7f99
2.6.0.1         11.10.10.1      34         0x80000002 0x43d0
2.2.0.1         11.10.10.1      34         0x80000002 0x73a4
-----------------------------------------------------------------------
！可以发现不管是路由表还是数据库都很大，为解决这个问题，在 ABR 上为其配置域内路由汇总
```

第六步：在 Router-B 上做域内路由汇总。

```
Router-B:
Router-B_config_ospf_1#area 1 range 2.0.0.0 255.248.0.0
！通过计算得出汇总的地址是 2.0.0.0/13
Router-B_config_ospf_1#exit
Router-B_config#ip route 2.0.0.0 255.248.0.0 null0
！在域内路由汇总时，为了防止路由黑洞，会为这条汇总地址增加一条静态路由指向空接口（Null）
```

第七步：再次查看 Router-A 上的路由表和数据库，比较汇总结果。

```
Router-A:
Router-A_config#sh ip route
Codes: C - connected, S - static, R - RIP, B - BGP, BC - BGP connected
       D - DEIGRP, DEX - external DEIGRP, O - OSPF, OIA - OSPF inter area
       ON1 - OSPF NSSA external type 1, ON2 - OSPF NSSA external type 2
       OE1 - OSPF external type 1, OE2 - OSPF external type 2
       DHCP - DHCP type

VRF ID: 0
```

```
C        1.1.0.0/24           is directly connected, Loopback1
C        1.2.0.0/24           is directly connected, Loopback2
C        1.3.0.0/24           is directly connected, Loopback3
C        1.4.0.0/24           is directly connected, Loopback4
C        1.5.0.0/24           is directly connected, Loopback5
C        1.6.0.0/24           is directly connected, Loopback6
O IA     2.0.0.0/13           [110,1601] via 172.16.24.2(on Serial0/2)
C        10.10.10.0/24        is directly connected, Loopback0
C        172.16.24.0/24       is directly connected, Serial0/2
! 观察到从原来的六条路由汇总成了一条13位的路由

Router-A_config#sh ip ospf database
-----------------------------------------------------------------------
                         OSPF process: 1
                        (Router ID: 10.10.10.1)

                            AREA: 0
                     Router Link States
Link ID         ADV Router        Age        Seq Num      Checksum Link Count
10.10.10.1      10.10.10.1        936        0x80000003 0x8c03    2
11.10.10.1      11.10.10.1        843        0x80000004 0x7e0d    2
                     Summary Net Link States
Link ID         ADV Router        Age        Seq Num      Checksum
2.0.0.0         11.10.10.1        162        0x80000001 0x7ba7
-----------------------------------------------------------------------
! LSA-3也只剩下了一条。大大减小了路由表和数据库的大小
```

外部路由汇总：

第八步：将 Router-A 配置成为 ASBR。

```
Router-A:
Router-A_config_ospf_1#redistribute connect
```

第九步：查看 Router-B 上的路由表和数据库。

```
Router-B:
Router-B_config#sh ip route
Codes: C - connected, S - static, R - RIP, B - BGP, BC - BGP connected
       D - DEIGRP, DEX - external DEIGRP, O - OSPF, OIA - OSPF inter area
       ON1 - OSPF NSSA external type 1, ON2 - OSPF NSSA external type 2
       OE1 - OSPF external type 1, OE2 - OSPF external type 2
       DHCP - DHCP type

VRF ID: 0

O E2     1.1.0.0/24           [150,100] via 172.16.24.1(on Serial0/3)
O E2     1.2.0.0/24           [150,100] via 172.16.24.1(on Serial0/3)
O E2     1.3.0.0/24           [150,100] via 172.16.24.1(on Serial0/3)
O E2     1.4.0.0/24           [150,100] via 172.16.24.1(on Serial0/3)
O E2     1.5.0.0/24           [150,100] via 172.16.24.1(on Serial0/3)
O E2     1.6.0.0/24           [150,100] via 172.16.24.1(on Serial0/3)
C        2.1.0.0/24           is directly connected, Loopback1
C        2.2.0.0/24           is directly connected, Loopback2
C        2.3.0.0/24           is directly connected, Loopback3
C        2.4.0.0/24           is directly connected, Loopback4
C        2.5.0.0/24           is directly connected, Loopback5
C        2.6.0.0/24           is directly connected, Loopback6
```

```
O E2    10.10.10.0/24         [150,100] via 172.16.24.1(on Serial0/3)
C       11.10.10.0/24         is directly connected, Loopback0
C       172.16.24.0/24        is directly connected, Serial0/3

Router-B_config#show ip  ospf database
-----------------------------------------------------------------------
                        OSPF process: 1
                        (Router ID: 11.10.10.1)

                        AREA: 0
                 Router Link States
Link ID          ADV Router       Age         Seq Num     Checksum Link Count
10.10.10.1       10.10.10.1       43          0x80000005 0x8efc    2
11.10.10.1       11.10.10.1       746         0x80000005 0x7c0e    2
                 Summary Net Link States
Link ID          ADV Router       Age         Seq Num     Checksum
2.0.0.0          11.10.10.1       533         0x80000002 0x79a8

                        AREA: 1
                 Router Link States
Link ID          ADV Router       Age         Seq Num     Checksum Link Count
11.10.10.1       11.10.10.1       746         0x80000007 0xd798    6
                 Summary Net Link States
Link ID          ADV Router       Age         Seq Num     Checksum
172.16.24.0      11.10.10.1       533         0x80000003 0xcd34
                 Summary Router Link States
Link ID          ADV Router       Age         Seq Num     Checksum
10.10.10.1       11.10.10.1       38          0x80000001 0xded9


                ASE Link States
Link ID          ADV Router       Age         Seq Num     Checksum
1.4.0.0          10.10.10.1       42          0x80000001 0xd655
10.10.10.0       10.10.10.1       42          0x80000001 0xaa68
1.5.0.0          10.10.10.1       42          0x80000001 0xca60
1.1.0.0          10.10.10.1       47          0x80000001 0xfa34
1.6.0.0          10.10.10.1       42          0x80000001 0xbe6b
1.2.0.0          10.10.10.1       42          0x80000001 0xee3f
1.3.0.0          10.10.10.1       42          0x80000001 0xe24a
-----------------------------------------------------------------------
！观察到AS外部，路由表和数据库同样很大，解决方法是在ASBR上采用AS外部路由汇总
```

第十步：在 Router-A 上做外部路由汇总。

```
Router-A:
Router-A_config_ospf_1# summary-address 1.0.0.0 255.248.0.0
！通过计算得出汇总的地址是1.0.0.0/13
```

第十一步：再次查看 Router-B 上的路由表和数据库，比较汇总结果。

```
Router-B:
Router-B_config#sh ip route
Codes: C - connected, S - static, R - RIP, B - BGP, BC - BGP connected
       D - DEIGRP, DEX - external DEIGRP, O - OSPF, OIA - OSPF inter area
       ON1 - OSPF NSSA external type 1, ON2 - OSPF NSSA external type 2
       OE1 - OSPF external type 1, OE2 - OSPF external type 2
       DHCP - DHCP type
```

```
VRF ID: 0

O E2   1.0.0.0/13            [150,100] via 172.16.24.1(on Serial0/3)
C      2.1.0.0/24            is directly connected, Loopback1
C      2.2.0.0/24            is directly connected, Loopback2
C      2.3.0.0/24            is directly connected, Loopback3
C      2.4.0.0/24            is directly connected, Loopback4
C      2.5.0.0/24            is directly connected, Loopback5
C      2.6.0.0/24            is directly connected, Loopback6
O E2   10.10.10.0/24         [150,100] via 172.16.24.1(on Serial0/3)
C      11.10.10.0/24         is directly connected, Loopback0
C      172.16.24.0/24        is directly connected, Serial0/3

Router-B_config#sh ip ospf database
-----------------------------------------------------------------------
                     OSPF process: 1
                    (Router ID: 11.10.10.1)

                         AREA: 0
                  Router Link States
Link ID         ADV Router        Age          Seq Num     Checksum Link Count
10.10.10.1      10.10.10.1        516          0x80000006 0x8cfd    2
11.10.10.1      11.10.10.1        506          0x80000006 0x7a0f    2
                  Summary Net Link States
Link ID         ADV Router        Age          Seq Num     Checksum
2.0.0.0         11.10.10.1        293          0x80000003 0x77a9

                         AREA: 1
                  Router Link States
Link ID         ADV Router        Age          Seq Num     Checksum Link Count
11.10.10.1      11.10.10.1        506          0x80000008 0xd599    6
                  Summary Net Link States
Link ID         ADV Router        Age          Seq Num     Checksum
172.16.24.0     11.10.10.1        293          0x80000004 0xcb35
                  Summary Router Link States
Link ID         ADV Router        Age          Seq Num     Checksum
10.10.10.1      11.10.10.1        293          0x80000002 0xdcda


                ASE Link States
Link ID         ADV Router        Age          Seq Num     Checksum
10.10.10.0      10.10.10.1        516          0x80000002 0xa869
1.0.0.0         10.10.10.1        303          0x80000001 0xea4c
-----------------------------------------------------------------------
```

！原来的六条 24 位掩码的外部路由汇聚成了一条 13 位掩码的外部路由，数据库中 LSA-5，也就是 AS 外部 LSA 也汇总成了一条，比原来大大减小

任务小结

OSPF 路由汇总配置由以下几步完成：

第一步：配置路由器各接口的 IP 地址，保证所有接口全部是 up 状态，测试连通性。

第二步：为 Router-A、B 配置 Loopback 接口 1~6。

第三步：将 Router-A、B 相应接口按照拓扑加入 area0。

第四步：把 Router-B 配置成为 ABR。

第五步：查看 Router-A 上 OSPF 路由表和数据库。

第六步：在 Router-B 上做域内路由汇总。

第七步：再次查看 Router-A 上的路由表和数据库，比较汇总结果。

第八步：将 Router-A 配置成为 ASBR。

第九步：查看 Router-B 上的路由表和数据库。

第十步：在 Router-A 上做外部路由汇总。

第十一步：再次查看 Router-B 上的路由表和数据库，比较汇总结果。

相关知识与技能

1. OSPF 区域间路由汇总

在 OSPF 中，ABR 路由器将通过 LSA 通告把一个区域中的路由信息通告到其他区域中。如果一个区域中的网络号是采用像连续分配方式（即区域中的多个子网都位于一个大的标准网络或子网中）时，则可以在 ABR 路由器上配置一个汇总路由，这样区域间的路由通告将直接以汇总路由方式进行，覆盖原来属于指定范围区域内的所有个别网络路由。

在 OSPF 区域间进行路由汇总就一条命令，即 area area-id range ip-address mask [advertise | not-advertise][cost cost] 路由器配置命令。通过它可以指定对应区域中要汇总的路由地址范围，同时也将以所配置的汇总地址作为汇总路由向邻居区域中通告。命令中的参数说明如下：

area-id：指定要汇总路由的区域标识，也可以是一个十进制数或者一个 IP 地址。

ip-address：指定要被汇总的路由 IP 地址，即汇总路由 IP 地址。

ip-address-mask：指定要被汇总的路由子网掩码。

advertise：二选一可选项，设置以上地址范围的路由为允许通告状态，此时将产生该汇总路由的类型 3 汇总 LSA。

not-advertise：二选一可选项，设置以上址范围的路由为禁止通告状态，此时该范围内的汇总路由对应的类型 3 汇总 LSA 被取消，分支网络间相互不可见。

cost cost：可选参数，指定汇总路由的开销，用于 OSPF 的 SPF 路由算法来计算确定到达目标的最短路径。取值范围是 0 ~16 777 215。

可以在一个区域中配置多个不交叉的汇总路由。

2. OSPF 自治系统外汇总

这个自治系统不是 OSPF 来划分的，自治系统是由一个组织管理的一个区域，区域的界定上和单纯的某一个路由协议没有关系，不同的区域有不同的编号（即自治系统号），范围是 0~65 535。自治系统的编号需要向组织机构进行申请。不同的自治系统可以同时使用 OSPF 协议，但不同的自治系统不会同时处于同一个 OSPF 里面，那样的话两个不同的公司将使用同一个网络，没有办法进行区分。

任务拓展

1. OSPF 区域间汇总的配置方法是什么？

2．OSPF 区域间汇总与 OSPF 自治系统外汇总有什么区别？

任务十三 直连路由和静态路由的重发布

任务描述

上海御恒信息科技公司已建有局域网并安装了基本的路由及交换设备。路由器可以运行多种路由协议，然后基于管理距离决定选择哪种协议的路径。但不同路由协议学习到的信息不会共享。技术部经理要求新招聘的网络工程师小张尽快掌握直连路由和静态路由的重发布，小张按照经理的要求开始做以下的任务分析。

任务分析

（1）网络环境多种多样，很多时候需要在各种不同的协议之间将路由进行重新发布，以使相关网络信息可以传递到需要的网络中。

（2）任务设备：路由器三台、PC 两台、网线若干。

（3）绘制任务拓扑如图 2-12 所示。

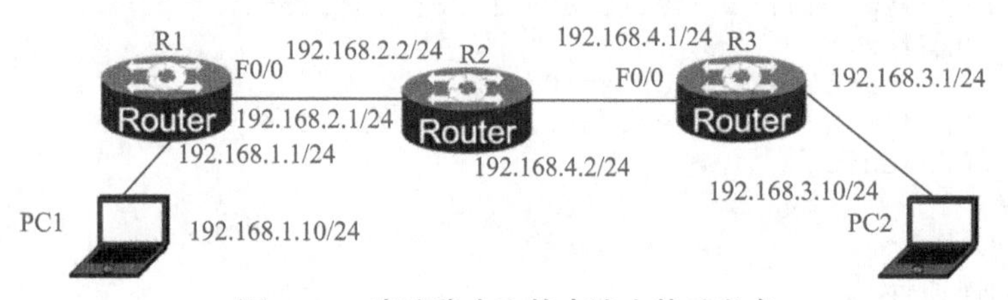

图 2-12　直连路由和静态路由的重发布

（4）配置基础网络环境。

（5）配置 R2 使用静态路由到达 192.168.1.0 网络，通过 RIP 协议学习到 192.168.3.0 网络。R2 中的 network 只增加 192.168.4.0 网络。

（6）R1 使用默认路由 192.168.2.2 到达其他远程网络。

（7）R3 使用 RIP 协议与 R2 交互学习网络信息。

（8）在没有做任何再发布配置时，查看三台路由器的路由表。

（9）在 R2 中做静态路由的再发布，查看 R3 的路由表如何？

（10）在 R2 中增加直连路由的再发布，查看 R3 的路由表有何变化？

任务实施

第一步：配置基础网络环境。

	R1	R2	R3
F0/0	192.168.2.1	192.168.2.2	192.168.4.1
F0/1		192.168.4.2	
F0/3	192.168.1.1		192.168.3.1

```
--------------------------------R1---------------------------------
Router_config#hostname R1
R1_config#interface fastEthernet 0/0
R1_config_f0/0#ip address 192.168.2.1 255.255.255.0
R1_config_f0/0#exit
R1_config#interface fastEthernet 0/3
R1_config_f0/3#ip add 192.168.1.1 255.255.255.0
R1_config_f0/3#exit
R1_config#

--------------------------------R2---------------------------------
Router_config#hostname R2
R2_config#interface fastEthernet 0/0
R2_config_f0/0#ip address 192.168.2.2 255.255.255.0
R2_config_f0/0#exit
R2_config#interface fastEthernet 0/1
R2_config_f0/1#ip address 192.168.4.2 255.255.255.0
R2_config_f0/1#exit
R2_config#

--------------------------------R3---------------------------------
Router_config#hostname R3
R3_config#interface fastEthernet 0/0
R3_config_f0/0#ip address 192.168.4.1 255.255.255.0
R3_config_f0/0#exit
R3_config#interface fastEthernet 0/3
R3_config_f0/3#ip address 192.168.3.1 255.255.255.0
R3_config_f0/3#exit
R3_config#
```

测试链路的连通性：

```
--------------------------------R1---------------------------------
R1_config#ping 192.168.1.10
PING 192.168.1.10 (192.168.1.10): 56 data bytes
!!!!!
--- 192.168.1.10 ping statistics ---
5 packets transmitted, 5 packets received, 0% packet loss
round-trip min/avg/max=0/0/0 ms
R1_config#ping 192.168.2.2
PING 192.168.2.2 (192.168.2.2): 56 data bytes
!!!!!
--- 192.168.2.2 ping statistics ---
5 packets transmitted, 5 packets received, 0% packet loss
round-trip min/avg/max=0/0/0 ms
R1_config#

--------------------------------R2---------------------------------
R2#ping 192.168.2.1
PING 192.168.2.1 (192.168.2.1): 56 data bytes
!!!!!
--- 192.168.2.1 ping statistics ---
5 packets transmitted, 5 packets received, 0% packet loss
round-trip min/avg/max = 0/0/0 ms
R2#ping 192.168.4.1
PING 192.168.4.1 (192.168.4.1): 56 data bytes
```

```
!!!!!
--- 192.168.4.1 ping statistics ---
5 packets transmitted, 5 packets received, 0% packet loss
round-trip min/avg/max = 0/0/0 ms
R2#

---------------------------R3--------------------------------
R3_config#ping 192.168.4.2
PING 192.168.4.2 (192.168.4.2): 56 data bytes
!!!!!
--- 192.168.4.2 ping statistics ---
5 packets transmitted, 5 packets received, 0% packet loss
round-trip min/avg/max = 0/0/0 ms
R3_config#

R3_config#ping 192.168.3.10
PING 192.168.3.10 (192.168.3.10): 56 data bytes
!!!!!
--- 192.168.3.10 ping statistics ---
5 packets transmitted, 5 packets received, 0% packet loss
round-trip min/avg/max = 0/0/0 ms
R3_config#
```

第二步：使用静态和 RIP 协议混合的路由环境。

配置 R1 路由环境，R1 主要使用静态路由，需要添加两个路由段如下：

```
R1_config#ip route 192.168.4.0 255.255.255.0 192.168.2.2
R1_config#ip route 192.168.3.0 255.255.255.0 192.168.2.2
```

也可以添加如下所示的默认路由：

```
R1_config#ip route 0.0.0.0 0.0.0.0 192.168.2.2
R1_config#
```

以上两种方法在本任务中效果是一样的。

配置 R2 路由，在 f0/0 这一侧使用静态路由，而在 f0/1 这一侧使用 RIP 协议，配置方法如下：

```
R2_config#ip route 192.168.1.0 255.255.255.0 192.168.2.1
R2_config#exit
R2_config#router rip
R2_config_rip#network 192.168.4.0 255.255.255.0
R2_config_rip#ver 2
R2_config_rip#exit
R2_config#exit
```

配置 R3 路由器，使用 RIP 协议完成路由环境搭建，配置方法如下：

```
R3_config#router rip
R3_config_rip#network 192.168.4.0 255.255.255.0
R3_config_rip#network 192.168.3.0 255.255.255.0
R3_config_rip#ver 2
R3_config_rip#exit
```

此时查看路由表，结果如下：

```
--------------------------------R1--------------------------------
R1_config#sh ip route
Codes: C - connected, S - static, R - RIP, B - BGP, BC - BGP connected
       D - DEIGRP, DEX - external DEIGRP, O - OSPF, OIA - OSPF inter area
       ON1 - OSPF NSSA external type 1, ON2 - OSPF NSSA external type 2
       OE1 - OSPF external type 1, OE2 - OSPF external type 2
```

```
        DHCP - DHCP type

VRF ID: 0

S       0.0.0.0/0           [1,0] via 192.168.2.2(on FastEthernet0/0)
C       192.168.1.0/24      is directly connected, FastEthernet0/3
C       192.168.2.0/24      is directly connected, FastEthernet0/0
S       192.168.3.0/24      [1,0] via 192.168.2.2(on FastEthernet0/0)
S       192.168.4.0/24      [1,0] via 192.168.2.2(on FastEthernet0/0)
R1_config#
```

上面的路由表是笔者既添加静态路由又添加默认路由的情况，如果只添加默认路由，则没有后两条静态路由，如果只添加静态路由则没有最上面的默认路由。

```
-------------------------------R2-----------------------------------
R2_config#sh ip route
Codes: C - connected, S - static, R - RIP, B - BGP, BC - BGP connected
       D - DEIGRP, DEX - external DEIGRP, O - OSPF, OIA - OSPF inter area
       ON1 - OSPF NSSA external type 1, ON2 - OSPF NSSA external type 2
       OE1 - OSPF external type 1, OE2 - OSPF external type 2
       DHCP - DHCP type

VRF ID: 0

S       192.168.1.0/24      [1,0] via 192.168.2.1(on FastEthernet0/0)
C       192.168.2.0/24      is directly connected, FastEthernet0/0
R       192.168.3.0/24      [120,1] via 192.168.4.1(on FastEthernet0/1)
C       192.168.4.0/24      is directly connected, FastEthernet0/1
R2_config#

----------------------------R3----------------------------------
R3_config#sh ip route
Codes: C - connected, S - static, R - RIP, B - BGP, BC - BGP connected
       D - DEIGRP, DEX - external DEIGRP, O - OSPF, OIA - OSPF inter area
       ON1 - OSPF NSSA external type 1, ON2 - OSPF NSSA external type 2
       OE1 - OSPF external type 1, OE2 - OSPF external type 2
       DHCP - DHCP type

VRF ID: 0

C       192.168.3.0/24      is directly connected, FastEthernet0/3
C       192.168.4.0/24      is directly connected, FastEthernet0/0
R3_config#
```

第三步：分析结果。

我们知道，此时只有R1和R2的路由表是完整的，因为R1使用静态路由，而R2与R3建立了完整的RIP更新环境，对R3来说，由于R2没有把左侧网络的情况添加到路由进程，因此R3什么新消息都无法得到，因此，对此环境，需要进一步配置R2路由器的RIP协议才能使R3的路由表完整。

任务小结

直连路由和静态路由的重发布由以下三步完成：

第一步：配置基础网络环境。

第二步：使用静态和 RIP 协议混合的路由环境。

第三步：分析结果。

相关知识与技能

1. 路由选择的过程

在确定最佳路径的过程中，路由选择算法需要初始化和维护路由选择表（routing table）。路由选择表中包含的路由选择信息根据路由选择算法的不同而不同。一般在路由表中包括这样一些信息：目的网络地址、相关网络节点、对某条路径满意程度、预期路径信息等。

路由器之间传输多种信息来维护路由选择表，修正路由消息就是最常见的一种。修正路由消息通常是由全部或部分路由选择表组成，路由器通过分析来自所有其他路由器的最新消息构造一个完整的网络拓扑结构详图。链路状态广播便是一种路由修正信息。

2. 路由表的维护过程

建立和维护路由表是由路由协议规定的。这与是计算机还是路由器无关，它取决于计算机使用的路由器协议。比如 OSPF 协议，OSPF 通过 LSA（Link State Advertisement）的形式发布路由，依靠在 OSPF 区域内的各路由器之间交互 OSPF 报文来达到路由信息的统一。OSPF 靠一堆报文实现路由表的建立和维护。

Hello 报文：周期性发送，用来发现和维持 OSPF 邻居关系。

DD 报文（Database Description packet）：描述本地 LSDB 的摘要信息，用于两台交换机进行数据库同步。

LSR 报文（Link State Request packet）：用于向对方请求所需的 LSA。路由器只有在 OSPF 邻居双方成功交换 DD 报文后才会向对方发出 LSR 报文。

LSU 报文（Link State Update packet）：用于向对方发送其所需要的 LSA。

LSAck 报文（Link State Acknowledgment packet）：用来对收到的 LSA 进行确认。

IS-IS、BGP 等路由协议也是类似的工作过程。

ARP 表建立的过程大致如下：

例如，路由器 A 收到一个报文，然后查路由表，得知要把这个报文转发到 IP 为 1.1.1.1 的路由器 B 上，接着再去 ARP 表中查找 1.1.1.1 对应的 MAC 地址，用于封装二层报文。路由器 A 发现自己的 ARP 表中没有 1.1.1.1 对应的 MAC 地址，于是路由器 A 就广播一个 ARP 请求报文（IP Address of destination 字段填写 1.1.1.1），当路由器 B 收到这个 ARP request 报文后，检查后发现是发给自己的（如果不是发给自己的则丢弃报文），于是路由器 B 回复一个 arp reply 报文给路由器 A，arp reply 报文中有路由器 B 的 MAC 地址。于是路由器 A 上就学到了一条新的 ARP 表项。然后就是不断地学习新 ARP，不断地老化 ARP 表项的过程了。

3. 直连路由，静态路由和动态路由的区别

静态路由是手动添加的；直连路由是配置完 IP 地址之后就可以学习到的；动态路由是通过协议将全网的路由都添加到路由表的。

4．路由重发布

路由重发布为在同一个互联网络中高效地支持多种路由协议提供了可能，执行路由重分布的路由器称为边界路由器，因为它们位于两个或多个自治系统的边界上。目的是适应不同的协议设置。

什么是重发布？比如说 RouterA 和 RouterB 配置两个不同的动态路由协议，它们之间没有 LSA，要想在 Router 上有对方的 LSA 就要做重发布。一般来说，一个组织或者一个跨国公司很少只使用一个路由协议，而如果一个公司同时运行了多个路由协议，或者一个公司和另外一个公司合并的时候两个公司用的路由协议并不一样，这时该怎么办？所以必须通过重发布将一个路由协议的信息发布到另一个路由协议里面去。

重发布只能在针对同一种第三层协议的路由选择进程之间进行，也就是说，OSPF、RIP、IGRP 等之间可以重发布，因为它们都属于 TCP/IP 协议簇的协议。

任务拓展

1．简述直连路由和静态路由的区别。

2．什么是路由的重发布？

任务十四 RIP 和 OSPF 的重发布

任务描述

上海御恒信息科技公司已建有局域网并安装了基本的路由及交换设备。技术部经理要求新招聘的网络工程师小张尽快学会 RIP 和 OSPF 的重发布，小张按照经理的要求开始做以下的任务分析。

任务分析

（1）RIP 和 OSPF 协议是目前使用较频繁的路由协议，两种协议交接的场合也很多见，它们之间的重发布是比较常见的配置。

（2）任务所需设备：路由器三台、PC 两台、网线若干。

（3）绘制任务拓扑如图 2-13 所示。

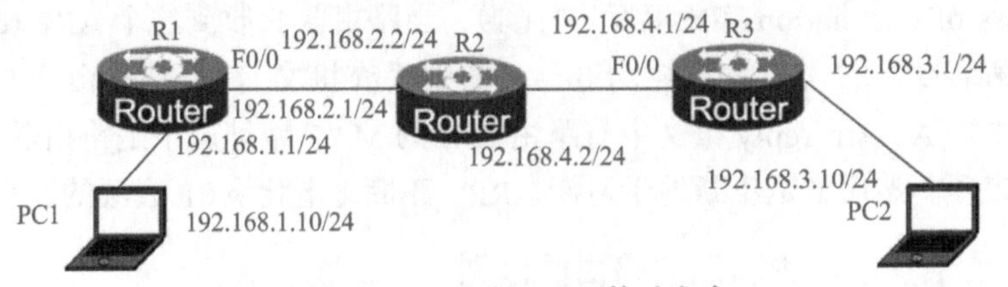

图 2-13　RIP 和 OSPF 的重发布

（4）配置基础环境。

（5）配置 R1 和 R2 之间使用 RIP 协议学习路由信息，R2 和 R3 之间使用 OSPF 协议。

（6）R1 配置 RIP 协议，使用两条 network 命令，包括两个直连网络。

（7）R2 配置 RIP 使用一条 network 命令，包括 192.168.2.0 网络。

（8）配置 OSPF 使用一条 network 命令，包括 192.168.4.0 网络。

（9）R3 配置 OSPF 协议，使用两条 network 命令，包括所有直连网络。

（10）在 R2 中配置 RIP 到 OSPF 的重发布，再配置 OSPF 到 RIP 的重分发。

（11）查看路由表。

任务实施

第一步：配置基础网络环境。

此处略，步骤参考任务十三《直连路由和静态路由的重发布》。

第二步：配置路由环境。

```
--------------------------------R1-----------------------------------
!R1 配置纯 RIP 环境，都是用 network 命令指定相邻网段进入 RIP 进程。过程如下
R1#config
R1_config#router rip
R1_config_rip#network 192.168.1.0 255.255.255.0
R1_config_rip#network 192.168.2.0 255.255.255.0
R1_config_rip#version 2
R1_config_rip#exit
R1_config#exit
R1#wr

--------------------------------R2-----------------------------------
!R2 环境相对复杂一些，配置 f0/0 端口网段使用 RIP 协议，配置 F0/1 端口网段使用 OSPF 协议，
过程如下
R2_config#router rip
R2_config_rip#version 2
R2_config_rip#network 192.168.2.0 255.255.255.0
R2_config_rip#exit
R2_config#router ospf 1
R2_config_ospf_1#network 192.168.4.0 255.255.255.0 area 0
R2_config_ospf_1#exit
R2_config#

--------------------------------R3-----------------------------------
R3#config
R3_config#router ospf 1
R3_config_ospf_1#network 192.168.4.0 255.255.255.0 area 0
R3_config_ospf_1#network 192.168.3.0 255.255.255.0 area 0
R3_config_ospf_1#exit
R3_config#
```

查看路由表如下：

```
--------------------------------R1-----------------------------------
R1_config#sh ip route
Codes: C - connected, S - static, R - RIP, B - BGP, BC - BGP connected
       D - DEIGRP, DEX - external DEIGRP, O - OSPF, OIA - OSPF inter area
       ON1 - OSPF NSSA external type 1, ON2 - OSPF NSSA external type 2
       OE1 - OSPF external type 1, OE2 - OSPF external type 2
```

```
        DHCP - DHCP type

VRF ID: 0

C       192.168.1.0/24       is directly connected, FastEthernet0/3
C       192.168.2.0/24       is directly connected, FastEthernet0/0
R1_config#

-------------------------------R2----------------------------------
R2_config#sh ip route
Codes: C - connected, S - static, R - RIP, B - BGP, BC - BGP connected
       D - DEIGRP, DEX - external DEIGRP, O - OSPF, OIA - OSPF inter area
       ON1 - OSPF NSSA external type 1, ON2 - OSPF NSSA external type 2
       OE1 - OSPF external type 1, OE2 - OSPF external type 2
       DHCP - DHCP type

VRF ID: 0

R       192.168.1.0/24       [120,1] via 192.168.2.1(on FastEthernet0/0)
C       192.168.2.0/24       is directly connected, FastEthernet0/0
O       192.168.3.0/24       [110,2] via 192.168.4.1(on FastEthernet0/1)
C       192.168.4.0/24       is directly connected, FastEthernet0/1
R2_config#

-------------------------------R3----------------------------------
R3_config#sh ip route
Codes: C - connected, S - static, R - RIP, B - BGP, BC - BGP connected
       D - DEIGRP, DEX - external DEIGRP, O - OSPF, OIA - OSPF inter area
       ON1 - OSPF NSSA external type 1, ON2 - OSPF NSSA external type 2
       OE1 - OSPF external type 1, OE2 - OSPF external type 2
       DHCP - DHCP type

VRF ID: 0

C       192.168.3.0/24       is directly connected, FastEthernet0/3
C       192.168.4.0/24       is directly connected, FastEthernet0/0
R3_config#
```

第三步：结果分析。

从上面的路由表可知，只有R2的路由表是完整的，R1和R3都因为R2没有将对方的信息进行传递而得不到远端网络的消息，所以问题的关键还是在R2。

任务小结

RIP和OSPF的重发布由以下三步完成：

第一步：配置基础网络环境。

第二步：配置路由环境。

第三步：结果分析。

相关知识与技能

1. OSPF RIP双点双向重分发次优路径解决方案

由于两种协议的外部管理距离不同，OSPF 110、RIP 120在进行双点双向重分发时R1或

R4 都会同时收到两条关于 5.5.5.5/24 的路由，一条是 RIP 的路由，AD=120；另一条是重分发进 OSPF 的 OSPF 路由，AD=110。通过对管理距离的比较，最终会选择 OSPF 路由。这样 R1 或 R4 其中的一台设备访问 5.5.5.5/24 时会出现次优路径。解决方案：修改从 ASBR 重分发进来的路由的 AD。

2. 路由重分发的注意事项

在不同协议之间重分发路由条目时，一定要注意以下几点：

第一，不同路由协议之间的 AD 值是不同的，当把 AD 值大的路由条目重分发进 AD 值小的路由协议中，很可能会出现次优路径，这时，就需要路由的优化，修改 AD 值或者是过滤。

第二，不同路由协议之间的度量值，即 metric，也是不相同的，比如在 RIP 中，度量值是跳数，在 EIGRP 中，度量值和带宽、延迟等参数有关，这样，当把 RIP 路由重分发到 EIGRP 中时，EIGRP 看不明白这个路由条目的度量值——跳数，就会认为该条目为无效路由，所以不同路由协议都有自己默认的种子 metric：

RIP 认为，重分发进来的路由条目的 metric 值（即种子 metric）是无穷大；

EIGRP 认为，重分发进来的路由条目的 metric 值（即种子 metric）是无穷大；

OSPF 认为，重分发进来的路由条目的 metric 值（即种子 metric）是 20，并且默认是 type 2。

所以，当把某种协议的路由条目重分发到 EIGRP 和 RIP 中时，切记，一定要手工指定 metric 值。

3. 静态路由、RIP 和 OSPF 动态路由的原理以及各自的优缺点

这三种路由可以分为三类：静态路由协议、距离矢量路由协议（如 RIP、EIGRP）、链路状态路由协议（如 OSPF、ISIS）。后两种又统称为动态路由协议。分析如下：

静态路由协议：静态路由协议是通过人工手动将路由信息添加到路由表，写进路由表的信息只能手动删除，缺点很明显，如果网络很大，工作量就很大，而且操作起来准确性很难保证。因为路由条目为手动添加手动删除，这就给网络管理带来很多不便。优点：①度量值小，做网络策略时经常用到。在特定的网络环境下，静态路由的应用也很普遍。②可用作填充默认路由，很方便，也很简单。③不需要与邻居建立连接，所以会节省路由器资源。

距离矢量路由协议：在每台路由器的接口上启动协议进程，每台路由器将自己的路由信息告诉自己的所有邻居，邻居再将自己的路由信息告诉邻居的邻居，依此类推，直到全网收敛。优点：不用手动配置，路由器可以自动维护和学习路由表，在中小型网络中应用普遍。缺点：每台路由器只能从邻居了解路由信息，很容易产生环路。学习和维护路由表的数据包会占用一定链路带宽和路由器资源。

链路状态路由协议：每台路由器在接口启动一个进程，通过路由器之间同步一些参数，使每台路由器能够自己运算出网络拓扑，从而做出最佳选路。相当于每台路由器都有一张网络地图。优点：不会产生环路，在大型网络中收敛速度比其他协议快，自动学习和维护路由表。缺点：和优点比起来就显得微不足道了。

不论哪一种路由协议，在特定的网络环境中都有其各自的优缺点，没有好坏之分，要根据网络环境做出最恰当的选择。

4. RIP 和 OSPF 比较

RIP 协议是距离矢量路由选择协议，它选择路由的度量标准（metric）是跳数，最大跳数

是 15 跳，如果大于 15 跳，它就会丢弃数据包。OSPF 协议是链路状态路由选择协议，它选择路由的度量标准是带宽、延迟。

RIP 的局限性在大型网络中使用时会产生问题，由于 RIP 的 15 跳限制，超过 15 跳的路由被认为不可达。RIP 不能支持可变长子网掩码（VLSM），导致 IP 地址分配的低效率。周期性广播整个路由表，在低速链路及广域网云中应用将产生很大问题。收敛速度慢于 OSPF，在大型网络中收敛时间需要几分钟；RIP 没有网络延迟和链路开销的概念，路由选路基于跳数。拥有较少跳数的路由总是被选为最佳路由即使较长的路径有低的延迟和开销；RIP 没有区域的概念，不能在任意比特位进行路由汇总。一些增强的功能被引入 RIP 的新版本 RIPv2 中，RIPv2 支持 VLSM、认证以及组播更新。但 RIPv2 的跳数限制以及慢收敛使它仍然不适用于大型网络。

相比 RIP 而言，OSPF 更适合用于大型网络：没有跳数的限制；支持可变长子网掩码（VLSM）；使用组播发送链路状态更新，在链路状态变化时使用触发更新，提高了带宽的利用率；收敛速度快；具有认证功能。

5．OSPF 协议的优点

（1）OSPF 是真正的 LOOP- FREE（无路由自环）路由协议。源自其算法本身的优点。（链路状态及最短路径树算法）

（2）OSPF 收敛速度快：能够在最短的时间内将路由变化传递到整个自治系统。

（3）提出区域（area）划分的概念，将自治系统划分为不同区域后，通过区域之间对路由信息的摘要，大大减少了需传递的路由信息数量。也使得路由信息不会随网络规模的扩大而急剧膨胀。

（4）将协议自身的开销控制到最小。定期发送不含路由信息的 hello 报文，一定要非常短小，这样才有利于发现和维护邻居关系。包含路由信息的报文时是触发更新的机制。（有路由变化时才会发送）。但为了增强协议的健壮性，每 1 800 s 全部重发一次；广播网络中，使用组播地址（而非广播）发送报文，减少对其他不运行 OSPF 的网络设备的干扰；各类可以多址访问的网络中（广播，NBMA），通过选举 DR，使同网段的路由器之间的路由交换（同步）次数由 $O(N^2)$ 次减少为 $O(N)$ 次；提出 STUB 区域的概念，使得 STUB 区域内不再传播引入的 ASE 路由；在 ABR（区域边界路由器）上支持路由聚合，进一步减少区域间的路由信息传递；在点到点接口类型中，通过配置按需播号属性（OSPF over On Demand Circuits），使得 OSPF 不再定时发送 hello 报文及定期更新路由信息。只在网络拓扑真正变化时才发送更新信息。

（5）通过严格划分路由的级别（共分四级），提供更可信的路由选择。

（6）良好的安全性，OSPF 支持基于接口的明文及 md5 验证。

（7）OSPF 适应各种规模的网络，最多可达数千台。

6、OSPF 的缺点

（1）配置相对复杂。由于网络区域划分和网络属性的复杂性，需要网络分析员有较高的网络知识水平才能配置和管理 OSPF 网络。

（2）路由负载均衡能力较弱。OSPF 虽然能根据接口的速率、连接可靠性等信息，自动生成接口路由优先级，但通往同一目的的不同优先级路由，OSPF 只选择优先级较高的转发，不同优先级的路由，不能实现负载分担。只有相同优先级的，才能达到负载均衡的目的，不像EIGRP那样可以根据优先级不同，自动匹配流量。

7. OSPF和ISIS比较

它们有很多共同之处，都是链路状态路由协议，都使用SPF算法，VSLM快速汇聚。从使用的目的来说没有什么区别。从协议实现来说OSPF基于TCP/ IP协议簇，运行在IP层上，端口号为89；ISIS基于ISO CLNS，设计初期是为了实现ISO CLNP路由，在后来加上了对IP路由的支持。从具体细节来说：

(1)区域设计不同,OSPF采用一个骨干area0与非骨干区域,非骨干区域必须与area0连接。ISIS是由L1、L2、L12路由器组成的层次结构，它使用的LSP要少很多，在同一个区域的扩展性要比OSPF好。

(2) OSPF有很多种LSA，比较复杂并占用资源，而ISIS的LSP要少很多，所以在CPU占用和处理路由更新方面，ISIS要好一些。

(3) ISIS的定时器允许比OSPF更细的调节，可以提高收敛速度。

(4) OSPF数据格式不容易增加新的东西，要加，就需要新的LSA，而ISIS可以很容易地通过增加TLV进行扩展，包括对IPv6等的支持。

(5) 从选择来说，ISIS更适合运营商级的网络，而OSPF非常适合企业级网络。

任务拓展

1. 路由重分发要注意哪些问题?

2. RIP和OSPF有何区别?

任务十五 基于源地址的策略路由

任务描述

上海御恒信息科技公司已建有局域网并安装了基本的路由及交换设备。有时候用户需要使用数据包按照用户指定的策略进行转发，这就是策略路由。大体上分为两种：一种是根据路由的目的地址进行的策略（称为目的地址路由）；另一种是根据路由源地址进行的策略（称为源地址路由）。技术部经理要求新招聘的网络工程师小张尽快学会基于源地址的策略路由，小张按照经理的要求开始做以下的任务分析。

任务分析

(1) 从局域网去往广域网的流量有时需要进行分流，既区别了不同用户又进行了负载分担，有时这种目标是通过对不同的源地址进行区别对待完成的。

(2) 任务所需设备：路由器三台、PC两台、网线若干。

(3) 绘制任务拓扑如图2-14所示。

(4) 配置基础网络环境。

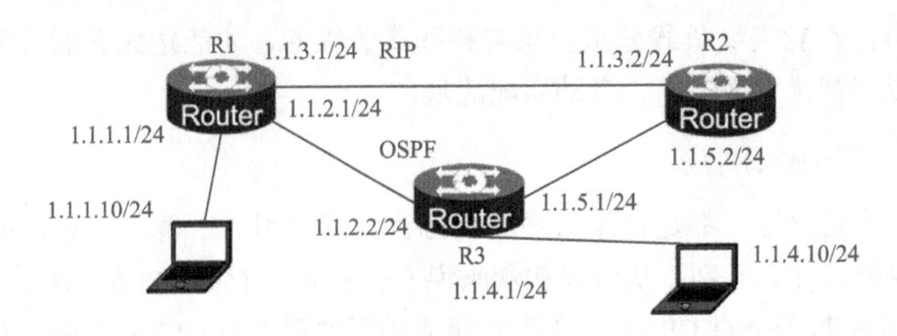

图 2-14 基于源地址的策略路由

（5）全网使用 OSPF 单区域完成路由的连通。

（6）在 R3 中使用策略路由，使来自 1.1.4.10 的源地址去往外网的路由从 1.1.2.1 走，而来自 1.1.4.20 的源地址的数据从 1.1.5.2 的路径走。

（7）跟踪从 1.1.4.10 去往 1.1.1.10 的数据路由。

（8）将 1.1.4.10 地址改为 1.1.4.20，再次跟踪路由。

任务实施

第一步：配置基础网络环境。

	R1	R2	R3
F0/0	1.1.3.1	1.1.3.2	1.1.2.2
F0/3	1.1.2.1		1.1.4.1
Loopback	1.1.1.1		
Serial0/2			1.1.5.2
Serial0/3		1.1.5.1	

```
---------------------------------R1---------------------------------
Router_config#hostname R1
R1_config#interface fastEthernet 0/0
R1_config_f0/0#ip address 1.1.3.1 255.255.255.0
R1_config_f0/0#exit
R1_config#interface fastEthernet 0/3
R1_config_f0/3#ip address 1.1.2.1 255.255.255.0
R1_config_f0/3#exit
R1_config#interface loopback 0
R1_config_l0#ip address 1.1.1.1 255.255.255.0
R1_config_l0#exit
R1_config#

---------------------------------R2---------------------------------
Router_config#hostname R2
R2_config#interface fastEthernet 0/0
R2_config_f0/0#ip address 1.1.3.2 255.255.255.0
R2_config_f0/0#exit
R2_config#interface serial 0/3
R2_config_s0/3#physical-layer speed 64000
R2_config_s0/3#ip address 1.1.5.1 255.255.255.0
R2_config_s0/3#exit
R2_config#
```

```
------------------------------------R3-----------------------------------
Router_config#hostname R3
R3_config#interface fastEthernet 0/0
R3_config_f0/0#ip address 1.1.2.2 255.255.255.0
R3_config_f0/0#exit
R3_config#interface fastEthernet 0/3
R3_config_f0/3#ip address 1.1.4.1 255.255.255.0
R3_config_f0/3#exit
R3_config#interface serial 0/2
R3_config_s0/2#ip address 1.1.5.2 255.255.255.0
R3_config#
```

测试链路连通性：

```
------------------------------------R2-----------------------------------
R2#ping 1.1.3.1
PING 1.1.3.1 (1.1.3.1): 56 data bytes
!!!!!
--- 1.1.3.1 ping statistics ---
5 packets transmitted, 5 packets received, 0% packet loss
round-trip min/avg/max=0/0/0 ms
R2#ping 1.1.5.2
PING 1.1.5.2 (1.1.5.2): 56 data bytes
!!!!!
--- 1.1.5.2 ping statistics ---
5 packets transmitted, 5 packets received, 0% packet loss
round-trip min/avg/max=0/0/0 ms
R2#

------------------------------------R3-----------------------------------
R3#ping 1.1.2.1
PING 1.1.2.1 (1.1.2.1): 56 data bytes
!!!!!
--- 1.1.2.1 ping statistics ---
5 packets transmitted, 5 packets received, 0% packet loss
round-trip min/avg/max=0/0/0 ms
R3#
```

表示单条链路都可以连通。

第二步：配置路由环境，使用 OSPF 单区域配置。

```
------------------------------------R1-----------------------------------
R1_config#router ospf 1
R1_config_ospf_1#network 1.1.3.0 255.255.255.0 area 0
R1_config_ospf_1#network 1.1.2.0 255.255.255.0 area 0
R1_config_ospf_1#redistribute connect
R1_config_ospf_1#exit
R1_config#

------------------------------------R2-----------------------------------
R2_config#router ospf 1
R2_config_ospf_1#network 1.1.3.0 255.255.255.0 area 0
R2_config_ospf_1#network 1.1.5.0 255.255.255.0 area 0
R2_config_ospf_1#redistribute connect
R2_config_ospf_1#exit
R2_config#
```

```
---------------------------------R3---------------------------------
R3_config#router ospf 1
R3_config_ospf_1#network 1.1.2.0 255.255.255.0 area 0
R3_config_ospf_1#network 1.1.5.0 255.255.255.0 area 0
R3_config_ospf_1#exit
R3_config#router ospf 1
R3_config_ospf_1#redistribute connect
R3_config_ospf_1#exit
R3_config#
```

查看路由表如下：

```
---------------------------------R1---------------------------------
R1#sh ip route
Codes: C - connected, S - static, R - RIP, B - BGP, BC - BGP connected
       D - DEIGRP, DEX - external DEIGRP, O - OSPF, OIA - OSPF inter area
       ON1 - OSPF NSSA external type 1, ON2 - OSPF NSSA external type 2
       OE1 - OSPF external type 1, OE2 - OSPF external type 2
       DHCP - DHCP type

VRF ID: 0

C      1.1.1.0/24           is directly connected, Loopback0
C      1.1.2.0/24           is directly connected, FastEthernet0/3
C      1.1.3.0/24           is directly connected, FastEthernet0/0
O E2   1.1.4.0/24           [150,100] via 1.1.2.2(on FastEthernet0/3)
O      1.1.5.0/24           [110,1601] via 1.1.2.2(on FastEthernet0/3)
R1#

---------------------------------R2---------------------------------
R2#sh ip route
Codes: C - connected, S - static, R - RIP, B - BGP, BC - BGP connected
       D - DEIGRP, DEX - external DEIGRP, O - OSPF, OIA - OSPF inter area
       ON1 - OSPF NSSA external type 1, ON2 - OSPF NSSA external type 2
       OE1 - OSPF external type 1, OE2 - OSPF external type 2
       DHCP - DHCP type

VRF ID: 0

O E2   1.1.1.0/24           [150,100] via 1.1.3.1(on FastEthernet0/0)
O      1.1.2.0/24           [110,2] via 1.1.3.1(on FastEthernet0/0)
C      1.1.3.0/24           is directly connected, FastEthernet0/0
O E2   1.1.4.0/24           [150,100] via 1.1.3.1(on FastEthernet0/0)
C      1.1.5.0/24           is directly connected, Serial0/3
R2#

---------------------------------R3---------------------------------
R3#sh ip route
Codes: C - connected, S - static, R - RIP, B - BGP, BC - BGP connected
       D - DEIGRP, DEX - external DEIGRP, O - OSPF, OIA - OSPF inter area
       ON1 - OSPF NSSA external type 1, ON2 - OSPF NSSA external type 2
       OE1 - OSPF external type 1, OE2 - OSPF external type 2
       DHCP - DHCP type

VRF ID: 0
```

```
O E2    1.1.1.0/24          [150,100] via 1.1.2.1(on FastEthernet0/0)
C       1.1.2.0/24          is directly connected, FastEthernet0/0
O       1.1.3.0/24          [110,2] via 1.1.2.1(on FastEthernet0/0)
C       1.1.4.0/24          is directly connected, FastEthernet0/3
C       1.1.5.0/24          is directly connected, Serial0/2
R3#
```

第三步：在 R3 中使用策略路由。

使来自 1.1.4.10 的源地址去往外网的路由从 1.1.2.1 走，而来自 1.1.4.20 的源地址的数据从 1.1.5.1 的路径走，过程如下：

```
R3_config#ip access-list standard for_10
R3_config_std_nacl#permit 1.1.4.10
R3_config_std_nacl#exit
R3_config#ip access-list standard for_20
R3_config_std_nacl#permit 1.1.4.20
R3_config_std_nacl#exit
R3_config#route-map source_pbr 10 permit
R3_config_route_map#match ip address for_10
R3_config_route_map#set ip next-hop 1.1.2.1
R3_config_route_map#exit
R3_config#route-map source_pbr 20 permit
R3_config_route_map#match ip address for_20
R3_config_route_map#set ip next-hop 1.1.5.1
R3_config_route_map#exit
R3_config#interface fastEthernet 0/3
R3_config_f0/3#ip policy route-map source_pbr
R3_config_f0/3#
```

第四步：测试结果。

此时已经更改了 R3 的路由策略，从终端测试结果如下：

```
--------------------------1.1.4.10---------------------------------
C:\Documents and Settings\Administrator>ipconfig

Windows IP Configuration
Ethernet adapter 本地连接：

        Connection-specific DNS Suffix  . :
        IP Address. . . . . . . . . . . . : 1.1.4.10
        Subnet Mask . . . . . . . . . . . : 255.255.255.0
        Default Gateway . . . . . . . . . : 1.1.4.1

C:\Documents and Settings\Administrator>tracert 1.1.1.1

Tracing route to 1.1.1.1 over a maximum of 30 hops

  1    <1 ms    <1 ms    <1 ms  1.1.4.1
  2     1 ms    <1 ms    <1 ms  1.1.1.1

Trace complete.

C:\Documents and Settings\Administrator>

C:\>ipconfig
```

```
Windows IP Configuration

---------------------------1.1.4.20---------------------------------
Ethernet adapter 本地连接:

        Connection-specific DNS Suffix  . :
        IP Address. . . . . . . . . . . . : 1.1.4.20
        Subnet Mask . . . . . . . . . . . : 255.255.255.0
        Default Gateway . . . . . . . . . : 1.1.4.1

C:\>tracert 1.1.1.1

Tracing route to 1.1.1.1 over a maximum of 30 hops

  1    <1 ms    <1 ms    <1 ms  1.1.4.1
  2    16 ms    15 ms    15 ms  1.1.5.1
  3    15 ms    14 ms    15 ms  1.1.1.1

Trace complete.
```

可以看出，不同源的路由已经发生了改变。

任务小结

基于源地址的策略路由由以下四步完成：

第一步：配置基础网络环境。

第二步：配置路由环境，使用 OSPF 单区域配置。

第三步：在 R3 中使用策略路由。

第四步：测试结果。

相关知识与技能

1．策略路由

策略路由是一种比基于目标网络进行路由更加灵活的数据包路由转发机制。路由器将通过路由图决定如何对需要路由的数据包进行处理，路由图决定了一个数据包的下一跳转发路由器。应用策略路由，必须要指定策略路由使用的路由图，并且要创建路由图。一个路由图由很多条策略组成，每个策略都定义了 1 个或多个匹配规则和对应操作。一个接口应用策略路由后，将对该接口接收到的所有包进行检查，不符合路由图任何策略的数据包将按照通常的路由转发进行处理，符合路由图中某个策略的数据包就按照该策略中定义的操作进行处理。策略路由可以使数据包按照用户指定的策略进行转发。对于某些管理目的，如 QoS 需求或 VPN 拓扑结构，要求某些路由必须经过特定的路径，就可以使用策略路由。例如，一个策略可以指定从某个网络发出的数据包只能转发到某个特定的接口。种类上大体分为两种：一种是根据路由的目的地址进行的策略（称为目的地址路由）；另一种是根据路由源地址进行的策略（称为源地址路由）。随着策略路由的发展，现在有了第三种路由方式：智能均衡策略方式。

2．策略路由的应用

策略路由在人们生活中的最大应用莫过于用于电信网通的互连互通问题，电信网通分家之后出现了中国特色的网络环境，就是南电信，北网通，电信访问网通的线路较慢，网通访问电信的线路也较慢。人们就想到了接入电信网通双线路，这种情况下双线路的普及使得策略路由有了用武之地。通过在路由设备上添加策略路由包的方式，成功地实现了电信数据走电信，网通数据走网通，这种应用一般都属于目的地址路由。

由于光纤的费用还很昂贵，于是很多地方都采用了光纤加 ADSL 的方式，然而这样的使用就出现了两条线不如一根线快的现象，通过使用策略路由让一部分优先级较高的用户机走光纤，另一部分级别低的用户机走 ADSL，这种应用属于源地址路由。

而现在出现的智能均衡策略方式，就是两条线不管是网通还是电信，光纤还是 ADSL，都能自动识别，并且自动采取相应的策略方式，是策略路由的发展趋势。

策略路由是转发层面的行为，操作的对象是数据包，匹配的是数据流，具体是指数据包中的各个字段，常用五元组：源 IP、目标 IP、协议、源端口、目标端口。

任务拓展

1．什么是策略路由？

2．什么是基于源地址的策略路由？

任务十六 基于应用的策略路由

任务描述

上海御恒信息科技公司已建有局域网并安装了基本的路由及交换设备。技术部经理要求新招聘的网络工程师小张尽快学会基于应用的策略路由，小张按照经理的要求开始做以下的任务分析。

任务分析

（1）当网络的出口链路带宽和花销不同时，将关键业务的流量分配给带宽大的链路负责，将不重要且不紧急的流量分配给带宽小的处理，可以有效地提高链路的使用效率。

（2）任务所需设备：路由器三台、PC 两台、网线若干。

（3）绘制任务拓扑如图 2-15 所示。

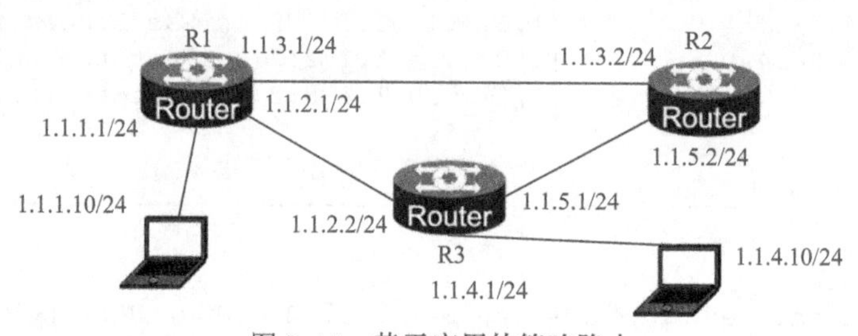

图 2-15　基于应用的策略路由

（4）配置基础网络环境。

（5）在网络中使用静态路由，在 R3 中不使用任何静态路由，只在 R1 和 R2 中定义静态路由，注意R1定义时使用浮动路由的配置，即到1.1.4.0网络的路由存在两个，但其度量值不同。

（6）在R3中启动策略路由，定义TCP数据下一跳为1.1.2.1，UDP数据下一跳为1.1.5.2。

（7）从1.1.1.10中启动一个ftp服务，从1.1.4.10发起一次FTP请求，在中间过程中将1.1.5.1端口shut，查看传输是否有影响，再启用此接口，shut 1.1.2.2接口，查看结果。

任务实施

第一步：配置基础网络。

第二步：配置静态路由。

```
----------------------------R1------------------------------
R1_config#ip route 1.1.4.0 255.255.255.0 1.1.2.2
R1_config#ip route 1.1.5.0 255.255.255.0 1.1.3.2
R1_config#ip route 1.1.5.0 255.255.255.0 1.1.2.2
R1_config#

----------------------------R2------------------------------
R2_config#ip route 1.1.2.0 255.255.255.0 1.1.3.1
R2_config#ip route 1.1.1.0 255.255.255.0 1.1.3.1
R2_config#ip route 1.1.4.0 255.255.255.0 1.1.5.2
R2_config#ip route 1.1.2.0 255.255.255.0 1.1.5.2

----------------------------R3------------------------------
R3_config#ip route 1.1.3.0 255.255.255.0 1.1.5.1
R3_config#ip route 1.1.3.0 255.255.255.0 1.1.2.1
R3_config#ip route 1.1.1.0 255.255.255.0 1.1.2.1
```

查看路由表：

```
----------------------------R1------------------------------
R1#sh ip route
Codes: C - connected, S - static, R - RIP, B - BGP, BC - BGP connected
       D - DEIGRP, DEX - external DEIGRP, O - OSPF, OIA - OSPF inter area
       ON1 - OSPF NSSA external type 1, ON2 - OSPF NSSA external type 2
       OE1 - OSPF external type 1, OE2 - OSPF external type 2
       DHCP - DHCP type

VRF ID: 0

C      1.1.1.0/24            is directly connected, Loopback0
C      1.1.2.0/24            is directly connected, FastEthernet0/3
C      1.1.3.0/24            is directly connected, FastEthernet0/0
S      1.1.4.0/24            [1,0] via 1.1.2.2(on FastEthernet0/3)
S      1.1.5.0/24            [1,0] via 1.1.2.2(on FastEthernet0/3)
                             [1,0] via 1.1.3.2(on FastEthernet0/0)
R1#

----------------------------R2------------------------------

R2#sh ip route
Codes: C - connected, S - static, R - RIP, B - BGP, BC - BGP connected
       D - DEIGRP, DEX - external DEIGRP, O - OSPF, OIA - OSPF inter area
       ON1 - OSPF NSSA external type 1, ON2 - OSPF NSSA external type 2
       OE1 - OSPF external type 1, OE2 - OSPF external type 2
       DHCP - DHCP type
```

```
VRF ID: 0

S       1.1.1.0/24              [1,0] via 1.1.3.1(on FastEthernet0/0)
S       1.1.2.0/24              [1,0] via 1.1.3.1(on FastEthernet0/0)
                                [1,0] via 1.1.5.2(on Serial0/3)
C       1.1.3.0/24              is directly connected, FastEthernet0/0
S       1.1.4.0/24              [1,0] via 1.1.5.2(on Serial0/3)
C       1.1.5.0/24              is directly connected, Serial0/3
R2#

----------------------------R3------------------------------------------
R3#sh ip route
Codes: C - connected, S - static, R - RIP, B - BGP, BC - BGP connected
       D - DEIGRP, DEX - external DEIGRP, O - OSPF, OIA - OSPF inter area
       ON1 - OSPF NSSA external type 1, ON2 - OSPF NSSA external type 2
       OE1 - OSPF external type 1, OE2 - OSPF external type 2
       DHCP - DHCP type

VRF ID: 0

S       1.1.1.0/24              [1,0] via 1.1.2.1(on FastEthernet0/0)
C       1.1.2.0/24              is directly connected, FastEthernet0/0
S       1.1.3.0/24              [1,0] via 1.1.2.1(on FastEthernet0/0)
                                [1,0] via 1.1.5.1(on Serial0/2)
C       1.1.4.0/24              is directly connected, FastEthernet0/3
C       1.1.5.0/24              is directly connected, Serial0/2
R3#
```

第三步：配置 R3 的策略路由。

定义 ICMP 数据下一跳为 1.1.5.1，UDP 数据下一跳为 1.1.2.1。过程如下：

```
R3_config#ip access-list extended for_icmp
R3_config_ext_nacl#permit icmp any any
R3_config_ext_nacl#exit
R3_config#route-map app_pbr 10 permit
R3_config_route_map#match ip address for_icmp
R3_config_route_map#set ip next-hop 1.1.5.1
R3_config_route_map#exit
R3_config#route-map app_pbr 20 permit
R3_config_route_map# match ip address for_udp
R3_config_route_map#set ip next-hop 1.1.2.1
R3_config_route_map#exit
R3_config#R3_config#interface fastEthernet 0/3
R3_config_f0/3#ip policy route-map app_pbr
R3_config_f0/3#
```

查看当前配置情况，如下：

```
R3_config#sh ip policy
  Interface             Route-map
  FastEthernet0/3       app_pbr
R3_config#
```

第四步：测试结果。

从 PC 测试策略路由的配置是否生效，过程如下：使用 ping 1.1.1.1 测试整个过程，策略路由生效的情况下，返回连通状态。如下：

```
C:\Documents and Settings\Administrator>ping 1.1.1.1

Pinging 1.1.1.1 with 32 bytes of data:

Reply from 1.1.1.1: bytes=32 time=12ms TTL=254
Reply from 1.1.1.1: bytes=32 time=15ms TTL=254
Reply from 1.1.1.1: bytes=32 time=13ms TTL=254
Reply from 1.1.1.1: bytes=32 time=11ms TTL=254

Ping statistics for 1.1.1.1:
    Packets: Sent=4, Received=4, Lost=0 (0% loss),
Approximate round trip times in milli-seconds:
    Minimum=11ms, Maximum=15ms, Average=12ms

C:\Documents and Settings\Administrator>
```

此时将策略路由的指向 1.1.5.1 链路断开，(比如使用 shutdown 命令)，由于策略路由不存在，而 R3 的静态路由还在生效，因此依然是连通状态。但仔细观察，其返回时间是不同的，如下：

```
C:\Documents and Settings\Administrator>ping 1.1.1.1

Pinging 1.1.1.1 with 32 bytes of data:

Reply from 1.1.1.1: bytes=32 time=1ms TTL=254
Reply from 1.1.1.1: bytes=32 time<1ms TTL=254
Reply from 1.1.1.1: bytes=32 time<1ms TTL=254
Reply from 1.1.1.1: bytes=32 time<1ms TTL=254

Ping statistics for 1.1.1.1:
    Packets: Sent=4, Received=4, Lost=0 (0% loss),
Approximate round trip times in milli-seconds:
    Minimum=0ms, Maximum=1ms, Average=0ms

C:\Documents and Settings\Administrator>
```

此时，将静态路由删除，如下：

```
R3_config#no ip route 1.1.1.0 255.255.255.0 1.1.2.1
```

此时再次测试连通性，结果如下：

```
C:\Documents and Settings\Administrator>ping 1.1.1.1

Pinging 1.1.1.1 with 32 bytes of data:

Reply from 1.1.4.1: Destination host unreachable.
Reply from 1.1.4.1: Destination host unreachable.
Reply from 1.1.4.1: Destination host unreachable.
Reply from 1.1.4.1: Destination host unreachable.

Ping statistics for 1.1.1.1:
    Packets: Sent=4, Received=4, Lost=0 (0% loss)
Approximate round trip times in milli-seconds:
    Minimum=0ms, Maximum=0ms, Average=0ms

C:\Documents and Settings\Administrator>
```

发现此时既没有策略路由，也没有静态路由，已经不通了。此时将策略路由所使用的链路启动，再次测试。命令如下：

```
R3_config#int s 0/2
R3_config_s0/2#no shut
R3_config_s0/2#Jan  1 03:42:17 Line on Interface Serial0/2, changed to up
Jan  1 03:42:27 Line protocol on Interface Serial0/2, change state to up
```

测试结果如下：

```
C:\Documents and Settings\Administrator>ping 1.1.1.1

Pinging 1.1.1.1 with 32 bytes of data:

Reply from 1.1.1.1: bytes=32 time=12ms TTL=254
Reply from 1.1.1.1: bytes=32 time=11ms TTL=254
Reply from 1.1.1.1: bytes=32 time=11ms TTL=254
Reply from 1.1.1.1: bytes=32 time=11ms TTL=254

Ping statistics for 1.1.1.1:
    Packets: Sent=4, Received=4, Lost=0 (0% loss),
Approximate round trip times in milli-seconds:
    Minimum=11ms, Maximum=12ms, Average=11ms

C:\Documents and Settings\Administrator>
```

注意此时的返回时间与第一次测试时是一致的。

任务小结

基于应用的策略路由由以下四步完成：

第一步：配置基础网络。

第二步：配置静态路由。

第三步：配置 R3 的策略路由。

第四步：测试结果。

相关知识与技能

1. 策略路由的作用

策略路由是一种比基于目标网络进行路由更加灵活的数据包路由转发机制。作用是：路由器通过路由图决定如何对需要路由的数据包进行处理，路由图决定了一个数据包的下一跳转发路由器。

2. 策略路由和路由策略的区别

路由策略是根据一些规则，使用某种策略改变规则中影响路由发布、接收或路由选择的参数而改变路由发现的结果，最终改变的是路由表的内容。是在路由发现的时候产生作用。

策略路由是尽管存在当前最优的路由，但是针对某些特别的主机（或应用、协议）不使用当前路由表中的转发路径而单独使用别的转发路径。在数据包转发时发生作用、不改变路由表中任何内容。

策略路由的优先级比路由策略高，当路由器接收到数据包，并进行转发时，会优先根据策略路由的规则进行匹配，如果能匹配上，则根据策略路由转发，否则按照路由表中转发路径进行转发。

总结一下，路由策略是路由发现规则，策略路由是数据包转发规则。其实将“策略路由”理解为“转发策略”，这样更容易理解与区分。由于转发在底层，路由在高层，所以转发的优先级比路由的优先级高，这点也能理解得通。其实路由器中存在两种类型和层次的表，一个是路由表（routing-table），另一个是转发表（forwording-table）。转发表是由路由表映射过来的，策略路由直接作用于转发表，路由策略直接作用于路由表。

任务拓展

1．策略路由的作用是什么？

2．策略路由和路由策略有何区别？

项目综合实训　静态路由的配置

项目描述

上海御恒信息科技公司办公区域现有一小型的办公网络，由于所安装的路由器本身不需要进行路由的探测，也不需要进行其他运算，此外要进行数据包的转发，这样可以提高转发速度。技术部经理要求新招聘的网络工程师小张尽快按照以上要求进行相关路由的配置，小张按照经理的要求开始做以下的任务分析。

项目分析

（1）根据要求选择静态路由配置方式，因为这比较适合于小型的，没有大变化的网络，而且速度快。

（2）准备配置三台路由器（路由器名称分别为 R1、R2、R3）。

（3）绘制图 2-16 所示的拓扑图。

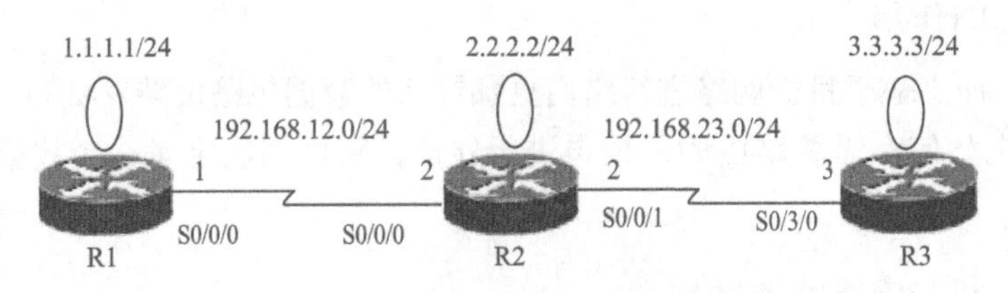

图 2-16　静态路由

项目实施

第一步：根据要求，分别在每台路由器上配置基本命令。

配置主机名分别为 R1、R2、R3。

```
Router(config)#host R1
Router(config)#host R2
Router(config)#host R3
```

关闭 DNS 查询。

```
R1(config)#no ip domain-lookup
R2(config)#no ip domain-lookup
R3(config)#no ip domain-lookup
```

第二步：根据要求，分别在各路由器端口上配置 IP 地址和时钟频率，保证直连端口畅通；圆圈表示 R1、R2、R3 上的环回接口 0，时钟频率设为 64 000。

（1）R1 配置。

```
R1(config)#int loopback 0
R1(config-if)#ip add 1.1.1.1 255.255.255.0

R1(config)#int s0/0/0
R1(config-if)#ip add 192.168.12.1 255.255.255.0
R1(config-if)#clock rate 64000
R1(config-if)#no shut
```

（2）R2 配置。

```
R2(config)#int loopback 0
R2(config-if)#ip add 2.2.2.2 255.255.255.0

R2(config)#int s0/0/0
R2(config-if)#ip add 192.168.12.2 255.255.255.0
R2(config-if)#clock rate 64000
R2(config-if)#no shut

R2(config)#int s0/0/1
R2(config-if)#ip add 192.168.23.2 255.255.255.0
R2(config-if)#clock rate 64000
R2(config-if)#no shut
```

备注：R2 上 IP 地址请务必使用拓扑图上标示的 IP。

（3）R3 配置。

```
R3(config)#int loopback 0
R3(config-if)#ip add 3.3.3.3 255.255.255.0

R3(config)#int s0/3/0
R3(config-if)#ip add 192.168.23.3 255.255.255.0
R3(config-if)#clock rate 64000
R3(config-if)#no shut
```

第三步：在 R1、R2、R3 上分别配置静态路由。

（1）在 R1 上创建静态路由指向 2.2.2.0/24、192.168.23.0/24、3.3.3.0/24。

```
R1(config)# ip route 2.2.2.0 255.255.255.0 192.168.12.2
R1(config)#ip route 3.3.3.0 255.255.255.0 192.168.12.2
R1(config)#ip route 192.168.23.0 255.255.255.0 192.168.12.2
```

（2）在 R2 上创建静态路由指向 1.1.1.0/24、3.3.3.0/24 。

```
R2(config)#ip route 1.1.1.0 255.255.255.0 192.168.12.1
R2(config)#ip route 3.3.3.0 255.255.255.0 192.168.23.3
```

（3）在 R3 上创建静态路由指向 1.1.1.0/24、192.168.12.0/24、2.2.2.0/24 。

```
R3(config)#ip route 1.1.1.0 255.255.255.0 192.168.23.2
R3(config)#ip route 2.2.2.0 255.255.255.0 192.168.23.2
R3(config)#ip route 192.168.12.0 255.255.255.0 192.168.23.2
```

项目小结

1. 对路由器进行基本配置。
2. 对 IP 地址进行正确配置。
3. 创建静态路由。

项目实训评价表

项目二　部署企业内部路由网络					
	内　容		评　价		
	学习目标	评价项目	3	2	1
职业能力	路由器初级	任务一　路由器以太网端口单臂路由配置			
		任务二　路由器静态路由配置			
		任务三　多层交换机静态路由任务			
		任务四　路由器 RIP 协议的配置方法			
	路由器中级	任务五　三层交换机 RIP 动态路由			
		任务六　路由器单区域 OSPF 协议的配置方法			
		任务七　三层交换机 OSPF 动态路由			
		任务八　RIPv1 与 RIPv2 的兼容			
		任务九　OSPF 在广播环境下邻居发现过程			
		任务十　多区域 OSPF 基础配置			
	路由器高级	任务十一　OSPF 虚链路的配置			
		任务十二　OSPF 路由汇总配置			
		任务十三　直连路由和静态路由的重发布			
		任务十四　RIP 和 OSPF 的重发布			
		任务十五　基于源地址的策略路由			
		任务十六　基于应用的策略路由			
通用能力	动手能力				
	解决问题能力				
综合评价					

评价等级说明表	
等　级	说　明
3	能高质、高效地完成此学习目标的全部内容，并能解决遇到的特殊问题
2	能高质、高效地完成此学习目标的全部内容
1	能圆满完成此学习目标的全部内容，不需要任何帮助和指导

项目三 部署企业内部无线网络

核心概念

无线 AP 配置，无线网卡配置，无线网卡 IP 地址设置，复制网络中的文件，共享目录的映射，无线漫游，无线二层、三层自动发现，AP 注册及配置管理，配置 SSID，安全接入认证方式以及无线 AC 本地转发。

项目描述

在了解无线局域网定义的基础上学会选择合适的无线传输介质、无线传输技术及 WLAN 的架构并提高进行无线网络搭建、配置和加密的能力。

学习目标

能掌握无线 AP 配置，无线网卡配置程序安装，无线网卡配置，无线网卡 IP 地址设置，正确复制网络中的文件，共享目录的映射，配置无线漫游，无线网络通信安全，无线二层、三层自动发现，AP 注册及配置管理，SSID，安全接入认证方式以及无线 AC 本地转发。

项目任务

- 小型无线网络基本搭建。
- 无线漫游。
- 无线网络通信安全。
- 无线二层、三层自动发现，AP 注册及配置管理，配置 SSID。
- 安全接入认证方式、无线 AC 本地转发。

任务一 小型无线网络基本搭建

任务描述

上海御恒信息科技公司已建有局域网。现需添置两台计算机，考虑到重新布线工程量太大，现决定使用无线方式把两台计算机连接到公司网络。计算机 A、B 采用无线网卡接入。请设置计算机 A、B 的无线网卡和无线 AP，让它们能进行数据通信。

任务分析

1．在 A、B 两台计算机上安装 Windows 操作系统。

2．确认两台计算机无线网卡已正常安装。

3．检查 A 计算机的无线网卡驱动程序，发现已安装。

4．检查 B 计算机的无线网卡驱动程序，发现未安装，要将无线网卡对应程序装在“C:\drivers\wireless”文件夹内。

任务实施

第一步：利用计算机 A 的有线网卡以 Web 方式登录并配置无线 AP 的参数(SSID：TESTx，x 设为当前座位号，不设置加密)。

(1) 在计算机 A 的 IE 中输入：http://172.16.1.231，用户名保持不变（为空），在“密码”文本框中输入：admin，单击“确定”按钮，如图 3-1 所示。

(2) 选中 Wireless，单击 Basic Wireless Settings, 在 Network Name（SSID）文体框中输入：TEST21，单击 Save settings 按钮，如图 3-2 所示。

图 3-1 连接到无线 AP

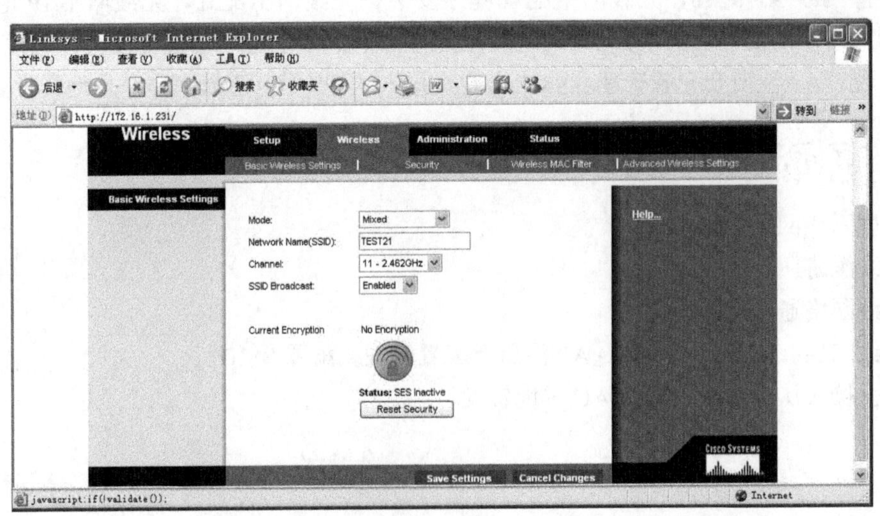

图 3-2 Basic Wireless Settings

（3）单击“是”按钮，再单击 Continue 按钮，如图 3-3 所示。

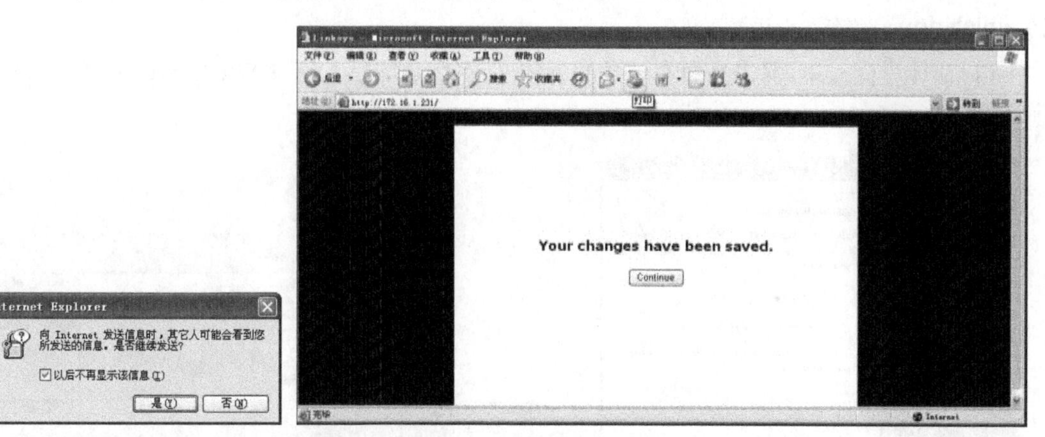

图 3-3　确认及继续

第二步：组网，安装计算机 B 的无线网卡配置程序。

（1）在计算机 B 的资源管理器中找到“C:\drivers\wireless”，双击 Setup.exe 文件，如图 3-4 所示。

（2）单击 Click Here to start 按钮，如图 3-5 所示。

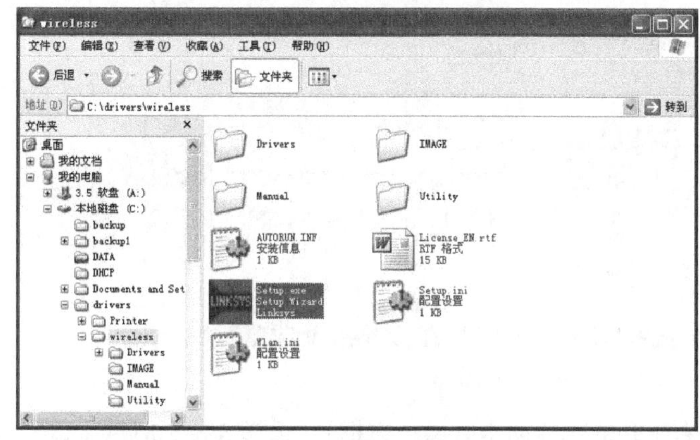

图 3-4　无线网卡配置程序

图 3-5　Click Here to start

（3）单击 Next 按钮，继续单击 Next 按钮，如图 3-6 所示。

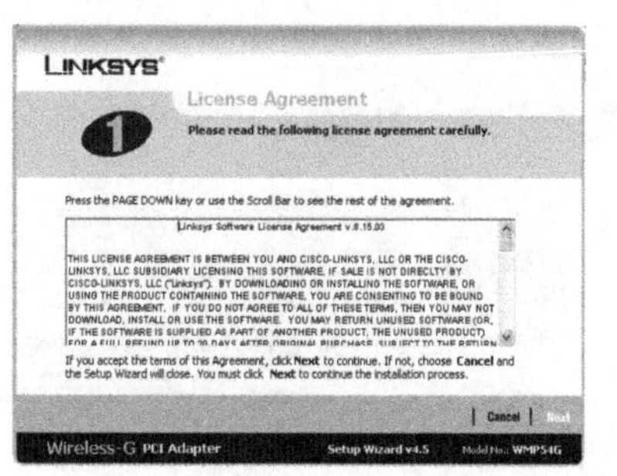

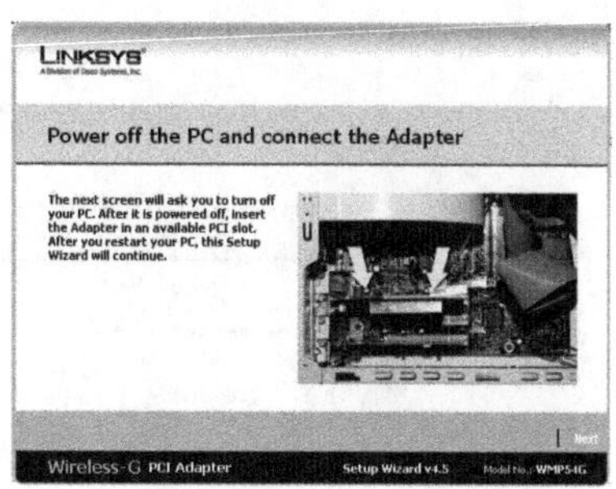

图 3-6　单击 Next 按钮

（4）选中“No,I will power off my computer later”单选按钮，单击 Finish 按钮，最后手动重启计算机 B 即可，如图 3-7 所示。

第三步：利用无线网卡配置程序让计算机A、B的无线网卡能与无线AP进行无线连接（连接AP的SSID同第一步设置）。

（1）在计算机A中，双击桌面右下角的无线网卡（绿色方框），选择Site Survey标签，如图3-8所示。

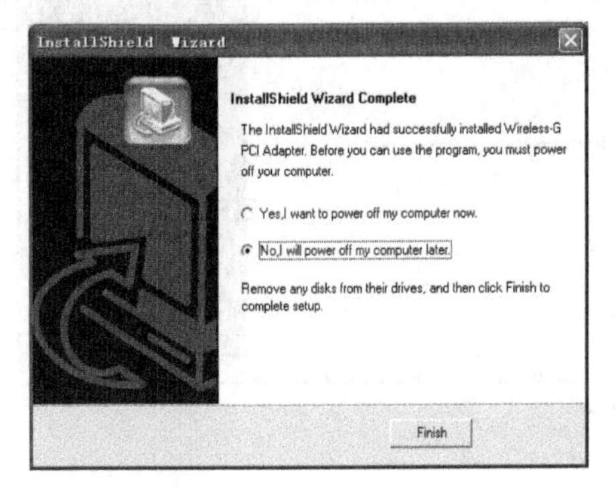

图3-7 完成并手动重启

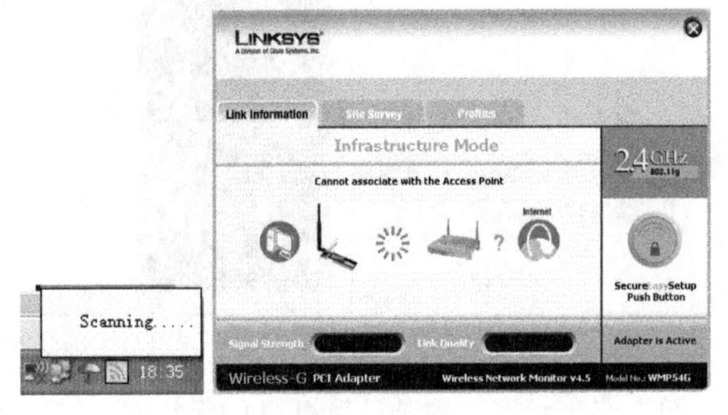

图3-8 Site Survey

（2）在SSID中找到前面设置的TEST21（如果未出现则单击Refresh按钮），单击Connect按钮；屏幕上显示：You are connected to the access point（说明计算机A已成功连接到AP），如图3-9所示。

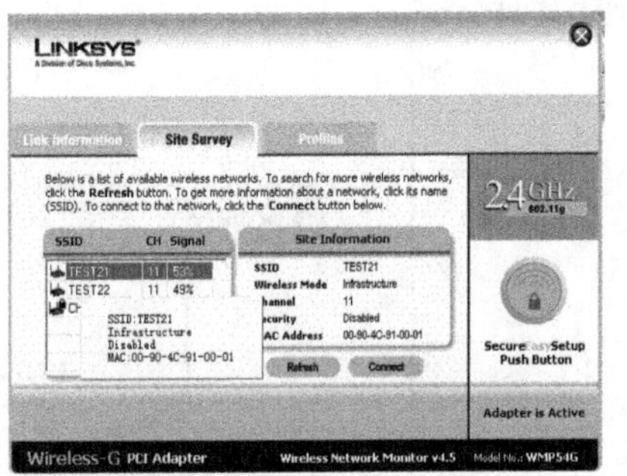

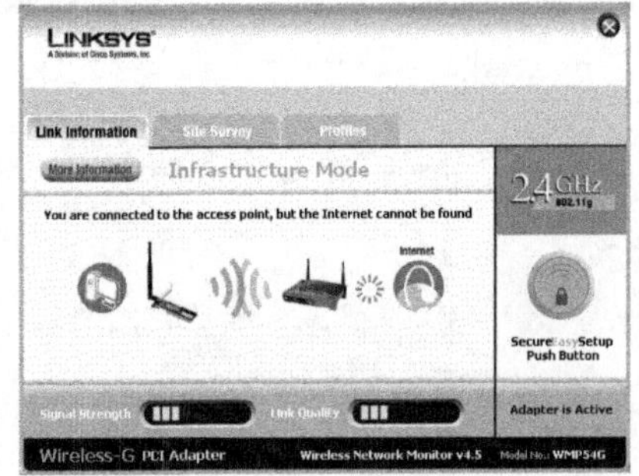

图3-9 Link Information

（3）在计算机B中，双击桌面右下角的无线网卡（绿色方框），选择Site Survey标签，如图3-10所示。

（4）在SSID中找到前面设置的TEST21（如未出现则单击Refresh按钮），再单击Connect按钮，如图3-11所示。

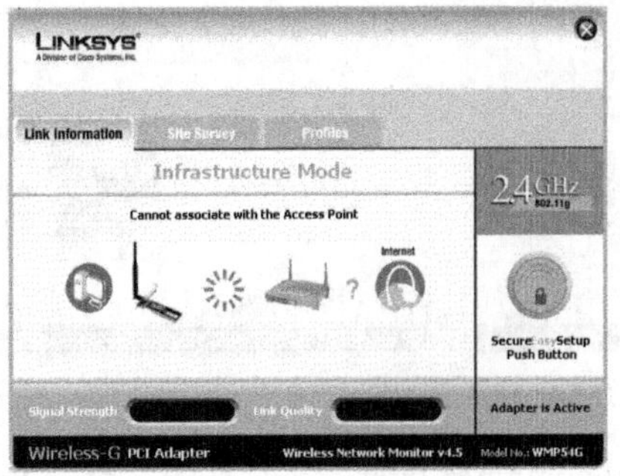

图3-10 Site Survey

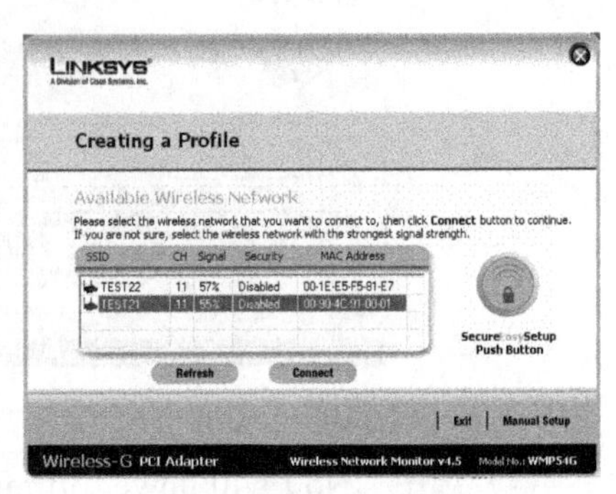

图3-11 Creating a Profile

（5）单击 Connect to network 按钮，屏幕上显示：You are connected to the access point（说明计算机 B 已成功连接到 AP），如图 3–12 所示。

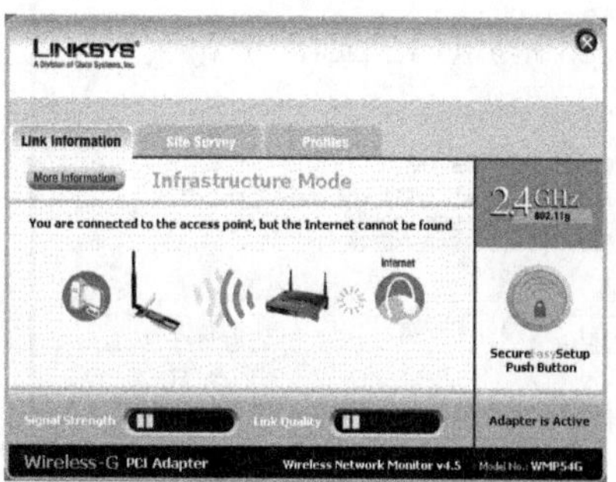

图 3–12　Link Information

第四步：配置计算机 A、B 无线网卡的 IP 地址，使计算机 A、B 处于同一网段（假设计算机 A 的 IP 地址为 192.168.0.23/24，计算机 B 的 IP 地址为 192.168.0.24/24）。

（1）在计算机 A 的桌面上右击“网上邻居”图标，在弹出的快捷菜单中选择“属性”命令，如图 3–13 所示。

图 3–13　右击网上邻居

（2）右击“无线网络连接”图标，在弹出的快捷菜单中选择“属性”命令，如图 3–14 所示。

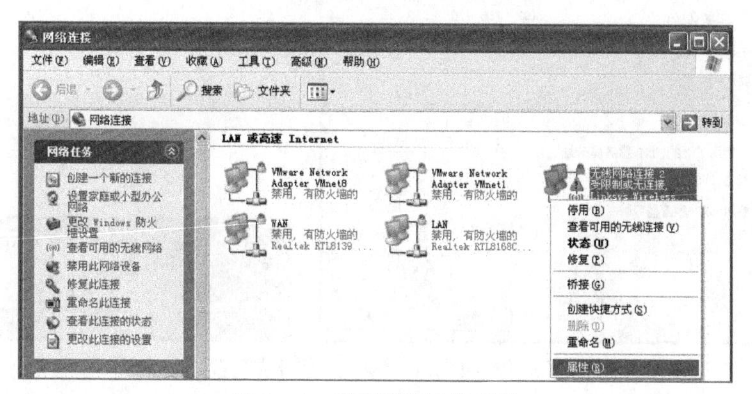

图 3–14　无线网络连接属性

（3）双击“Internet 协议（TCP/IP）”项目，如图 3–15 所示。

（4）选中“使用下面的 IP 地址”单选按钮，在 IP 地址中输入“192.168.0.217”，在子网掩码中输入“255.255.255.0”，单击“确定”按钮，其他选项保持默认状态，单击“确定”按钮，如图 3–16 所示。

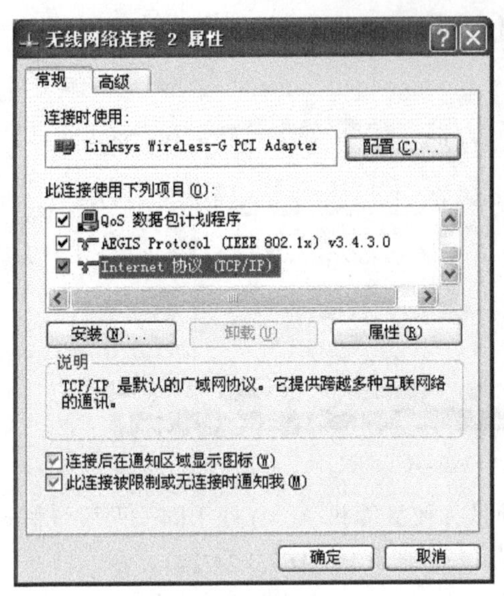

图 3-15　TCP/IP 协议

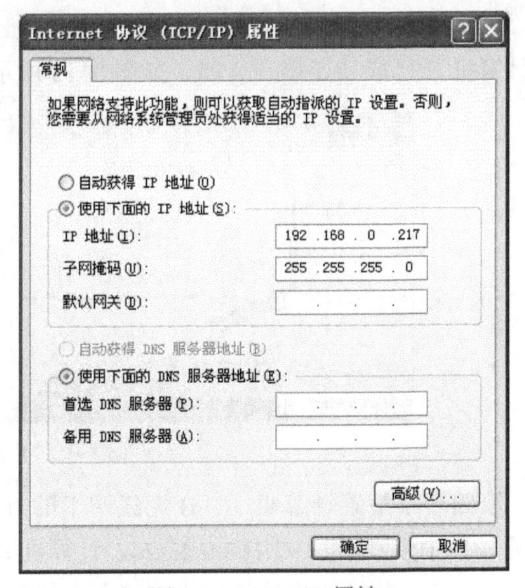

图 3-16　TCP/IP 属性

(5) 在计算机 B 的桌面上右击“网上邻居”图标，在弹出的快捷菜单中选择“属性”命令，右击“无线网络连接 2”图标，在弹出的快捷菜单中选择“属性”命令，双击“Internet 协议（TCP/IP）项目，在 IP 地址中输入“192.168.0.218”，在子网掩码中输入“255.255.255.0”，单击“确定”按钮，继续单击“确定”按钮，在屏幕右下角显示“无线网络已连接上”，如图 3-17 所示。

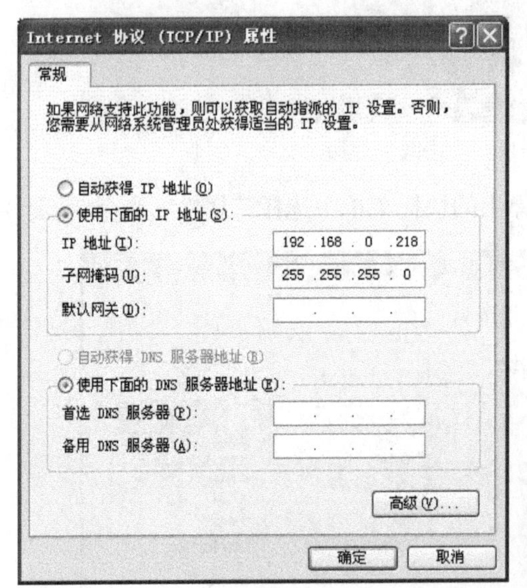

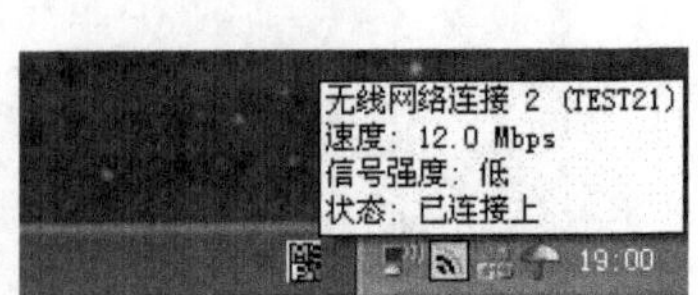

图 3-17　TCP/IP 属性及连接成功提示

第五步：把计算机 B 的共享目录 DATA 下的文件 welcome.txt 复制到计算机 A 的 D:\data 文件夹下。

(1) 在计算机 A 中按【Windows+R】组合键，输入：\\192.168.0.218\data（这是计算机 B 的 IP 中的共享目录 data），如图 3-18 所示。

(2) 显示计算机 B 的共享目录 DATA 中有一个 welcome.txt 文件，如图 3-19 所示。

图 3-18　输入网络路径

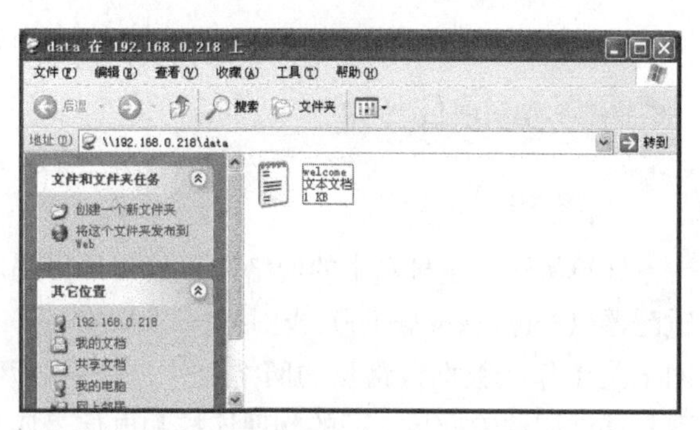

图 3-19　复制文件

（3）右击 welcome.txt，在弹出的快捷菜单中选择“复制”命令，如图 3-20 所示。

（4）进入计算机 A 的 D:\data 文件夹（如果无法连接，重复以上设置），右击空白处，在弹出的快捷菜单中选择“粘贴”命令，如图 3-21 所示。

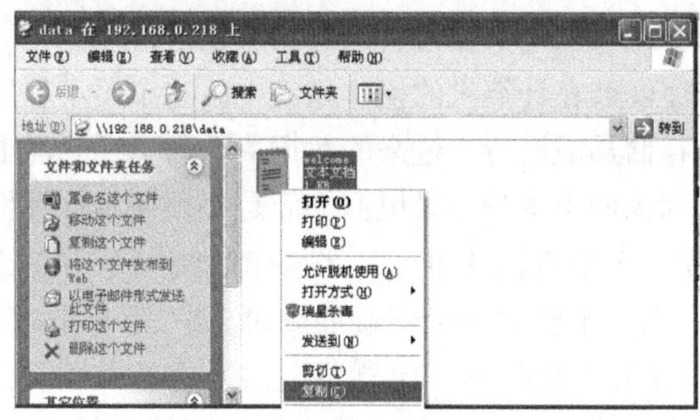

图 3-20　复制

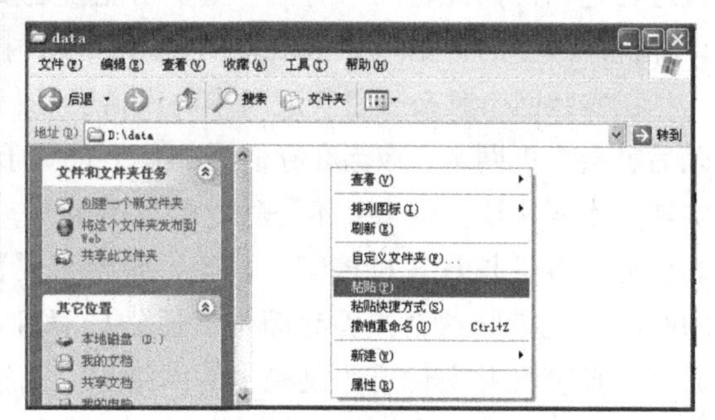

图 3-21　粘贴

（5）显示结果如图 3-22 所示（说明成功完成该题操作）。

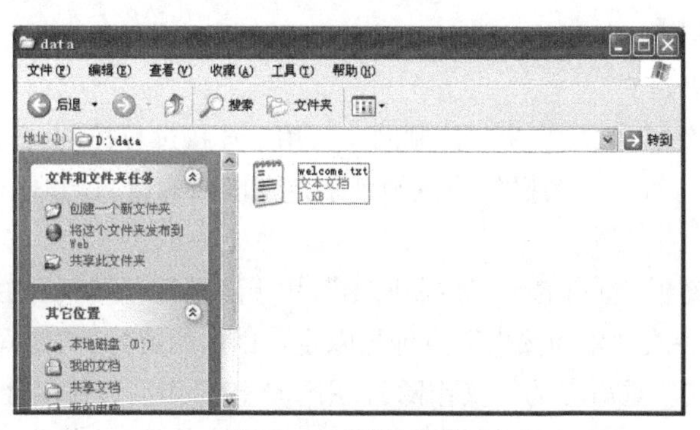

图 3-22　显示结果

任务小结

小型无线网络基本搭建的操作由以下五步完成：

第一步：利用有线网卡以 Web 方式登录并配置无线 AP 的参数。

第二步：安装无线网卡配置程序。

第三步：利用无线网卡配置程序让不同计算机的无线网卡与无线 AP 进行无线连接。

第四步：配置无线网卡的 IP 地址。

第五步：把客户端共享目录下的文件复制到服务器端的指定目录下。

相关知识与技能

1. 网卡

计算机通过主机箱中的网络接口板与外界局域网连接，网络接口板又称通信适配器或网络适配器（network adapter）或网络接口卡（Network Interface Card，NIC），一般简称“网卡”。网卡是工作在数据链路层的网络组件，是局域网中连接计算机和传输介质的接口，不仅能实现与局域网传输介质之间的物理连接和电信号匹配，还涉及帧的发送与接收、帧的封装与拆封、介质访问控制、数据的编码与解码以及数据缓存的功能等。

网卡上面装有处理器和存储器（包括 RAM 和 ROM）。网卡和局域网之间通过电缆或双绞线以串行传输方式进行通信。而网卡与计算机之间通过计算机主板上的 I/O 总线以并行传输方式进行通信。因此，网卡的一个重要功能就是要进行串行 / 并行转换。由于网络上的数据率和计算机总线上的数据率并不相同，因此在网卡中必须装有对数据进行缓存的存储芯片。

在安装网卡时必须将管理网卡的设备驱动程序安装在计算机的操作系统中。这个驱动程序以后就会告诉网卡，应当在存储器的什么位置上存储局域网传送过来的数据块。网卡还要能够实现以太网协议。网卡并不是独立的自治单元，因为网卡本身不带电源，而是必须使用计算机的电源，并受该计算机控制。因此，网卡可看作一个半自治的单元。当网卡收到一个有差错的帧时，它就将这个帧丢弃而不必通知计算机。当网卡收到一个正确的帧时，它就使用中断通知该计算机并交付给协议栈中的网络层。当计算机要发送一个 IP 数据包时，它就由协议栈向下交给网卡组装成帧后发送到局域网。随着集成度的不断提高，网卡上芯片的个数不断减少，虽然各个厂家生产的网卡种类繁多，但其功能大同小异。

2. 网卡的一般设置

网卡属性设置步骤如下：

（1）将“本地连接 2”重命名为“控制网 A”，用于连接过程控制网 A 网，其属性设置如下：

IP 地址：128.128.1.X（X 为操作节点地址限定范围内的值），其他（如 DNS、WINS 等）设置保持默认。

（2）将“本地连接 3”重命名为“控制网 B”，用于连接过程控制网 B 网，其属性设置如下：

IP 地址：128.128.2.X（X 为操作节点地址限定范围内的值），其他同上。

（3）将“本地连接”重命名为“操作网”，用于连接操作网，其属性设置如下：

IP 地址：128.128.5.X（X 为操作节点地址限定范围内的值），其他同上。

设置完本地连接属性后，检查网卡是否正常，即依次将各网卡连接到网络中，检查该网卡是否工作正常。

3. 无线网卡

无线网卡是终端无线网络设备，是采用无线信号进行数据传输的终端。无线网卡根据接口不同，主要有 PCMCIA 无线网卡、PCI 无线网卡、MiniPCI 无线网卡、USB 无线网卡、CF/SD 无线网卡几类产品。无线网卡的作用、功能跟普通计算机网卡一样，是用来连接到局域网上的。它只是一个信号收发设备，只有在找到连接互联网的出口时才能实现与互联网的连接，所有无线网卡只能局限在已布有无线局域网的范围内。无线网卡就是不通过有线连接，采用无线信号进行连接的网卡。而主流应用的无线网络分为 GPRS 手机无线网络上网和无线局域网两种方式。

4．无线网卡的设置

首先正确安装无线网卡的驱动，然后选择控制面板 / 网络连接 / 选择无线网络连接，在右键快捷菜单中选择“属性”命令。在无线网卡连接属性中选择配置，选择属性中的 AD Hoc 信道，在值中选择 6，其值应与路由器无线设置频段的值一致，单击“确定”按钮。一般情况下，无线网卡的频段不需要设置，系统会自动搜索。好的无线网卡即可自动搜索到频段，因此如果设置好无线路由后，无线网卡无法搜索到无线网络，一般多是频段设置的原因，请按上面方法设置正确的频段即可。设置完成后，选择控制面板 / 网络连接 / 双击无线网络连接，选择无线网络连接状态，正确情况下，无线网络应正常连接。如果无线网络连接状态中没有显示连接，单击查看无线网络，然后选择刷新网络列表，在系统检测到可用的无线网络后，单击“连接”按钮即可完成无线网络连接。其实无线网络设置与有线网站设置基本差不多。只是比有线网络多了个频段设置，如果只是简单的设置无线网络，以上设置过程即可完成。上述只是介绍了一台计算机与无线路由器连接，如果是多台计算机，与单机设置是一样的。因为在路由器中设置了 DHCP 服务，因此无法指定 IP，即可完成多台计算机的网络配置。如果要手动指定每台计算机的 IP，只要在网卡 TCP/IP 设置中指定 IP 地址即可，但一定要注意，IP 地址的设置要与路由器在同一网段中，网关和 DNS 全部设置成路由器的 IP 即可。

5．无线 AP

无线 AP 是一个无线网络接入点，俗称“热点”。主要有路由交换接入一体设备和纯接入点设备，一体设备执行接入和路由工作，纯接入设备只负责无线客户端的接入，纯接入设备通常作为无线网络扩展使用，与其他 AP 或者主 AP 连接，以扩大无线覆盖范围，而一体设备一般是无线网络的核心。

无线 AP 是使用无线设备（手机等移动设备及笔记本式计算机等无线设备）用户进入有线网络的接入点，主要用于宽带家庭、大楼内部、校园内部、园区内部以及仓库、工厂等需要无线监控的地方，典型距离覆盖几十米至上百米，也可以远距离传送，目前最远的可以达到 30 km，主要技术为 IEEE 802.11 系列。大多数无线 AP 还带有接入点客户端模式（AP client），可以和其他 AP 进行无线连接，延展网络的覆盖范围。

6．无线 AP 的作用

一般的无线 AP，其作用有两个：第一、作为无线局域网的中心点，供其他装有无线网卡的计算机通过它接入该无线局域网；第二、通过对有线局域网络提供长距离无线连接，或对小型无线局域网络提供长距离有线连接，从而达到延伸网络范围的目的。无线 AP 也可用于小型无线局域网进行连接从而达到拓展的目的。当无线网络用户足够多时，应当在有线网络中接入一个无线 AP，从而将无线网络连接至有线网络主干。AP 在无线工作站和有线主干之间起网桥的作用，实现了无线与有线的无缝集成。AP 既允许无线工作站访问网络资源，同时又为有线网络增加了可用资源。

任务拓展

1．如何配置无线网卡和无线 AP？

2．IP 地址设置及共享目录映射如何实现？

任务二 无线漫游

任务描述

上海御恒信息科技公司已建有无线局域网并安装了基本的无线设备。技术部经理要求新招聘的网络工程师小张尽快学会无线漫游的配置方法，小张按照经理的要求开始做以下的任务分析。

任务分析

（1）无线漫游是当网络环境存在多个 AP，且它们的微单元互相有一定范围的重合时，无线用户可以在整个 WLAN 覆盖区内移动，无线网卡能够自动发现附近信号强度最大的 AP，并通过这个 AP 收发数据，保持不间断的网络连接。

（2）随着无线网络的普及，各种各样的无线设备和网络技术层出不穷，只要通过几台支持 WDS 功能的大功率无线路由器，就可以实现“无线漫游”功能。

（3）绘制图 3-23 所示的拓扑图。

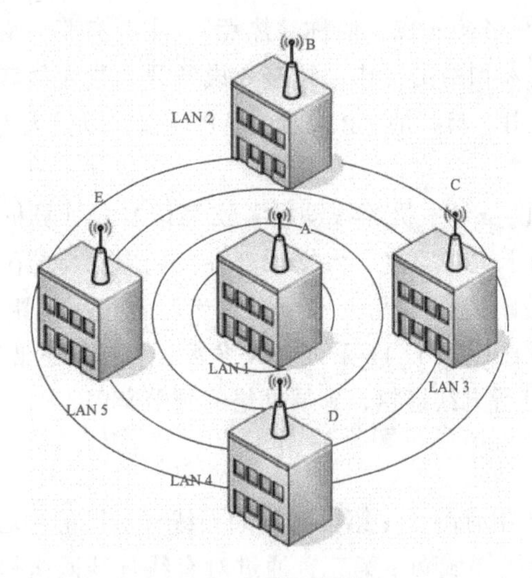

图 3-23 无线漫游

任务实施

第一步：主路由器端设置。

（1）进入主路由器设置界面，从“高级设置”进入“无线网络”设置界面，在“基本设置”界面中设置网络名称（SSID）、无线频道，记住主路由器的网络名称（SSID）、无线频道，然后单击“应用”按钮。

(2) 在“无线网络”界面的“安全与加密”栏中选择安全模式、WPA加密算法、共享密钥，然后单击“应用”按钮。

(3) 在“无线网络”界面，选择“WDS设置”，设置其WDS模式，一般选择“自学习模式”即可。

(4) 在“网络设置”页面，进入“局域网”设置IP地址、启用DHCP服务器，然后单击“应用”按钮。

以上的SSID、频道、安全模式、加密类型、共享密钥、IP地址，下级所有的路由器都必须与主路由器一样，路由器的摆放位置必须在主路由器信号覆盖范围内能够正常上网的地方，这样才能够保证无线漫游的稳定性。

第二步：从路由器端设置（1）。

(1) 进入从路由器（1）的“高级设置”，选择“无线网络”页面的“基本设置”栏目，把网络名称（SSID）、无线频道全部改成和上级路由器一致，然后单击“应用”按钮。

(2) 同样在“无线网络”页面中，选样“安全与加密”栏目，修改安全模式、加密算法、共享密钥，使其与上级路由器一致，然后单击“应用”按钮。

(3) 在“无线网络”页面中，选择“WDS设置”，其WDS模式选择为“中继模式”，加密类型、密钥选择与上级路由器一样；MAC1表示需要填入的是上级路由器的MAC地址；MAC地址2表示需要填入的是下级路由器的MAC地址。

(4) 在“网络设置”页面中，进入“局域网”栏目，将其IP地址改成192.168.1.2 ~ 192.168.1.254中的任意一个即可，HCP服务器选择“禁用”。

第三步：从路由器端设置（2）。

(1) 进入从路由器（2）设置界面，选择“无线设置”中的“基本设置”栏，将其网络名称（SSID）、无线频道更改为与上级路由器一致。

(2) 在“无线网络”页面中，进入“安全与加密”栏目，更改路由的安全模式、加密算法、共享密钥，使其与上级路由器一样。

(3) 在“无线网络”页面中，进入“WDS设置”栏目，选择中继模式、加密类型、密钥、MAC地址1（为该路由器上一级路由器的MAC地址）、MAC地址2（为该路由器下一级路由器的MAC地址），可以开启基点扫描或者在路由器背面查看）。

(4) 在“网络设置”页面中，将“局域网”IP地址改成192.168.1.3 ~ 192.168.1.254中的任意一个即可，DHCP服务器选择“禁用”。

(5) 如果需要做更多、更广的无线漫游，需要的路由器也就更多，覆盖的范围也就更广，所有路由器要做的设置都与“从路由器（1）”的设置完全一样。

至此，即可完成一个完整的无线漫游操作设置。

任务小结

无线漫游的设置由以下三步构成：

第一步：主路由器端设置。

第二步：从路由器端设置（1）。

第三步：从路由器端设置（2）。

相关知识与技能

无线漫游

无线漫游通信对商业用户及移动通信运营商而言都是非常重要的，要想成功实现漫游通信，除了网络建设外，能够保证在整个网络覆盖区域都具有良好服务质量的测试测量系统也十分关键。现代社会里，移动电话的使用非常普遍，而随着移动电话用户的增加，用户到外地进行漫游通信的数量也在急剧上升。针对这种呈爆炸式增长的市场需求，一些移动通信运营商采取了合并或者独自建立大量“无漫游费”网络的策略，但大部分运营商仍然依靠他们互相之间订立的漫游协议进行合作管理。这些运营商正面临着一些棘手的难题，即如何才能确保他们的网络能够真正准确有效地为漫游用户提供满意的服务。对运营商来说，漫游用户相对来说更加重要，因为不像本地用户，他们随时都可能更换网络。此外，在提供安全性的同时，还要让用户得到快速的信道反应和高质量服务，这对移动网络运营商提出了严峻的挑战。移动用户则要求网络的管理工作在“幕后”进行，漫游时的信号问题会对网络性能产生较大影响。

任务拓展

1．什么是无线漫游？

2．无线漫游中主路由器设置和从路由器设置有何不同？

任务三 无线网络通信安全

任务描述

上海御恒信息科技公司利用无线路由器连接进行通信办公，并设置了加密，为了防止外部成员加入无线网而导致内部资料泄密，需要输入密码才被许可加入。技术部经理要求新招聘的网络工程师小张尽快学会配置无线网络的通信安全，小张按照经理的要求开始做以下的任务分析。

任务分析

（1）在计算机 A、B 上都安装 Windows 操作系统，再确认两台计算机无线网卡已正常安装。

（2）检查计算机 A 的无线网卡驱动程序，发现已安装，而计算机 B 的无线网卡驱动程序未安装，因此要安装使用计算机 B 上的“C:\drivers\wireless”文件夹中的无线网卡驱动。

（3）利用计算机 A 的有线网卡以 Web 方式登录无线路由器并配置无线 AP 的参数，如 SSID 为 WORK21。

（4）使用 WEP128 位加密密钥，其中加密密文为 xwgdqx。

任务实施

第一步：利用计算机 A 的有线网卡以 Web 方式登录并配置无线 AP 的参数(SSID:TESTx, x 设为当前座位号，不设置加密)。

(1) 在计算机 A 的 IE 地址栏中输入 http://172.16.1.231，用户名不用输入，在密码中输入 “admin”，单击 “确定” 按钮，如图 3-24 所示。

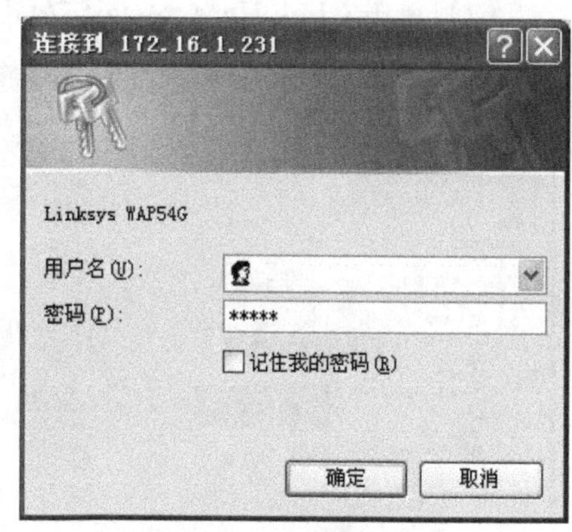

图 3-24 连接到无线 AP

(2) 选中 Wireless，单击 Basic Wireless Settings，在 Network Name (SSID) 文本框中输入 TEST21，单击 Save Settings 按钮，如图 3-25 所示。

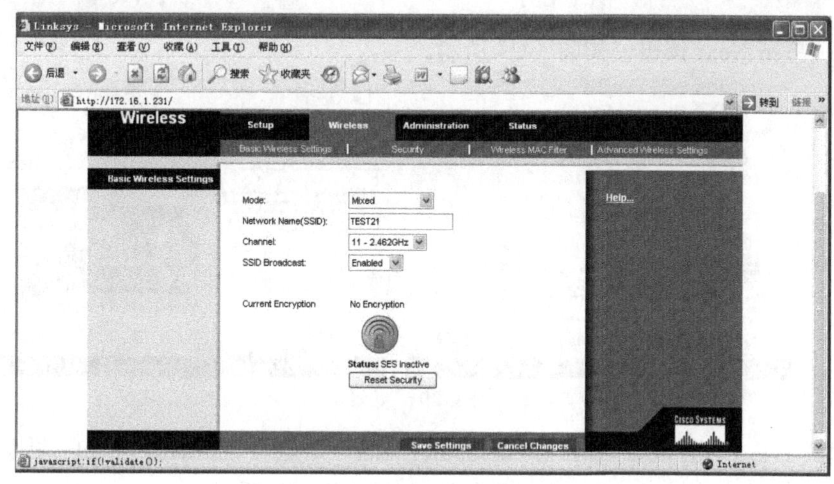

图 3-25 Basic Wireless Settings

(3) 单击 “是” 按钮，再单击 Continue 按钮，如图 3-26 所示。

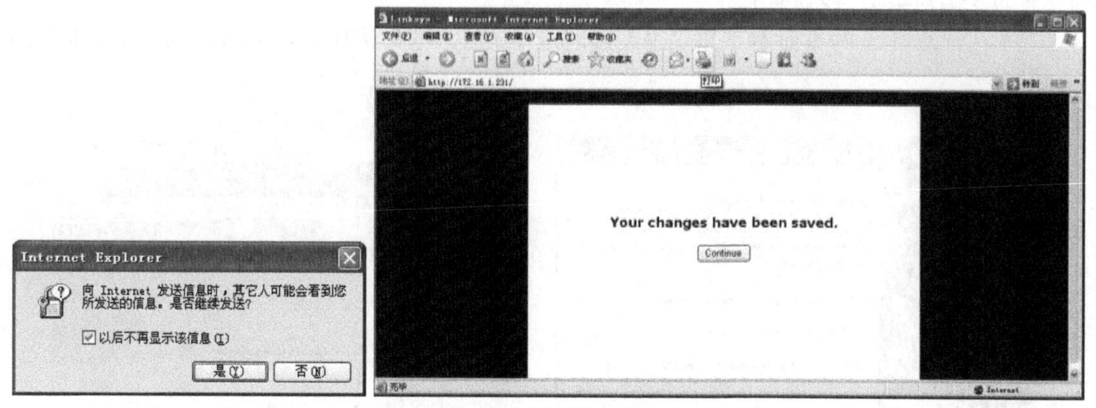

图 3-26 确认及继续

第二步：组网。安装计算机 B 的无线网卡配置程序。

(1) 在计算机 B 的资源管理器中找到 C:\drivers\wireless，双击 Setup.exe 文件，如图 3-27 所示。

（2）单击 Click Here to start 按钮，如图 3-28 所示。

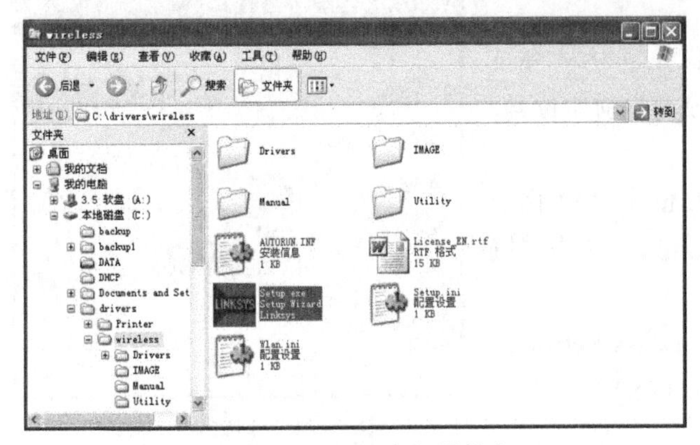

图 3-27　无线网卡配置程序

图 3-28　Click Here to start

（3）连续单击 Next 按钮，如图 3-29 所示。

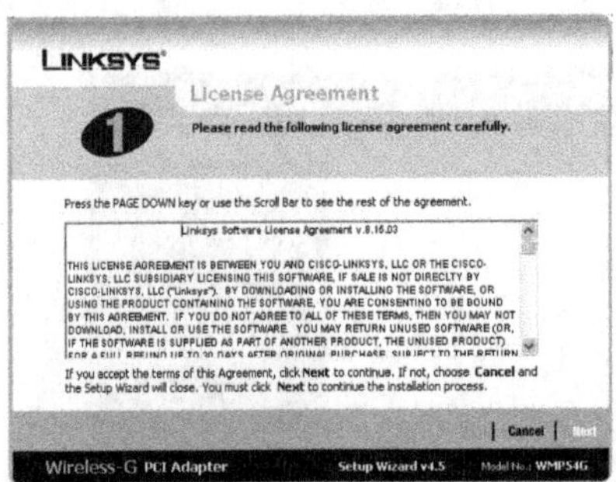

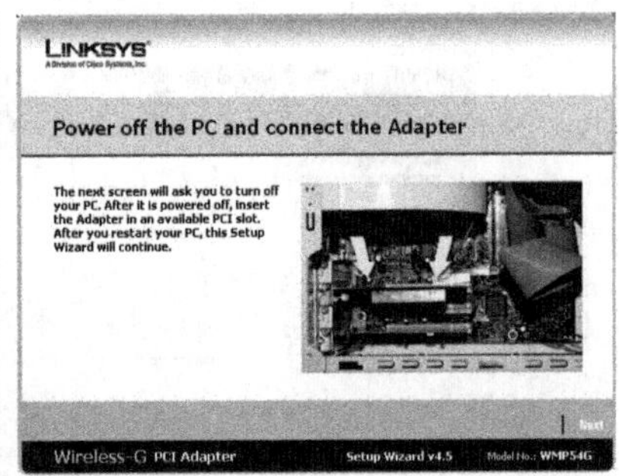

图 3-29　Next

（4）选中“No,I will power off my computer later”单选按钮，单击 Finish 按钮，最后手动重启计算机 B，选择进入 Windows XP 操作系统，如图 3-30 所示。

第三步：利用无线网卡配置程序让计算机 A、B 的无线网卡能与无线 AP 进行无线连接（连接 AP 的 SSID 同第一步设置）。

（1）在计算机 A 的桌面右下角双击无线网卡（绿色方框），选择 Site Survey 标签，如图 3-31 所示。

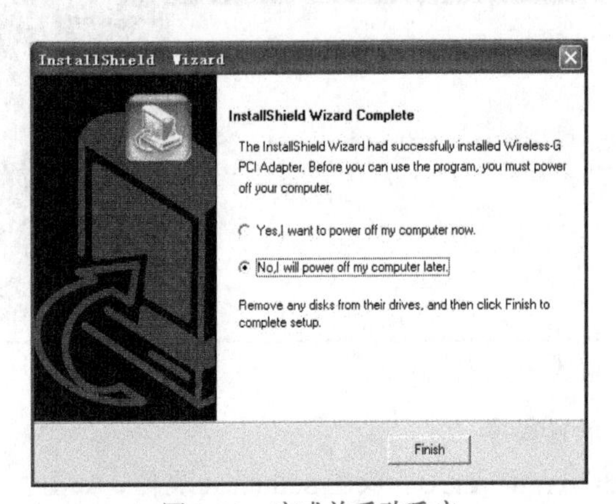

图 3-30　完成并手动重启

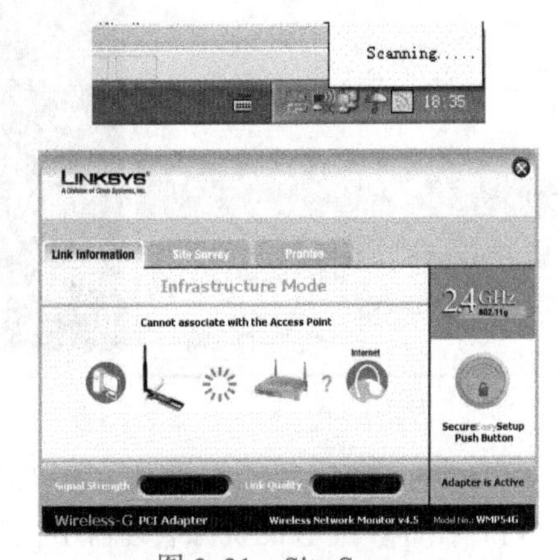

图 3-31　Site Survey

(2) 在 SSID 中找到前面设置的 TEST21(如果未出现则单击 Refresh 按钮),单击 Connect 按钮,屏幕上显示:You are connected to the access point(说明计算机 A 已成功连接到 AP),如图 3-32 所示。

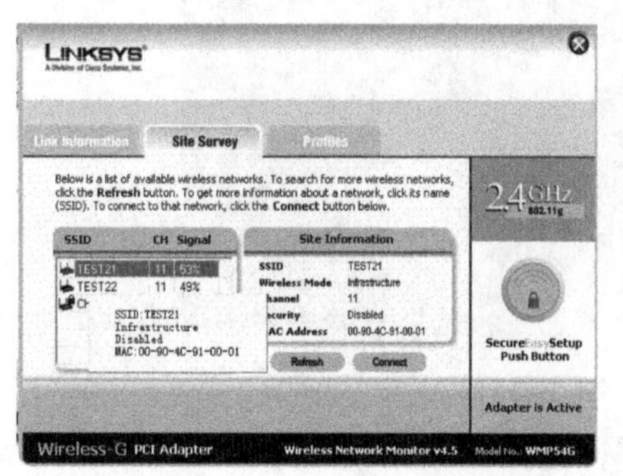

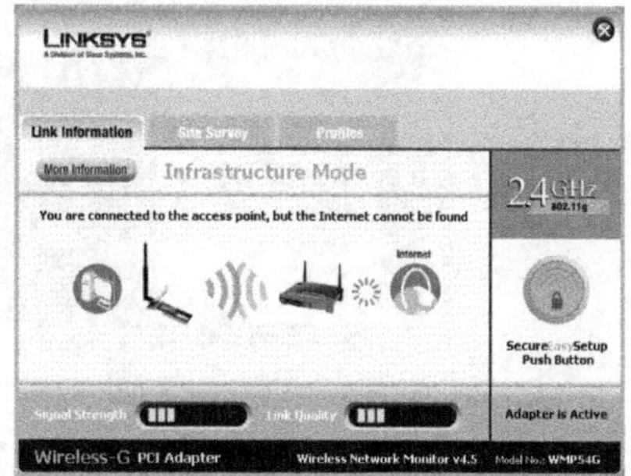

图 3-32 Link Information

(3) 在计算机 B 桌面右下角双击无线网卡(绿色方框),选择 Site Survey 标签,如图 3-33 所示。

(4) 在 SSID 中找到前面设置的 TEST21(如未出现则单击 Refresh 按钮),再单击 Connect 按钮,如图 3-34 所示。

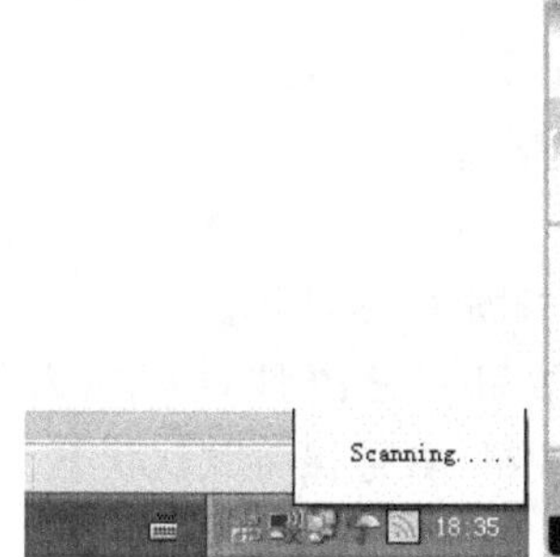

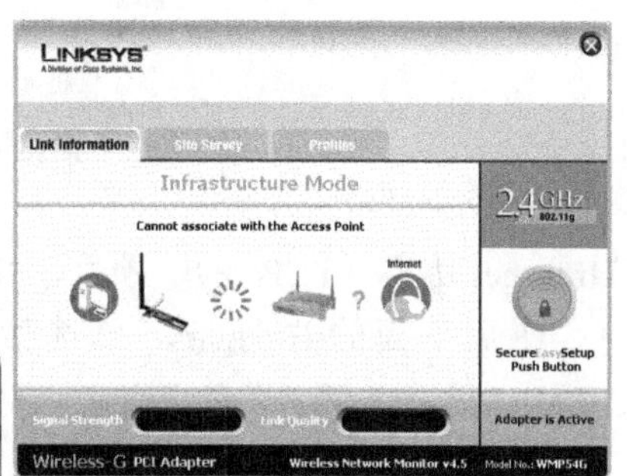

图 3-33 Site Survey

图 3-34 Creating a Profile

(5) 单击 Connect to network 按钮,屏幕上显示:You are connected to the access point(说明计算机 B 已成功连接到 AP),如图 3-35 所示。

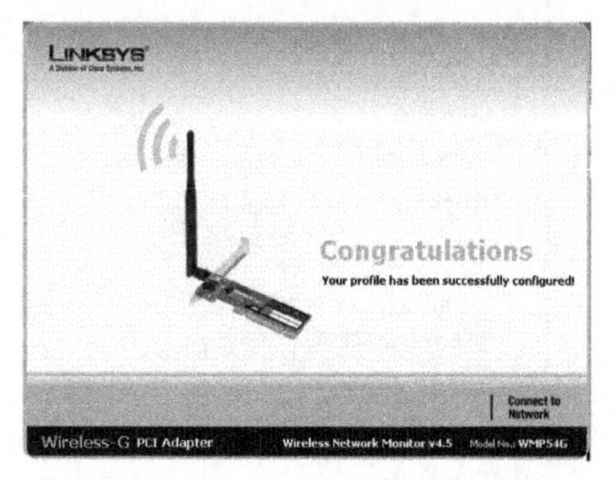

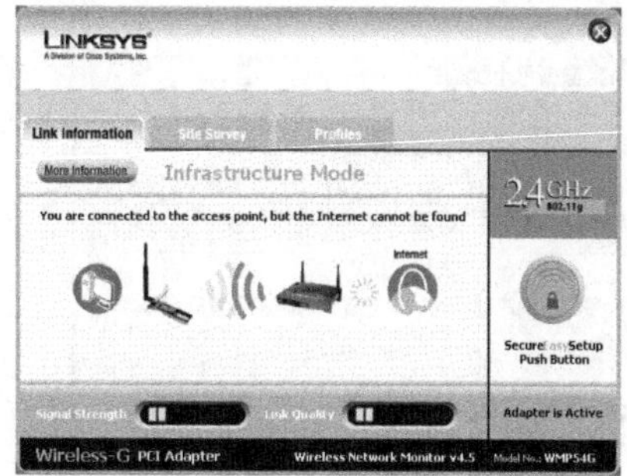

图 3-35 Link Information

第四步:配置计算机 A、B 无线网卡的 IP 地址,使计算机 A、B 能处于同一网段(假设计算机 A 的 IP 地址为 192.168.0.23/24,计算机 B 的 IP 地址为 192.168.0.24/24)。

(1) 在计算机 A 的桌面上右击“网上邻居”,选择“属性”命令,如图 3-36 所示。

图 3-36　网上邻居

（2）在打开的窗口中右击“无线网络连接”，选择“属性”命令，如图 3-37 所示。

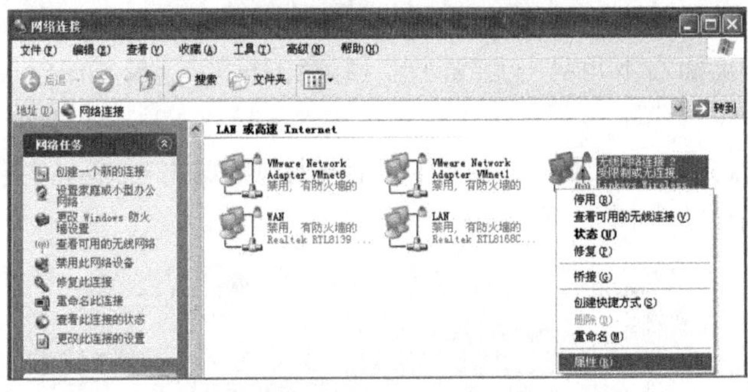

图 3-37　无线网络连接属性

（3）在弹出的对话框中，双击“Internet 协议（TCP/IP）”项目，如图 3-38 所示。

（4）在弹出的对话框中，选中“使用下面的 IP 地址”单选按钮，在 IP 地址中输入“192.168.0.217”，在子网掩码中输入“255.255.255.0”，单击“确定”按钮，其他保持默认状态，单击“确定”按钮，如图 3-39 所示。

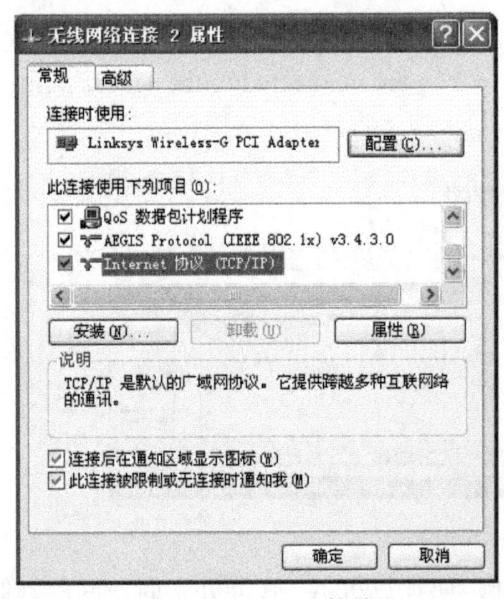

图 3-38　TCP/IP 协议

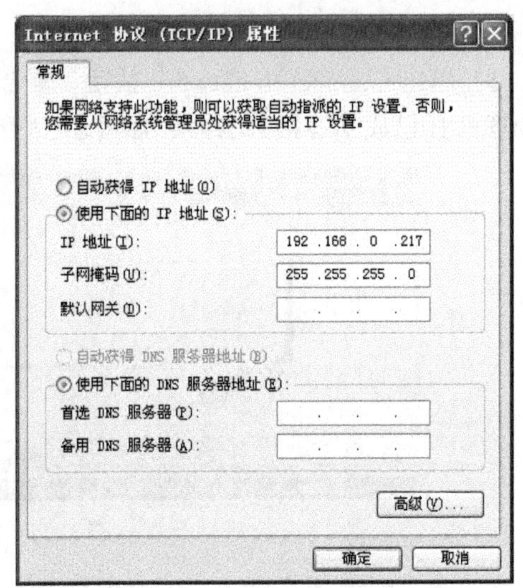

图 3-39　TCP/IP 属性

（5）在计算机 B 的桌面上右击“网上邻居”，选择“属性”命令，在打开的窗口中右击“无线网络连接 2”，选择“属性”命令，在弹出的对话框中双击“Internet 协议（TCP/IP）”，在弹出对话框的 IP 地址中输入“192.168.0.218”，在子网掩码中输入“255.255.255.0”，单击“确定”按钮，继续单击“确定”按钮，在屏幕右下角显示“无线网络已连接上”，如图 3-40 所示。

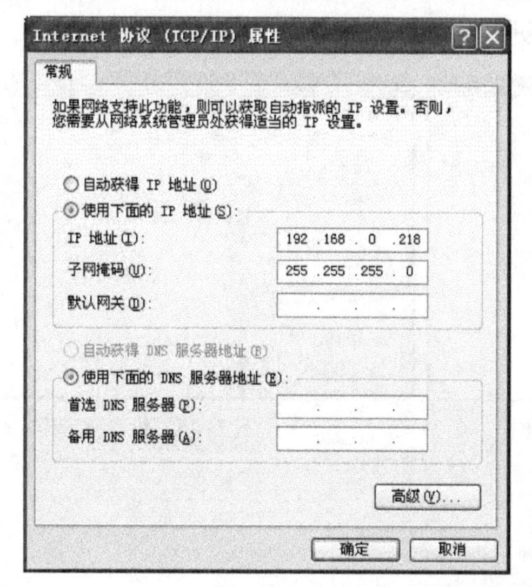

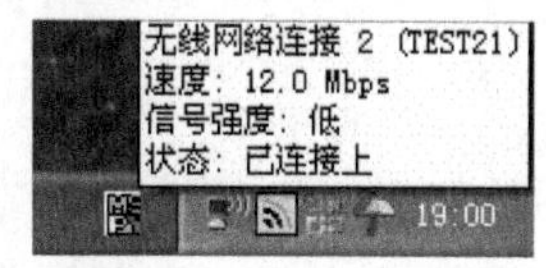

图 3-40　TCP/IP 属性及连接成功提示

第五步：把计算机 B 共享目录 data 下的文件 welcome.txt 复制到计算机 A 的 D:\data 文件夹下。

（1）在计算机 A 中按【Windows+R】组合键，在弹出的“运行”对话框中输入：\\192.168.0.218\data（这是计算机 B 的 IP 中的共享目录 data），如图 3-41 所示。

（2）单击“确定”按钮，显示计算机 B 共享目录 data 中有一个文件：welcome.txt，如图 3-42 所示。

图 3-41　进入服务器共享目录

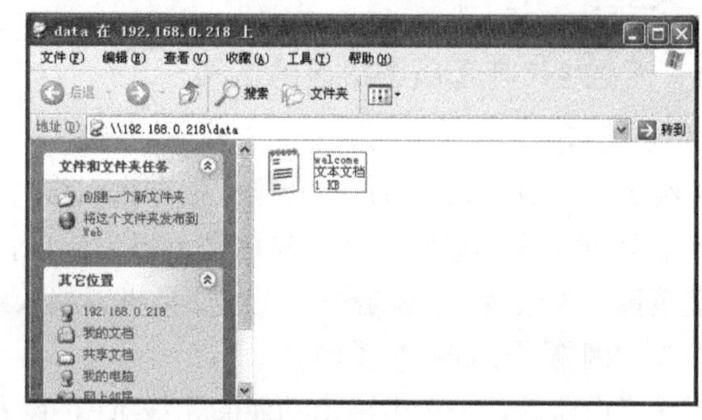

图 3-42　显示共享目录内容

（3）右击 welcome.txt，选择“复制”命令，如图 3-43 所示。

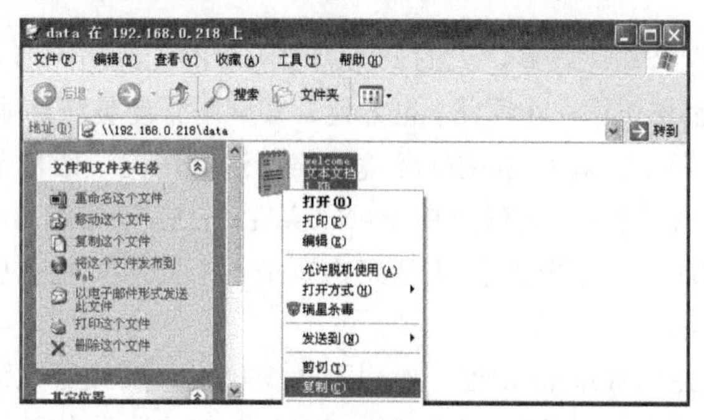

图 3-43　复制文件

(4) 进入计算机 A 的 D:\data 目录下（如果无法连接，重复以上设置），右击空白处，选择“粘贴”命令，如图 3-44 所示。

(5) 显示内容如图 3-45 所示，说明成功完成该题操作。

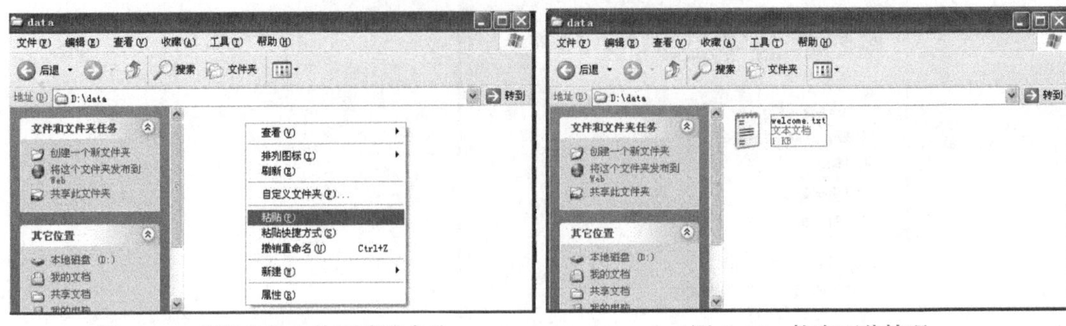

图 3-44 将服务器文件下载至本地　　　　图 3-45 检查下载情况

任务小结

无线网络通信安全由以下四步完成：

第一步：配置无线网卡。

第二步：配置无线 AP。

第三步：配置无线网络安全。

第四步：测试客户服务器端。

相关知识与技能

1. 无线 AP 与无线路由器的区别

1）功能不同

无线 AP（Access Point）的功能是把有线网络转换为无线网络。形象地说，无线 AP 是无线网和有线网之间沟通的桥梁。其信号范围为球形，搭建时最好放到比较高的地方，可以增加覆盖范围，无线 AP 也就是一个无线交换机，接入到有线交换机或路由器上，接入的无线终端和原来的网络属于同一个子网。

无线路由器就是一个带路由功能的无线 AP，接入到 ADSL 宽带线路上，通过路由器功能实现自动拨号接入网络，并通过无线功能，建立一个独立的无线家庭组网。

2）应用不同

无线 AP 应用于大型公司比较多，大的公司需要大量的无线访问节点实现大面积的网络覆盖，同时所有接入终端都属于同一个网络，也方便公司网络管理员简单地实现网络控制和管理。

无线路由器一般应用于家庭和 SOHO 环境网络，这种情况一般覆盖面积不大，使用用户不多，只需要一个无线 AP 即可。无线路由器可以实现 ADSL 网络的接入，同时转换为无线信号，比起买一个路由器加一个无线 AP，无线路由器是一个更为实惠和方便的选择。

3）连接方式不同

无线 AP 不能与 ADSL Modem 相连，要用一个交换机、集线器或路由器作为中介。而无线路由器带有宽带拨号功能，可以直接和 ADSL Modem 相连拨号上网，实现无线覆盖。

互联网依靠其独有的优势，成为中国乃至世界发展最快的产业，根据DCCI最新统计数据，2017年中国互联网用户规模达7.51亿人。计算机价格的下降，进一步加快了互联网的发展速度，一个家庭拥有多台计算机已经非常普遍，多台计算机同时共享上网是许多家庭和单位的首选。但由于传统的有线网络，因其布线烦琐，也是许多家庭的烦恼。

4）吞吐量

网络中的数据是由一个个数据包组成的，防火墙对每个数据包的处理要耗费资源。吞吐量是指在没有帧丢失的情况下，单位时间内通过某个网络的数据量。

2．无线AP的设置技巧

无线AP即无线接入点（无线局域网收发器）：用于无线网络的无线Hub是无线网络的核心。它是计算机用户进入有线以太网主干的接入点。要想有效提高无线网络的整体性能，用好无线AP就成了不可或缺的环节。如何更好地使用无线AP，享受到共享上网的真正乐趣，需要把握以下几个方面：

1）安装位置，应当较高

由于无线AP在无线网络中扮演着集线器的角色，它其实就是无线网络信号的发射“基站”，因此它的安装位置必须选择好，才能不影响整个无线网络信号的稳定传输。考虑到无线通信信号是按直线方向传播的，如果在传输过程中遇到障碍物，无线通信信号的强度就会受到削弱，特别是遇到金属障碍物时，无线信号的衰减幅度更是巨大。为了避免无线信号受到障碍物的干扰，用户在安装无线AP时，尽量将它的位置安装得高一些，或者在障碍物的顶部再增加一个通信中继点，当然也可以利用铁塔增加无线AP的室外天线高度，这样的话就能有效地消除无线工作站与无线AP之间移动的或固定的障碍物，从而确保无线AP的信号覆盖范围足够大，那么无线网络的整体通信性能就会大大得到提升。

2）覆盖范围，少量重叠

借助以太网，可以将多个无线AP有效地连接起来，从而搭建一个无线漫游网络，这样用户就能随意在整个网络中进行无线漫游了。不过当访问者从一个子网络移动到另外一个子网络的过程中，就会出现访问者与原无线AP的距离越来越远的现象，这样无线上网信号就会越来越弱，上网速度也是越来越慢，直到中断与原网络的信号连接；如果另外一个子网的无线AP信号覆盖区域与原网络的无线AP信号覆盖区域之间有少量的重叠部分时，那么访问者在即将与原网络断开连接的那一刻，又会自动进入到新的子网覆盖区域，这样一来就能确保访问者在不同网络之间漫游时始终处于在线状态，而不会发现连接断开。所以，在组建无线漫游网络时，为保证无线网络有足够的带宽，就需要将每个无线AP产生的各自无线信号覆盖区域进行少量交叉覆盖，确保每个无线子网之间能够实现无缝连接。

3）控制带宽，确保速度

在理论状态下，无线AP的带宽可以达到11 Mbit/s或54 Mbit/s，不过该带宽大小却是其他无线工作站所共享的，换句话说，如果无线AP同时与较多的无线工作站进行连接时，那么每台无线工作站所能分享到的网络带宽会逐步变小。因此，为了确保整个无线网络的通信速度不受到影响，一定要控制好无线工作站的接入数目，以便保证每台工作站都能获得足够的上网带宽。那么一台无线AP，到底可以同时连接多少台无线工作站才不会降低整个网络的通信速度呢？一般来说，支持IEEE 802．1lb标准的无线AP可以同时连接20台左右的工作站，如果工作站连接数目超过这个数字，无线网络的通信速度会明显下降；当然，要是一台无线 AP 同时连接的工作站数目较少时，会导致组网成本过高。

4）通信信号，拒绝穿墙

如果其信号穿越了墙壁或受到了其他干扰的话，它的通信距离将会大大缩短；为了避免通信信号遭受到不必要的削弱，用户一定要控制好无线 AP 的摆放位置，让其信号尽量不要穿越墙壁，更不能穿越浇注的钢筋混凝土墙壁。通过实际测试发现，在 10 m 距离之内，无线 AP 的传输信号在穿越了两堵砖墙之后，信号强度仍然能够维持在标准的最高传输强度，不过一旦无线信号穿越了浇注的钢筋混凝土墙壁时，它的信号强度足足下降了一半。由此不难看出，无线通信信号在穿越有金属的墙壁时，其信号强度将会受到大幅度衰减。所以，在两层以上的建筑物中组建无线局域网时，最好能在每个楼层中安装一个无线 AP，这样可以确保在本楼层之内的所有无线工作站都能处于该无线 AP 的覆盖范围之内。此外，要是在一层之内，如果房间间隔的数目较多时，那么应该确保无线 AP 和无线工作站之间不能有超过两个以上墙壁的间隔，否则就需要多安装几个无线 AP，以确保每台无线工作站都能获得足够的信号强度。当然，为了确保某一座建筑物之内的所有无线工作站能同时连接到一个网络中，你还需要通过双绞线将每一层或安装在其他位置处的无线 AP 连接在一起。

5）摆放位置，居于中心

由于无线 AP 的信号覆盖范围呈圆形，为了确保与之相连的每台无线工作站都能有效地接收到通信信号，最好将无线 AP 放在所接工作站的中心。例如，可以将无线 AP 摆放在机房或房间的中央位置，然后将每一工作站围绕在无线 AP 的四周放置，这样就能确保机房中的每台工作站都能高速地接入无线网络中。此外，要注意的是，无线网络通常会根据通信距离的远近自动调整上网速度，一般情况下工作站离无线 AP 的距离越近，其通信信号的抗干扰能力就越强，那么上网速度就会越快，相反，如果工作站与无线 AP 的距离越远，那么通信信号就容易受到外来干扰，上网速度就会越慢。因此，为了保证上网速度始终处于高速状态，一定要控制好无线 AP 与工作站的距离，尽量不能让它们离得太远。如果距离实在比较远，可以为无线 AP 安装全向天线，而距离远的工作站需要安装定向天线，同时调整好天线的方向，确保它们与水平线有一个合适的角度。

6）正确设置，成功漫游

前面曾提到，要实现无线漫游，就需要将多个无线 AP 的信号覆盖范同相互重叠一小部分，不过要想漫游成功，还需要对各个无线 AP 进行适当设置。首先需要登录到无线 AP 的参数设置界面，在其中找到 SSID 设置选项，然后将所有无线 AP 的 SSID 名称设置成相同的，这样才能确保漫游用户在同一网络中漫游；接着还要修改每个无线 AP 的 IP 地址，让所有无线 AP 的 IP 地址属于同一网段；下面，还需要修改信号互相覆盖的无线 AP 的频道。考虑到相邻两个无线 AP 之间有信号重叠区域，为保证这部分区域所使用的信号频道不能互相覆盖，具体地说，信号互相覆盖的无线 AP 必须使用不同的频道，否则很容易造成各个无线 AP 之间的信号相互产生干扰，从而导致无线网络的整体性能下降。一个无线 AP 可以使用的频道总共有 11 个，其中只有 1、6、11 这三个频道是完全不被覆盖的，因此可以将相邻的无线 AP 设置成使用这些频道，来确保无线漫游成功。

任务拓展

1．无线 AP 如何配置?

2．无线网络安全如何配置?

任务四 无线二层、三层自动发现

任务描述

上海御恒信息科技公司已建有无线局域网并安装了基本的无线设备。技术部经理要求新招聘的网络工程师小张尽快掌握无线二层、三层自动发现技术，小张按照经理的要求开始做以下的任务分析。

任务分析

（1）确定无线 IP 地址的来源：AC 上的 loopback 接口或 UP 的三层接口 。

（2）明确无线 IP 地址的配置方式是动态选取还是静态指定，动态选取的 IP 优先级高于静态指定的 IP 优先级。

（3）通过自动发现功能，多台 AP 与 AC 设备可以自动两两建立连接，组成集群并提供无线服务。此功能提供了静态配置、DNS、DHCP 等多种自动发现模式。自动发现机制基于 IP，因此可以发现并不在同一网段的设备。

任务实施

第一步：动态无线 IP 地址选取。

动态选取无线 IP 地址的原则：优先选择接口 ID 小的 loopback 接口的地址，未配置 loopback 接口时优先选择接口 ID 小的三层接口 IP 地址（注意不是 IP 地址小的接口）。

（1）查看 AC 上已配置的三层接口，哪个地址会被选择?

（2）选择 loopback 的地址。

```
DCWS-6028#show  ip  interface  brief
Index     Interface            IP-Address            Protocol
3001      Vlan1               192.168.1.254            up
3002      Vlan2               192.168.0.254            up
9000      Loopback            127.0.0.1                up
9001      Loopback1           192.168.254.1            up
```

第二步：静态无线 IP 地址选取。

（1）设置静态无线 IP 地址。

```
DCWS-6028(config-wireless)#static-ip 192.168.1.254
```

（2）关闭无线 IP 地址的自动选取功能。

```
DCWS-6028(config-wireless)#no auto-ip-assign
```

（3）查看 AC 选取的无线 IP 地址。

```
DCWS-6028#show wireless
WS IP Address................................ 192.168.1.254
```

```
WS Auto IP Assign Mode ....................... Disable
WS Switch Static IP .......................... 192.168.1.254
```

（4）建议项目实施时采用静态指定无线 IP 地址的方式，防止动态选取时 IP 地址变化导致无线网络中断。

第三步：AC 上无线功能开关。

（1）AC 上无线功能默认是关闭的，AC 能够管理 AP 的前提是开启 AC 的无线功能。

（2）开启无线功能的条件：AC 上有 UP 的无线 IP 地址。

（3）开启无线功能配置：

```
DCWS-6028(config)#wireless
DCWS-6028(config-wireless)#enable
```

第四步：二层、三层自动发现。

（1）一般情况下有 AC 发现 AP、AP 发现 AC 两种情况。AC 发现 AP 有两种模式：二层模式、三层模式。

（2）二层发现通过 AC 和 AP 在同一网段下，添加指定的 VLAN 自动发现。

（3）三层发现通过指定 AC 的 IP 地址发现注册 AP。

（4）AP 发现 AC 有两种方式：AP 上静态指定 AC 列表、AP 通过 DHCP 方式获取 AC 列表（利用 option 43 选项）。

（5）项目实施时建议采用 AC 发现 AP 方式或者利用 DHCP option 43 方式让 AP 发现 AC。

DHCP option 43 配置及属性发现方式：

```
DCWS-6028(config)#ip dhcp pool AP                                    //地址池名称 AP
DCWS-6028(dhcp-ap-config)#option 43 hex 0104AC10012A0104AC10012B //其中 0104 为固
定值，AC10012A 与 AC10012B 为 AC 无线地址的十六进制表示方式，可以配置 1～4 个 AC 地址，必需值
DHCPD: Option 43 has been added to pool AP
DCWS-6028(dhcp-ap-config)#option 60 ascii udhcp 1.18.2    //墙面式 AP: udhcp
1.12.1 ;  放装式 AP:  udhcp 1.18.2 (老版本: udhcp 1.6.1)
DHCPD: Option 60 has been added to pool AP
DCWS-6028(dhcp-ap-config)#exit
```

任务小结

无线二层、三层自动发现由以下四步完成：

第一步：动态无线 IP 地址选取。

第二步：静态无线 IP 地址选取。

第三步：AC 上无线功能开关。

第四步：二层、三层自动发现。

相关知识与技能

1. AP 在 AC 上注册

AP 在 AC 上注册有二层注册和三层注册两种方式，它们之间的区别如下：

三层转发要为 AP 做 DHCP 服务器，在 AC 上配置 option 43 选项（后面详细说明）。二层组网方式一般是通过配置 Trunk 端口，允许 AP 所在的 VLAN 通过，相当于组建了一条虚拟隧道连接到 AC，从而用 AC 进行管理。三层组网是通过路由的方式让 AP 找到 AC。二层走

的是数据链路层，三层走的是网络层路由功能。二层组网就是通过交换机组成的网络，数据传送是通过二层 MAC 地址来转发的；三层组网是通过三层设备组网的。

2．AC 部分的关键配置

```
//ac 部分的关键配置
#
port-security enable     //开启端口安全
#
wlan auto-ap enable      //开启 ap 自动发现
#
vlan 1

#
vlan 10                  //无线用户地址段
#
vlan 80 to 81            //vlan80 是管理地址段，vlan81 是无线 AP 的地址池
#
local-user hhkgjt
password cipher $c$3$A6JTn8xv9Etgt3Z3+82P8VlrHyN0Ig3F
authorization-attribute level 3
service-type telnet
service-type web
#
wlan radio-policy hhkg //无线射频卡策略
beacon-interval 160    //修改 beacon 帧发送间隔
long-retry threshold 8 //设置重传次数
#
wlan service-template 10 crypto    //创建无线服务模板，crypto 是加密的模板，还有个 clear 是不加密的模板
ssid ZL0F02              //创建无线的 SSID
bind WLAN-ESS 10         //绑定无线接口
cipher-suite ccmp        //设置加密套件
security-ie rsn          //设置加密方式
service-template enable    //开启服务模板，当需要修改 ssid 或者修改密码时，需要先将模板停用，才能继续配置，否则会提示模板正在使用
#
wlan ap-group default_group    //默认生成的 ap 组
ap autoap
ap 5866-ba77-9460        //ap 注册后设备生成的名称
#
interface Bridge-Aggregation1    //进入聚合组，这里的聚合组是因为设备自带 POE 交换模块，2 个内联的千兆口聚合互连的，可以看成 AC+ 交换机互连
port link-type trunk             //封装 trunk 模式
port trunk permit vlan all       //放行 vlan 通过
#
interface Vlan-interface80         //这里的 vlan80 的地址是管理地址，也是 AP 注册时需要与 AC 通信的地址。注册时，必须保证 AP 可以获取到地址，并且能 ping 通 AC 的地址
ip address 80.80.80.4 255.255.255.0
#
interface GigabitEthernet1/0/1
port link-type trunk
port trunk permit vlan all
port link-aggregation group 1
#
```

```
interface GigabitEthernet1/0/2
port link-type trunk
port trunk permit vlan all
port link-aggregation group 1
#
interface WLAN-ESS10                        //进入无线接口
port access vlan 10
port-security port-mode psk                 //配置PSK安全验证方式
port-security tx-key-type 11key             //配置11key类型密钥协商方式
port-security preshared-key pass-phrase cipher $c$3$m9EeT1xgmqTX/
GJG3WpYSnzQDJ7AMP6s3Oy+
```

3．配置无线的密钥

```
#
wlan ap 5866-ba77-9460 model WA3610i-GN id 9 //这个AP名称是自动注册后生成的
serial-id 210235A0T1C125000071
radio 1
channel 6
radio-policy hhkg
service-template 10
radio enable
#
wlan ap autoap model WA3610i-GN id 1        //配置AP自动发现模板
serial-id auto                              //序列号自动发现
radio 1
radio-policy hhkg                           //射频卡策略
service-template 10                         //绑定模板
radio enable                                //开启射频卡
#
ip route-static 0.0.0.0 0.0.0.0 80.80.80.1
#
user-interface con 0
user-interface vty 0 4
authentication-mode scheme
user privilege level 3
#
```

4．AC配置注意事项

（1）配置自动发现模板时，先使用命令dir查看AC下有没有对应AP的bin文件，没有的话，需要下载个bin文件导入到AC内部。

（2）这里说的bin文件不是随便下载的，需要与AC的版本对应，不然就算配置完成后，也无法在AC上注册成功。

（3）关于option 43：这个主要是AP三层注册时才会用到。option 43用于告诉AP无线控制的IP地址，使AP可以注册到AC上。

（4）配置命令：

DHCP地址池下：

```
option 43 hex  80070000 50505004
```

解释：

80：类型，固定为80，一个字节。

07：长度，表示其后内容的长度，一个字节。表示此网络只有一台AC控制器。0B表示有2台无线控制器。

0000：Server type，固定配为 0000，两个字节。

50505004：IP 地址的十六进制表示，原地址是：80.80.80.4。

5．无线 AP 注册完的管理（见图 3-46）

序号		AP名称	信道	Serial-id		AP名称
1	主AC	autoap_0002	6	219801A0ECC135000249	备AC	autoap_0001
2		autoap_0003	1	219801A0ECC135000250		autoap_0030
3		autoap_0005	6	219801A0ECC135000522		autoap_0029
4		autoap_0007	1	219801A0ECC135001251		autoap_0027
5		autoap_0008	11	219801A0ECC135001197		autoap_0028
6		autoap_0009	11	219801A0ECC135000933		autoap_0031
7		autoap_0011	1	219801A0ECC135000476		autoap_0019
8		autoap_0013	6	219801A0ECC135000967		autoap_0021
9		autoap_0015	11	219801A0ECC135000176		autoap_0022
10		autoap_0016	1	219801A0ECC135001355		autoap_0024
11		autoap_0018	6	219801A0ECC135000366		autoap_0025
12		autoap_0020	11	219801A0ECC135001399		autoap_0026
13		autoap_0022	1	219801A0ECC135001261		autoap_0032
14		autoap_0024	6	219801A0ECC135000362		autoap_0033
15		autoap_0026	11	219801A0ECC135001311		autoap_0034
16		autoap_0028	1	219801A0ECC135000803		autoap_0041
17		autoap_0030	6	219801A0ECC135000311		autoap_0036
18		autoap_0033	11	219801A0ECC135000694		autoap_0038
19		autoap_0036	1	219801A0ECC135001282		autoap_0040
20		autoap_0038	6	219801A0ECC135000322		autoap_0042
21		autoap_0040	11	219801A0ECC135000283		autoap_0054
22		autoap_0042	1	219801A0ECC135001300		autoap_0047

图 3-46　AP 注册完的管理

在事先规划好的点位图上标注好相应的 AP 位置，在 AC 上使用命令：dis wlan ap all 会有 AP 的状态，AP 下，R/M：R=run M=master I=IDLE，正常显示状态是 R/M。表明此 AP 正常工作。I 说明 AP 没带电或者 AP 有问题，需要具体排查。

任务拓展

1．AP 在 AC 上注册有哪几种方式？

2．二层注册和三层注册的区别有哪些？

任务五　AP 注册及配置管理

任务描述

上海御恒信息科技公司已建有无线局域网并安装了基本的无线设备。技术部经理要求新招聘的网络工程师小张尽快学会 AP 的注册和配置管理，小张按照经理的要求开始做以下的任务分析。

任务分析

（1）按 AP 与 AC 所处 IP 网段不同，可以把注册过程分为二层模式和三层模式；两种模式均通过发送 discovery 报文进行，二层模式 discovery 报文仅在同一个 VLAN 内转发，整个交互过程要求 AP 和 AC 之间三层可达，即可以互相 ping 通 。

（2）一台无线控制器，型号为 DCWS-6028，软件版本为 6.1.101.18。

（3）一台 AP，型号为 DCWL-7962AP(R3)，软件版本为 0.0.2.15。

任务实施

DCWL-7962AP(R3) 192.168.1.10　　DCWS-6028 192.168.1.254

图 3-47　AP 注册二层模式

第一步：AP 注册——二层模式（见图 3-47）。

（1）超级终端登录 AC，波特率为 9600，在 AC 上进行配置。

（2）有线网络配置部分：

```
DCWS-6028(config)#interface vlan1
DCWS-6028(config-if-vlan1)# ip address 192.168.1.254 255.255.255.0
```

（3）开启无线功能：

```
DCWS-6028(config)#wireless
DCWS-6028(config-wireless)#enable
```

（4）指定 VLAN 发现列表：

```
DCWS-6028(config-wireless)# discovery vlan-list 1
```

（5）查看 AP 注册状态：

```
DCWS-6028#show wireless ap status
No managed APs discovered.
DCWS-6028#show wireless ap failure status
    MAC Address
 (*) Peer Managed   IP Address       Last Failure Type              Age
------------------ --------------- ----------------------- ---------------
 00-03-0f-19-71-e0 192.168.1.10    No Database Entry          0d:00:00:29
```

（6）AP 认证方式：默认为 MAC 认证，可以取消认证。

```
DCWS-6028(config-wireless)#ap database 00-03-0f-19-71-e0
DCWS-6028(config-wireless)#ap authentication none
```

（7）关闭无线功能的命令是 no enable，查看当前无线功能是否开启的命令是 show wireless，Administrative Mode 显示的是无线功能是否开启。

```
DCWS-6028(config-wireless)#no enable
DCWS-6028#show wireless
Administrative Mode............................ Enable
```

（8）查看 AC 发现模式的命令是 show wireless discovery。

```
DCWS-6028#show wireless discovery
```

（9）查看 AC 二层发现 VLAN 列表的命令是 show wireless discovery vlan-list，vlan-list 最大数量为 16 个。

```
DCWS-6028#show wireless discovery vlan-list
```

（10）如果发现 AP 没有注册上来，则用命令 show wireless ap failure status 查看 AP 是否在 failure 表中，根据出错原因进行检查。

（11）大规模部署建议取消 AP 认证，减轻工作量。

第二步：AP 注册——三层模式（见图 3-48）。

（1）超级终端登录 AC，波特率为 9600，在 AC 上进行配置。

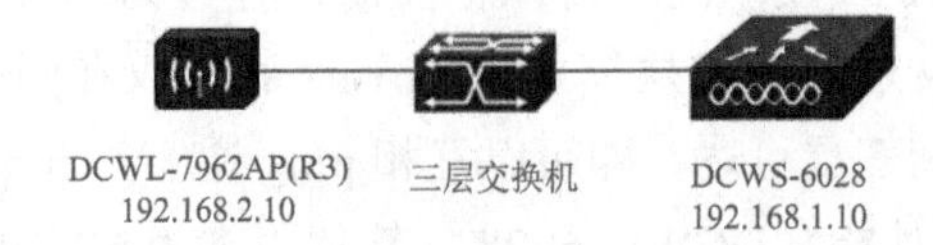

图 3-48　AP 注册三层模式

（2）查看 AP 注册状态：

```
DCWS-6028#show wireless ap status
No managed APs discovered.
DCWS-6028#show wireless ap failure status
No failed APs exist.
```

（3）指定 IP 发现列表：

```
DCWS-6028(config-wireless)#discovery ip-list 192.168.2.10
```

（4）查看已配置的 IP 发现列表：

```
DCWS-6028#show wireless discovery ip-list
IP Address         Status
----------------   ---------------
192.168.2.10       Discovered
```

（5）ip-list 最大数量为 256 个（视 AC 型号确定）。

（6）AP 注册成功后用命令 show wireless ap status 可以看到 Status 为 Managed。

```
DCWS-6028#show wireless ap status
     MAC Address                    Profile    Configuration
 (*) Peer Managed     IP Address    Status     Status            Age
-----------------    ------------   ---------- ------------      ------------
 00-03-0f-19-71-e0   192.168.2.10    1         Managed Failure   0d:00:00:04
Total Access Points............................. 1
```

第三步：AP 配置管理（绑定配置文件、配置下发、硬件类型设置）。

配置原则如图 3-49 所示。

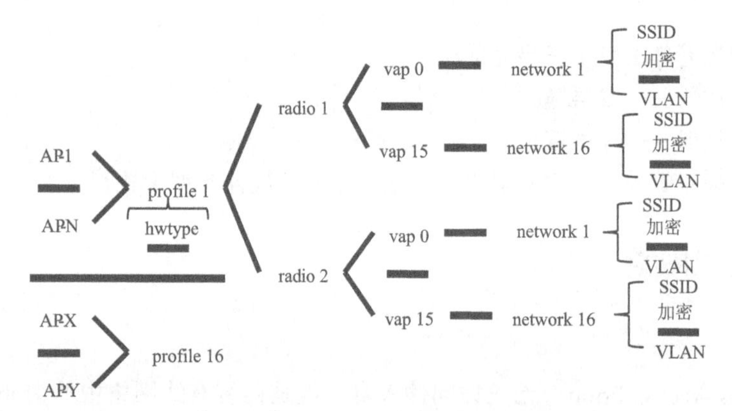

图 3-49　AP 配置原则

（1）profile 最大数量为 1024 个。

```
DCWS-6028(config-wireless)#ap profile ?
  <1-1024>   Enter an AP Profile ID
```

（2）每个 radio 下包含 16 个 vap。

```
DCWS-6028(config)#wireless
DCWS-6028(config-wireless)#ap profile 1
DCWS-6028(config-ap-profile)#radio 1
DCWS-6028(config-ap-profile-radio)#vap ?
  <0-15>  Enter a VAP ID. Use 'show wireless ap capability' to display valid
           range for respective hardware types
  enable  Enable the configured VAP
DCWS-6028(config-ap-profile-radio)#enable
```

```
DCWS-6028(config-ap-profile-radio)#network 1
DCWS-6028(config-ap-profile-radio)#enable
```

（3）vap 0 默认存在于每个 radio 下面，且不能关闭。

（4）network 最大数量为 1024 个。

（5）每个 AP 关联一个 profile，默认关联到 profile 1 上。

（6）network 1 ～ 1024 为全局配置，且与 vap 对应，即 network 1 对应 vap 0，network 2 对应 vap 1。

（7）radio 1 对应 AP 上 2.4 GHz 工作频段，radio 2 对应 AP 上 5 GHz 工作频段。

（8）更改 profile 的配置，都要下发一次，下发命令是 wireless ap profile apply X，X 表示 profile 序号，所有应用这个 profile 的 AP 都会更新配置。

（9）AP 断电再注册到 AC 上时，AC 会自动下发 profile 配置。

（10）下发 profile 配置。

```
6028#wireless ap profile apply 1
```

（11）硬件类型设置。

```
6028(config-wireless)#ap profile 1
6028(config-ap-profile)#hwtype 3
```

（12）查看 AP 硬件类型命令。

```
Show  wireless ap <MAC> stataus
```

任务小结

AP 注册及配置管理由以下三步完成：

第一步：AP 注册——二层模式。

第二步：AP 注册——三层模式。

第三步：AP 配置管理（绑定配置文件、配置下发、硬件类型设置）。

相关知识与技能

1．AP

AP（Wireless Access Point，无线访问接入点）就是传统有线网络中的 Hub，也是组建小型无线局域网时最常用的设备。AP 相当于一个连接有线网和无线网的桥梁，其主要作用是将各个无线网络客户端连接到一起，然后将无线网络接入以太网。大多数无线 AP 都支持多用户接入、数据加密、多速率发送等功能，一些产品更提供了完善的无线网络管理功能。对于家庭、办公室这样的小范围无线局域网而言，一般只需一台无线 AP 即可实现所有计算机的无线接入。AP 的室内覆盖范围一般是 30 ～ 100 m，不少厂商的 AP 产品可以互连，以增加 WLAN 覆盖面积。也正因为每个 AP 的覆盖范围都有一定的限制，正如手机可以在基站之间漫游一样，无线局域网客户端也可以在 AP 之间漫游。

2．无线 AP 的组网要求

（1）所有无线 AP 都是通过 AC（WS 系列无线交换机）下发配置和管理。

（2）所有无线 AP 能发出信号和接入无线客户端。

3．无线 AP 组网的拓扑图

图 3-50 所示为无线 AP 组网的拓扑图。

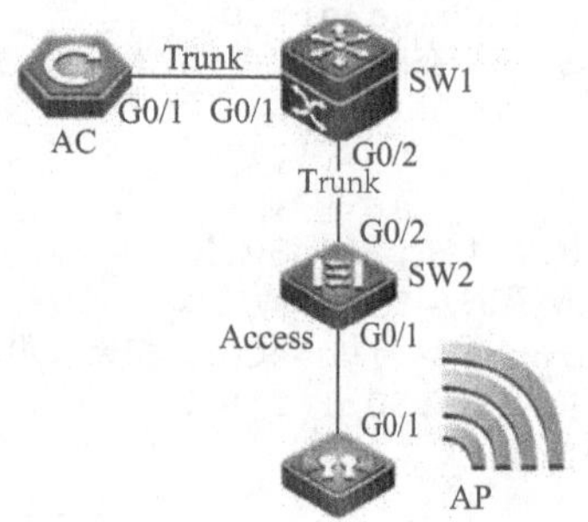

图 3-50 无线 AP 组网的拓扑图

4．无线 AP 组网的配置要点

（1）确认 AC 无线交换机和 AP 是同一个软件版本，使用 DigtialChina>show verison 查看。

（2）确认 AP 是工作在廋模式下，使用 DigtialChina>show ap-mode 验证，显示 fit 是廋模式。如果显示 fat 模式那么需要以下命令进行更改：

```
DigtialChina>enable                        ------> 进入特权模式
DigtialChina#configure terminal            ------> 进入全局配置模式
DigtialChina(config)#ap-mode fit           ------> 修改成廋模式
DigtialChina(config)#end                   ------> 退出到特权模式
DigtialChina#write                         ------> 确认配置正确，保存配置
```

5．AC(WS 系列无线交换机) 配置

（1）VlAN 配置，创建用户 vlan，ap vlan 和互连 vlan。

```
DigtialChina>enable                        ------> 进入特权模式
DigtialChina#configure terminal            ------> 进入全局配置模式
DigtialChina(config)#vlan 10               ------>ap 的 vlan
DigtialChina(config-vlan)#vlan 20          ------> 用户的 vlan
DigtialChina(config-vlan)#vlan 30          ------>ap 与核心交换机（SW1）互连的 vlan
```

（2）配置 ap vlan 网关。

```
DigtialChina(config)#interface vlan 10    ------>ap 的网关
DigtialChina(config-int-vlan)#ip address  192.168.10.1 255.255.255.0
DigtialChina(config-int-vlan)#interface vlan 20      ------> 用户的 SVI 接口（必须
配置）。用户网关建议配置在核心交换机上，因此这个接口不用配置地址
DigtialChina(config-int-vlan)#exit
```

（3）wlan-config 配置，创建 SSID。

```
DigtialChina(config)#wlan-config 2  DigtialChina      -------> 配 置 wlan-config，
id 是 2，SSID（无线信号）是 DigtialChina
DigtialChina(config-wlan)#enable-broad-ssid           -------> 允许广播 SSID
DigtialChina(config-wlan)#exit
```

（4）ap-group 配置，关联 wlan-config 和用户 vlan。

```
DigtialChina(config)#ap-group DigtialChina_group
DigtialChina(config-ap-group)#interface-mapping 2 20   ------> 把 wlan-config 2
和 vlan 20 进行关联，“2”是 wlan-config，“20”是 vlan
DigtialChina(config-ap-group)#exit
```

（5）把 AC 上的配置分配到 AP 上。

```
        DigtialChina(config)#ap-config xxx       ------->把ap组的配置关联到ap上（
XXX为某个ap的名称时，那么表示只在该ap下应用ap-group；XXX为all时，表示应用在所有AP
上，默认调用ap-group default，不能修改）
    DigtialChina(config-ap-config)#ap-group DigtialChina_group
    -------->注意：ap-group DigtialChina_group要配置正确，否则会出现无线用户搜索不到ssid故障
    DigtialChina(config-ap-group)#exit
```

（6）配置路由和AC接口地址。

```
    DigtialChina(config)#ip route 0.0.0.0 0.0.0.0 192.168.30.2
                 -------->默认路由，192.168.30.2是核心交换机的地址
    DigtialChina(config)#interface vlan 30     -------->与核心交换机相连使用的vlan
    DigtialChina(config-int-vlan)#ip address 192.168.30.1 255.255.255.0
    DigtialChina(config-int-vlan)#interface loopback 0

    DigtialChina(config-int-loopback)#ip address 1.1.1.1 255.255.255.0
    -------->必须是loopback 0，用于ap需找ac的地址，DHCP中的option138字段
    DigtialChina(config-int-loopback)#interface GigabitEthernet 0/1
    DigtialChina(config-int-GigabitEthernet 0/1)#switchport mode trunk
    -------->与核心交换机相连的接口
```

（7）保存配置。

```
    DigtialChina(config-int-GigabitEthernet 0/1)#     ------->退出到特权模式
    DigtialChina#write                         ------->确认配置正确，保存配置
```

6．核心交换机SW1的配置

（1）VLAN配置，创建用户vlan、ap vlan和互联vlan。

```
    DigtialChina>enable                        ------->进入特权模式
    DigtialChina#configure terminal            ------->进入全局配置模式
    DigtialChina(config)#vlan 10               ------->ap的vlan
    DigtialChina(config-vlan)#vlan 20          ------->用户的vlan
    DigtialChina(config-vlan)#vlan 30          ------->ap与核心交换机（SW1）互连的vlan
    DigtialChina(config-vlan)#exit
```

（2）配置接口和接口地址。

```
    DigtialChina(config)# interface GigabitEthernet 0/1
    DigtialChina(config-int-GigabitEthernet 0/1)#switchport mode trunk
    -------->与AC无线交换机相连的接口
    DigtialChina(config-int-GigabitEthernet 0/1)#interface GigabitEthernet 0/2
    DigtialChina(config-int-GigabitEthernet 0/2)#switchport mode trunk
    -------->与接入交换机相连的接口
    DigtialChina(config-int-GigabitEthernet 0/2)#interface vlan 20
    -------->无线用户的网关地址
    DigtialChina(config-int-vlan)#ip address 192.168.20.1 255.255.255.0
    DigtialChina(config-int-vlan)#interface vlan 30
    -------->和AC无线交换机的互连的地址
    DigtialChina(config-int-vlan)#ip address 192.168.30.2 255.255.255.0
    DigtialChina(config-int-vlan)#exit
```

（3）配置AP的DCHP。

```
    DigtialChina(config)#service dhcp     -------->开启DHCP服务
    DigtialChina(config)#ip dhcp pool ap_DigtialChina              -------->创建DHCP地
址池，名称是ap_DigtialChina
    DigtialChina(config-dhcp)#option 138 ip 1.1.1.1                -------->配置option
字段，指定AC的地址，即AC的loopback 0地址
    DigtialChina(config-dhcp)#network 192.168.10.0 255.255.255.0        -------->分配
给ap的地址
```

```
DigtialChina(config-dhcp)#default-route 192.168.10.1 -------> 分配给 ap 的网关地址
DigtialChina(config-dhcp)#exit
```

注意

AP 的 DHCP 中的 option 字段和网段、网关要配置正确，否则会出现 AP 获取不到 DHCP 信息导致无法建立隧道。

（4）配置无线用户的 DHCP。

```
DigtialChina(config)#ip dhcp pool user_DigtialChina  -------> 配置 DHCP 地址池，名称是 user_DigtialChina
DigtialChina(config-dhcp)#network 192.168.20.0 255.255.255.0  -------> 分配给无线用户的地址
DigtialChina(config-dhcp)#default-route 192.168.20.1  -------> 分给无线用户的网关
DigtialChina(config-dhcp)#dns-server 8.8.8.8  -------> 分配给无线用户的 dns
DigtialChina(config-dhcp)#exit
```

（5）配置静态路由。

```
DigtialChina(config)#ip route 1.1.1.1 255.255.255.0 192.168.30.1
-------> 配置静态路由，指明到达 AC 的 loopback 0 的路径
```

（6）保存配置

```
DigtialChina(config)#exit          ------> 退出到特权模式
DigtialChina#write                 ------> 确认配置正确，保存配置
```

7. 配置接入交换机

（1）VlAN 配置，创建 ap vlan，接入交换机只配置 AP 的 vlan 即可。

```
DigtialChina>enable                ------> 进入特权模式
DigtialChina#configure terminal    ------> 进入全局配置模式
DigtialChina(config)#vlan 10       ------>ap 的 vlan
DigtialChina(config-vlan)#exit
```

（2）配置接口。

```
DigtialChina(config)#interface GigabitEthernet 0/1
DigtialChina(config-int-GigabitEthernet 0/1)#switchport access vlan 10
------> 与 AP 相连的接口，划入 ap 的 vlan
DigtialChina(config-int-GigabitEthernet 0/1)#interface GigabitEthernet 0/2
DigtialChina(config-int-GigabitEthernet 0/2)#switchport mode trunk
------> 与核心交换机相连的接口
```

（3）保存配置。

```
DigtialChina(config-int-GigabitEthernet 0/2)#end  ------> 退出到特权模式
DigtialChina#write                 ------> 确认配置正确，保存配置
```

8. 验证命令

（1）使用无线客户端连接无线网络。

（2）在无线交换机上使用以下命令查看 AP 的配置：

```
DigtialChina#sho ap-config summary      查看 AP 配置汇总
Ap Name         Mac Address      STA NUM       Up time         Ver                          Pid
AP 名称         mac 地址     无线客户端连接数  关联 ac 的时间    AP 软件版本                   AP 型号
--------------- -------------- ---------  ----------- ------------------------- ------
001a.a94a.82dd  001a.a94a.82dd     1         05:55:51      RGOS 10.4(1T7) Release(91699)  AP220-SE
DigtialChina#sho ap-config running-config   查看 AP 详细配置
```

（3）查看关联到无线的无线客户端。

```
DigtialChina#show ac-config client summary by-ap-name ------> 注：V10.4(1T10) 以后
版本的命令是 show ac-config client by-ap-name
Total Sta Num : 1
Cnt    STA MAC          AP NAME        Wlan Id    Radio Id        Vlan Id    Valid
编号   客户端网卡mac     连接的ap       连接的wlan  连接的ap射频卡   属于的vlan  是否有效
----- -------------- ------------ -------- ----------- -------- -------
 1    001d.0f07.bb2d 001a.a94a.82dd    2         1            20        1
------> 注意：早期AP版本与部分网卡存在兼容性问题，升级到最新稳定版本
```

任务拓展

1．瘦 AP 是否可以手动指定静态 IP 地址？

2．瘦 AP 的名称可以修改吗，如何删除修改的 AP 命名，如何删除一个 AP？

任务六 配置 SSID

任务描述

上海御恒信息科技公司已建有无线局域网并安装了基本的无线设备。技术部经理要求新招聘的网络工程师小张尽快学会配置 SSID，小张按照经理的要求开始做以下的任务分析。

任务分析

（1）SSID（Service Set Identifier）用来区分不同的网络，最多可以有 32 个字符，无线网卡设置了不同的 SSID 就可以进入不同网络，SSID 通常由 AP 广播出来，通过系统自带的扫描功能可以查看当前区域内的 SSID。

（2）出于安全考虑可以不广播 SSID，此时用户就要手动设置 SSID 才能进入相应的网络。简单地说，SSID 就是一个局域网的名称，只有设置为名称相同 SSID 值的计算机才能互相通信。

（3）绘制任务拓扑如图 3-51 所示。

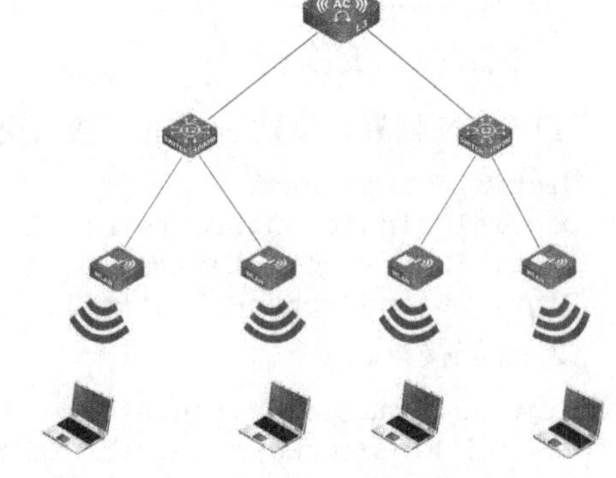

图 3-51　DCN 网络设备拓扑图

任务实施

第一步：SSID 基本配置。

```
6028(config)#wireless
6028(config-wireless)#network 1
6028(config-network)#ssid dcn_wlan-1  // 将 ssid 配置为 dcn_wlan-1
6028(config-network)#vlan 100        // 终端用户连接到 dcn_wlan-1 上时，IP 地址对应的
vlan 为 vlan 100
6028(config-network)#exit          //network 1 对应的 vap 0 是默认开启的，无须操作
6028(config-wireless)#network 2
6028(config-network)#ssid dcn_wlan-2    // 配置另外一个 ssid 为 ssid dcn_wlan-2
```

```
    6028(config-network)#vlan  200     //终端用户连接到dcn_wlan-2上时，IP地址对应的
vlan为vlan 200
    6028(config-network)#exit        //network 2对应的vap 1默认是关闭的，需要开启
    6028(config-wireless)#ap profile 1
    6028(config-ap-profile)#radio 1
    6028(config-ap-profile-radio)#vap 2
    6028(config-ap-profile-vap)#enable  //默认情况只有vap 0 开启，其他vap需要手动开启
    6028(config-ap-profile-vap)#exit
    6028(config-ap-profile-radio)#end
    6028#wireless ap profile apply 1  //下发配置到profile 1组
```

第二步：SSID配置验证。

```
DCWS-6028#show wireless network
Network  SSID                        Hide SSID  Security Mode
-------  --------------------------  ---------  -------------
1        dcn_wlan-1                  Disable    None
2        dcn_wlan-2                  Disable    None
3        Managed SSID 3              Disable    None
4        Managed SSID 4              Disable    None
5        Managed SSID 5              Disable    None
6        Managed SSID 6              Disable    None
7        Managed SSID 7              Disable    None
8        Managed SSID 8              Disable    None
9        Managed SSID 9              Disable    None
10       Managed SSID 10             Disable    None
11       Managed SSID 11             Disable    None
12       Managed SSID 12             Disable    None
13       Managed SSID 13             Disable    None
14       Managed SSID 14             Disable    None
15       Managed SSID 15             Disable    None
16       Managed SSID 16             Disable    None

DCWS-6028#
```

第三步：通过计算机的无线网卡搜索无线信号来验证，如图3-52所示。查看是否能够搜索到dcn_wlan-1、dcn_wlan-2两个ssid。

图3-52　搜索无线信号

任务小结

配置SSID由以下三步完成：

第一步：SSID基本配置。

第二步：SSID配置验证。

第三步：SSID无线信号验证。

相关知识与技能

1．SSID

SSID（Service Set Identifier，服务集标识）技术可以将一个无线局域网分为几个需要不同身份验证的子网络，每个子网络都需要独立的身份验证，只有通过身份验证的用户才可以进入相应的子网络，防止未被授权的用户进入本网络。

2．禁用 SSID 广播

通俗地说，SSID 是无线网络的名称。需要注意的是，同一生产商推出的无线路由器或 AP 都使用了相同的 SSID，一旦那些企图非法连接的攻击者利用通用的初始化字符串来连接无线网络，就极易建立起一条非法的连接，从而给我们的无线网络带来威胁。因此，建议最好能将 SSID 命名为较有个性的名字。无线路由器一般都会提供“允许 SSID 广播”功能。如果不想让自己的无线网络被别人通过 SSID 名称搜索到，那么最好“禁止 SSID 广播”。你的无线网络仍然可以使用，只是不会出现在其他人所搜索到的可用网络列表中。通过禁止 SSID 广播设置后，无线网络的效率会受到一定影响，但以此换取了安全性的提高，这是值得的。测试结果：由于没有进行 SSID 广播，该无线网络被无线网卡忽略了，尤其是在使用 Windows XP 管理无线网络时，达到了“掩人耳目”的目的。

3．SSID 设置方法

市面上有一些设备完全支持中文 SSID 无线网络设置，不过还有很多设备并不支持使用中文来命名 SSID，遇到这种情况，可采用浏览器法设置。设备要求：设备要求比较低，即使没有为无线路由器刷 DD-WRT 或 Tomato 等第三方固件也可使用该方法将 SSID 修改为中文。固件是 DD-WRT 的无线路由器，在修改无线网络 SSID 信息为中文名并保存时提示“无线网络名（SSID）包含非法 ASCII 码”。这是因为无线路由器管理界面由 JSP 编写而成，而很多 JSP 语句对中文字符的支持不好，使用浏览器法的目的就是让无线路由管理界面支持中文编码。

（1）由于很多无线路由器管理界面都是通过 JSP 或 Java 程序制作的，所以可通过禁止加载 Java 组件的方式来解除设备对中文 SSID 无线网络设置的限制。由于默认情况下 IE 浏览器没有相关功能，只能使用 Firefox 浏览器来解决。首先通过 Firefox 浏览器访问无线路由器管理界面，默认情况下会出现乱码。

（2）在 Firefox 浏览器的“字符编码”中将语言设定为“中文”后可解决乱码问题。同时，在 Firefox 浏览器中取消选择“启用 Javascript”选项。

（3）重新刷新管理页面，再次输入中文 SSID 无线网络设置信息并保存，将不再出现“非法 ASCII 码”的提示。

（4）保存完毕后，通过操作系统的无线扫描功能，可看到 SSID 修改为中文字符的无线网络。设置完成后，要重新选中 Firefox 浏览器的“启用 Javascript”选项，以免日后浏览其他页面时受到影响。

任务拓展

1．如何用 Telnet 方法设置 SSID？

2．设置中文 SSID 的优点有哪些?

任务七 安全接入认证方式

任务描述

上海御恒信息科技公司已建有无线局域网并安装了基本的无线设备。技术部经理要求新招聘的网络工程师小张尽快学会安全接入认证方式，小张按照经理的要求开始做以下的任务分析。

任务分析

（1）通过链接需要密码验证的方式，实现无线网络的接入控制，提高安全性。

（2）安全接入认证方式：OPEN、WPA-PSK

（3）绘制任务拓扑如图 3-53 所示。

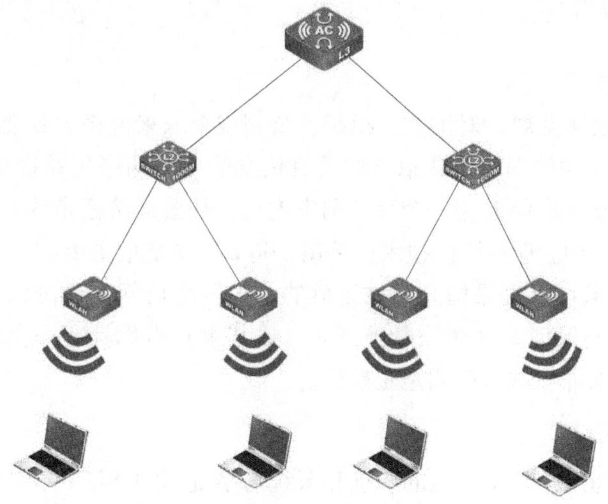

图 3-53　无线网络任务拓扑图

任务实施

第一步：OPEN 接入方式。

```
6028(config-wireless)#network 1
6028(config-network)#security mode none //该 ssid 为开放接入，默认为此方式
```

第二步：WPA-PSK 认证方式。

设置加密方式为 WPA 个人版，WPA version 可以设置为 wpa、wpa2 以及 wpa/wpa2 混合模式，默认为 wpa/wpa2 混合模式，此处加密密钥为 12345678。

```
6028(config-wireless)#network 1           //针对每个 ssid，配置不同的接入密码
6028(config-network)#security mode wpa-personal    //选择加密模式，WPA-个人
6028(config-network)#wpa key 12345678              //配置密钥为 12345678
```

第三步：WPA-Enterprise 认证方式。

```
6028(config-wireless)#network 1           //针对每个 ssid，配置不同的接入密码
6028(config-network)#security mode wpa-enterprise  //选择加密模式，WPA-企业
6028(config-network)#wpa key 12345678              //配置密钥为 12345678
```

第四步：配置验证。

（1）OPEN 验证：选定配置好的 SSID，直接连接，查看是否能够成功连接到无线网络中。

（2）WPA-PSK/Enterprise：选定配置好的 SSID，连接，系统提示输入密码，输入设定好的密码（如 12345678），查看是否能够成功连接。

任务小结

安全接入认证方式由以下四步完成：

第一步：设置 OPEN 接入方式。

第二步：设置 WPA-PSK 认证方式。

第三步：设置 WPA-Enterprise 认证方式。

第四步：进行配置验证。

相关知识与技能

1．身份认证技术

随着信息化的快速发展，对国家、组织、公司或个人来说至关重要的信息越来越多地通过网络进行存储、传输和处理，为获取这些关键信息的各种网络犯罪也相应地急剧上升。当前，网络安全在某种意义上已经成为一个事关国家安全、社会经济稳定的重大问题，得到越来越多的重视。在网络安全中，身份认证技术作为第一道，甚至是最重要的一道防线，有着重要地位，可靠的身份认证技术可以确保信息只被正确的“人”所访问。身份认证技术提供了关于某个人或某个事物身份的保证，这意味着当某人（或某事）声称具有一个特别的身份时，认证技术将提供某种方法来证实这一声明是正确的。

2．认证技术简述

身份认证可分为用户与系统间的认证和系统与系统间的认证。身份认证必须做到准确无误地将对方辨认出来,同时还应该提供双向认证。目前使用比较多的是用户与系统间的身份认证，它只需单向进行，只由系统对用户进行身份验证。随着计算机网络化的发展，大量的组织机构涌入国际互联网，以及电子商务与电子政务的大量兴起，系统与系统间的身份认证也变得越来越重要。身份认证的基本方式可以基于下述一个或几个因素的组合：

所知（Knowledge）：即用户所知道的或所掌握的知识，如口令。

所有（Possesses）：用户所拥有的某个秘密信息，如智能卡中存储的用户个人化参数，访问系统资源时必须要有智能卡。

特征（Characteristics）：用户所具有的生物及动作特征，如指纹、声音、视网膜扫描等。

根据在认证中采用的因素的多少，可以分为单因素认证、双因素认证、多因素认证等方法。身份认证系统所采用的方法考虑因素越多，认证的可靠性就越高。ICF 被视为状态防火墙，状态防火墙可监视通过其路径的所有通信。

3．认证机制与协议

一般而言，用于用户身份认证的技术分为两类：简单认证机制和强认证机制。简单认证中认证方只对被认证方的名字和口令进行一致性验证。由于明文的密码在网上传输极容易被窃听，一般解决办法是使用一次性口令（One-Time Password，OTP）机制。这种机制的最大优势是无须在网上传输用户的真实口令，并且由于具有一次性的特点，可以有效防止重放攻击。RADIUS 就属于这种类型的认证协议。强认证机制一般将运用多种加密手段来保护认证过程中相互交换的信息，其中，Kerberos 协议是此类认证协议中比较完善、较具优势的协议，得到了广泛应用。

任务拓展

1．安全接入方式都有哪些？

2．用户身份认证技术分为哪两类？

任务八 无线 AC 本地转发

任务描述

上海御恒信息科技公司已建有无线局域网并安装了基本的无线设备。技术部经理要求新招聘的网络工程师小张尽快学会无线 AC 本地转发，小张按照经理的要求开始做以下的任务分析。

任务分析

（1）AC 系统中，支持三种数据转发模式，即本地转发、分布式隧道转发、集中式隧道转发。

（2）本地转发是 AP 与客户端之间交互的转发模式。本地就是 AP 工作在独立模式下的转发方式，而在 AP 被 AC 管理后，数据同样也是支持本地转发的。数据进行本地转发时不需要 AC 参与，数据完全在 AP 之间转发。

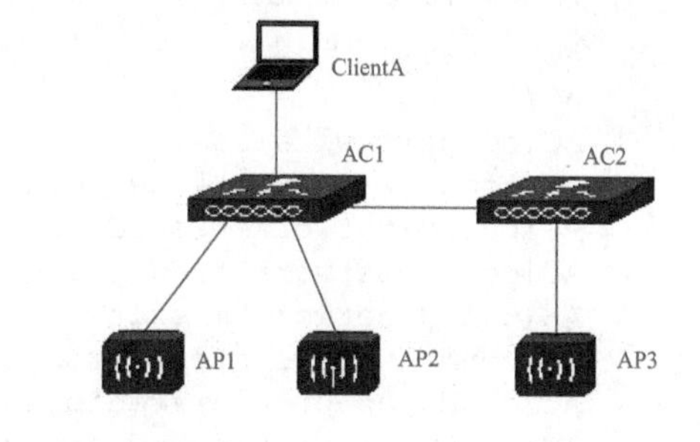

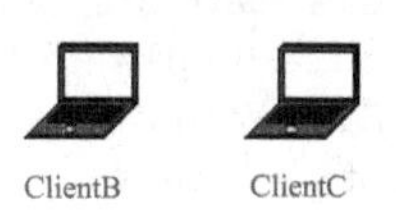

图 3-54　无线 AC 本地转发示意图

（3）分布式隧道转发实际上是在本地转发的基础上，当 station 发生三层漫游后的一种转发方式，数据是通过在 station 漫游前后的两个 AP 之间打上一条隧道，然后由漫游后关联的 AP 将数据送回到漫游前的 AP，最后还是由漫游前的 AP 进行数据转发。

（4）集中式隧道转发跟前两种转发方式是有区别的，集中式隧道转发是所有数据流量都要集中到 AC 上，由 AC 集中处理，进行转发。

（5）AC1 和 AC2 组成集群。

（6）AP1 和 AP2 关联到 AC1，AP3 关联到 AC2。

（7）数据转发采取本地转发模式。

（8）绘制任务拓扑如图 3-54 所示。

任务实施

第一步：AC1 上配置网络和 ssid:ssidap1，AP1 应用 profile 1。

```
AC> enable
AC# config
AC(config)# wireless
AC(config-wireless)# network 1
AC(config-network)# ssid ssidap1
AC(config-network)#vlan 11
AC(config-network)# exit
```

```
AC(config-wireless)#ap profile 1
AC(config-ap-profile)#radio 1
AC(config-ap-profile-radio)# vap 1
AC(config- ap-profile-vap)# network 1
AC(config-ap-profile-vap)# enable
AC(config- ap-profile-vap)# end
AC# wireless ap profile apply 1
```

第二步：AC1 上配置网络和 ssid:ssidap2，AP2 应用 profile 2。

```
AC(config-wireless)# network 2
AC(config-network)# ssid ssidap2
AC(config-network)#vlan 12
AC(config-network)# exit
AC(config-wireless)#ap profile 2
AC(config-ap-profile)#radio 1
AC(config-ap-profile-radio)# vap 2
AC(config- ap-profile-vap)# network 2
AC(config-ap-profile-vap)# enable
AC(config- ap-profile-vap)# end
AC# wireless ap profile apply 2
```

第三步：AC2 上配置网络和 ssid:ssidap3，AP3 应用 profile 1。

```
AC> enable
AC# config
AC(config)# wireless
AC(config-wireless)# network 1
AC(config-network)# ssid ssidap3
AC(config-network)#vlan 13
AC(config-network)# exit
AC(config-wireless)#ap profile 1
AC(config-ap-profile)#radio 1
AC(config-ap-profile-radio)# vap 1
AC(config- ap-profile-vap)# network 1
AC(config-ap-profile-vap)# enable
AC(config- ap-profile-vap)# end
AC# wireless ap profile apply 1
```

第四步：检查验证。

（1）确定整个网路的物理连接正确。

（2）确定网络集群配置正确。

（3）确定无线接入认证配置正确。

任务小结

无线 AC 本地转发由以下四步完成：

第一步：AC1 上配置网络和 ssid:ssidap1，AP1 应用 profile 1。

第二步：AC1 上配置网络和 ssid:ssidap2，AP2 应用 profile 2。

第三步：AC2 上配置网络和 ssid:ssidap3，AP3 应用 profile 1。

第四步：检查验证 AC 系统中的三种数据转发模式，分别是本地转发、分布式隧道转发、集中式隧道转发。

它们的区别如下所示：

数据转发类型	数据转发时 AC 参与	二层漫游支持	三层漫游支持
本地转发	否	是	否
分布式隧道转发	否	是	是
集中式隧道转发	是	是	是

相关知识与技能

1．本地转发的特点

利用瘦 AP 本地转发方式进行大规模组网，可以完全代替目前主要采用的集中转发方式，在本地转发方式下，网管、安全 、认证、漫游、QoS、负载均衡、流控、二层隔离等功能还是由 AC 统一控制，再由 AP 具体实施；只是业务数据不通过隧道传送到 AC，再经由 AC 解封后统一转发，而是由 AP 本地转发。此组网方式的优势主要体现在，将业务数据转发任务分散到 AP，降低 AC 压力，轻松应对带宽挑战，彻底解决 AC 瓶颈问题，提高网络整体吞吐率，顺利迎接 11n 时代。

2．集中转发的特点

集中转发组网，AP 和 AC 之间单独建立一条隧道传输数据业务，所有的数据业务都通过 AC 转发出去，所以 AC 的压力比较大。集中转发所有的数据包都要走隧道，所以对链路的带宽要求较高，并且对 AC 接口的带宽要求也较高。由于集中转发的数据包要封装到隧道里再转发走，所以对 AC 的 CPU 消耗比本地转发更大。由于对带宽要求较高，所以集中转发的 AC 可管理的 AP 数量也会受到一定限制。这样对于规模较大的网络或者有备份要求的项目，会增加成本。此外，当隧道转发出现不通或者丢包现象时，查找网络故障难度比本地转发高。集中转发的优点是对于现网改动较小。

任务拓展

1．简述本地转发和集中转发的区别。

2．简述分布式隧道转发与集中式隧道转发的区别是什么。

项目综合实训　无线有线综合园区网搭建

项目描述

上海御恒信息科技公司办公区域已有现成的网络，但员工宿舍还没有网络。不过现在已经配齐连入办公区的联网硬件，为方便员工快捷地连入办公区网络，选择无线网络接入。技术部经理要求新招聘的网络工程师小张尽快学会无线有线综合园区网的搭建，小张按照经理的要求开始做以下的任务分析。

项目分析

（1）需要添加四台 PC，一台无线 AP，一台 3560 交换机，一台无线路由器。

（2）PC0、PC1 为员工宿舍区计算机，通过无线路由器访问公司网络；PC3 为办公区以外的计算机，通过无线 AP 访问办公区网络；PC2 为公司内部办公计算机，通过 DHCP 获取 IP。

（3）交换机 3560 为公司的中心交换机，划分为 3 个 VLAN，其中 VLAN2 和 VLAN3 分别用于无线路由和无线连接 AP，为计算机无线访问提供接口，VLAN 通过有线连接公司内部办公网络的计算机。

（4）一般计算机的网卡大部分是有线网卡，而 PC0、PC1、PC3 要添加无线网卡设备。首先关闭计算机；其次将 PC 的太网卡卸除；第三安装无线网卡；最后开启计算机。

项目实施

第一步：按照任务描述和任务分析绘制网络拓扑图并在模拟器中实现。

（1）绘制图 3-55 所示的无线网络接入的拓扑图。

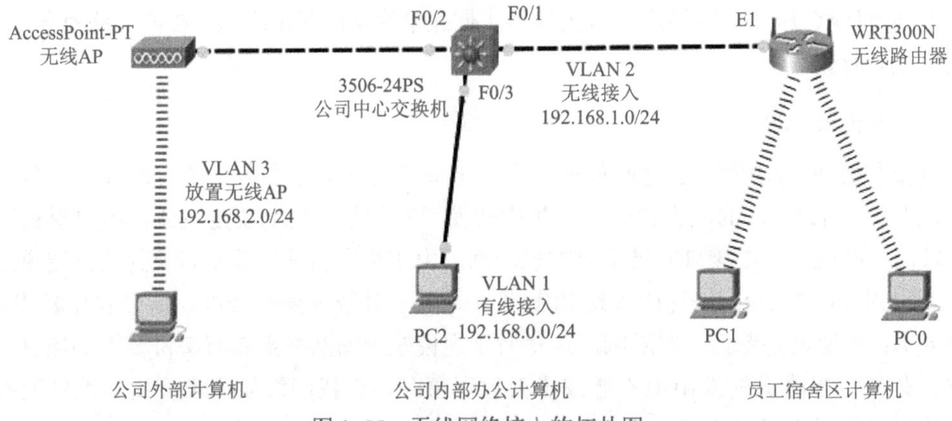

图 3-55　无线网络接入的拓扑图

（2）为 PC0、PC1 及 PC3 添加无线网卡设备，如图 3-56 所示。

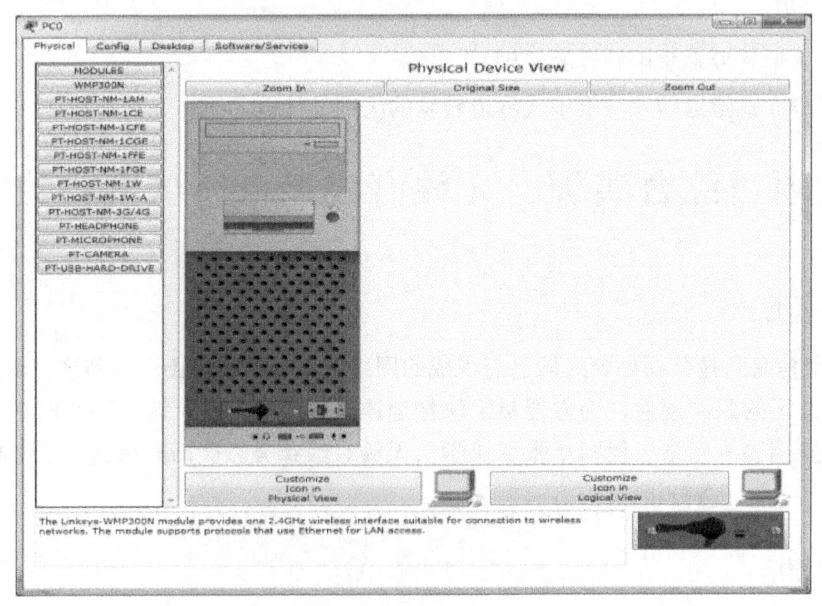

图 3-56　添加无线网卡

（3）参照图 3-55 在模拟器上绘制拓扑图。

注意

3560 交换机 F0/1 连接无线路由器，F0/2 连接无线 AP，F0/3 连接 PC2。VLAN1 通过有线连接 PC2，VLAN2 连接无线路由，VLAN3 连接无线 AP。

第二步：设置 3560 三层交换机作为御恒公司的核心交换机。

（1）将交换机命名为“YuHeng”，关闭 DNS 查询。

```
enable(en)
configure terminal(conf  t)
hostname  YuHeng(h  YuHeng)
no  ip  domain-lookup(no  ip domain-l)
```

（2）为 VLAN1 配置 IP 地址 192.168.0.1，子网掩码为 255.255.255.0。

```
interface  vlan  1(int  vlan  1)
ip  address  192.168.0.1  255.255.255.0(ip add)
no  shutdown(no  sh)
exit
```

（3）给 VLAN1 配置一个 DHCP，使 PC2 能自动获取 IP 地址。

```
ip  dhcp  pool  dhcp
network  192.168.0.0  255.255.255.0
default-router 192.168.0.1
dns-server  202.96.209.5
exit
ip  dhcp  excluded-address  192.168.0.1  192.168.0.1
ip  dhcp  excluded-address  192.168.0.254  192.168.0.254
```

第三步：将 VLAN1 设为有线接入，VLAN2 设为无线接入。

（1）将 F0/1 分配给子网 VLAN 2。

```
vlan  2
exit
interface  f0/1
switchport  mode  access
switchport  access  vlan  2
exit
```

（2）为 VLAN2 分配 IP 地址 192.168.1.1 并开启。

```
int  vlan  2
ip  address  192.168.1.1  255.255.255.0
no  shutdown
exit
```

（3）设置 VLAN2 的无线网络 IP 为自动获取地址。

```
ip  dhcp  pool  vlan2
network  192.168.1.0  255.255.255.0
default-router  192.168.1.1
dns-server  192.168.1.1
exit
ip  dhcp  excluded-address  192.168.1.1  192.168.1.1
ip  dhcp  excluded-address  192.168.1.254  192.168.1.254
```

第四步：将 VLAN3 设为无线 AP。

（1）将 F0/2 分配给子网 VLAN 3。

```
vlan  3
exit
interface  f0/2
switchport  mode  access
switchport  access  vlan  3
exit
```

（2）为 VLAN3 分配 IP 地址 192.168.2.1 并开启。

```
int  vlan  3
ip  address  192.168.2.1  255.255.255.0
no  shutdown
exit
```

（3）设置 VLAN3 的无线网络 IP 为自动获取地址。

```
ip  dhcp  pool  vlan3
network  192.168.2.0  255.255.255.0
default-router  192.168.2.1
dns-server  192.168.2.1
exit
ip  dhcp  excluded-address  192.168.2.1  192.168.2.1
exit
```

第五步：配置无线路由器（3560 交换机的 Ethernet 1 口连接无线路由器）。

（1）在无线路由器的网络设置中设置 IP 地址为 192.168.1.254，用于管理无线路由器，此外还要关闭 DHCP 服务器，因为无线接入计算机的 IP 地址都由 3560 交换机自动获取，设置完成后单击 Saving Setting 按钮进行保存，如图 3-57 所示。

（2）进入无线路由器的无线设置，将网络名称（SSID）改为 YHengWR，设置完成后单击 Saving Setting 按钮进行保存，如图 3-58 所示。

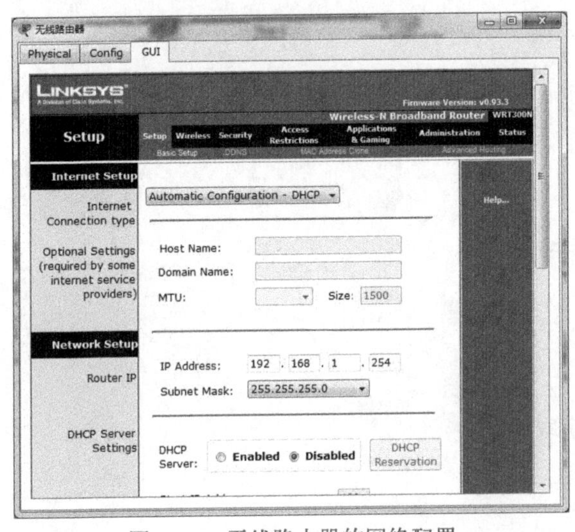

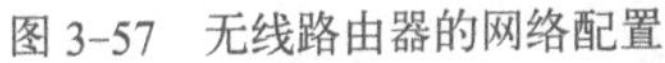
图 3-57　无线路由器的网络配置

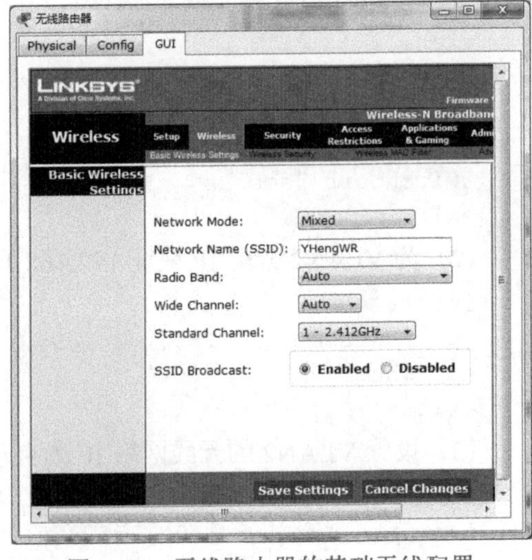

图 3-58　无线路由器的基础无线配置

第六步：设置计算机连接到无线路由器并使其能自动获取 IP 地址。

（1）为 PC0、PC1、PC3 添加无线网卡，因为该无线路由器未做安全设置，所以它们会自动连接，如图 3-59 所示。

（2）将 PC0、PC1 的 SSID 改为 YHengWR，如图 3-60 所示。

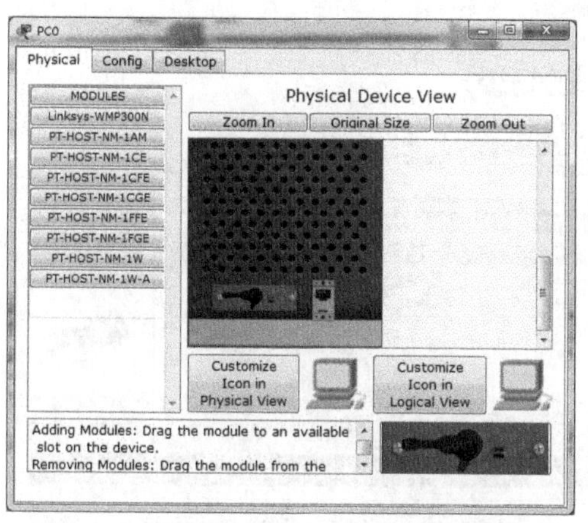

图 3-59　为 PC0、PC1、PC3 添加无线网卡

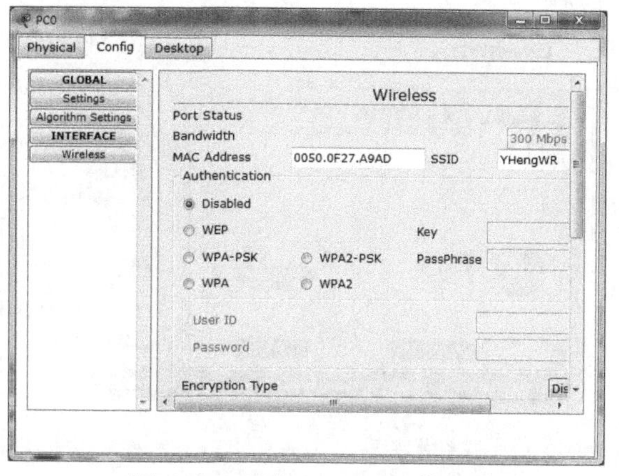

图 3-60　更改 PC0、PC1 的 SSID

第七步：开启 3560 交接机的路由功能，实现 VLAN1 和 VLAN2 中的计算机通信。

（1）进入全局模式，配置 3560 交换机的路由功能。

```
enable
configure terminal
ip routing
exit
```

（2）PC1 设置为 DHCP 模式，从而自动获取 IP 地址，如图 3-61 所示。

第八步：配置无线 AP。

进入无线 AP 的配置界面，将 SSID 设置成 YHengAP，如图 3-62 所示。

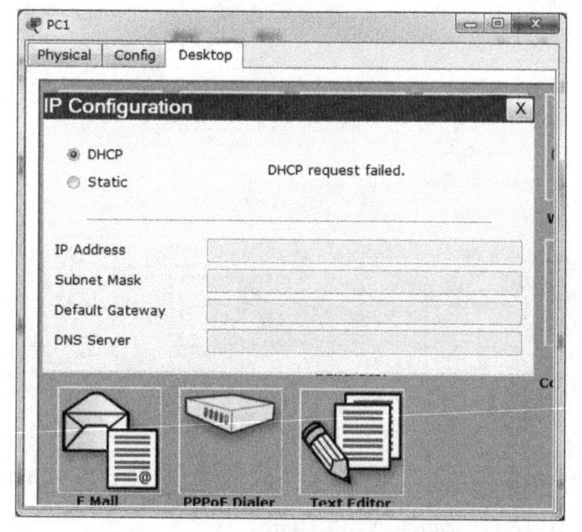

图 3-61　PC1 设置为 DHCP 模式

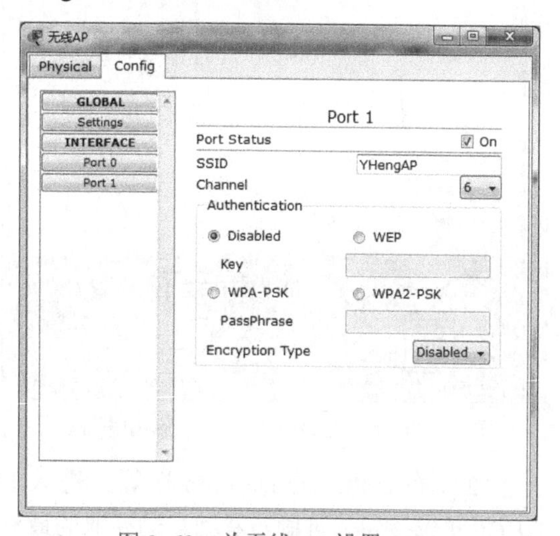

图 3-62　为无线 AP 设置 SSID

第九步：PC3 会默认加入无线路由器，现将 PC3 改为加入到无线 AP 中。

（1）进入 PC3 的桌面，选中“无线 PC”，进入 Link Information 界面，可看到无线网络的强弱，如图 3-63 所示。

（2）单击 Connect 标签，可看到当前可用的无线网络，选中 YHengAP，单击 Connect 按钮，如图 3-64 所示。

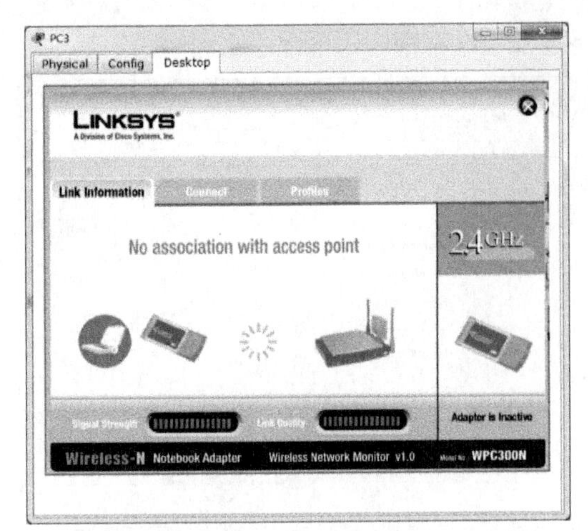

图 3-63　无线 PC 的 Link Information

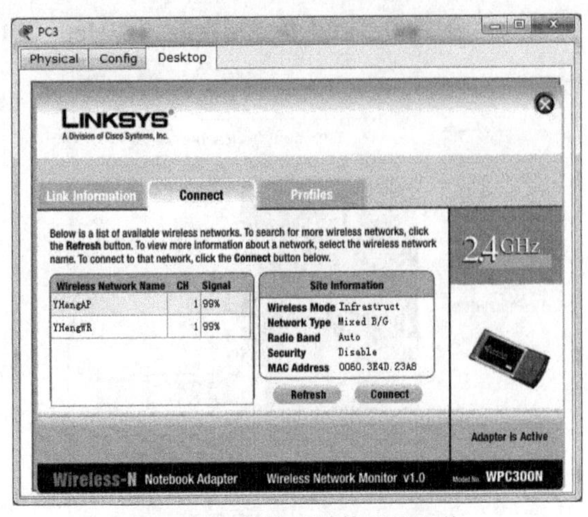

图 3-64　当前可用的无线网络

（3）单击 PC3 的 Desktop 标签，进入 IP Configuration，选中 Static 单选按钮，再选中 DHCP 单选按钮，可刷新看到自动获取的最新 IP 信息，如图 3-65 所示。

第十步：测试 PC0、PC1、PC2、PC3 能否 DHCP 并验证各计算机之间是否连通。

（1）单击 PC0 的 Desktop 标签，进入 IP Configuration，选中 Static 单选按钮，再选中 DHCP 单选按钮，可刷新看到自动获取的最新 IP 信息，如图 3-66 所示。

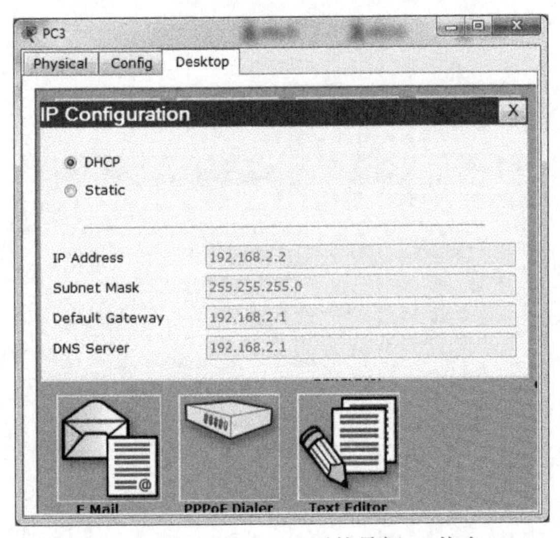

图 3-65　PC3 的 DHCP 后的最新 IP 信息

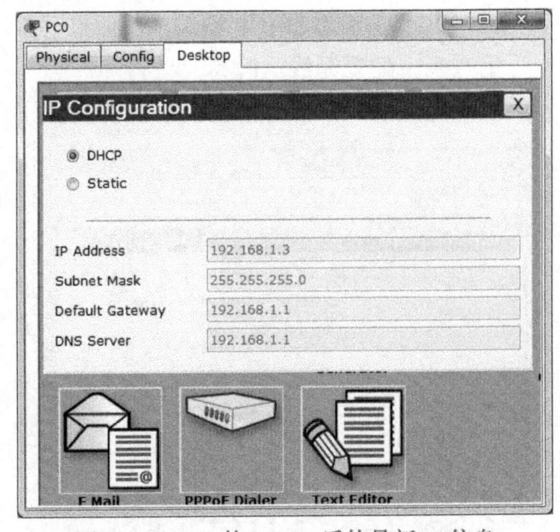

图 3-66　PC0 的 DHCP 后的最新 IP 信息

（2）单击 PC1 的 Desktop 标签，进入 IP Configuration，选中 Static 单选按钮，再选中 DHCP 单选按钮，可刷新看到自动获取的最新的 IP 信息，如图 3-67 所示。

（3）单击 PC2 的 Desktop 标签，进入 IP Configuration，选中 Static 单选按钮，再选中 DHCP 单选按钮，可刷新看到自动获取的最新 IP 信息，如图 3-68 所示。

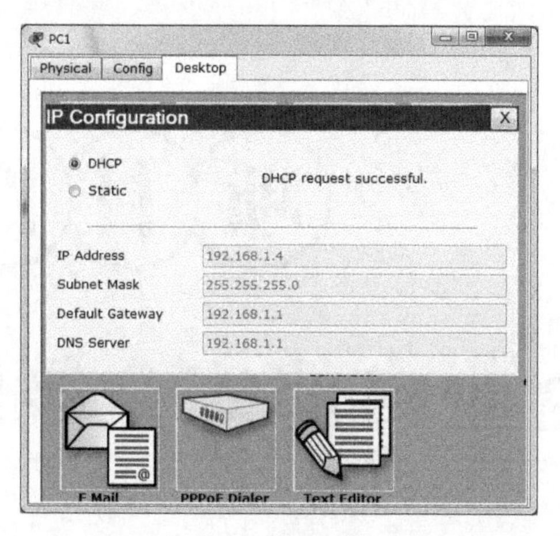

图 3-67 PC1 的 DHCP 后的最新 IP 信息当前可用的无线网络

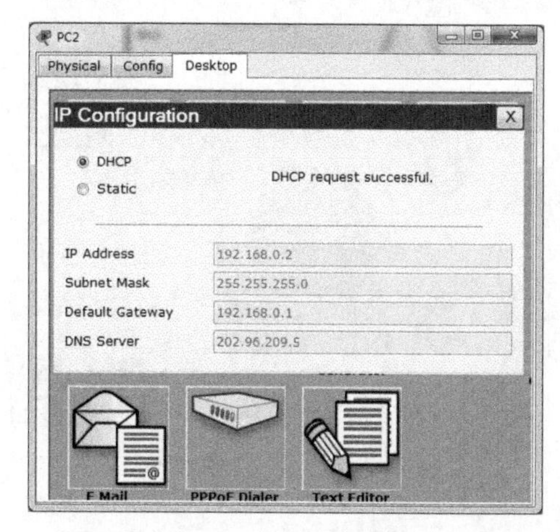

图 3-68 PC2 的 DHCP 后的最新 IP 信息

项目小结

1．绘制网络拓扑图。
2．配置无线路由器。
3．配置 DHCP。
4．配置无线 AP。

项目实训评价表

项目三 部署企业内部无线网络					
	内　容		评　价		
	学 习 目 标	评 价 项 目	3	2	1
职业能力	无线网络初级	任务一　小型无线网络基本搭建			
		任务二　无线漫游			
		任务三　无线网络通信安全			
	无线网络中级	任务四　无线二层、三层自动发现			
		任务五　AP 注册及配置管理			
	无线网络高级	任务六　配置 SSID			
		任务七　安全接入认证方式			
		任务八　无线 AC 本地转发			
通用能力	动手能力				
	解决问题能力				
综合评价					

评价等级说明表	
等　级	说　明
3	能高质、高效地完成此学习目标的全部内容，并能解决遇到的特殊问题
2	能高质、高效地完成此学习目标的全部内容
1	能圆满完成此学习目标的全部内容，不需要任何帮助和指导

项目四 部署企业内部安全策略

核心概念

防火墙配置文件、防火墙 SNAT、防火墙透明模式策略、防火墙 DHCP、防火墙负载均衡、防火墙源路由、防火墙记录上网 URL、防火墙双机热备、标准 ACL。

项目描述

在了解计算机网络的基础上学会选择合适的安全策略来设置并管理企业内部的网络，从而能保证企业内部网络的安全。

学习目标

能掌握管理防火墙配置文件、配置防火墙 SNAT、防火墙透明模式策略、防火墙 DHCP、防火墙负载均衡、防火墙源路由、防火墙记录上网 URL、防火墙双机热备并能掌握标准 ACL 任务。

项目任务

- 管理防火墙配置文件。
- 配置防火墙 SNAT。
- 配置防火墙透明模式策略。
- 配置防火墙 DHCP。
- 配置防火墙负载均衡。
- 配置防火墙源路由。
- 配置防火墙记录上网 URL。
- 配置防火墙双机热备。
- 标准 ACL 任务。

任务一 管理防火墙配置文件

任务描述

上海御恒信息科技公司已建有局域网并安装了基本的防火墙设备。技术部经理要求新招聘的网络工程师小张尽快学会防火墙管理环境的搭建和配置方法、能使用各种管理方式管理防火墙，并学会查看和保存防火墙的配置信息、导出和导入配置文件。小张按照经理的要求开始做以下的任务分析。

任务分析

（1）安装防火墙 DCFW-1800 系列。

（2）DCFW-1800 系列防火墙的配置信息都被保存在系统的配置文件中。用户通过运行相应的命令或者访问相应的 WebUI 页面查看防火墙的各种配置信息，例如防火墙的初始配置信息和当前配置信息等。配置文件以命令行的格式保存配置信息，并且也以这种格式显示配置信息。

（3）绘制任务拓扑如图 4-1 所示。

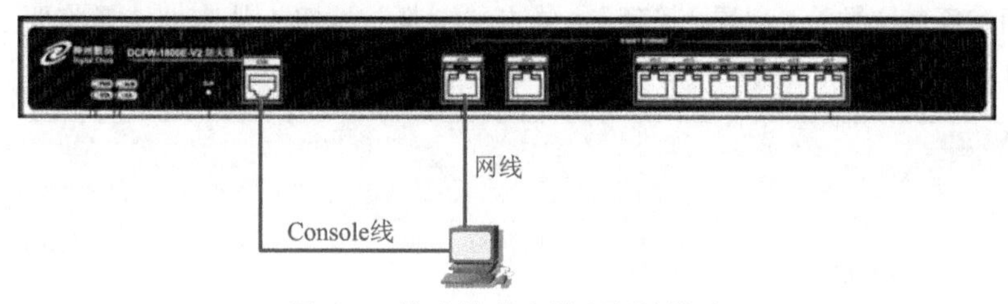

图 4-1　防火墙基本管理环境搭建

任务实施

第一步：将当前配置文件保存在本地。

通过图形界面访问页面“系统 / 维护 / 配置 / 管理”，单击“下载”按钮，即可将当前配置文件保存到本地进行查看，如图 4-2 所示。

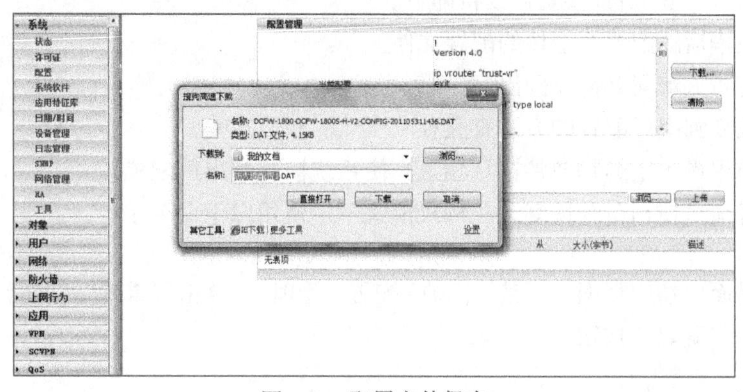

图 4-2　配置文件保存

单击“保存”按钮，为配置文件选取合适的路径和文件名即可保存，如图 4-3 所示。

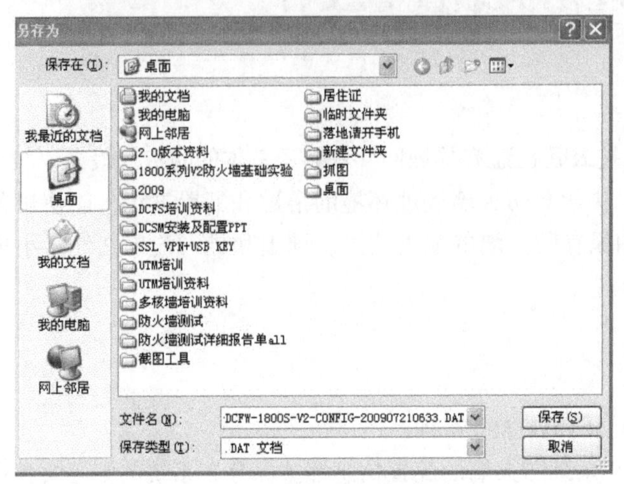

图 4-3　为防火墙配置文件命名

这样防火墙的当前配置文件就可以保存在本地，也可以使用写字板打开此文件，查看防火墙的配置。

第二步：将本地的配置上传到防火墙并调用该配置

访问页面“系统 / 维护 / 配置 / 管理”，单击“浏览”按钮，从本地选择将要上传的配置文件，如图 4-4 所示。

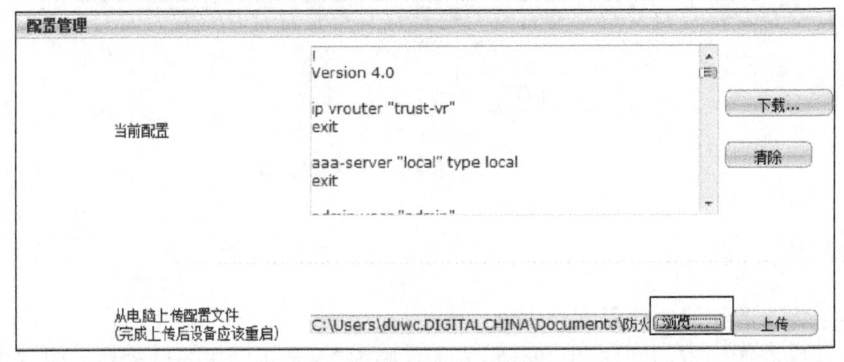

图 4-4　配置文件的上传

单击“升级”，完毕后直接重启设备即可。

设备启动完毕后的配置为上传的配置文件。

第三步：将防火墙配置恢复到出厂。

将防火墙恢复到出厂配置的方法有三种：

(1) 用户使用设备上的物理按钮（CLR）使系统恢复到出厂配置。

(2) 命令行模式使用命令恢复。在特权模式下，使用以下命令：

```
unset all
```

(3) 图形界面中访问页面“系统 / 维护 / 配置 / 管理”。单击“重置”按钮，弹出图 4-5 所示提示后，单击“确定”按钮。

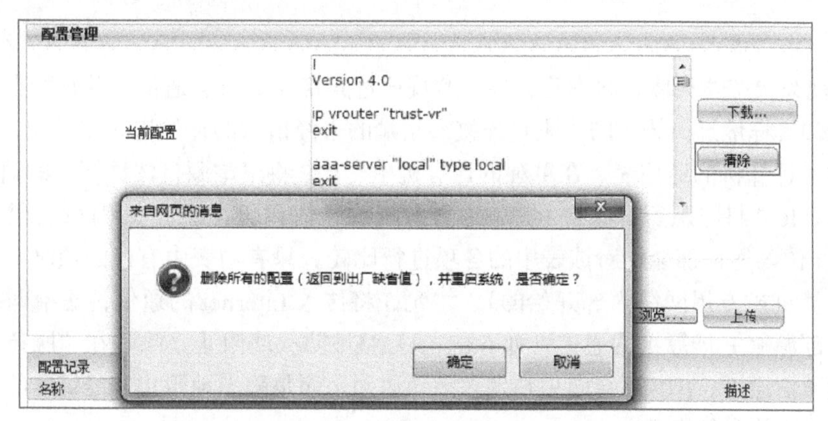

图 4-5　防火墙恢复出厂设置界面

此时防火墙将恢复到出厂默认配置，并自动重启设备。

任务小结

管理防火墙配置文件由以下两步完成：

第一步：将当前配置文件保存在本地，通过图形界面访问页面“系统 / 维护 / 配置 / 管理”。

第二步：将本地的配置上传到防火墙并调用该配置，访问页面“系统 / 维护 / 配置 / 管理”。

相关知识与技能

1．防火墙

防火墙指的是一个由软件和硬件设备组合而成，在内部网和外部网之间、专用网与公共网之间的界面上构造的保护屏障，是一种获取安全性方法的形象说法，它是一种计算机硬件和软件的结合，使 Internet 与 Intranet 之间建立起一个安全网关（Security Gateway），从而保护内部网免受非法用户的侵入，防火墙主要由服务访问规则、验证工具、包过滤和应用网关四部分组成，防火墙就是一个位于计算机和它所连接的网络之间的软件或硬件。该计算机流入流出的所有网络通信和数据包均要经过此防火墙。

在网络中，所谓“防火墙”是指一种将内部网和公众访问网（如 Internet）分开的方法，它实际上是一种隔离技术。防火墙是在两个网络通信时执行的一种访问控制尺度，它能允许用户“同意”的人和数据进入用户的网络，同时将用户“不同意”的人和数据拒之门外，最大限度地阻止网络中的黑客来访问你的网络。换句话说，如果不通过防火墙，公司内部的人就无法访问 Internet，Internet 上的人也无法和公司内部的人进行通信。

Windows 7 的防火墙很强大，可以很方便地定义过滤掉数据包，例如 Internet 连接防火墙（ICF），它就是用一段“代码墙”把计算机和 Internet 分隔开，时刻检查出入防火墙的所有数据包，决定拦截或是放行那些数据包。防火墙可以是一种硬件、固件或者软件，例如专用防火墙设备就是硬件形式的防火墙，包过滤路由器是嵌有防火墙固件的路由器，而代理服务器等软件就是软件形式的防火墙。

2．ICF 工作原理

ICF 被视为状态防火墙，状态防火墙可监视通过其路径的所有通信，并且检查所处理的每个消息的源和目标地址。为了防止来自连接公用端的未经请求的通信进入专用端，ICF 保留了所有源自 ICF 计算机的通信表。在单独的计算机中，ICF 将跟踪源自该计算机的通信。与 ICS 一起使用时，ICF 将跟踪所有源自 ICF/ICS 计算机的通信和所有源自专用网络计算机的通信。所有 Internet 传入通信都会针对该表中的各项进行比较。只有当表中有匹配项时（这说明通信交换是从计算机或专用网络内部开始的），才允许将传入 Internet 的通信传送给网络中的计算机。源自外部源 ICF 计算机的通信（如 Internet）将被防火墙阻止，除非在“服务”选项卡上设置允许该通信通过。ICF 不会向用户发送活动通知，而是静态地阻止未经请求的通信，防止像端口扫描这样的常见黑客袭击。

3．防火墙的种类

防火墙从诞生开始，已经历了四个发展阶段：基于路由器的防火墙、用户化的防火墙工具套、建立在通用操作系统上的防火墙、具有安全操作系统的防火墙。常见的防火墙属于具有安全操作系统的防火墙，如 NETEYE、NETSCREEN、TALENTIT 等。

从结构上来分，防火墙有两种：代理主机结构和路由器＋过滤器结构，后一种结构如下所示：

```
内部网络过滤器（Filter）路由器（Router）Internet
```

从原理上来分，防火墙则可以分成 4 种类型：特殊设计的硬件防火墙、数据包过滤型、电路层网关和应用级网关。安全性能高的防火墙系统都是组合运用多种类型防火墙，构筑多道防火墙“防御工事”。

4．吞吐量

网络中的数据是由一个个数据包组成，防火墙对每个数据包的处理要耗费资源。吞吐量是指在没有帧丢失的情况下，设备能够接受的最大速率。其测试方法是：在测试中以一定速率发送一定数量的帧，并计算待测设备传输的帧，如果发送的帧与接收的帧数量相等，那么就将发送速率提高并重新测试；如果接收帧少于发送帧则降低发送速率重新测试，直至得出最终结果。吞吐量测试结果以比特 / 秒或字节 / 秒表示。

吞吐量和报文转发率是关系防火墙应用的主要指标，一般采用 FDT（Full Duplex Throughput）来衡量，指 64 字节数据包的全双工吞吐量，该指标既包括吞吐量指标也涵盖了报文转发率指标。

任务拓展

1．防火墙系统中最多可以保存几份配置文件？

2．如何导入导出防火墙当前配置？

提示

首先将防火墙当前配置保存到计算机本地，然后将防火墙恢复到出厂配置，最后将之前的本地配置导入到防火墙中，并启动该配置文件。

任务二 配置防火墙 SNAT

任务描述

上海御恒信息科技公司已建有局域网并安装了基本的防火墙设备。技术部经理考虑到公网地址有限，不能每台 PC 都配置公网地址访问外网，于是要求新招聘的网络工程师小张尽快通过少量公网 IP 地址来满足多数私网 IP 上网，以缓解 IP 地址枯竭的速度，小张按照经理的要求开始做以下的任务分析。

任务分析

（1）安装防火墙 DCFW-1800 系列。

（2）由于公司内部私网地址较多，运营商只分配给一个或者几个公网地址。在这种条件下，这几个公网地址需要满足几十乃至几百几千人同时上网，需要配置源 NAT。

（3）理解内部网络和外部网络的区别。

（4）理解防火墙安全策略是如何编写的。

（5）绘制任务拓扑如图 4-6 所示。

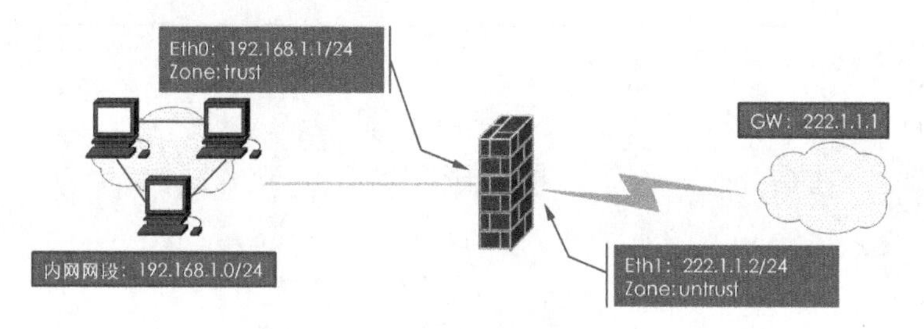

图 4-6 源地址转换拓扑示意

配置防火墙使内网 192.168.1.0/24 网段可以访问 Internet。

任务实施

第一步：配置接口。

（1）通过防火墙默认 eth0 接口地址 192.168.1.1 登录到防火墙界面进行接口配置。

（2）通过 WebUI 登录防火墙界面，如图 4-7 所示。

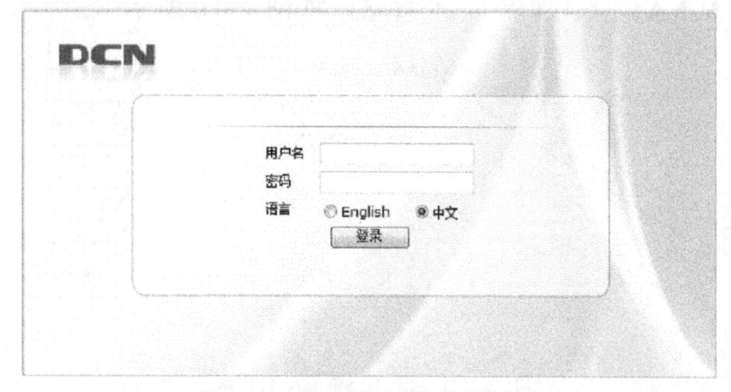

图 4-7 Web 界面登录防火墙

（3）输入默认用户名 admin、密码 admin 后单击“登录”按钮，配置外网接口地址。本任务更改为 222.1.1.2，如图 4-8 所示。

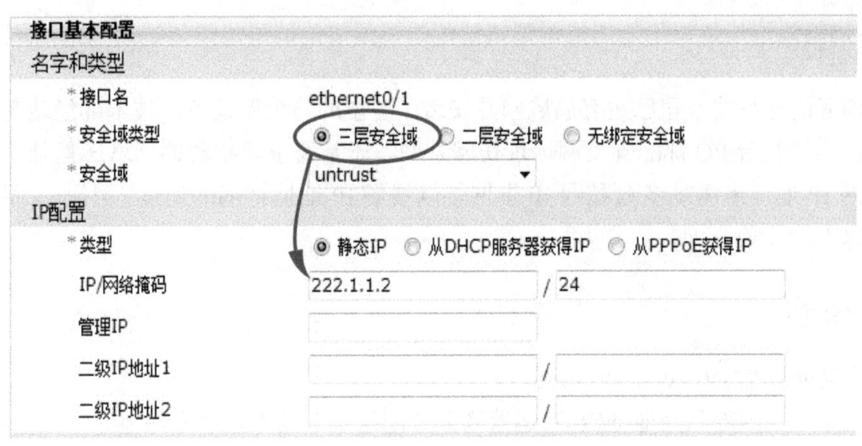

图 4-8　指定第三层安全域

第二步：添加路由。

（1）添加到外网的默认路由，在网络 / 路由 / 目的路由中新建路由条目。

（2）添加下一跳地址，如图 4-9 所示。

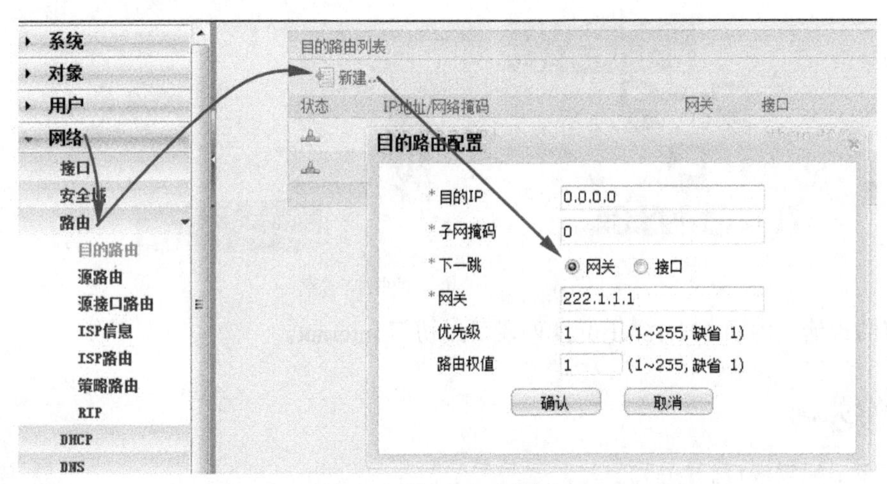

图 4-9　添加下一跳路由

第三步：添加 SNAT 策略。

在防火墙 /NAT/ 源 NAT 中添加源 NAT 策略，如图 4-10 所示。

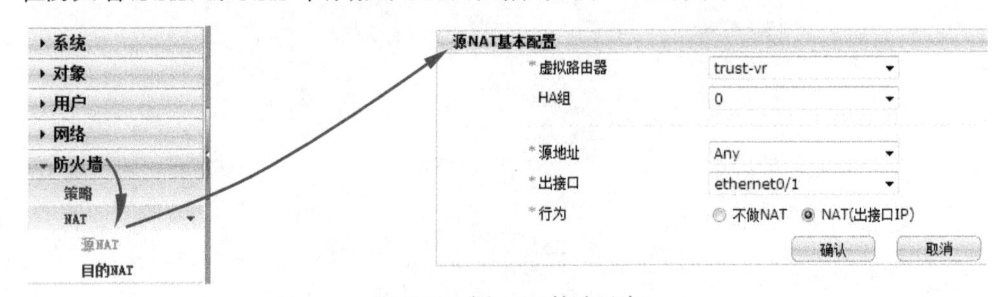

图 4-10　源 NAT 策略示意

第四步：添加安全策略。

在防火墙 / 策略中，选择好源安全域和目的安全域后，新建策略，如图 4–11 所示。

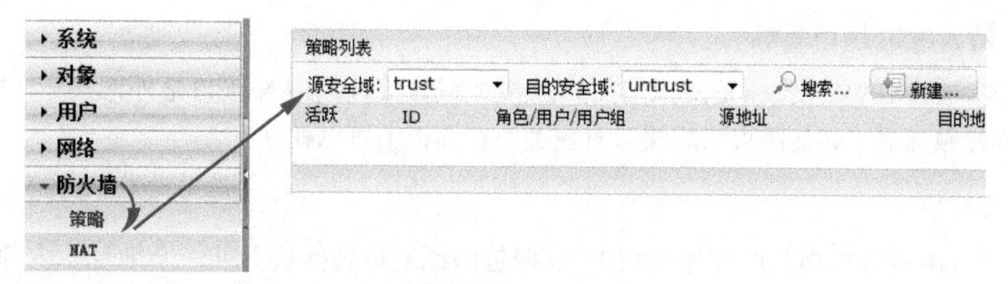

图 4–11　安全策略方向选择

关于 SNAT，只需要建立一条内网口安全域到外网口安全域放行的一条策略即可保证内网能够访问到外网。如果需要对于策略中各个选项有更多的配置要求，可以单击高级配置进行编辑，如图 4–12 和图 4–13 所示。

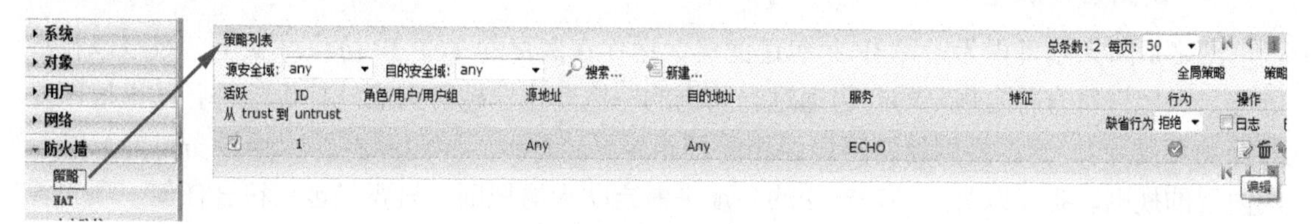

图 4–12　高级策略的选择

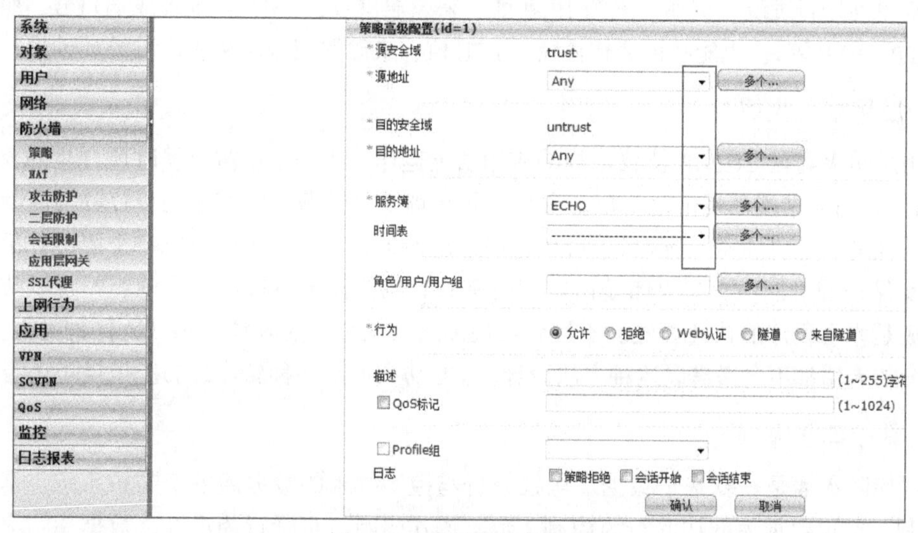

图 4–13　高级策略的编辑

任务小结

配置防火墙 SNAT 由以下四步操作完成：

第一步：配置接口。

第二步：添加路由。

第三步：添加 SNAT 策略。

第四步：添加安全策略。

相关知识与技能

1．防火墙的接口名称

在防火墙中，WAN 接口是防火墙用来连接外网的接口。LAN 接口是外网接口，DMZ 接口用来连接服务器，其他防火墙的接口对应关系在面板上可以找到。

2．SNAT

SNAT（源地址转换）的作用是将 IP 数据包的源地址转换成另外一个地址。内部地址要访问公网上的服务时（如 Web 访问），内部地址会主动发起连接，由防火墙上的网关对内部地址做地址转换，将内部地址的私有 IP 转换为公网的公有 IP，防火墙网关的这个地址转换称为 SNAT，主要用于内部共享 IP 访问外部。

3．网络层防火墙

网络层防火墙可视为一种 IP 封包过滤器，运作在底层的 TCP/IP 协议堆栈上。可以以枚举的方式只允许符合特定规则的封包通过，其余的一概禁止穿越防火墙（病毒除外，防火墙不能防止病毒侵入）。这些规则通常可以经由管理员定义或修改，不过某些防火墙设备可能只能套用内置的规则。也能以另一种较宽松的角度来制定防火墙规则，只要封包不符合任何一项“否定规则”就予以放行。操作系统及网络设备大多已内置防火墙功能。较新的防火墙能利用封包的多样属性进行过滤，例如：来源 IP 地址、来源端口号、目的 IP 地址或端口号、服务类型（如 HTTP、FTP 等）。也能经由通信协议、TTL 值、来源的网域名称或网段等属性进行过滤。

4．应用层防火墙

应用层防火墙在 TCP/IP 协议堆栈的应用层上运作，用户使用浏览器时所产生的数据流或使用 FTP 时的数据流都属于这一层。应用层防火墙可以拦截进出某应用程序的所有封包，并且封锁其他的封包（通常是直接将封包丢弃）。理论上，这类防火墙可以完全阻绝外部的数据流进到受保护的机器中。防火墙借由监测所有的封包并找出不符规则的内容，可以防范计算机蠕虫或是木马程序的快速蔓延。不过就实现而言，这个方法既烦且杂（软件种类很多），所以大部分防火墙都不会考虑以这种方法设计。ML 防火墙是一种新形态的应用层防火墙。

5．数据库防火墙

数据库防火墙是一款基于数据库协议分析与控制技术的数据库安全防护系统。基于主动防御机制，实现数据库的访问行为控制、危险操作阻断、可疑行为审计。数据库防火墙通过 SQL 协议分析，根据预定义的禁止和许可策略让合法的 SQL 操作通过，阻断非法违规操作，形成数据库的外围防御圈，实现 SQL 危险操作的主动预防、实时审计。数据库防火墙面对来自于外部的入侵行为，提供 SQL 注入禁止和数据库虚拟补丁包功能。

任务拓展

1．如果配置 SNAT 后，只允许内网用户在早 9:00 到晚 18:00 浏览网页，其他时间不做任何限制，如何实现？

2．防火墙内网口处接一台神州数码三层交换机 5950，三层交换机上如何设置几个网段通过防火墙访问外网？

任务三 配置防火墙透明模式策略

任务描述

上海御恒信息科技公司已建有局域网并安装了基本的防火墙设备。技术部经理要求新招聘的网络工程师小张尽快学会配置防火墙的透明模式，小张按照经理的要求开始做以下的任务分析。

任务分析

（1）安装防火墙 DCFW-1800 系列。

（2）透明模式相当于防火墙工作于透明网桥模式。防火墙进行防范的各个区域均位于同一网段。在实际应用网络中，这是对网络变动最少的介入方法，广泛用于大量原有网络的安全升级中。

（3）绘制任务拓扑如图 4-14 所示。

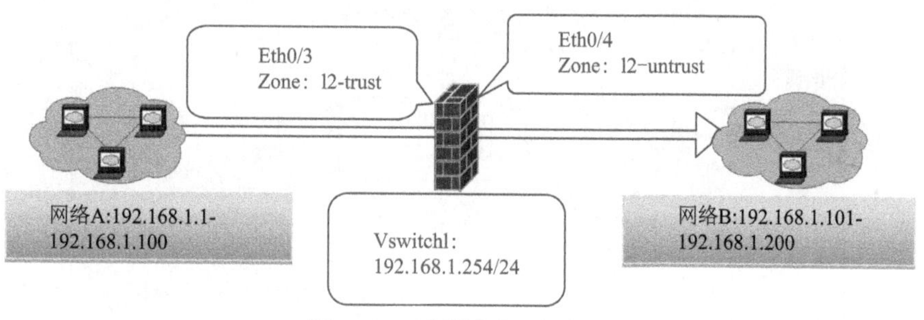

图 4-14　透明模式配置拓扑

（4）将防火墙 eth3 接口和 eth4 接口配置为透明模式。

（5）eth3 与 eth4 同属一个虚拟桥接组，eth3 属于 l2-trust 安全域，eth4 属于 l2-untrust 安全域。

（6）为虚拟交换机 Vswitch1 配置 IP 地址以便管理防火墙。

（7）允许网段 A ping 网段 B 及访问网段 B 的 Web 服务。

任务实施

第一步：接口配置。

将 eth3 接口加入二层安全域 l2-trust。

```
DCFW-1800(config)# interface ethernet0/6
DCFW-1800(config-if-eth0/6)# zone l2-trust
```

将 eth4 接口设置成二层安全域 l2-untrust，图 4-15 所示为图形界面中的配置方法。

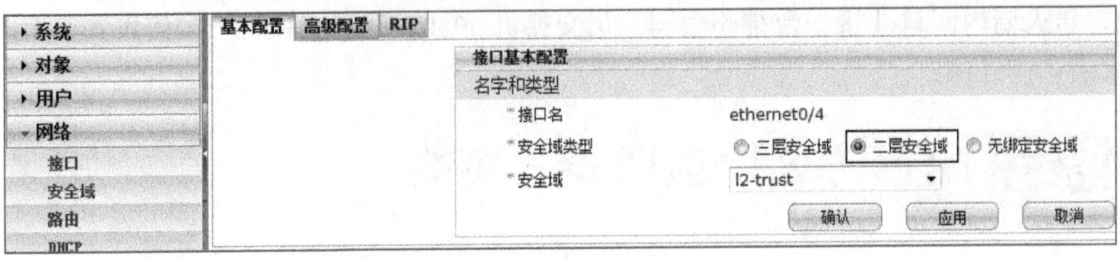

▸ 系统
▸ 对象
▸ 用户
▾ 网络
接口
安全域
路由
DHCP

基本配置　高级配置　RIP

接口基本配置

名字和类型

*接口名	ethernet0/4
*安全域类型	◎ 三层安全域　◉ 二层安全域　◎ 无绑定安全域
*安全域	l2-trust

确认　应用　取消

图 4-15　图形界面的透明安全域配置

物理接口配置为二层安全域时无法配置 IP 地址。

第二步：配置虚拟交换机（Vswitch）。

如果没有单独接口做管理的话，可以先使用控制线通过控制口登录防火墙。

```
DCFW-1800(config)# interface vswitchif1
DCFW-1800(config-if-vsw1)# zone trust
DCFW-1800(config-if-vsw1)# ip address 192.168.1.254/24
DCFW-1800(config-if-vsw1)# manage ping
DCFW-1800(config-if-vsw1)# manage https
```

也可以在防火墙上单独使用一个接口做管理，通过该接口登录到防火墙，在 Web 下进行配置，如图 4-16 所示。

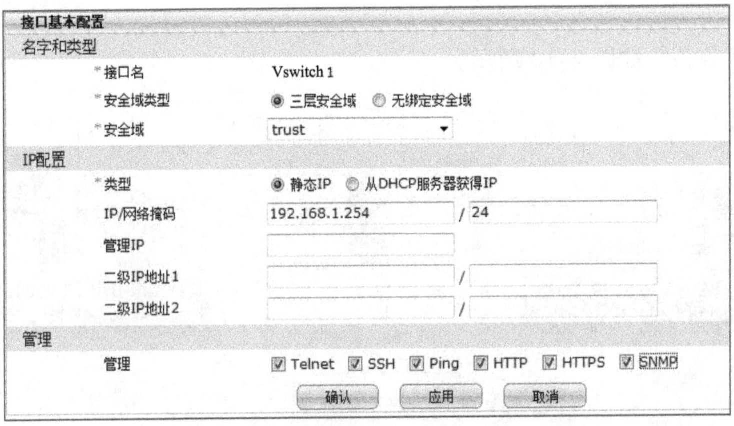

接口基本配置

名字和类型

*接口名	Vswitch1
*安全域类型	◉ 三层安全域　◎ 无绑定安全域
*安全域	trust

IP配置

*类型	◉ 静态IP　◎ 从DHCP服务器获得IP
IP/网络掩码	192.168.1.254 / 24
管理IP	
二级IP地址1	/
二级IP地址2	/

管理

管理	☑ Telnet　☑ SSH　☑ Ping　☑ HTTP　☑ HTTPS　☑ SNMP

确认　应用　取消

图 4-16　图形界面配置 Vswitch1 接口地址

第三步：添加对象。

定义地址对象，如图 4-17 和图 4-18 所示。

定义网段 A（192.168.1.1 ～ 192.168.1.100）。

定义网段 B（192.168.1.101 ～ 192.168.1.200）。

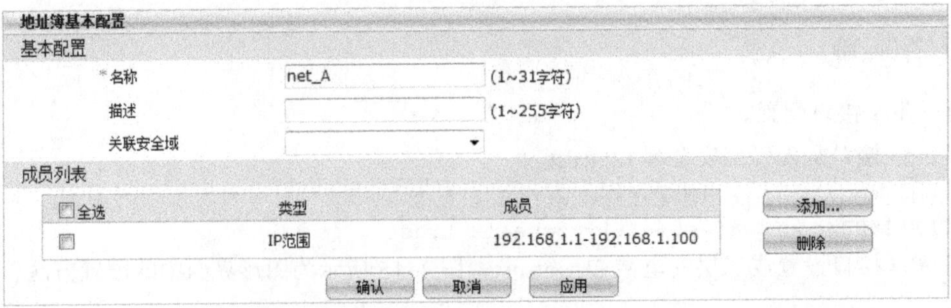

地址簿基本配置

基本配置

*名称	net_A	(1~31字符)
描述		(1~255字符)
关联安全域		

成员列表

☐全选	类型	成员
☐	IP范围	192.168.1.1-192.168.1.100

添加…　删除

确认　取消　应用

图 4-17　添加网络地址对象 net_A

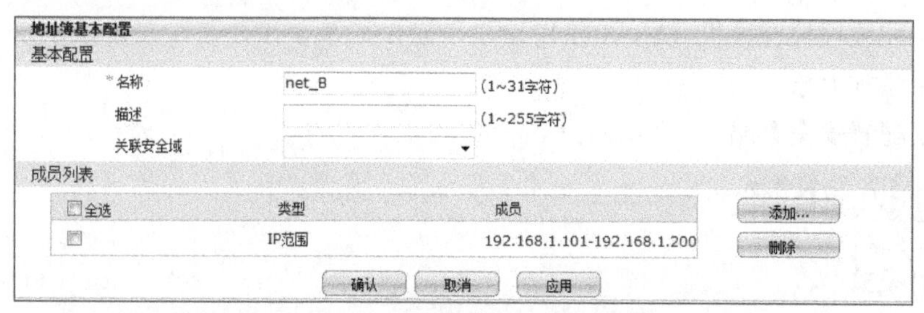

图 4-18　添加地址对象 net_B

要求允许网段 A ping 网段 B 及访问网段 B 的 Web 服务，在这里将 ping 和 http 服务建立一个服务组。添加服务对象，如图 4-19 所示。

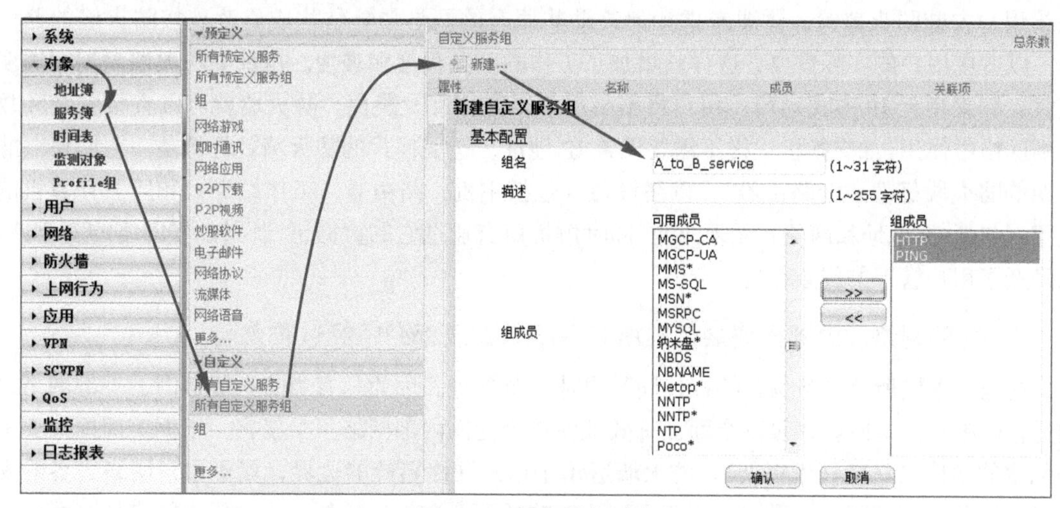

图 4-19　添加服务对象

第四步：配置安全策略。

在安全 / 策略中选择“源安全域”和“目的安全域”，新建策略，如图 4-20 所示。

图 4-20　添加相关策略

任务小结

配置防火墙透明模式策略由以下四步操作完成：

第一步：接口配置。

第二步：配置虚拟交换机（Vswitch）。

第三步：添加对象。

第四步：配置安全策略。

相关知识与技能

1．透明模式

顾名思义，透明模式的首要特点就是对用户是透明的，即用户意识不到防火墙的存在。要想实现透明模式，防火墙必须在没有IP地址的情况下工作，不需要对其设置IP地址，用户也不知道防火墙的IP地址。防火墙作为实际存在的物理设备，其本身也起到路由的作用，所以在为用户安装防火墙时，需要考虑如何改动其原有的网络拓扑结构或修改连接防火墙的路由表，以适应用户的实际需要，这样就增加了工作的复杂程度和难度。但如果防火墙采用了透明模式，即采用无IP方式运行，用户将不必重新设定和修改路由，防火墙就可以直接安装和放置到网络中使用，如交换机一样不需要设置IP地址。透明模式的防火墙就好像是一台网桥（非透明的防火墙好像一台路由器），网络设备（包括主机、路由器、工作站等）和所有计算机的设置（包括IP地址和网关）无须改变，同时解析所有通过它的数据包，既增加了网络的安全性，又降低了用户管理的复杂程度。

2．内部网络和外部网络之间的所有网络数据流都必须经过防火墙

这是防火墙所处网络位置特性，同时也是一个前提。因为只有当防火墙是内、外部网络之间通信的唯一通道时，才可以全面、有效地保护企业网内部网络不受侵害。根据美国国家安全局制定的《信息保障技术框架》，防火墙适用于用户网络系统的边界，属于用户网络边界的安全保护设备。所谓网络边界即采用不同安全策略的两个网络连接处，比如用户网络和互联网之间的连接、和其他业务往来单位的网络连接、用户内部网络不同部门之间的连接等。防火墙的目的是在网络连接之间建立一个安全控制点，通过允许、拒绝或重新定向经过防火墙的数据流，实现对进、出内部网络的服务和访问的审计和控制。典型防火墙的一端连接企事业单位内部的局域网，而另一端则连接着互联网。所有的内、外部网络之间的通信都要经过防火墙。

3．只有符合安全策略的数据流才能通过防火墙

防火墙最基本的功能是确保网络流量的合法性，并在此前提下将网络的流量快速地从一条链路转发到另外的链路上去。原始的防火墙是一台“双穴主机”，即具备两个网络接口，同时拥有两个网络层地址。防火墙将网络上的流量通过相应的网络接口接收上来，按照OSI协议栈的七层结构顺序上传，在适当的协议层进行访问规则和安全审查，然后将符合通过条件的报文从相应的网络接口送出，而对于那些不符合通过条件的报文则予以阻断。因此，从这个角度上来说，防火墙是一个类似于桥接或路由器的、多端口的（网络接口≥2）转发设备，它跨接于多个分离的物理网段之间，并在报文转发过程之中完成对报文的审查工作。

任务拓展

1．防火墙上的Vswitch接口配置地址的目的是什么？

2．防火墙上如果处于透明模式的两个接口都放到同一个二层安全域中，比如说将上述任务中的 eth3 口和 eth4 口都设置成 l2-trust 安全域，那是否还需要设置安全策略，如果需要的话如何设置？

3．针对上述任务，要求实现放行网段 B 至网段 A 的 TCP9988 端口，如何配置？

任务四 配置防火墙 DHCP

任务描述

上海御恒信息科技公司已建有局域网并安装了基本的防火墙设备。技术部经理要求新招聘的网络工程师小张尽快学会如何在防火墙上设置 DHCP，小张按照经理的要求开始做以下的任务分析。

任务分析

（1）知道什么是 DHCP。

（2）了解在什么环境下使用 DHCP。

（3）DHCP 方式获取地址有什么好处？

（4）学会如何在防火墙上设置 DHCP。

（5）绘制任务拓扑如图 4-21 所示。

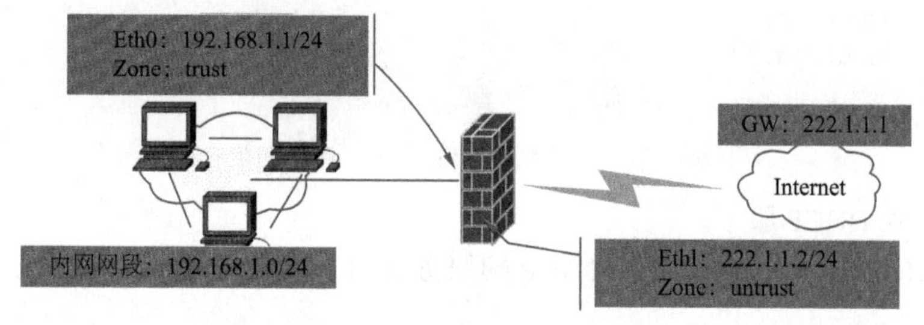

图 4-21　DHCP 环境拓扑设计

（6）要求内网用户能够自动获取到 IP 地址以及 DNS。

（7）要求内网用户获取到 IP 地址后能直接访问外网。

任务实施

第一步：设置 DHCP 地址池。

（1）创建 DHCP 前先要创建一个地址池，目的是 PC 获取地址时从该网段中来获取 IP。如图 4-22 所示，设置好池名称、地址范围、网关、掩码和租约时间后单击“确定”按钮即可。

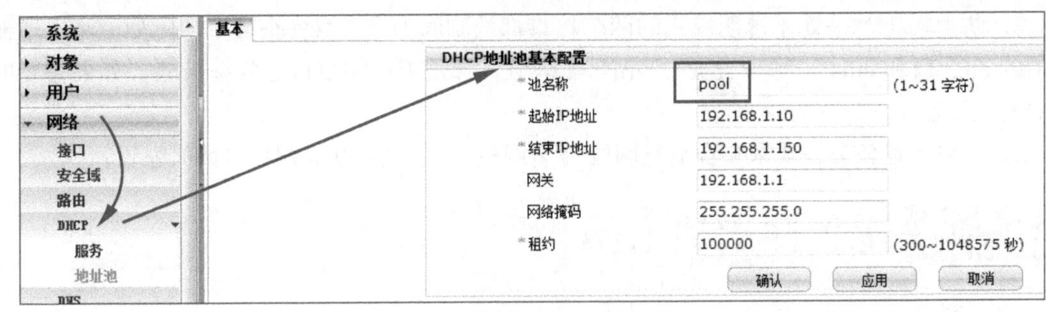

图 4-22　设置 DHCP 地址池

（2）如果需要内网 PC 自动获取 DNS 地址，需要在编辑该地址池时，在高级设置中填写 DNS 地址，如图 4-23 所示。

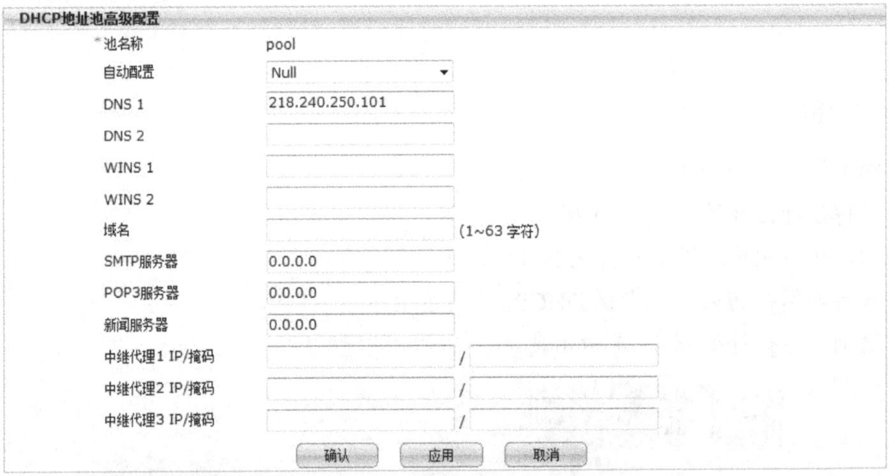

DHCP地址池高级配置

*池名称	pool
自动配置	Null
DNS 1	218.240.250.101
DNS 2	
WINS 1	
WINS 2	
域名	(1~63 字符)
SMTP服务器	0.0.0.0
POP3服务器	0.0.0.0
新闻服务器	0.0.0.0
中继代理1 IP/掩码	/
中继代理2 IP/掩码	/
中继代理3 IP/掩码	/

确认　应用　取消

图 4-23　地址池中高级项目的添加界面

第二步：设置 DHCP 服务。

在网络 /DHCP/ 服务中选择启用 DHCP 的服务接口。选择创建的 DHCP 服务器地址池，如图 4-24 所示。

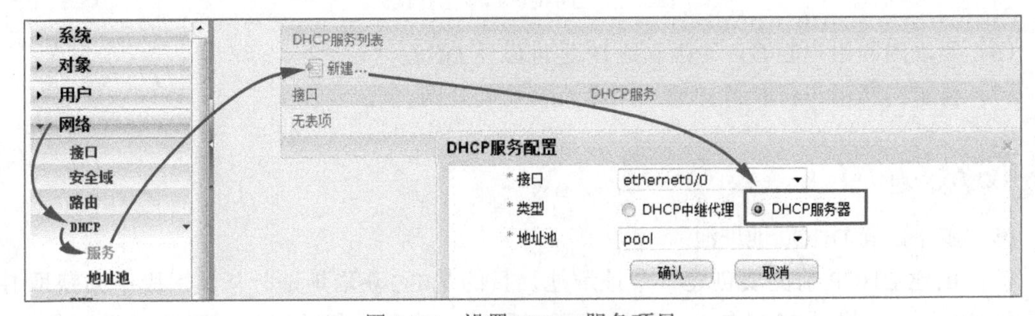

图 4-24　设置 DHCP 服务项目

第三步：验证。

内网 PC 使用自动获取 IP 地址的方式获取 IP 地址，可以看到 PC 已经获取到 192.168.1.66 的 IP 地址网关为 192.168.1.1，DNS 地址为 218.240.250.101，如图 4-25 所示。

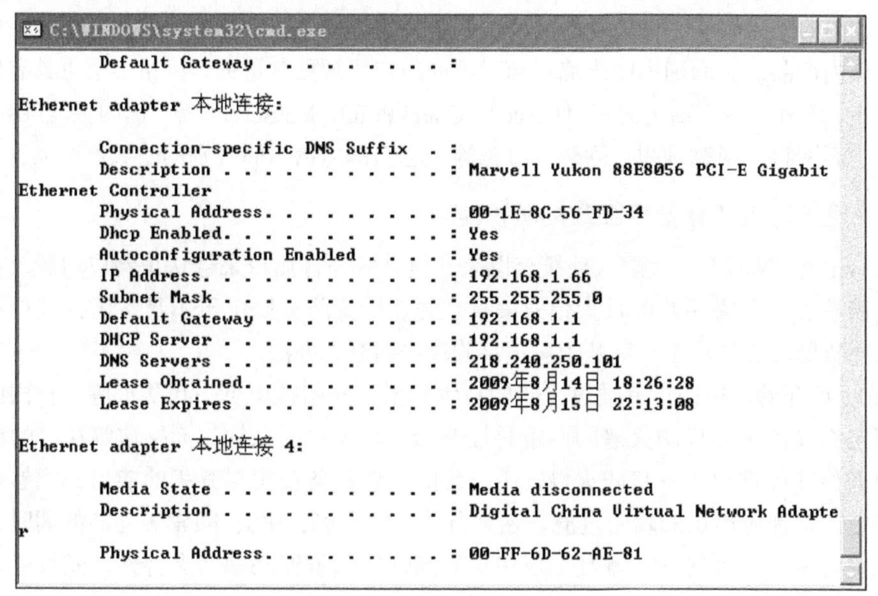

图 4-25 PC 自动获取的动态地址

任务小结

配置防火墙 DHCP 由以下三步操作完成：

第一步：设置 DHCP 地址池。

第二步：设置 DHCP 服务。

第三步：验证。

相关知识与技能

1．DHCP

DHCP（Dynamic Host Configuration Protocol，动态主机配置协议）是一个局域网的网络协议，使用 UDP 协议工作，主要有两个用途：①给内部网络或网络服务供应商自动分配 IP 地址；②是用户或者内部网络管理员对所有计算机进行管理的手段，在 RFC 2131 中有详细的描述。DHCP 有 3 个端口，其中 UDP67 和 UDP68 为正常的 DHCP 服务端口，分别作为 DHCP Server 和 DHCP Client 的服务端口；546 号端口用于 DHCPv6 Client，而不用于 DHCPv4，是为 DHCP failover 服务，这是需要特别开启的服务，DHCP failover 用来做“双机热备”。

2．防火墙自身应具有非常强的抗攻击免疫力

这是防火墙之所以能担当企业内部网络安全防护重任的先决条件。防火墙处于网络边缘，它就像一个边界卫士一样，每时每刻都要面对黑客的入侵，这样就要求防火墙自身要具有非常强的抗击入侵本领。它之所以具有这么强的本领，防火墙操作系统本身是关键，只有自身具有完整信任关系的操作系统才可以谈论系统的安全性。其次就是防火墙自身具有非常低的服务功能，除了专门的防火墙嵌入系统外，再没有其他应用程序在防火墙上运行。当然这些安全性也只能说是相对的。

目前国内的防火墙几乎被国外的品牌占据了一半市场，国外品牌的优势主要是在技术和知名度上比国内产品高。而国内防火墙厂商对国内用户了解更加透彻，价格上也更具有优势。防火墙产品中，国外主流厂商为思科（Cisco）、CheckPoint、NetScreen 等，国内主流厂商为东软、天融信、山石网科、网御神州、联想、方正等，它们都提供不同级别的防火墙产品。

3．应用层防火墙具备更细致的防护能力

自从 Gartner 提出下一代防火墙概念以来，信息安全行业越来越认识到应用层攻击成为当下取代传统攻击、危害用户的最大信息安全威胁。传统防火墙由于不具备区分端口和应用的能力，仅能防御传统的攻击，对基于应用层的攻击则毫无办法。

从 2011 年开始，国内厂家通过多年的技术积累，开始推出下一代防火墙，在国内从第一家推出真正意义的下一代防火墙的网康科技开始，至今包括东软、天融信等在内的传统防火墙厂商也开始陆续推出下一代防火墙。下一代防火墙具备应用层分析的能力，能够基于不同的应用特征，实现应用层的攻击过滤，在具备传统防火墙、IPS、防毒等功能的同时，还能够对用户和内容进行识别管理，兼具了应用层的高性能和智能联动两大特性，能够更好地针对应用层攻击进行防护。

4．数据库防火墙针对数据库恶意攻击的阻断能力

虚拟补丁技术：针对 CVE 公布的数据库漏洞，提供漏洞特征检测技术。

高危访问控制技术：提供对数据库用户的登录、操作行为，提供根据地点、时间、用户、操作类型、对象等特征定义高危访问行为。

SQL 注入禁止技术：提供 SQL 注入特征库。

返回行超标禁止技术：对敏感表的返回行数进行控制。

SQL 黑名单技术：提供对非法 SQL 的语法抽象描述。

任务拓展

1．如果 DHCP Server 设置在出口路由器上，内网为一个路由模式的防火墙，此时需要在防火墙上如何操作？

2．出口防火墙上设置 DHCP Server，内网用户使用 DHCP 的方式来获取 IP 地址和 DNS，测试内网用户是否可以成功获取 IP 地址，并验证获取 IP 地址后是否可以访问外网。

任务五 配置防火墙负载均衡

任务描述

上海御恒信息科技公司已建有局域网并安装了基本的防火墙设备。技术部经理要求新招聘的网络工程师小张尽快学会使用防火墙设置负载均衡的配置，并学会在防火墙上设置监控地址，小张按照经理的要求开始做以下的任务分析。

任务分析

（1）防火墙作为出口设置时，当外网线路为两条或者多条链路时，内网在访问外网时可以均衡选择几条外线；另外，其中一条外网出现故障后，内网用户不会受影响，可以通过其他链路访问外网。

（2）绘制任务拓扑如图 4-26 所示。

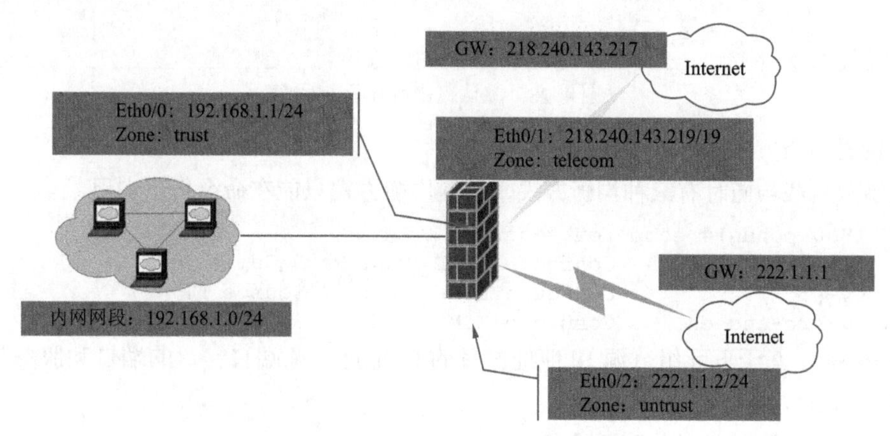

图 4-26　负载均衡配置拓扑

（3）要求内网访问外网时两条外网负载均衡。

（4）一旦其中一条链路出现故障后，可以通过另外一条链路访问外网。

任务实施

第一步：设置接口地址，添加安全域。

第二步：添加路由，选择均衡方式，设置监控地址。

（1）创建等价路由。

防火墙有两条外线，首先要创建两条等价的默认路由，所谓等价指优先级相同。在图 4-27 中已经创建了第一条默认路由，网关为 222.1.1.1。

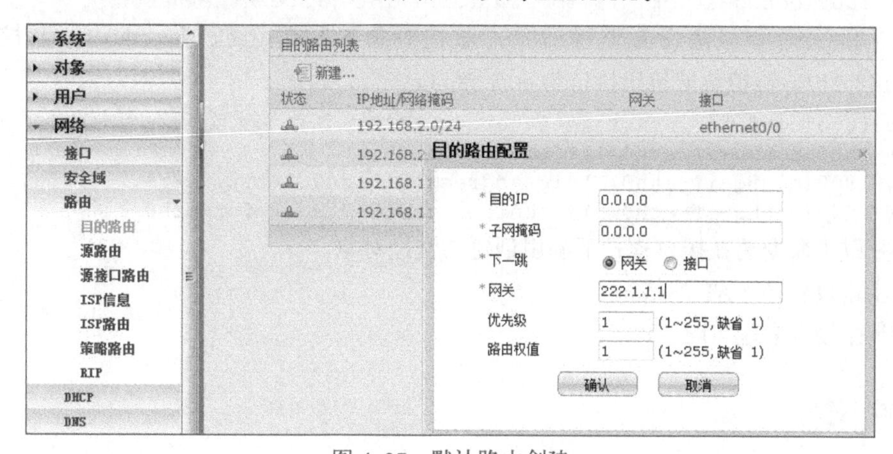

图 4-27　默认路由创建

创建另一条默认路由，网关为 218.240.143.217。在图 4-28 中可以看到在目的路由中创建的两条默认等价路由。

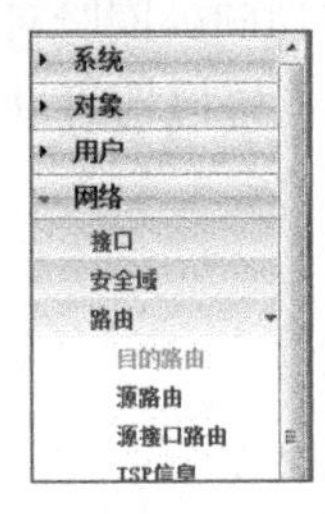

目的路由列表　　总条数：6 每页：50

新建...

状态	IP地址/网络掩码	网关	接口	虚拟路由器	协议	优先级	度量
	0.0.0.0/0	222.1.1.1			静态	1	0
	0.0.0.0/0	218.240.143.217			静态	1	0
	192.168.2.0/24		ethernet0/0		直连	0	0
	192.168.2.234/32		ethernet0/0		主机	0	0
	192.168.11.0/24		ethernet0/1		直连	0	0
	192.168.11.1/32		ethernet0/1		主机	0	0

图 4-28　默认路由优先级相同

（2）设置均衡方式。

防火墙做负载均衡时有三种均衡方式，设置均衡方式只能在命令行下实现：

```
DCFW-1800(config)# ecmp-route-select ?
      by-5-tuple          Configure ECMP Hash As 5 Tuple
      by-src              Configure ECMP Hash As Source IP
      by-src-and-dst      Configure ECMP Hash As Source IP and Dest IP
```

by-5-tuple：基于五元组（源 IP 地址、目的 IP 地址、源端口、目的端口和服务类型）作哈希选路（hash）。

by-src：基于源 IP 地址作哈希选路。

by-src-and-dst：基于源 IP 地址和目的 IP 地址作哈希选路。默认情况下，基于源 IP 地址和目的 IP 地址做哈希选路。

默认防火墙使用的是 by-src-and-dst 均衡方式。

（3）设置监控地址。

设置监控地址的目的是一旦检测到监控地址不能通信时，则内网访问外网的数据包不再转发到该外网口，只将数据包从另外一条外线转发。

在命令行下设置监控地址的方法如下：

```
DCFW-1800(config)# track "track-for-eth0/1"
DCFW-1800(config-trackip)# ip 218.240.143.217 interface ethernet0/1
DCFW-1800(config)# track "track-for-eth0/2"
DCFW-1800(config-trackip)# ip 222.1.1.1 interface ethernet0/2
```

说明：以上命令只是设置监控对象，监控对象名称为 track-for-eth0/1，监控地址是 218.240. 143.217，监控数据包出接口为 e0/1 接口。

```
DCFW-1800(config)# interface ethernet0/1
DCFW-1800(config-if-eth0/1)# zone  "untrust"
DCFW-1800(config-if-eth0/1)#ip address 218.240.143.219 255.255.255.248
DCFW-1800(config-if-eth0/1)# monitor track "track-for-eth0/1"
```

说明：以上命令为在接口模式下调用创建的监控对象。

第三步：设置源 NAT 策略。

第四步：设置安全策略。

任务小结

配置防火墙负载均衡由以下四步操作完成：

第一步：设置接口地址，添加安全域。

第二步：添加路由，选择均衡方式，设置监控地址。

第三步：设置源 NAT 策略。

第四步：设置安全策略。

相关知识与技能

1．负载均衡

负载均衡（Load Balance）的意思就是分摊到多个操作单元上进行执行，例如 Web 服务器、FTP 服务器、企业关键应用服务器和其他关键任务服务器等，从而共同完成工作任务，建立在现有网络结构之上，它提供了一种廉价、有效、透明的方法，扩展了网络设备和服务器的带宽，增加了吞吐量，加强了网络数据处理能力，提高了网络的灵活性和可用性。

2．负载均衡 NAT

简单地说，负载均衡 NAT（Network Address Translation，网络地址转换）就是将一个 IP 地址转换为另一个 IP 地址，一般用于未经注册的内部地址与合法的、已获注册的 Internet IP 地址间进行转换。适用于解决 Internet IP 地址紧张、不想让网络外部知道内部网络结构等场合下。

此种负载均衡是当前多 WAN 口路由器的带宽汇聚技术基础，下面以欣向路由器为例进行介绍。

多 WAN 路由器实现的是业界先进的动态负载平衡机制，多 WAN 口动态负载平衡技术可以在使用多条线路的情况下动态分配内网的数据流量，动态地实现带宽汇聚的功能，采用特有的三种负载平衡机制：

（1）Session：所有启用的 WAN 口，采用均分 Session 的方式工作。如第一个连接 Session 通过 WAN1 口流出，则下一个 Session 自动选择 WAN2 流出，第三个 Session 选择 WAN3 口流出（假设所有 WAN 口都启用）。

这种方式适用于多条相同带宽的线路捆绑时使用。

（2）Roudn robin：这种方式适用于多条不同带宽的线路能够更好的协同工作。例如：WAN1 口接一条 512 kbit/s 的 ADSL，WAN2 口接 2 Mbit/s 的光纤，这种情况下可以把比例设为 1：4，这样能够充分利用两条线路的带宽。

（3）Traffic：按数据流量分配负载，系统自动选择流量最小的 WAN 口作为出口。

此种方式适用于线路不稳定时的多条线路混用的情况。在某一条线路暂时不通或者线路不稳定的情况下会把流量自动分配到另一条稳定的线路上。但在多条线路稳定的情况下不建议使用这种方式。

有了这三种负载平衡使得路由器可以灵活地应对多种线路混用的复杂情况，支持多种线路混接，支持多种协议，能够满足多种复杂应用。

3．代理服务

代理服务设备（可能是一台专属的硬件，或只是普通计算机上的一套软件）也能像应用程序一样回应输入封包（如连接要求），同时封锁其他的封包，达到类似于防火墙的效果。

代理使得由外在网络窜改一个内部系统更加困难，并且一个内部系统误用不一定会导致一个安全漏洞可从防火墙外面（只要应用代理剩下的原封不动或适当地被配置）被入侵。相反地，入侵者也许会劫持一个公开可及的系统并使用它作为代理人，然后伪装成系统内部计算机，当对内部地址空间的用途加强安全后，伪装计算机仍然有方法（如 IP 欺骗）对目标网络进行攻击。

防火墙有网络地址转换（NAT）的功能，主机被保护在防火墙之后共同使用所谓的“私人地址空间”。

对防火墙进行配置要求管理员对网络协议和计算机安全有深入的了解。一些小差错可使防火墙不能作为安全工具。

4．防火墙的主要优点

（1）防火墙能强化安全策略。

（2）防火墙能有效地记录 Internet 上的活动。

（3）防火墙限制暴露用户点。防火墙能够用来隔开网络中一个网段与另一个网段。这样，能够防止影响一个网段的问题通过整个网络传播。

（4）防火墙是一个安全策略的检查站。所有进出的信息都必须通过防火墙，防火墙便成为安全问题的检查点，使可疑的访问被拒绝于门外。

任务拓展

1．在上述任务中，如何设置才能让其中一条链路不再转发数据报文（除将该外网接口物理断开），将报文从另外一条链路转发？

2．两台防火墙做 HA 任务：通过在主设备上制造故障切换备用设备查看链路是否会有丢包，如果有丢包会出现几个丢包？主设备恢复正常后备份设备切换主设备时是否有丢包，有的话会有几个丢包？

任务六 配置防火墙源路由

任务描述

上海御恒信息科技公司已建有局域网并安装了基本的防火墙设备。技术部经理要求新招聘的网络工程师小张尽快掌握源路由的概念以及在什么环境下需要设置源路由，并学会在防火墙上设置源路由，小张按照经理的要求开始做以下的任务分析。

任务分析

（1）安装防火墙 DCFW-1800 系列。

（2）绘制任务拓扑如图 4-29 所示。

（3）设置内网用户 192.168.1.0/24 在访问外网时通过 eth0/1 的外网线路。

（4）设置内网用户 192.168.2.0/24 在访问外网时通过 eth0/2 的外网线路。

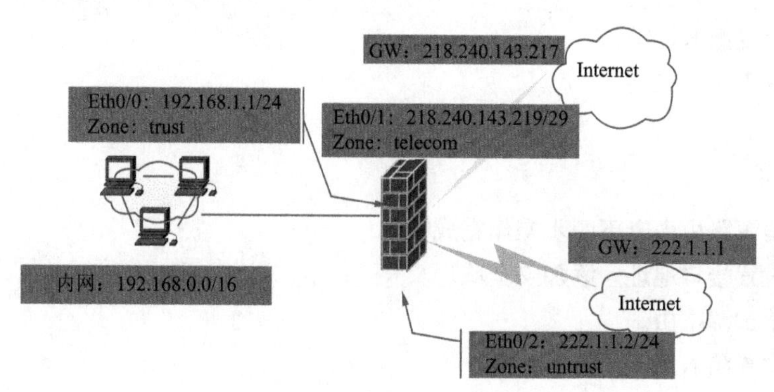

图 4-29　配置防火墙源路由

任务实施

第一步：设置接口地址，添加安全域。

第二步：添加源路由。

在网络 / 路由 / 源路由中，新增一条源路由，设置内网网段 192.168.1.0/24 从下一条网关 218.240.143.217 访问外网，如图 4-30 所示。

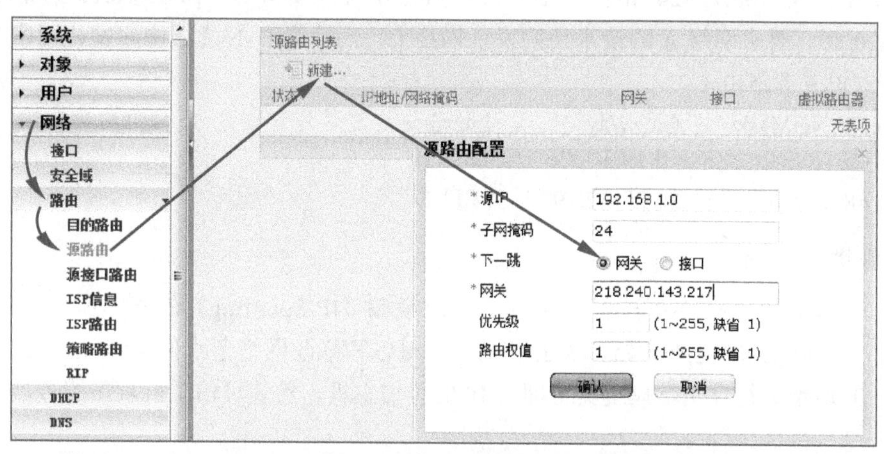

图 4-30　增加源路由条目

使用同样的方法设置 192.168.2.0 从 222.1.1.1 访问外网，如图 4-31 所示。

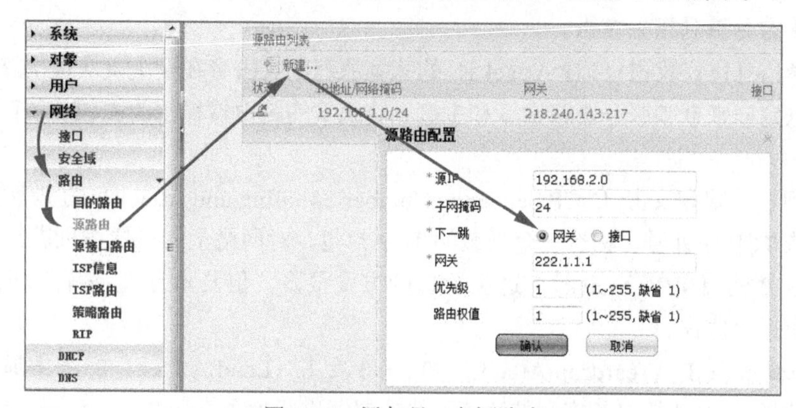

图 4-31　添加另一条源路由

第三步：设置源 NAT 策略。

第四步：设置安全策略。

任务小结

配置防火墙源路由由以下四步操作完成：

第一步：设置接口地址，添加安全域。

第二步：添加源路由。

第三步：设置源 NAT 策略。

第四步：设置安全策略。

相关知识与技能

1. 源路由

源路由是一种基于源地址进行路由选择的策略，可以实现根据多个不同子网或内网地址，有选择性地将数据包发往不同目的地址的功能。例如，某路由器连接两个内网和两个外网，接口 A：192.168.1.0/24 和接口 B：192.168.2.0/24，接口 C：10.10.10.10/30 和接口 D：20.20.20.20/30。要求网络 A 的请求访问发往网络 C，而网络 B 的请求访问发往网络 D，可以按如下方式设置源路由：

SourceIP/NetMask	GateWay	Interface
192.168.1.0/24	10.10.10.09	接口 C
192.168.2.0/24	20.20.20.19	接口 D

2. 源地址欺骗

源地址欺骗（Source Address Spoofing）、IP 欺骗（IP Spoofing）的基本原理：利用 IP 地址出厂时不与 MAC 固定在一起，攻击者通过自封包和修改网络节点的 IP 地址，冒充某个可信节点的 IP 地址进行攻击。瘫痪真正拥有 IP 的可信主机，伪装可信主机攻击服务器——中间人攻击。

源路由选择欺骗（Source Routing Spoofing）的基本原理：利用 IP 数据包中的一个选项（IP Source Routing）指定路由，利用可信用户对服务器进行攻击，特别是基于 UDP 协议面向非连接的属性，更容易被利用来攻击。

路由选择信息协议攻击（RIP Attacks）的基本原理：攻击者在网上发布假的路由信息，再通过 ICMP 重定向来欺骗服务器路由器和主机，将正常的路由器标记为失效，从而达到攻击的目的。

TCP 序列号欺骗和攻击（TCP Sequence Number Spoofing and Attack）的类型有如下三种：

（1）伪造 TCP 序列号，构造一个伪装的 TCP 封包，对网络上的可信主机进行攻击。

（2）SYN 攻击（SYN Attack）。这类攻击的方式很多，但基本原理一样，即让 TCP 协议无法完成三次握手协议。

（3）Teardrop 攻击（Teardrop Attack）和 Land 攻击（Land Attack）的基本原理：利用系统接收 IP 数据包，对数据包长度和偏移不严格的漏洞进行攻击。

3．IP 地址欺骗

IP 地址欺骗是一种黑客的攻击形式，黑客使用一台计算机上网，而借用另外一台计算机的 IP 地址，从而冒充另外一台计算机与服务器打交道。防火墙可以识别这种 IP 欺骗。IP 地址欺骗是指行动产生的 IP 数据包伪造的源 IP 地址，以便冒充其他系统或保护发件人的身份。欺骗也可以指伪造或使用伪造的标题以电子邮件或网络新闻的形式发给收件人，或误导接收器或网络，以原产地和有效性发送数据。

4．基本的 IP 地址欺骗

Internet 协议或 IP 根据网际网络通信协议发送与接收数据。通过每个来源地和目的地的数据包发送或接收相关的资料。而 IP 地址欺骗，信息放置在源字段，属于不实际的来源，数据包通过使用不同的地址，实际发件人的信息被送往另一台计算机，目标计算机发送假地址到其他计算机。IP 地址欺骗是一个非常有用的工具，能进行网络渗透并绕过网络安全防御。

5．影响 IP 地址欺骗

IP 地址欺骗是非常有用的，特别是在 DoS 攻击中，大量的信息被发送到目标计算机或系统，因为攻击数据包的来源不同，因此，攻击者是难以追查。黑客使用的 IP 地址欺骗，经常利用随机选择的 IP 地址。

6．IP 地址欺骗的防御

通过侵入过滤或包过滤来防止 IP 地址欺骗，这种技术可以判断数据包是来自内部还是外部。出口过滤还可阻止假冒 IP 地址的数据包发动攻击。关闭源路由可协助防止黑客利用欺骗技术进行侵入。

任务拓展

1．对于多链路出口可以设置针对内网源地址去选择，但是否可以针对服务项去选择网关出口呢？

2．如果在目的路由设置 A 网段指向网关 C，那对于设置了源路由的网段在访问 A 时是否会走网关 C 呢？

3．请用防火墙设置源路由，针对内网主机 A 访问外网时网关指向 B 地址，针对内网其他网段指向默认网关 C。

任务七 配置防火墙记录上网 URL

任务描述

上海御恒信息科技公司已建有局域网并安装了基本的防火墙设备。技术部经理要求新招聘的网络工程师小张尽快学会如何配置防火墙才能将内网用户的上网日志记录在防火墙上并学会配置防火墙使其能够记录内网用户访问的 URL，小张按照经理的要求开始做以下的任务分析。

任务分析

（1）安装防火墙 DCFW-1800 系列。

（2）神州数码 1800 系统防火墙可以记录内网用户上网的流量日志，并且可以记录内网用户上网的 URL，上网日志属于流量日志类型。默认情况下，系统的流量日志功能处于关闭状态，因此，为使上网日志记录功能生效，用户需要同时打开系统的流量日志功能。

任务实施

第一步：创建 http profile

在安全 /HTTP Profile 中创建一个 http profile，名称为“记录上网 URL”，启用“上网日志”，单击“确认”按钮即可，如图 4-32 所示。

图 4-32　创建 http profile

第二步：创建 profile 组，引用 http profile。

在安全 /profile 组中创建一个 profile 组，名称为“http-profile 组”，并引用之前创建的“记录上网 URL”的 http profile，单击“确认”按钮即可，如图 4-33 所示。

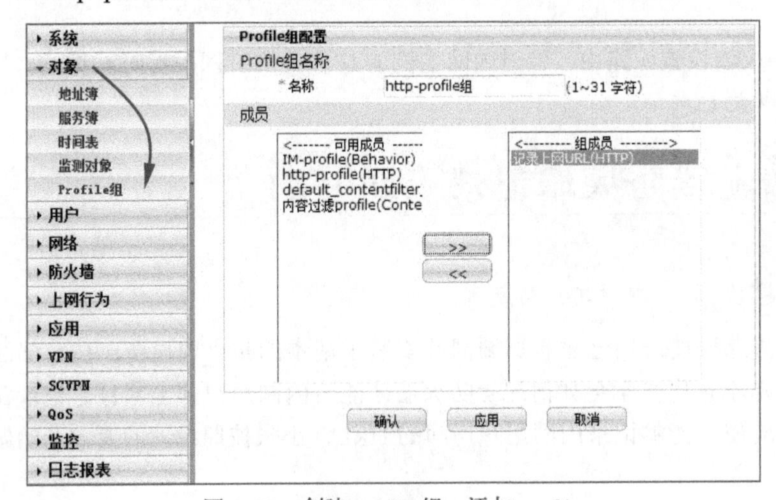

图 4-32　创建 profile 组，添加 profile

第三步：创建安全策略，在策略中引用 profile 组，如图 4-34 所示。

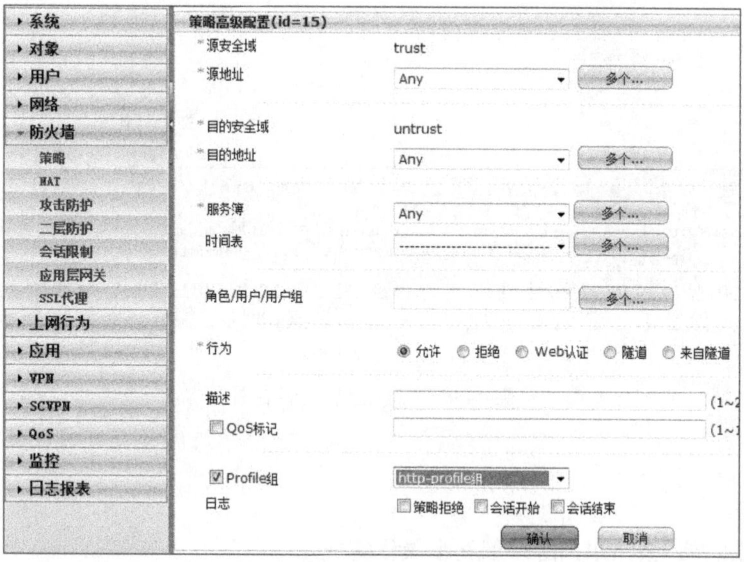

图 4-34 策略中引用 profile 组

第四步：开启流量日志。

系统默认流量日志未开启，需要在报表 / 日志管理 / 流量日志中将其开启，如图 4-35 所示。

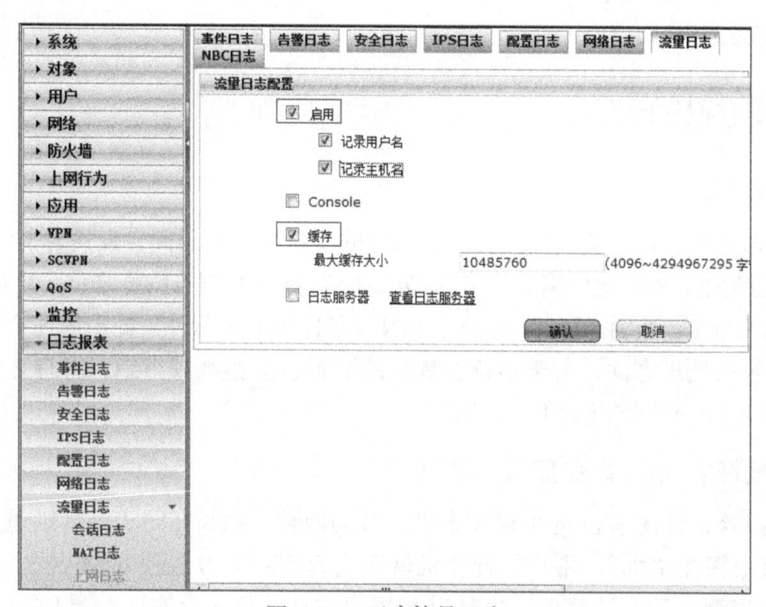

图 4-35 开启流量日志

第五步：验证测试。

如图 4-36 所示，内网用户 192.168.1.246 在访问 www.baidu.com 和 www.kaixin001.com。已经将日志信息记录到了日志内存缓存中。

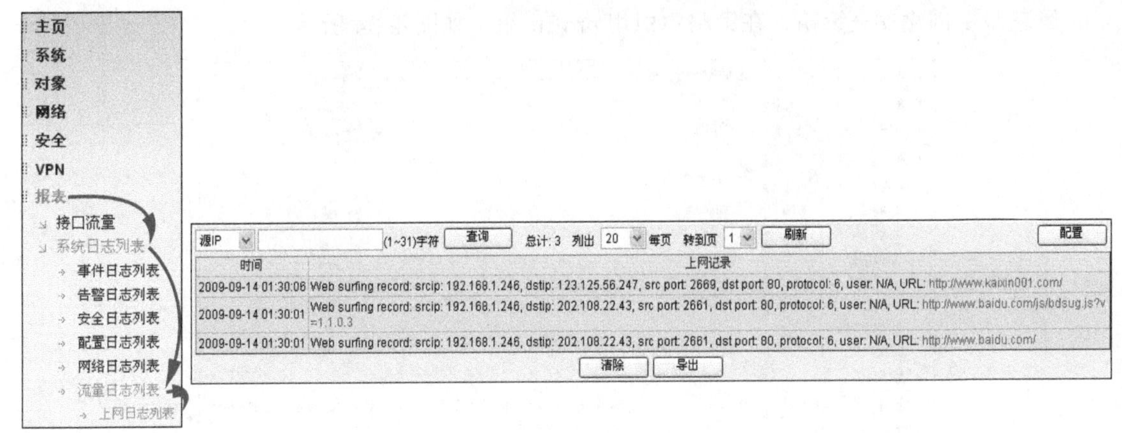

图 4-36　日志记录列表查看

任务小结

配置防火墙记录上网 URL 由以下五步操作完成：

第一步：创建 http profile。

第二步：创建 profile 组，引用 http profile。

第三步：创建安全策略，在策略中引用 profile 组。

第四步：开启流量日志。

第五步：验证测试。

相关知识与技能

1．防火墙日志

防火墙日志分为三行：第一行反映了数据包的发送、接收时间、发送者 IP 地址、对方通信端口、数据包类型、本机通信端口等信息；第二行为 TCP 数据包的标志位，共有六位标志位，分别是：URG、ACK、PSH、RST、SYN、FIN，在日志上显示时只标出第一个字母；日志第三行是对数据包的处理方法，对于不符合规则的数据包会拦截或拒绝，对符合规则的但被设为监视的数据包会显示为“继续下一规则”。

2．常见报警之 ping 命令探测计算机

最常见的报警，尝试用 ping 来探测本机。分为两种：如果在防火墙规则里设置了“防止别人用 ping 命令探测主机”，用户的计算机就不会返回给对方这种 ICMP 包，这样别人就无法用 ping 命令探测自己的计算机，也就以为用户的计算机不存在。如果偶尔一两条影响不大，但如果显示有 *n* 个来自同一 IP 地址的记录，很有可能是别人用黑客工具探测用户的主机信息。

[11:13:35] 接收到 210.29.14.136 的 ICMP 数据包，类型：8，代码：0，该包被拦截。这种情况只是简单的 ping 命令探测，如：ping 210.29.14.130 就会出现如上日志。

[14:00:24] 210.29.14.130 尝试用 ping 命令探测本机，该操作被拒绝。

这种情况一般是扫描器探测主机，主要目的是探测远程主机是否连网。但还有一种可能，如果多台不同 IP 的计算机试图利用 ping 命令探测本机。如下方式(经过处理了,IP 是假设的)：

[14:00:24] 210.29.14.45 尝试用 ping 命令探测本机，该操作被拒绝。

[14:01:09] 210.29.14.132 尝试用 ping 命令探测本机，该操作被拒绝。

[14:01:20] 210.29.14.85 尝试用 ping 命令探测本机，该操作被拒绝。

[14:01:20] 210.29.14.68 尝试用 ping 命令探测本机，该操作被拒绝。

此时就不是人为的原因了，所列机器感染了冲击波类病毒。感染了“冲击波杀手”的机器会通过 ping 网内其他计算机的方式寻找 RPC 漏洞，一旦发现，即把病毒传播到这些计算机上。

3．常见报警之 QQ 聊天服务器

[19:55:55] 接收到 218.18.95.163 的 UDP 数据包，本机端口：1214，对方端口：OICQ Server[8000]，该包被拦截。

[19:55:56] 接收到 202.104.129.254 的 UDP 数据包，本机端口：4001，对方端口：OICQ Server[8000]，该包被拦截。

一般是 QQ 服务器的问题，因为接收不到本地的客户响应包，而请求不断连接，还有一种可能就是主机通过 QQ 服务器转发消息，但服务器发给对方的请求没到达，就不断连接响应了(TCP 三次握手出错了)。

4．共享端口

（1）正常情况，局域网的机器共享和传输文件（139 端口）。

（2）连接 135 和 445 端口的计算机本身应该是被动地发数据包，或者是正常、非病毒的连接。

（3）无聊的人扫描 IP 段，这个也是常见的。

（4）连接 135 端口的是冲击波（Worm.Blaster）病毒，“尝试用 ping 命令探测本机”也是一种冲击波情况（internet），这种 135 端口的探测一般是局域网传播，现象为同一个 IP 不断连接本机 135 端口，此时远程主机没打冲击波补丁，蠕虫不断扫描同一 IP 段（冲击波的广域网和局域网传播方式不同）。

（5）某一 IP 连续多次连接本机的 NetBios-SSN[139] 端口，表现为时间间隔短，连接频繁。

防火墙日志中所列计算机此时感染了“尼姆达病毒”。感染了“尼姆达病毒”的计算机有一个特点，它们会搜寻局域网内一切可用的共享资源，并将病毒复制到取得完全控制权限的共享文件夹内，以达到病毒传播的目的。

任务拓展

1．由于防火墙内存缓存有限，是否可以将上网 URL 日志信息记录到日志服务器或者是否还有其他解决方法？

2．搭建任务环境，将内网用户的上网 url 信息记录到日志服务器上

任务八 配置防火墙双机热备

任务描述

上海御恒信息科技公司已建有局域网并安装了基本的防火墙设备。技术部经理要求新招聘的网络工程师小张尽快学会双机热备在什么环境下使用、配置 HA 和学会 HA 配置中的一些参数的使用、学会如何手工同步配置，小张按照经理的要求开始做以下的任务分析。

任务分析

（1）安装防火墙 DCFW-1800 系列。

（2）任务拓扑如图 4-37 所示。

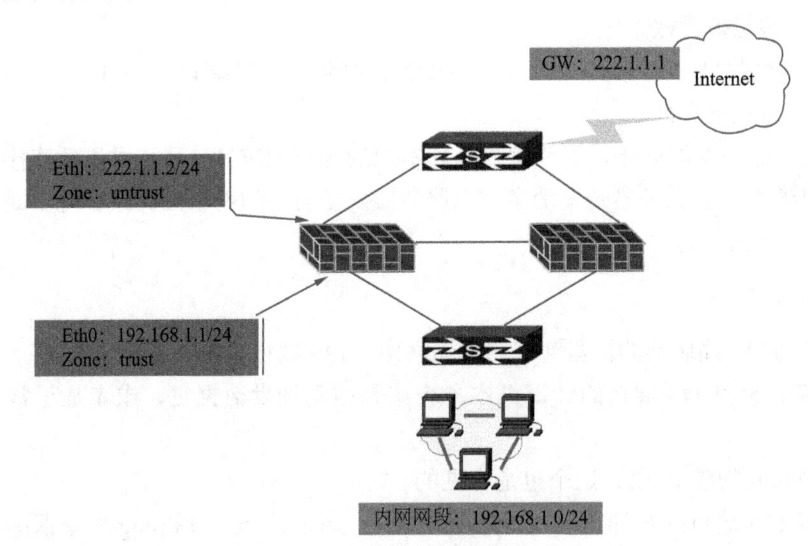

图 4-37　双机热备拓扑

（3）当主设备出现故障后，备用设备能马上顶替主设备转发报文。

任务实施

第一步：在防火墙上添加监控对象。

用户可以为设备指定监测对象，监控设备的工作状态。一旦发现设备不能正常工作，即采取相应措施。目前设备监控对象只能在命令行实现。

在 A 防火墙上 CLI 下全局配置监控对象：

```
hostname(config)# track judy
hostname(config-trackip)# interface ethernet0/0 weight 255
hostname(config-trackip)# interface ethernet0/1 weight 255
hostname(config-trackip)# exit
hostname(config)#
```

第二步：防火墙的 HA 组列表配置。

在 A 防火墙上的系统 /HA/ 组列表中单击“新建”按钮。对于组列表中的参数只填写组 ID 为 0，设置一个优先级，选择监控地址即可。其他参数可以使用系统默认值，如图 4-38 所示。

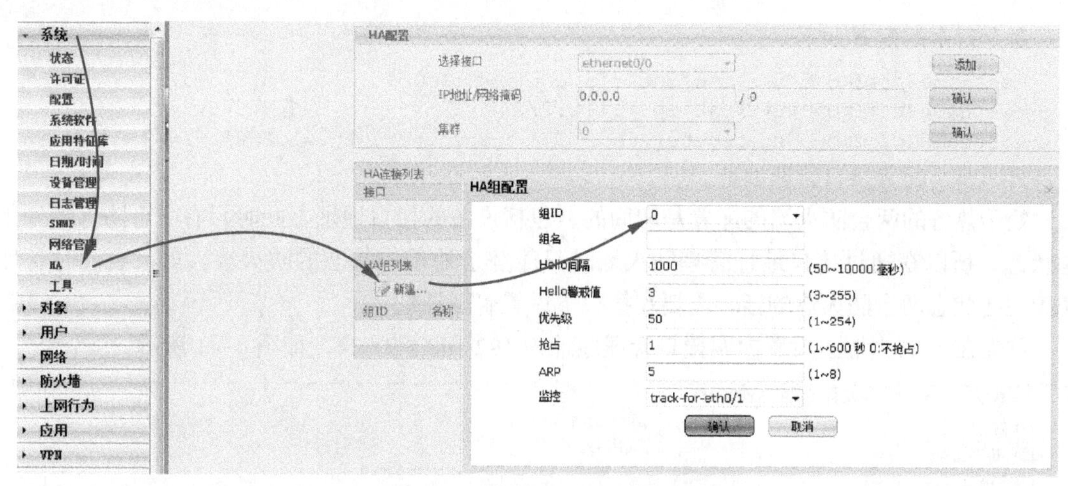

图 4-38　设置 HA 组列表参数

设置完 A 防火墙的组列表后，同样在 B 防火墙上设置组列表，除优先级设置不同外，其他参数与 A 防火墙参数一致。其中优先级不同的原因是在初始设置时两台防火墙一定要设置不同的优先级，数字越小优先级越高。优先级高的防火墙将被选举为主设备。

第三步：防火墙 HA 基本配置。

在 A 防火墙系统 /HA/ 基本配置中设置 HA 连接接口即心跳接口、HA 连接接口 IP 即心跳地址 1.1.1.1 和 HA 组，如图 4-39 所示。

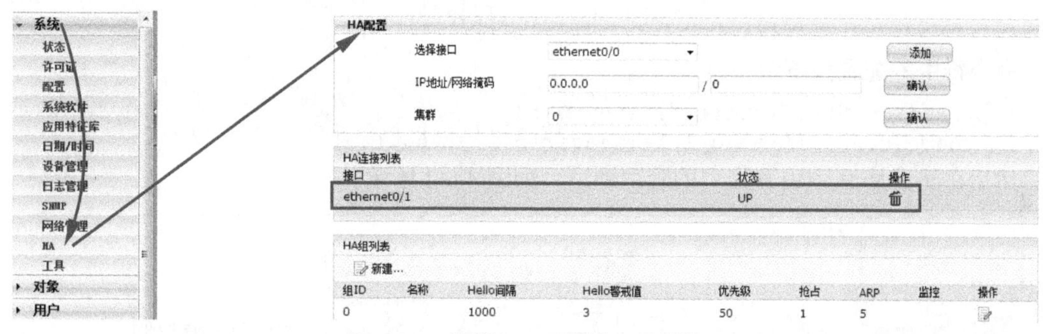

图 4-39　设置 HA 心跳接口及属性

在 A 防火墙上设置完 HA 基本配置后，在 B 防火墙上设置相同的心跳接口和 HA 组，心跳地址要设置成与 A 墙同网段的心跳地址 1.1.1.2，如图 4-40 所示。

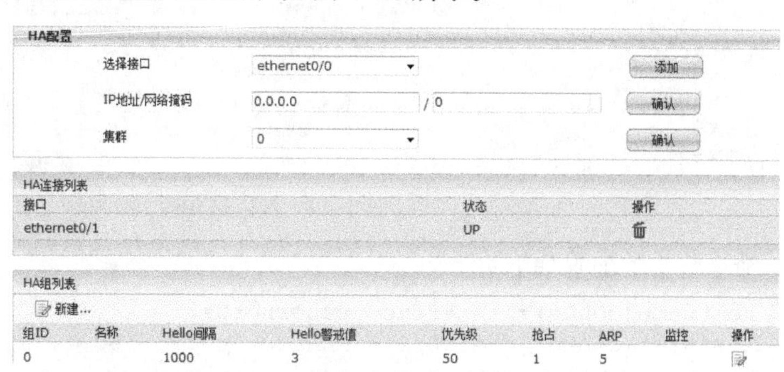

图 4-40　HA 心跳接口对应配置

命令行中的配置如下：

```
hostname(config)# ha link interface ethernet0/4
hostname(config)# ha link ip 1.1.1.2/24
hostname(config)# ha cluster 1
```

第四步：配置接口管理地址。

处于热备的两台防火墙的配置是相同的，包括设备的接口地址，此时只有一台防火墙处于主状态，所以在通过接口地址管理防火墙时只能登录处于主状态的防火墙。如果要同时管理处于主备状态两台防火墙的话，需要在接口下设置管理地址

首先在A防火墙上设置内网接口管理地址为192.168.1.91/24，如图4-41所示。

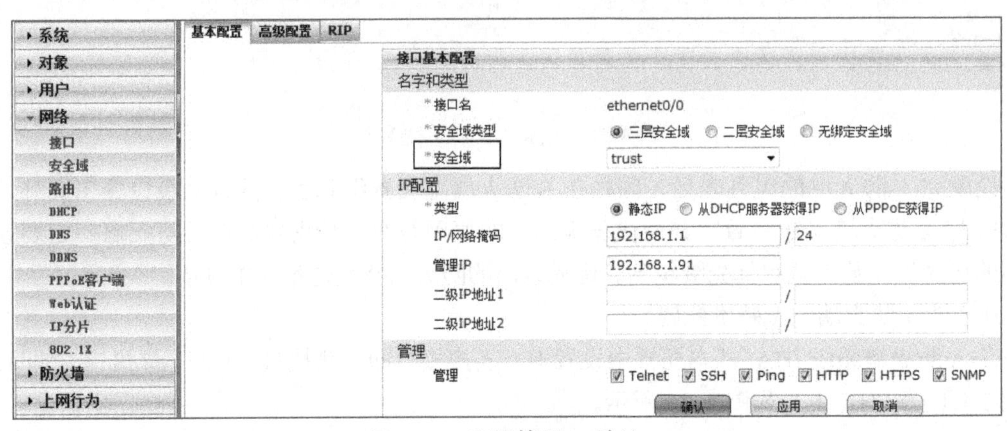

图4-41　配置管理IP地址

命令行中的配置如下：

```
hostname(config)# interface ethernet0/0
hostname(config-if-eth0/1)# manage ip 192.168.1.91
```

然后在防火墙B上设置接口的管理地址，如图4-42所示。

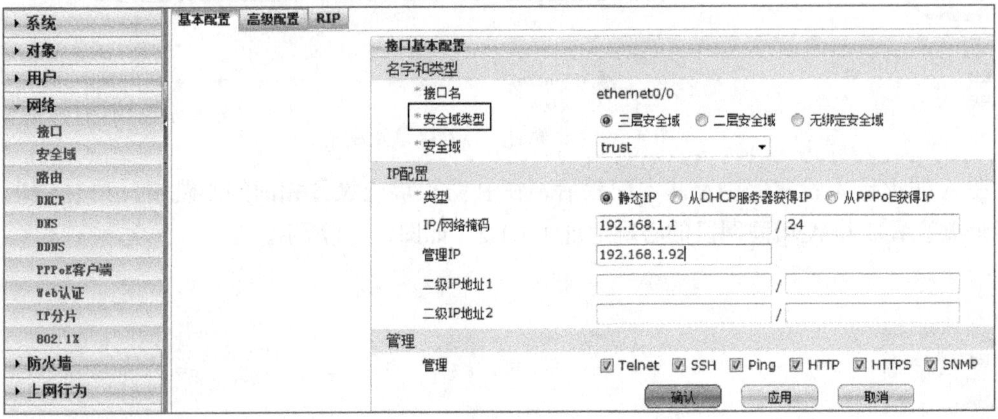

图4-42　对应端管理IP地址

命令行中的配置如下：

```
hostname(config)# interface ethernet0/0
hostname(config-if-eth0/1)# manage ip 192.168.1.92
```

第五步：将主设备配置同步到备份设备。

将两台防火墙连接到网络中并使用网线将两台防火墙的心跳接口eth0/4连接起来，在主

设备上执行以下命令：

```
hostname(config)# exec ha  sync  configuration
```

此时主设备的配置便会同步到备份设备。

任务小结

配置防火墙双机热备由以下五步操作完成：

第一步：防火墙上添加监控对象。

第二步：防火墙的 HA 组列表配置。

第三步：防火墙 HA 基本配置。

第四步：配置接口管理地址。

第五步：将主设备配置同步到备份设备。

相关知识与技能

双机热备

双机热备特指基于高可用系统中的两台服务器的热备（或高可用），因两机高可用在国内使用较多，故得名双机热备，双机高可用按工作中的切换方式分为：主－备方式（Active-Standby方式）和双主机方式（Active-Active 方式），主－备方式是指一台服务器处于某种业务的激活状态（即 Active 状态），另一台服务器处于该业务的备用状态（即 Standby 状态）。而双主机方式是指两种不同业务分别在两台服务器上互为主备状态（即 Active-Standby 和 Standby-Active 状态）。

任务拓展

1．两台防火墙，配置好其中一台后启用 HA 功能，将两台防火墙放到网络中，发现配置好的防火墙配置竟然为空。请思考是什么原因导致的？

2．请使用两台同型号的防火墙，使用 2.5R5 版本，配置好 HA 后，将处于主状态的防火墙外线拔掉后看内网 PC 访问外网是否会有短时掉线？如果一直 ping 包是否会有丢包？

任务九 标准 ACL 任务

任务描述

上海御恒信息科技公司已建有局域网并安装了基本的防火墙设备。技术部经理要求新招聘的网络工程师小张尽快了解什么是标准的 ACL 以及标准 ACL 有哪些不同的实现方法，小张按照经理的要求开始做以下的任务分析。

任务分析

（1）了解 ACL。

（2）准备任务所需设备：DCRS-5656 交换机两台（Software version is DCRS-5650-28_5.2.1.0）、PC 两台、Console 线两根、直通网线若干。

（3）绘制任务拓扑如图 4-43 所示。

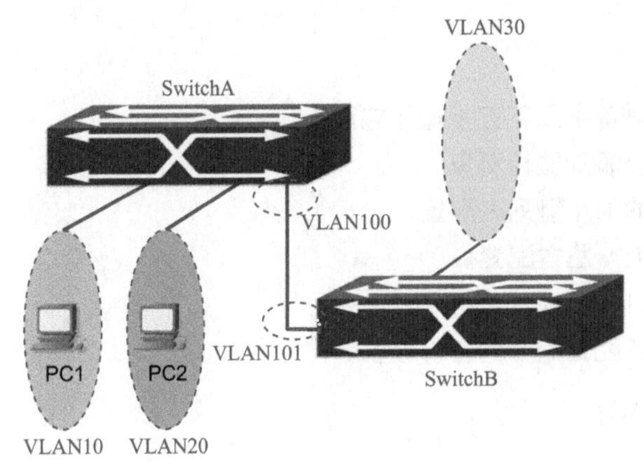

图 4-43　任务拓扑图

（4）配置路由。

（5）在交换机 A 和 B 上分别划分基于端口的 VLAN，如下表所示。

交　换　机	VLAN	端口成员
交换机 A	10	1 ~ 8
	20	9 ~ 16
	100	24
交换机 B	30	1 ~ 8
	101	24

（6）交换机 A 和 B 通过 24 口级联。

（7）配置交换机 A 和 B 各 VLAN 虚拟接口的 IP 地址，如下表所示。

VLAN10	VLAN20	VLAN30	VLAN100	VLAN101
192.168.10.1	192.168.20.1	192.168.30.1	192.168.100.1	192.168.100.2

（8）PC1 和 PC2 的网络设置如下表所示。

设备	IP 地址	gateway	Mask
PC1	192.168.10.101	192.168.10.1	255.255.255.0
PC2	192.168.20.101	192.168.20.1	255.255.255.0

（9）验证：PC1 和 PC2 都通过交换机 A 连接到交换机 B；不配置 ACL，两台 PC 都可以 ping 通 VLAN30；配置 ACL 后，PC1 和 PC2 的 IP ping 不通 VLAN30，更改了 IP 地址后才可以。

任务实施

第一步：交换机全部恢复出厂设置，配置交换机的 VLAN 信息。

交换机 A：

```
DCRS-5656-A#conf
DCRS-5656-A(Config)#vlan 10
DCRS-5656-A(Config-Vlan10)#switchport interface ethernet 0/0/1-8
Set the port Ethernet0/0/1 access vlan 10 successfully
Set the port Ethernet0/0/2 access vlan 10 successfully
Set the port Ethernet0/0/3 access vlan 10 successfully
Set the port Ethernet0/0/4 access vlan 10 successfully
Set the port Ethernet0/0/5 access vlan 10 successfully
Set the port Ethernet0/0/6 access vlan 10 successfully
Set the port Ethernet0/0/7 access vlan 10 successfully
Set the port Ethernet0/0/8 access vlan 10 successfully
DCRS-5656-A(Config-Vlan10)#exit
DCRS-5656-A(Config)#vlan 20
DCRS-5656-A(Config-Vlan20)#switchport interface ethernet 0/0/9-16
Set the port Ethernet0/0/9 access vlan 20 successfully
Set the port Ethernet0/0/10 access vlan 20 successfully
Set the port Ethernet0/0/11 access vlan 20 successfully
Set the port Ethernet0/0/12 access vlan 20 successfully
Set the port Ethernet0/0/13 access vlan 20 successfully
Set the port Ethernet0/0/14 access vlan 20 successfully
Set the port Ethernet0/0/15 access vlan 20 successfully
Set the port Ethernet0/0/16 access vlan 20 successfully
DCRS-5656-A(Config-Vlan20)#exit
DCRS-5656-A(Config)#vlan 100
DCRS-5656-A(Config-Vlan100)#switchport interface ethernet 0/0/24
Set the port Ethernet0/0/24 access vlan 100 successfully
DCRS-5656-A(Config-Vlan100)#exit
DCRS-5656-A(Config)#
```

验证配置：

```
DCRS-5656-A#show vlan
VLAN Name         Type      Media    Ports
---------------------------------------------------------------------------
1    default      Static    ENET     Ethernet0/0/17        Ethernet0/0/18
                                     Ethernet0/0/19        Ethernet0/0/20
                                     Ethernet0/0/21        Ethernet0/0/22
                                     Ethernet0/0/23        Ethernet0/0/25
                                     Ethernet0/0/26        Ethernet0/0/27
                                     Ethernet0/0/28
10   VLAN0010     Static     ENET    Ethernet0/0/1         Ethernet0/0/2
                                     Ethernet0/0/3         Ethernet0/0/4
                                     Ethernet0/0/5         Ethernet0/0/6
                                     Ethernet0/0/7         Ethernet0/0/8
20   VLAN0020     Static    ENET     Ethernet0/0/9         Ethernet0/0/10
                                     Ethernet0/0/11        Ethernet0/0/12
                                     Ethernet0/0/13        Ethernet0/0/14
                                     Ethernet0/0/15        Ethernet0/0/16
100  VLAN0100     Static    ENET     Ethernet0/0/24
DCRS-5656-A#
```

交换机 B：

```
DCRS-5656-B(Config)#vlan 30
DCRS-5656-B(Config-Vlan30)#switchport interface ethernet 0/0/1-8
Set the port Ethernet0/0/1 access vlan 30 successfully
Set the port Ethernet0/0/2 access vlan 30 successfully
Set the port Ethernet0/0/3 access vlan 30 successfully
```

```
Set the port Ethernet0/0/4 access vlan 30 successfully
Set the port Ethernet0/0/5 access vlan 30 successfully
Set the port Ethernet0/0/6 access vlan 30 successfully
Set the port Ethernet0/0/7 access vlan 30 successfully
Set the port Ethernet0/0/8 access vlan 30 successfully
DCRS-5656-B(Config-Vlan30)#exit
DCRS-5656-B(Config)#vlan 40
DCRS-5656-B(Config-Vlan40)#switchport interface ethernet 0/0/9-16
Set the port Ethernet0/0/9 access vlan 40 successfully
Set the port Ethernet0/0/10 access vlan 40 successfully
Set the port Ethernet0/0/11 access vlan 40 successfully
Set the port Ethernet0/0/12 access vlan 40 successfully
Set the port Ethernet0/0/13 access vlan 40 successfully
Set the port Ethernet0/0/14 access vlan 40 successfully
Set the port Ethernet0/0/15 access vlan 40 successfully
Set the port Ethernet0/0/16 access vlan 40 successfully
DCRS-5656-B(Config-Vlan40)#exit
DCRS-5656-B(Config)#vlan 101
DCRS-5656-B(Config-Vlan101)#switchport interface ethernet 0/0/24
Set the port Ethernet0/0/24 access vlan 101 successfully
DCRS-5656-B(Config-Vlan101)#exit
DCRS-5656-B(Config)#
```

验证配置：

```
DCRS-5656-B#show vlan
VLAN Name         Type       Media     Ports
-------------------------------------------------------------------------
1    default      Static     ENET      Ethernet0/0/17        Ethernet0/0/18
                                       Ethernet0/0/19        Ethernet0/0/20
                                       Ethernet0/0/21        Ethernet0/0/22
                                       Ethernet0/0/23        Ethernet0/0/25
                                       Ethernet0/0/26        Ethernet0/0/27
                                       Ethernet0/0/28
10   VLAN0010     Static     ENET      Ethernet0/0/1         Ethernet0/0/2
                                       Ethernet0/0/3         Ethernet0/0/4
                                       Ethernet0/0/5         Ethernet0/0/6
                                       Ethernet0/0/7         Ethernet0/0/8
20   VLAN0020     Static     ENET      Ethernet0/0/9         Ethernet0/0/10
                                       Ethernet0/0/11        Ethernet0/0/12
                                       Ethernet0/0/13        Ethernet0/0/14
                                       Ethernet0/0/15        Ethernet0/0/16
100  VLAN0100     Static     ENET      Ethernet0/0/24
DCRS-5656-B#
```

第二步：配置交换机各 VLAN 虚接口的 IP 地址。

交换机 A：

```
DCRS-5656-A(Config)#int vlan 10
DCRS-5656-A(Config-If-Vlan10)#ip address 192.168.10.1 255.255.255.0
DCRS-5656-A(Config-If-Vlan10)#no shut
DCRS-5656-A(Config-If-Vlan10)#exit
DCRS-5656-A(Config)#int vlan 20
DCRS-5656-A(Config-If-Vlan20)#ip address 192.168.20.1 255.255.255.0
DCRS-5656-A(Config-If-Vlan20)#no shut
DCRS-5656-A(Config-If-Vlan20)#exit
DCRS-5656-A(Config)#int vlan 100
DCRS-5656-A(Config-If-Vlan100)#ip address 192.168.100.1 255.255.255.0
```

```
DCRS-5656-A(Config-If-Vlan100)#no shut
DCRS-5656-A(Config-If-Vlan100)#
DCRS-5656-A(Config-If-Vlan100)#exit
DCRS-5656-A(Config)#
```

交换机 B：

```
DCRS-5656-B(Config)#int vlan 30
DCRS-5656-B(Config-If-Vlan30)#ip address 192.168.30.1 255.255.255.0
DCRS-5656-B(Config-If-Vlan30)#no shut
DCRS-5656-B(Config-If-Vlan30)#exit
DCRS-5656-B(Config)#int vlan 101
DCRS-5656-B(Config-If-Vlan101)#ip address 192.168.100.2 255.255.255.0
DCRS-5656-B(Config-If-Vlan101)#exit
DCRS-5656-B(Config)#
```

第三步：配置静态路由。

交换机 A：

```
DCRS-5650-A(Config)#ip route 0.0.0.0 0.0.0.0 192.168.100.2
```

验证配置：

```
DCRS-5650-A#show ip route
Codes: K - kernel, C - connected, S - static, R - RIP, B - BGP
       O - OSPF, IA - OSPF inter area
       N1 - OSPF NSSA external type 1, N2 - OSPF NSSA external type 2
       E1 - OSPF external type 1, E2 - OSPF external type 2
       i - IS-IS, L1 - IS-IS level-1, L2 - IS-IS level-2, ia - IS-IS inter area
       * - candidate default

Gateway of last resort is 192.168.100.2 to network 0.0.0.0

S*      0.0.0.0/0 [1/0] via 192.168.100.2, Vlan100
C       127.0.0.0/8 is directly connected, Loopback
C       192.168.10.0/24 is directly connected, Vlan10
C       192.168.20.0/24 is directly connected, Vlan10
C       192.168.100.0/24 is directly connected, Vlan100
```

交换机 B：

```
DCRS-5650-B(Config)#ip route 0.0.0.0 0.0.0.0 192.168.100.1
```

使用 show ip route 命令验证配置。

第四步：在 VLAN30 端口上配置端口的环回测试功能，保证 VLAN30 可以 ping 通。

交换机 B：

```
DCRS-5656-B(Config)# interface ethernet 0/0/1 （任意一个 VLAN30 内的接口均可）
DCRS-5656-B(Config-If-Ethernet0/0/1)#loopback
DCRS-5656-B(Config-If-Ethernet0/0/1)#no shut
DCRS-5656-B(Config-If-Ethernet0/0/1)#exit
```

第五步：不配置 ACL 验证任务。

验证 PC1 和 PC2 之间是否可以 ping 通 VLAN30 的虚接口 IP 地址。

第六步：配置访问控制列表。

（1）配置命名标准 IP 访问列表。

```
DCRS-5656-A(Config)#ip access-list standard test
DCRS-5656-A(Config-Std-Nacl-test)#deny 192.168.10.101 0.0.0.255
DCRS-5656-A(Config-Std-Nacl-test)#deny host-source 192.168.20.101
DCRS-5656-A(Config-Std-Nacl-test)#exit
```

```
DCRS-5656-A(Config)#
```

验证配置：

```
DCRS-5656-A#show access-lists
ip access-list standard test(used 1 time(s))
deny 192.168.10.101 0.0.0.255
deny host-source 192.168.20.101
```

（2）配置数字标准 IP 访问列表。

```
DCRS-5656-A(Config)#access-list 11 deny 192.168.10.101 0.0.0.255
DCRS-5656-A(Config)#access-list 11 deny 192.168.20.101 0.0.0.0
```

第七步：配置访问控制列表功能开启，默认动作为全部开启。

```
DCRS-5656-A(Config)#firewall enable
DCRS-5656-A(Config)#firewall default permit
DCRS-5656-A(Config)#
```

验证配置：

```
DCRS-5656-A#show firewall
Fire wall is enabled.
Firewall default rule is to permit any ip packet.
DCRS-5656-A#
```

第八步：绑定 ACL 到各端口。

```
DCRS-5656-A(Config)#interface ethernet 0/0/1
DCRS-5656-A(Config-Ethernet0/0/1)#ip access-group 11 in
DCRS-5656-A(Config-Ethernet0/0/1)#exit
DCRS-5656-A(Config)#interface ethernet 0/0/9
DCRS-5656-A(Config-Ethernet0/0/9)#ip access-group 11 in
DCRS-5656-A(Config-Ethernet0/0/9)#exit
```

验证配置：

```
DCRS-5656-A#show access-group
interface name:Ethernet0/0/9
    IP Ingress access-list used is 11, traffic-statistics Disable.
interface name:Ethernet0/0/1
    IP Ingress access-list used is 11, traffic-statistics Disable.
```

第九步：验证任务。

PC	端　口	Ping	结　果	原　因
PC1：192.168.10.101	0/0/1	192.168.30.1	不通	
PC1：192.168.10.12	0/0/1	192.168.30.1	通	
PC2：192.168.20.101	0/0/9	192.168.30.1	不通	
PC2：192.168.20.12	0/0/9	192.168.30.1	通	

任务小结

标准 ACL 任务由以下几步操作完成。

第一步：交换机全部恢复出厂设置，配置交换机的 VLAN 信息。

第二步：配置交换机各 VLAN 虚接口的 IP 地址。

第三步：配置静态路由。

第四步：在 VLAN30 端口上配置端口的环回测试功能，保证 VLAN30 可以 ping 通。

第五步：不配置 ACL 验证任务。

第六步：配置访问控制列表。

第七步：配置访问控制列表功能开启，默认动作为全部开启。

第八步：绑定 ACL 到各端口。

第九步：验证任务。

相关知识与技能

1．ACL

ACL（Access Control Lists）是交换机实现的一种数据包过滤机制，通过允许或拒绝特定的数据包进出网络，交换机可以对网络访问进行控制，有效保证网络的安全运行。用户可以基于报文中的特定信息制定一组规则（rule），每条规则都描述了对匹配一定信息的数据包所采取的动作：允许通过（permit）或拒绝通过（deny）。用户可以把这些规则应用到特定交换机端口的入口或出口方向，这样特定端口上特定方向的数据流就必须依照指定的 ACL 规则进出交换机。通过 ACL，可以限制某个 IP 地址的 PC 或者某些网段的 PC 的上网活动。用于网络管理。

ACL 是路由器和交换机接口的指令列表，用来控制端口进出的数据包。ACL 适用于所有的路由协议，如 IP、IPX、AppleTalk 等。信息点间通信和内外网络的通信都是企业网络中必不可少的业务需求，为了保证内网的安全性，需要通过安全策略来保障非授权用户只能访问特定的网络资源，从而达到对访问进行控制的目的。简而言之，ACL 可以过滤网络中的流量，是控制访问的一种网络技术手段。

配置 ACL 后，可以限制网络流量，允许特定设备访问，指定转发特定端口数据包等。如可以配置 ACL，禁止局域网内的设备访问外部公共网络，或者只能使用 FTP 服务。ACL 既可以在路由器上配置，也可以在具有 ACL 功能的业务软件上进行配置。ACL 是物联网中保障系统安全性的重要技术，在设备硬件层安全基础上，通过在软件层面对设备间通信进行访问控制，使用可编程方法指定访问规则，防止非法设备破坏系统安全，非法获取系统数据。

2．3P 原则

3P 原则是在路由器上应用 ACL 的一般规则。即为每种协议（per protocol）、每个方向（per direction）、每个接口（per interface）配置一个 ACL。

每种协议一个 ACL：要控制接口上的流量，必须为接口上启用的每种协议定义相应的 ACL。

每个方向一个 ACL：一个 ACL 只能控制接口上一个方向的流量。要控制入站流量和出站流量，必须分别定义两个 ACL。

每个接口一个 ACL：一个 ACL 只能控制一个接口（如快速以太网 0/0）上的流量。

ACL 的编写相当复杂且极具挑战性。每个接口上都可以针对多种协议和各个方向进行定义。示例中的路由器有两个接口配置了 IP、AppleTalk 和 IPX。该路由器可能需要 12 个不同的 ACL：协议数（3）× 方向数（2）× 端口数（2）。

任务拓展

1．ACL 的作用是什么？

2．ACL 的基本格式有哪些？

项目综合实训　标准 ACL 访问控制列表

项目描述

上海御恒信息科技公司办公区域现有一小型的办公网络，办公楼内各个楼层有若干台路由器（路由器名称分别为 R1、R2、R3、R4、R5、R6）组成的网络，需要对各设备进行配置，以实现 ACL 的功能。技术部经理要求新招聘的网络工程师小张尽快按照以上要求进行相关路由器的配置，小张按照经理的要求开始做以下的任务分析。

项目分析

（1）根据要求，分别在每台路由器配置基本命令。

（2）准备配置三台路由器 R1、R3、R4。

（3）启用路由协议 RIPv2，并关闭自动汇总。

（4）在配置 RIPv2 时，使用 network 通告网络，通告时使用主网络地址即可。

（5）绘制图 4-44 所示的拓扑图。

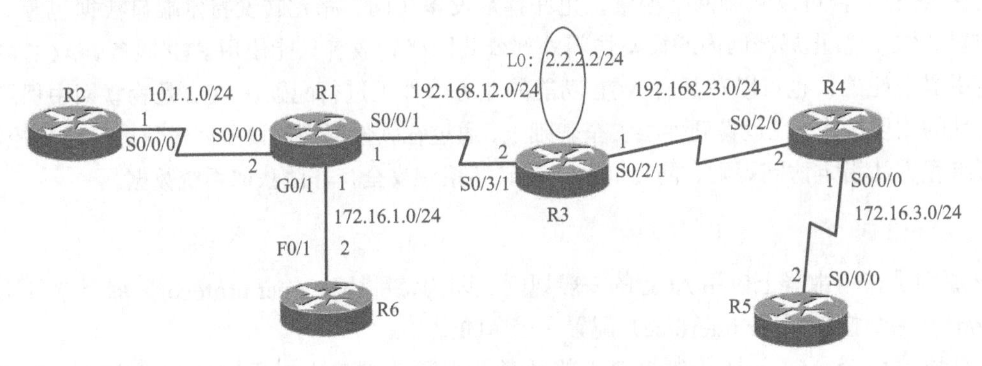

图 4-44　标准 ACL 访问控制列表

项目实施

第一步：根据要求，分别在每台路由器和交换机上配置基本命令。

根据要求，分别在 R1、R3、R4 路由器上配置基本命令。

```
Router(config)#host R1
Router(config)#host R3
Router(config)#host R4
```

在路由器上关闭 DNS 查询。

```
R1(config)#no ip domain-lookup
```

```
R3(config)#no ip domain-lookup
R4(config)#no ip domain-lookup
```

第二步：在 R1、R3、R4 路由器上分别配置各接口的 IP 地址等信息（圆圈表示环回接口），并设置时钟频率为 64000 。（提示：在路由器的串口上配置 clock rate 64000）

（1）在 R1 上进行配置。

```
R1(config)#int s0/0/0
R1(config-if)#ip add 10.1.1.2 255.255.255.0
R1(config-if)#clock rate 64000
R1(config-if)#no sh

R1(config)#int s0/0/1
R1(config-if)#ip add 192.168.12.1 255.255.255.0
R1(config-if)#clock rate 64000
R1(config-if)#no sh

R1(config)#int g0/1
R1(config-if)#ip add 172.16.1.1 255.255.255.0
R1(config-if)#no sh
```

备注：R1 共配置三个端口，两个串口均配置 clock rate 64000，一个 g 口不用配置 clock rate 64000，默认时物理端口没有打开，所以使用物理端口前需要使用 no shut 打开。（下同）

（2）在 R3 上进行配置。

```
R3(config)#int s0/3/1
R3(config-if)#ip add 192.168.12.2 255.255.255.0
R3(config-if)#clock rate 64000
R3(config-if)#no sh

R3(config)#int s0/2/1
R3(config-if)#ip add 192.168.23.1 255.255.255.0
R3(config-if)#clock rate 64000
R3(config-if)#no sh

R3(config)#int loopback 0
R3(config-if)#ip add 2.2.2.2 255.255.255.0
```

备注：R3 共配置三个端口，两个串口均配置 clock rate 64000，一个 lo 口不用配置 clock rate 64000，默认时 lo 端口是打开的，所以使用该端口不需要使用 no shut 命令。

（3）在 R4 上进行配置。

```
R4(config)#int s0/2/0
R4(config-if)#ip add 192.168.23.2 255.255.255.0
R4(config-if)#clock rate 64000
R4(config-if)#no sh

R4(config)#int s0/0/0
R4(config-if)#ip add 172.16.3.1 255.255.255.0
R4(config-if)#clock rate 64000
R4(config-if)#no sh
```

备注：R4 共配置两个端口，两个串口均配置 clock rate 64000。

第三步：在 R1、R3、R4 上启用路由协议 RIPv2，并关闭自动汇总。

（1）在 R1 上进行配置：

```
R1(config)#router rip
```

```
R1(config-router)#version 2
R1(config-router)#network 192.168.12.0
R1(config-router)#network 10.0.0.0
R1(config-router)#network 172.16.0.0
R1(config-router)#no auto-summary
```

备注：在配置 RIPv2 时，使用 network 通告网络，通告时使用主网络地址即可，因为 RIPv2 会自动传送子网信息，比如 R1 上直连网络为 172.16.1.0/24，该网络为 B 类，在通告时只要使用 network 172.16.0.0 即可。（下同）

（2）在 R3 上进行配置：

```
R3(config)#router rip
R3(config-router)#version 2
R3(config-router)#network 2.0.0.0
R3(config-router)#network 192.168.23.0
R3(config-router)#network 192.168.12.0
R3(config-router)#no auto-summary
```

（3）在 R4 上进行配置：

```
R4(config)#router rip
R4(config-router)#version 2
R4(config-router)#network 192.168.23.0
R4(config-router)#network 172.16.0.0
R4(config-router)#no auto-summary
```

第四步：在 R3 上创建标准访问控制列表 99，禁止网络 172.16.1.0/24 数据包通过，并应用在 S0/3/1 的 in 方向。（提示：配置完 ACL 后需要将 ACL 应用到相应端口才会生效。）

在 R3 上进行配置：

```
R3(config)#access-list 99 deny 172.16.1.0 0.0.0.255
R3(config)#access-list 99 permit any
R3(config)#int s0/3/1
R3(config-if)#ip access-group 99 in
```

项目小结

1. 配置路由器基本命令。
2. 配置路由器 IP 地址。
3. 启用路由协议 RIP，并关闭自动汇总。
4. 在交换机 SW2 上接受 VLAN 信息和端口分配。
5. 创建访问控制列表。

项目实训评价表

项目四　部署企业内部安全策略					
	内　　容		评　　价		
	学 习 目 标	评 价 项 目	3	2	1
职业能力	安全策略初级	任务一　管理防火墙配置文件			
		任务二　配置防火墙 SNAT			
		任务三　配置防火墙透明模式策略			

续表

项目四　部署企业内部安全策略					
	内　　容		评　　价		
	学 习 目 标	评 价 项 目	3	2	1
职业能力	安全策略中级	任务四　配置防火墙 DHCP			
		任务五　配置防火墙负载均衡			
		任务六　配置防火墙源路由			
	安全策略高级	任务七　配置防火墙记录上网 URL			
		任务八　配置防火墙双机热备			
		任务九　标准 ACL 任务			
通用能力	动手能力				
	解决问题能力				
综合评价					

评价等级说明表	
等　　级	说　　明
3	能高质、高效地完成此学习目标的全部内容，并能解决遇到的特殊问题
2	能高质、高效地完成此学习目标的全部内容
1	能圆满完成此学习目标的全部内容，不需要任何帮助和指导

项目五 管理企业内部网络设备

核心概念

网络设备配置管理、性能监测管理、图表展现、拓扑管理与呈现、事件查看分析及触发设置、AC与AP管理、终端管理配置、热图管理、无线拓扑管理及无线安全管理。

项目描述

在了解计算机网络的基础上学会管理基本网络设备，并学会无线设备的管理与相关配置。

学习目标

能掌握网络设备基础配置管理、性能监测管理、图表展现、拓扑创建及管理、拓扑呈现、事件查看分析、事件触发设置。并能掌握AC与AP管理配置、终端管理配置、热图管理、无线拓扑管理、无线安全管理。

项目任务

- 网络设备基础配置管理、性能监测管理。
- 图表展现、拓扑创建及管理、拓扑呈现。
- 事件查看分析、事件触发设置。
- AC与AP管理配置。
- 终端管理配置、热图管理。
- 无线拓扑管理。
- 无线安全管理。

任务一 网络设备基础配置管理

任务描述

上海御恒信息科技公司已建有局域网并安装了综合网络管理软件。技术部经理要求新招聘的网络工程师小张尽快学会主流交换机的 SNMP、SNMP trap、Syslog 的配置方法，小张按照经理的要求开始做以下的任务分析。

任务分析

（1）安装综合网络管理单元。

（2）了解 SNMP 的概念。

（3）SNMP 的配置方法。

（4）SNMP trap 与 Syslog 的配置方法。

任务实施

第一步：配置前准备工作。

使用以下配置命令前，均需要执行以下步骤：

（1）登录交换机。（可以使用串口线直接连接，如果交换机配置了管理 IP 且允许 Telnet 登录，则可通过 Telnet 进行登录。）

（2）输入 conf t 命令进入配置模式。

使用完配置命令后，均需要执行以下步骤进行保存：

① 输入 end 命令退出配置模式。

② 输入 write mem 命令保存配置文件。

第二步：SNMP 配置。

（1）启用 SNMP：

```
snmp-server enable
```

（2）关闭 IP 安全检查限制：

```
snmp-server securityip disable
```

（3）配置 SNMP 只读 community：

```
snmp-server community ro public
```

（4）配置交换机的只读 community 为 public。

（5）配置 SNMP 读写 community：

```
snmp-server community rw public
```

（6）配置交换机的读写 community 为 public。

第三步：SNMPv3 配置。

（1）配置 SNMPv3 组：

```
snmp-server group snmpgroupv3 authpriv read max
```

(2) 配置 SNMPv3 用户：

创建 snmpuser 用户，设置认证、加密方式及密码。需要注意：认证及加密密码不能分开设置，都是同一个，加密方式为 DES。

```
snmp-server user snmpuser snmpgroupv3 encrypted auth md5 passw0rd
```

(3) 配置 view max：

```
snmp-server view max 1 include
```

第四步：SNMP trap 配置：

(1) 配置交换机允许发送 trap。

```
snmp-server enable traps
```

(2) 配置路由器接收 trap 的主机。

```
snmp-server host 10.199.39.215 v2c public
```

指定路由器 SNMP trap 的接收者为 10.199.39.215（一般配置为采集机的 IP），发送 trap 时用 public 作为字串。

第五步：Syslog 配置。

指定接收 syslog 的主机，10.90.200.93 为该主机的 IP 地址，并发送 warning 以上级别的 syslog 信息。

```
logging 10.90.200.93 level warnings
```

任务小结

网络设备基础配置管理由以下五步操作完成：

第一步：配置前准备工作。

第二步：SNMP 配置。

第三步：SNMPv3 配置。

第四步：SNMP trap 配置。

第五步：Syslog 配置。

相关知识与技能

1. SNMP

SNMP（简单网络管理协议）由一组网络管理标准组成，包含一个应用层协议（application layer protocol）、数据库模型（database schema）和一组资源对象。该协议能够支持网络管理系统，用以监测连接到网络上的设备是否有任何引起管理上关注的情况。SNMP 是基于 TCP/IP 协议簇的网络管理标准，是一种在 IP 网络中管理网络节点（如服务器、工作站、路由器、交换机等）的标准协议。

2. SNMP trap

SNMP trap（SNMP 陷阱）：某种入口，到达该入口会使 SNMP 被管理设备主动通知 SNMP 管理器，而不是等待 SNMP 管理器的再次轮询。

在网管系统中，被管理设备中的代理可在任何时候向网管工作站报告错误，例如预制定阈值越界程度等。代理不要等到管理工作站为获得这些错误而轮询时才会报告。这些错误情况就是众所周知的 SNMP 陷阱（trap）。

3．Syslog

Syslog（系统日志）协议是在一个 IP 网络中转发系统日志信息的标准，它是在美国加州大学伯克利软件分布研究中心（BSD）的 TCP/IP 系统实施中开发的，目前已成为工业标准协议，可用它记录设备的日志。Syslog 记录着系统中的任何事件，管理者可以通过查看系统记录随时掌握系统状况。系统日志通过 Syslog 进程记录系统的有关事件，也可以记录应用程序运作事件。通过适当配置，还可以实现运行 Syslog 协议的计算机之间的通信。通过分析这些网络行为日志，可追踪和掌握与设备和网络有关的情况。

任务拓展

1．SNMP 有几个版本？哪些是现在常用的？不同版本间有何区别与联系？

2．SNMP、TRAP 和 Syslog 的区别是什么？

任务二 性能监测管理

任务描述

上海御恒信息科技公司已建有局域网并安装了综合网络管理软件。技术部经理要求新招聘的网络工程师小张尽快学会添加监测设备的不同方法，并学会设置监测指标的阈值和采集周期，小张按照经理的要求开始做以下的任务分析。

任务分析

（1）安装综合网络管理单元。

（2）对添加监测设备的不同方法先进行了解。

（3）对设置监测指标的阈值和采集周期进行了解。

任务实施

第一步：添加检测设备。

首先进入“添加设备”页。有以下两种方式：

在系统“主界面”导航栏中单击“设备 / 首页”，在“快捷添加”下拉列表框中选择“添加设备”，如图 5-1 所示。

在系统“主界面”导航栏中单击“设备 / 列表”，进入设备列表界面。单击 添加 按钮进行设备的添加操作。

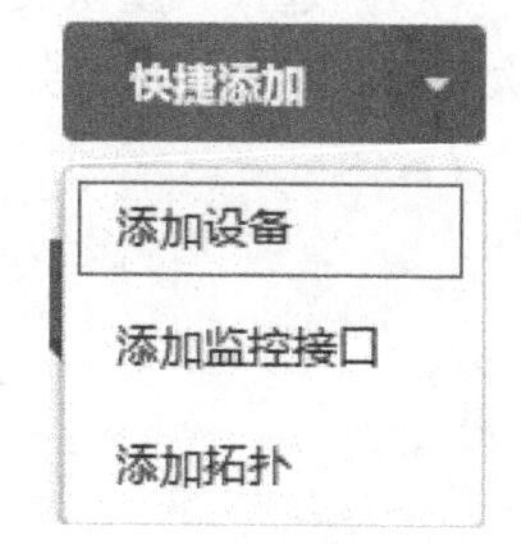

图 5-1　从“设备 / 首页”添加设备页

1．通过 IP 扫描

（1）选择“IP 扫描”选项卡，依次输入设备的起始和结束 IP、设置检测方式、超时时间、SNMP 版本选择、共同体名等进行添加设备信息的设置，如图 5-2 所示。

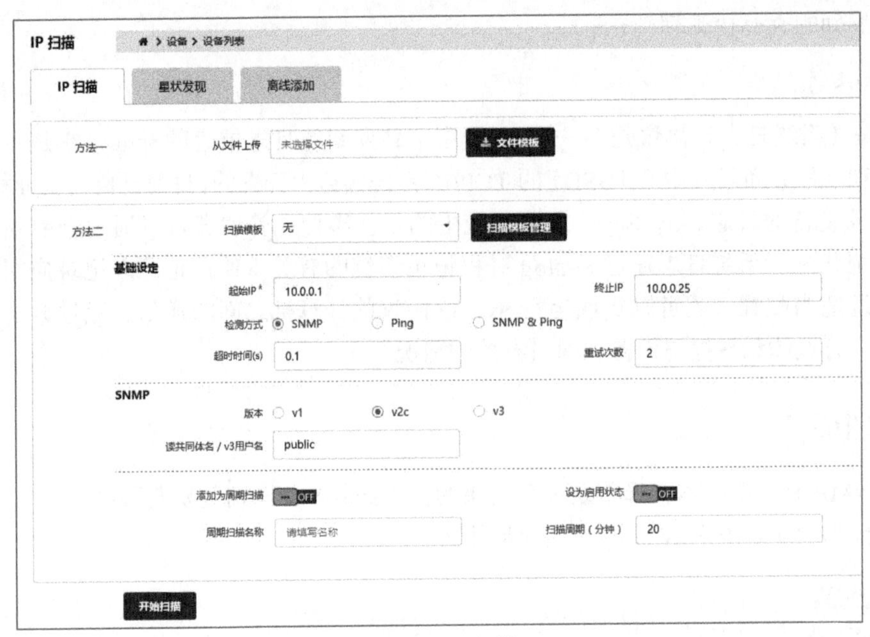

图 5-2　IP 扫描

（2）单击 开始扫描 按钮开始扫描设备，界面下方显示扫描进度，等待一段时间之后，界面显示如图 5-3 所示，单击 提交 按钮可保存添加的设备到设备列表中，并且进行设备的监控。

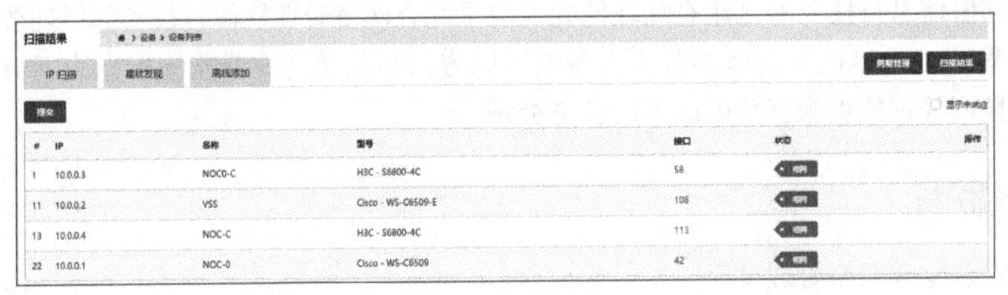

图 5-3　扫描结果

2．通过星状发现

（1）选择“星状发现”选项卡，依次输入 IP、读共同体名，设置深度、超时时间、重试次数以及参考选项，如图 5-4 所示。

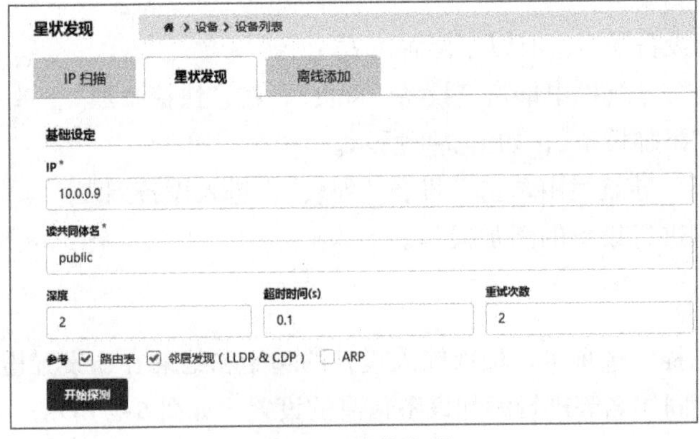

图 5-4　星状发现

（2）单击 开始探测 按钮开始探测设备，界面下方显示探测进度，等待一段时间之后，星状发现结果显示在右侧列表中，单击右上角的 扫描存活设备 按钮，即可扫描存活设备，扫描完成后在“扫描结果”页面显示，单击 提交 按钮即可成功添加设备，如图 5-5 所示。

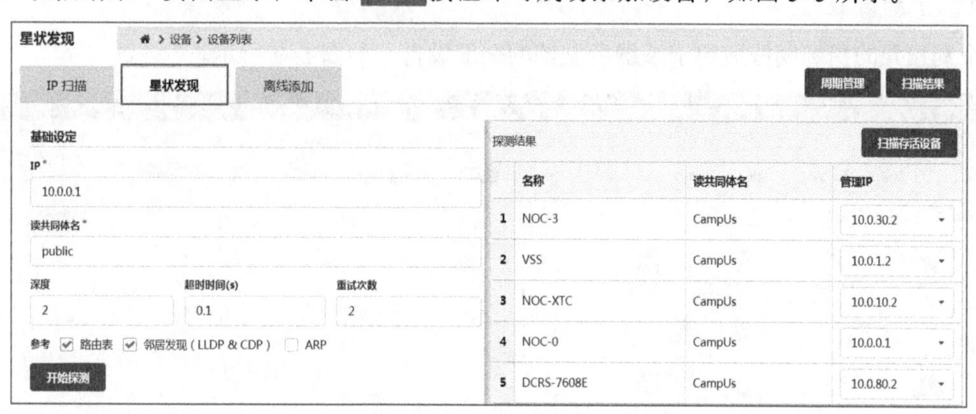

图 5-5　探测结果

3．通过离线添加

选择“离线添加”选项卡，离线添加包括“从文件上传”和“基础添加”两种添加方式。

（1）从文件上传。

用户首先需要下载模板，单击 文件模板 按钮下载后，按照模板进行信息填写，并保存文件，如图 5-6 所示。

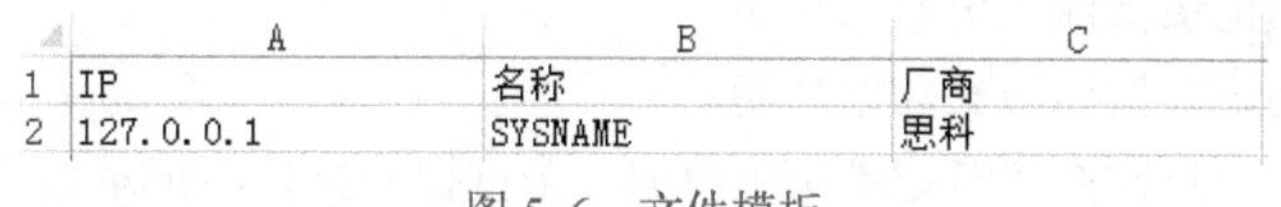

	A	B	C
1	IP	名称	厂商
2	127.0.0.1	SYSNAME	思科

图 5-6　文件模板

填写完毕后，将文件上传，单击 上传 按钮，即可将文件中的设备添加到系统中，若文件填写错误，系统会给出提示，如图 5-7 所示。

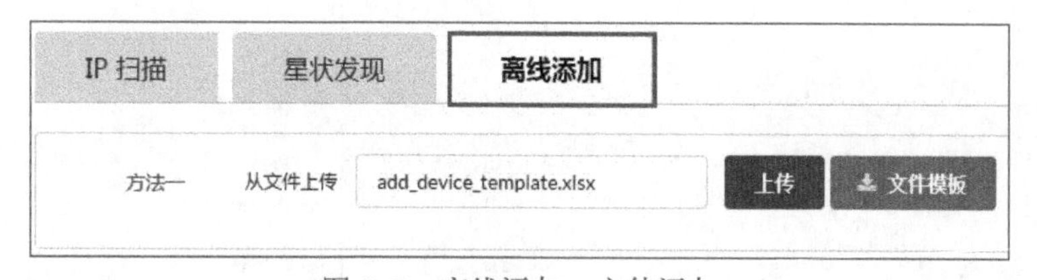

图 5-7　离线添加 – 文件添加

（2）基础添加。

用户自定义设备 IP、名称（必填）、选择设备的厂商、系列、型号，单击“提交”按钮即可，如图 5-8 所示。

图 5-8　离线添加 – 基础方式

第二步：设置监测指标阈值与采集周期。

阈值与采集周期的设置方式包括全局设置和单台设备。

1．全局设置

全局设置的指标阈值适用于系统所监控的全部设备，如图 5-9 所示。

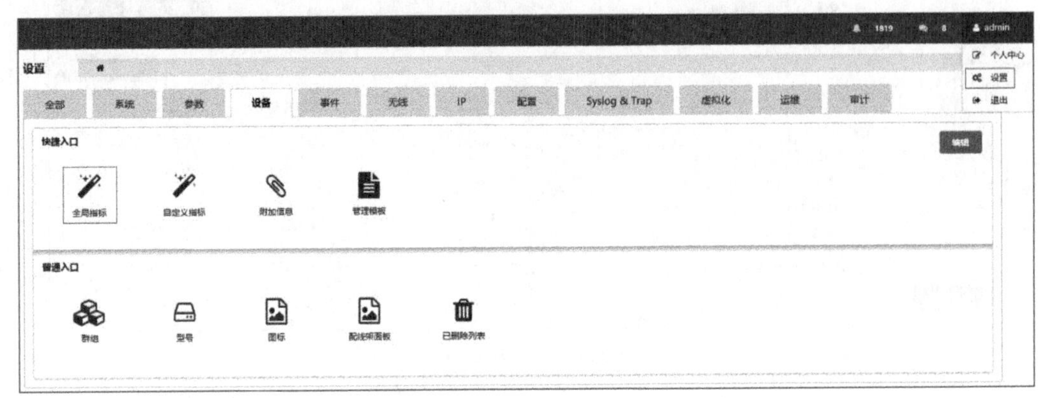

图 5-9　全局设置

单击“用户名 / 设置”进入“系统设置”页面，单击“设备 / 全局指标”，进入全局指标页面，用户可自定义采集的开启 / 关闭、记录的开启 / 关闭、配置采集参数，如图 5-10 所示。

采集开启：周期性采集设备指标数据。

采集关闭：关闭自动周期性采集设备指标数据。

记录开启：开启记录指标历史数据功能。

记录关闭：关闭记录指标历史数据功能。

监控接口限定：只对监控接口记录历史数据，未监控的接口不记录历史数据。

单击“配置”可对相应指标采集参数和监控阈值。图 5-11 所示为对 ping 进行设置。

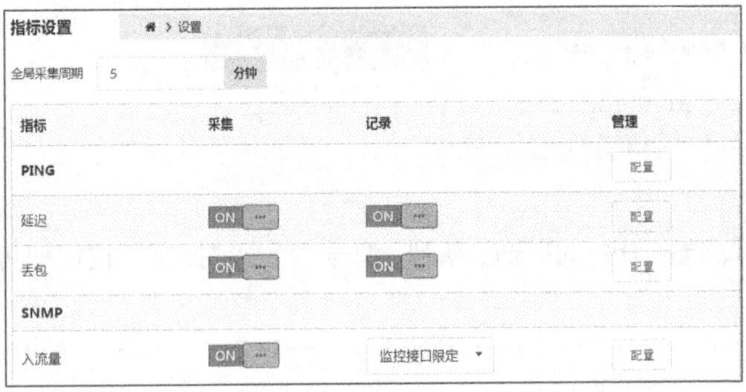

指标设置　　🏠 > 设置

全局采集周期　5　分钟

指标	采集	记录	管理
PING			配置
延迟	ON	ON	配置
丢包	ON	ON	配置
SNMP			
入流量	ON	监控接口限定	配置

图 5-10　全局指标设置

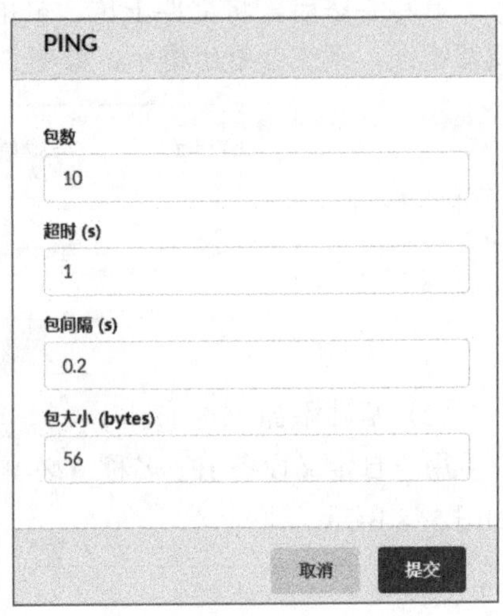

图 5-11　ping

系统默认采集周期为 5 min，用户可自定义修改采集周期，如图 5-12 所示。

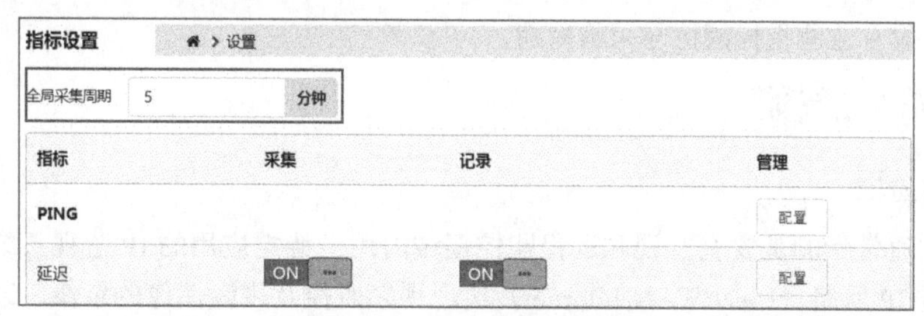

图 5-12　全局设置采集周期

2．单台设置

用户可针对单台设备设置指标采集参数，单台设置只对单台设备生效，优先级高于全局设置，如图 5-13 所示。

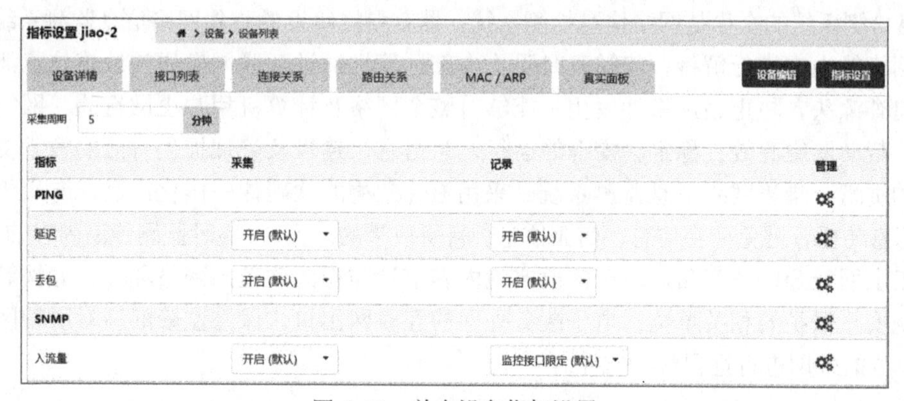

图 5-13　单台设备指标设置

在“设备详情”页面单击右上角的 指标设置 按钮，进入“指标设置”页面，可自定义设备的采集、记录和指标参数。

采集 / 记录状态：

开启：开启采集指标数据或开启记录历史数据。

关闭：关闭采集 / 记录。

开启（默认）：采集与记录的状态与全局设置一致，全局为开启。

关闭（默认）：采集与记录的状态与全局设置一致，全局为关闭。

单击⚙按钮可编辑相应指标项的采集参数，采集参数详情同全局设置。用户可编辑单台设备的采集周期，修改后只针对单台设备有效，如图 5-14 所示。

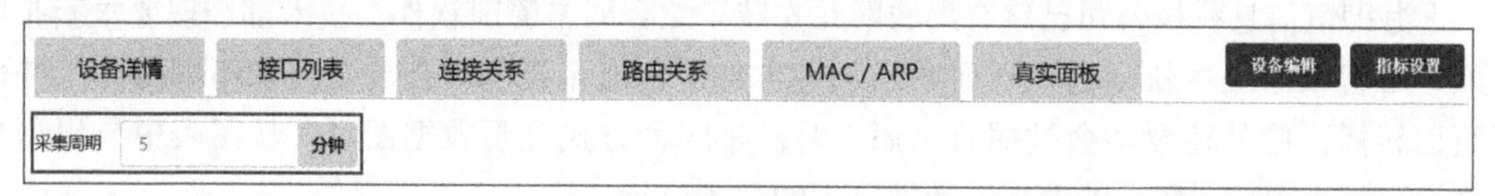

图 5-14　单台设置采集周期

任务小结

性能监测管理由以下两步操作完成：

第一步：添加检测设备。

第二步：设置监测指标阈值与采集周期。

相关知识与技能

1．网络监控

网络监控通常指的是安全监视和远程监控领域内用于特定应用的IP监视系统，该系统使用户能够通过IP网络（LAN/WAN/Internet）实现视频监控及视频图像的录像，以及相关的报警管理。与模拟视频系统不同的是，网络视频监控采用网络（而不是点对点的模拟视频电缆）传输视频及其他与监控相关的各类信息。网络监控的主要功能包括远程图像控制、录像、存储、回放、实时语音、图像广播、报警联动、电子地图、云台控制、数据转发、拍照、图像识别等。

2．网络检测系统

网络检测系统的全称是网络信息检测系统。鼎普科技研发的猎隼网络信息监测系统，通过对所有网络的内容进行解析，能够及时阻止内部计算机通过互联网发送的敏感信息泄露，快速定位追查源头，防止违规事件发生；能够对整个网络及计算机用户上网行为、网络流量进行监控，帮助网络高效、稳定、安全的运行，为信息化建设及管理提供有效的技术支撑，做出应有的贡献。猎隼网络信息监测系统是采用B/S架构的软硬件一体化产品，专用于防止非法信息恶意传播，避免涉密信息、商业信息、科研成果的泄漏；可实时监测传输内容的合规性，管理员工上网行为。该产品适用于需要实施内容审计与行为监控的网络环境，如按等级进行信息系统安全保护的相关单位，电子政务外网的互联网出口，保密监管部门对所辖区域内重要涉密单位的外网进行远程统一监控。

任务拓展

1．如果在通过IP扫描添加设备时，无法扫描出任何设备，可能原因有哪些？
2．星状发现中，不同的探测参考表项对探测结果有何影响？
3．如果你是管理员，你该如何合理规划子网？

任务三 图表展现

任务描述

上海御恒信息科技公司已建有局域网并安装了综合网络管理软件。技术部经理要求新招聘的网络工程师小张尽快学会在页面中添加各类自定义展示模块、在首页添加不同页面，并设置页面轮播，此外还要学会按照日、周、月、年四种方式查看数据图形、从图表中导出原始数据指标，小张按照经理的要求开始做以下的任务分析。

任务分析

（1）安装综合网络管理单元并有已添加好的各种网络设备。
（2）在页面中添加各类自定义展示模块。

（3）在首页添加不同页面，并设置页面轮播。

（4）按照日、周、月、年四种方式查看数据图形，并从图表中导出原始数据指标。

任务实施

第一步：添加自定义图表模块

用户可自定义编辑首页展示内容，可自定义布局页面中块图位置，可编辑块图信息。在页面中单击 编辑本展示页 按钮可进入编辑模式，如图 5-15 所示。编辑完毕后单击 保存修改 按钮可保存当前页面。

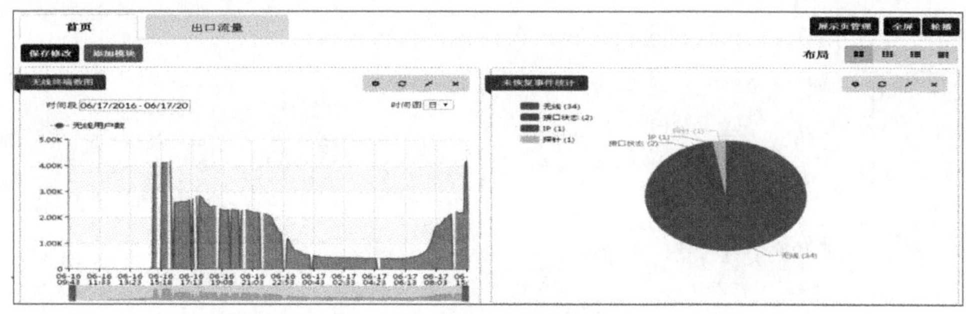

图 5-15　编辑模式

添加自定义图表模块。单击 添加模块 按钮，弹出“模块选择”窗口，窗口中列出用户已选模块，用户可进行块图的添加操作。可进行添加的块图有“独立模块”“模板”两种模式。单击需要选择的模块后即可将其显示在首页中。模块左上角显示为 已添加 表示已经选择，显示为 + 表示未选择。图 5-16 所示为独立模块选择界面。

图 5-16　独立模块选择

添加“模板”类的块图，需要单击“添加”按钮之后，在一步进行图表初始化的操作。

如需添加一个折线图块图，单击“添加”按钮之后，显示在首页中，单击该块图上的按钮，弹出“初始化图表”窗口，可进行图表数据的设置，可设置图表标题、图表时间跨度、数据、图表元素等显示，如图 5-17 所示。

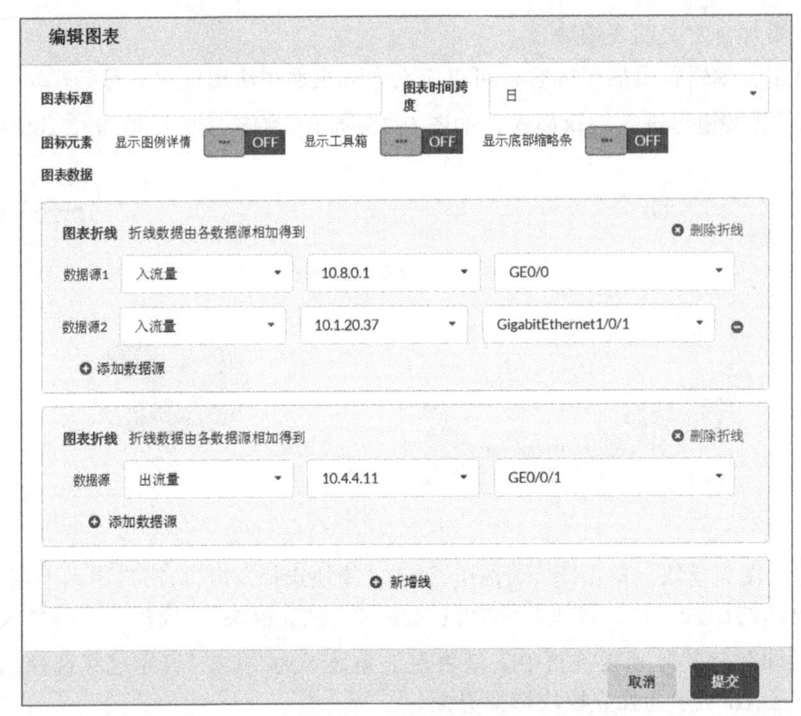

图 5-17　初始化图表

- 添加数据源：同一折线图中，可将多个数据源合并成同一条线展示。
- 新增线：同一折线图中，可展示多条数据线。

第二步：添加自定义页面并设置页面轮播。

在页面中单击按钮可进入“展示页管理”界面，如图 5-18 所示。

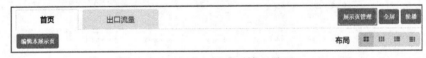

图 5-18　进入展示页管理界面

用户可进行添加、删除、轮播页面操作，可开启 / 关闭展示页，可查看页面详情，如图 5-19 所示。

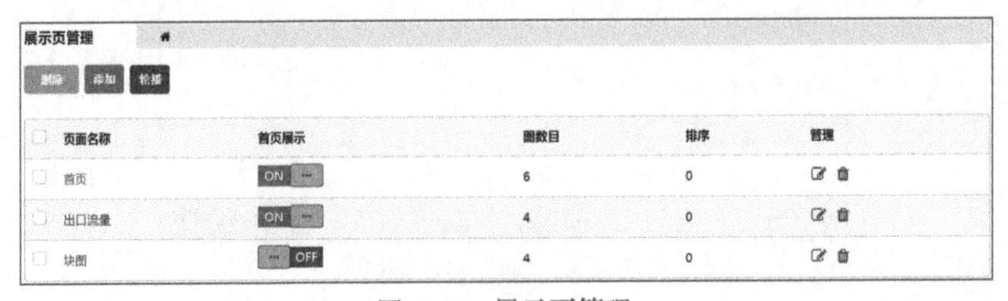

图 5-19　展示页管理

单击添加按钮可进入添加页面界面，如图5-20所示。

首页：勾选该复选框后当前页面展示在首页。

排序：该页面在首页上的排序，值越小排序越靠前。

设置页面轮播。系统提供两种方式进入页面轮播。

方式一：在任一页面上，单击右上角的轮播按钮，可进行页面轮播展示。

方式二：在“展示页管理”界面中勾选多个页面后单击轮播按钮，可进行页面轮播展示。

轮播界面右上角显示此页面轮播倒计时，左上角可手动进入上一张或下一张页面，如图5-21所示。

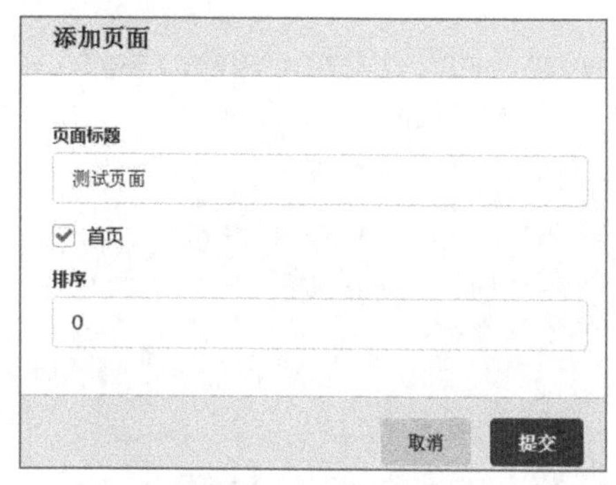

图5-20　添加页面界面

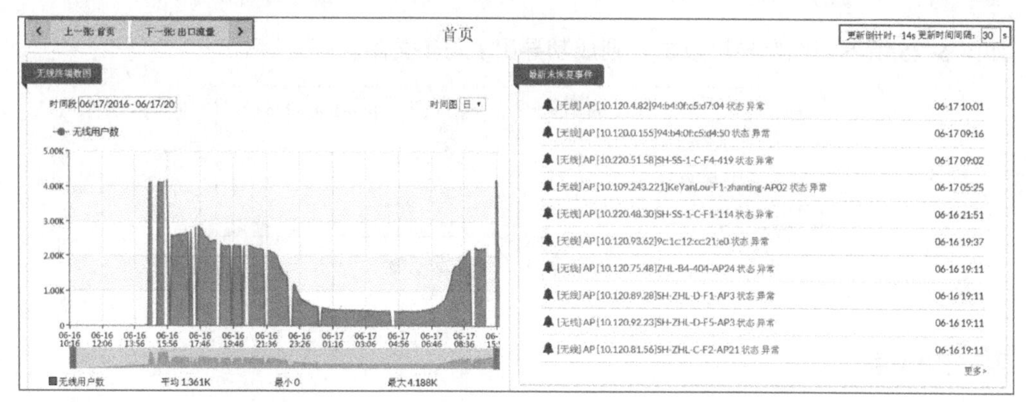

图5-21　页面轮播

第三步：导出原始数据指标。

在“设备详情”中，有关于设备延迟、CPU利用率/内存利用率等指标的图表展示如图5-22所示。

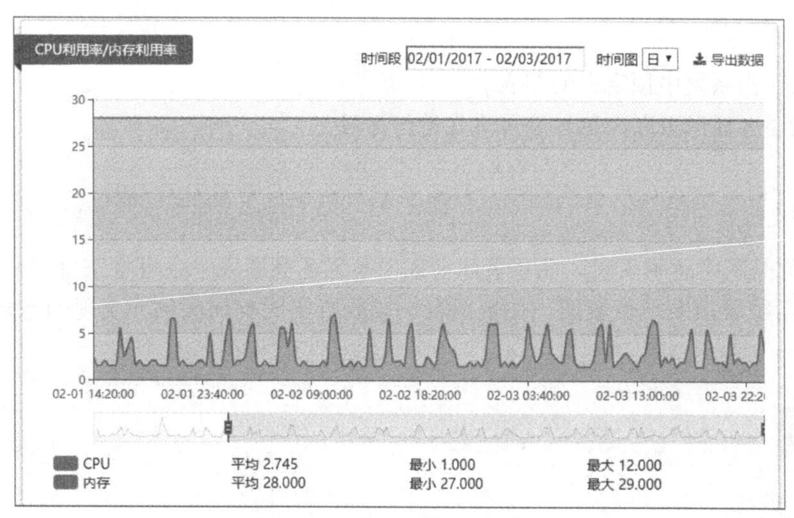

图5-22　设备详情中的图表

选择需要导出数据的时间段，单击选择起始日期，再单击选择终止日期，如图5-23所示。

单击确定按钮，则在“时间段”处成功显示选择的日期时间，如图5-24所示。

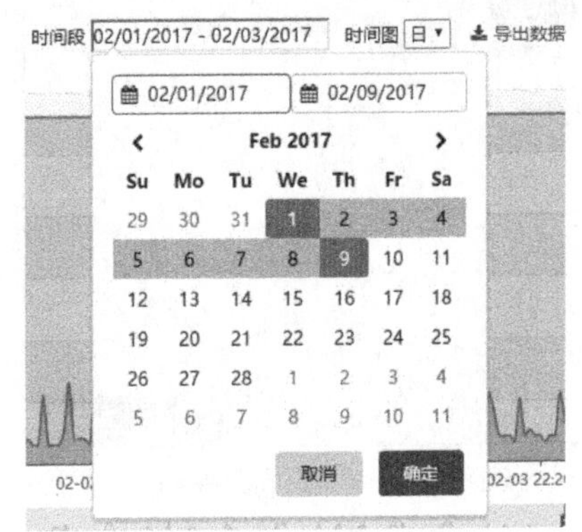

图 5-23　选择日期

时间段 02/01/2017 - 02/09/2017　时间图 日 ▼　导出数据

图 5-24　选择日期成功

如图 5-25 所示，选择导出数据，则成功导出 Excel 文件。

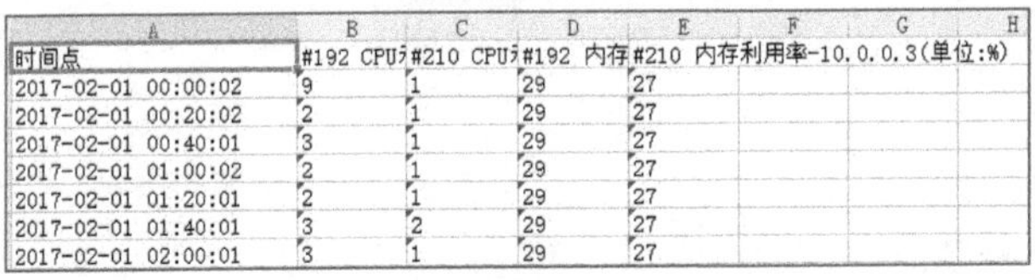

A	B	C	D	E	F	G	H
时间点	#192 CPU	#210 CPU	#192 内存	#210 内存利用率-10.0.0.3(单位:%)			
2017-02-01 00:00:02	9	1	29	27			
2017-02-01 00:20:02	2	1	29	27			
2017-02-01 00:40:01	3	1	29	27			
2017-02-01 01:00:02	2	1	29	27			
2017-02-01 01:20:01	2	1	29	27			
2017-02-01 01:40:01	3	2	29	27			
2017-02-01 02:00:01	3	1	29	27			

图 5-25　导出原始数据指标

任务小结

图表展现由以下三步操作完成：

第一步：添加自定义图表模块。

第二步：添加自定义页面并设置页面轮播。

第三步：导出原始数据指标。

相关知识与技能

独立模块：指系统中预定义的图表。

页面轮播：各展示页以浏览器全屏方式轮流播放。

任务拓展

1．如果你是网络运维人员，在首页你会如何布置各类图表？会有哪些自定义页面？

2．网管系统展示采用矢量图，矢量图和一般的折线图有何区别？实现的基础是基于什么技术？

任务四　拓扑创建及管理

任务描述

上海御恒信息科技公司已建有局域网并安装了综合网络管理软件。技术部经理要求新招聘的网络工程师小张尽快学会创建拓扑的方法，学会在拓扑中添加设备或链路，学会在拓扑图中加入设备群组，学会构建层级拓扑，小张按照经理的要求开始做以下的任务分析。

任务分析

（1）安装综合网络管理单元并添加相应网络设备。

（2）对创建拓扑的方法进行了解。

（3）在拓扑中添加设备或链路。

任务实施

第一步：创建二层 / 三层拓扑。

创建拓扑。在“设备 / 拓扑”界面，单击 添加拓扑 按钮可编辑拓扑参数进行拓扑添加，如图 5-26 所示。

编辑拓扑
拓扑名称
名称
核心IP
选填,逗号分隔多个核心IP
加入事件分析
OFF
排序
0
取消
提交

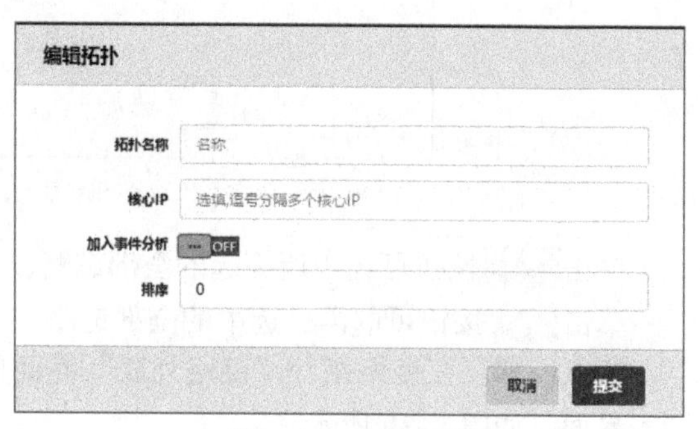

图 5-26　创建拓扑

拓扑名称：必填，标识当前拓扑。

核心 IP：可选，拓扑的核心设备 IP，该设备必须显示在设备列表中。

排序：默认值为 0，可为正负整数，值越小排序越靠前。

管理拓扑中的设备。拓扑添加完毕后在拓扑列表中显示，单击设备管理列下的数字，可进入拓扑的设备列表界面，如图 5-27 所示。

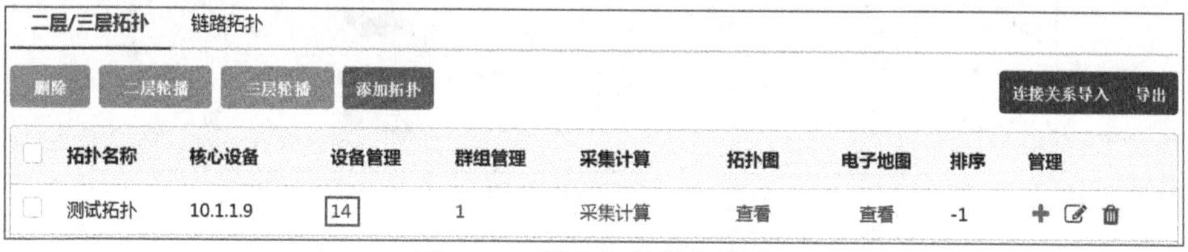

二层/三层拓扑
链路拓扑
删除
二层轮播
三层轮播
添加拓扑
连接关系导入
导出
拓扑名称
核心设备
设备管理
群组管理
采集计算
拓扑图
电子地图
排序
管理
测试拓扑
10.1.1.9
14
1
采集计算
查看
查看
-1

图 5-27　进入拓扑设备列表

第二步：创建链路拓扑。

在“二层 / 三层拓扑”列表界面中单击“链路拓扑”标签，进入“链路拓扑”列表界面，单击 添加拓扑 按钮可设置拓扑参数，添加链路拓扑，如图 5-28 所示。

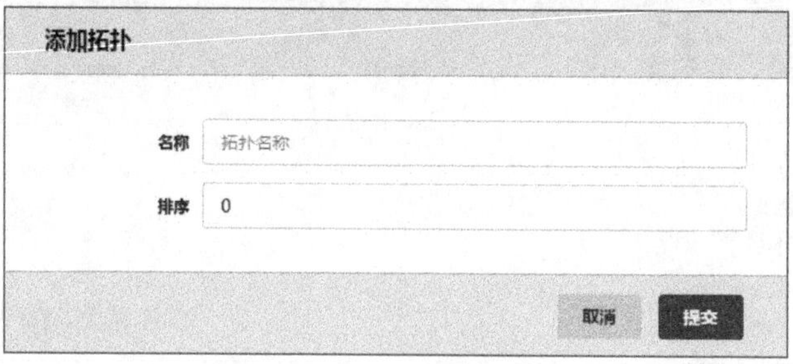

添加拓扑
名称
拓扑名称
排序
0
取消
提交

图 5-28　添加链路拓扑

名称：标识当前拓扑。

排序：可为正负整数，值越小排序越高。

添加完毕后拓扑显示在链路拓扑列表中。

添加拓扑中链路。在“链路拓扑”列表中单击“链路管理”列下的数字，可进入拓扑链路列表界面，单击“添加链路”按钮可添加链路，用户可根据链路名称进行链路筛选（支持模糊匹配），筛选后勾选链路，单击“提交”按钮即可将链路添加到拓扑中，如图 5-29 所示。

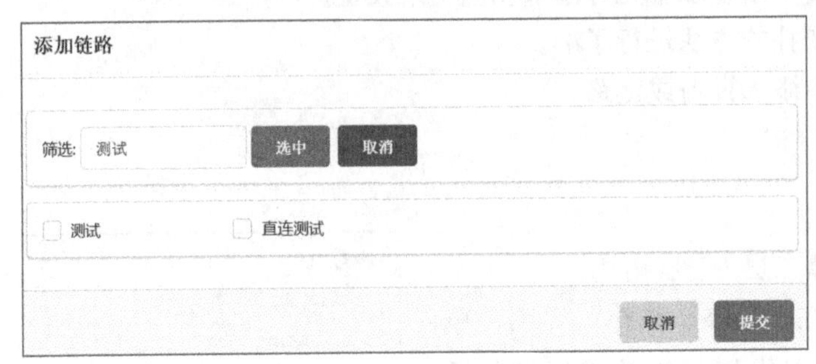

图 5-29　添加链路

单击“选中”按钮可选中所筛选的全部链路。

单击“取消”按钮可取消已选中的全部链路。

节点设置。在链路拓扑“链路列表”界面单击“节点列表”标签，进入“链路拓扑节点”列表界面，如图 5-30 所示。

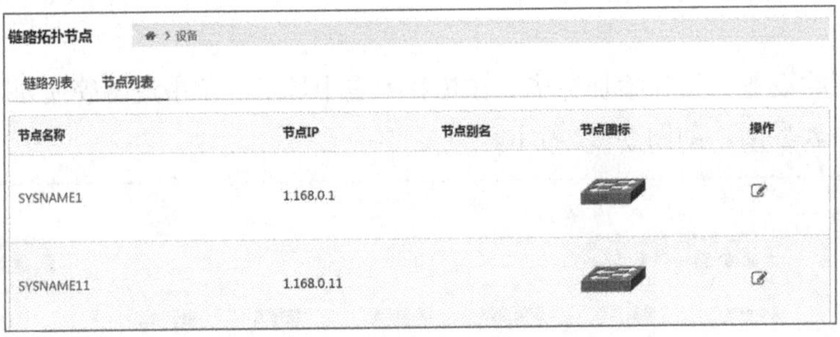

链路拓扑节点　> 设备

链路列表　节点列表

节点名称	节点IP	节点别名	节点图标	操作
SYSNAME1	1.168.0.1			
SYSNAME11	1.168.0.11			

图 5-30　链路拓扑节点列表

用户可自定义编辑节点，单击任一节点后的“操作”按钮即可编辑节点的别名和图标，如图 5-31 所示。

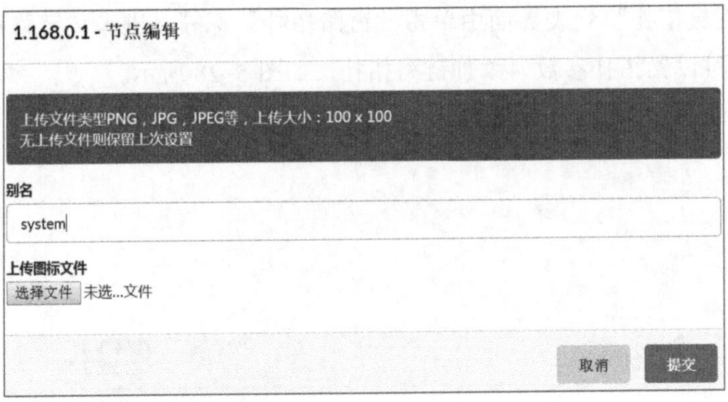

1.168.0.1 - 节点编辑

上传文件类型PNG，JPG，JPEG等，上传大小：100 x 100
无上传文件则保留上次设置

别名

system

上传图标文件

选择文件 未选...文件

取消　提交

图 5-31　节点编辑

第三步：在拓扑中添加设备或链路。

（1）在二层 / 三层拓扑中添加设备。

在“二层 / 三层拓扑”列表界面单击“设备管理”下的数字或“添加”按钮，进入“拓扑列表”，如图 5-32 所示。

拓扑列表
设备
二层/三层拓扑
链路拓扑
删除
二层轮播
三层轮播
添加拓扑
拓扑名称
核心设备
设备管理
层级拓扑
无
25
核心区
无
34
电子地图展示
无
10
xue2
无
5
位图地图
无
添加

图 5-32　拓扑设备列表

在“拓扑列表”界面单击添加设备按钮可为当前拓扑添加设备，系统提供三种添加方式：全部设备、分组筛选及 IP 筛选，如图 5-33 所示。

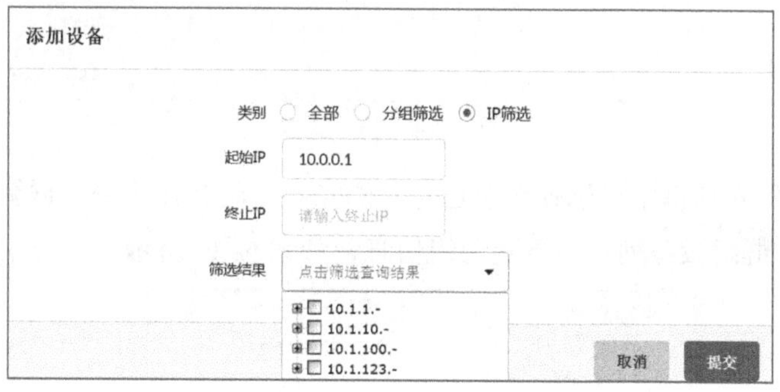

图 5-33　添加设备

或者在“二层 / 三层拓扑”列表界面中单击“管理”列下的“添加设备”按钮 +（见图 5-34），进入“拓扑列表”并自动跳转至设备添加窗口（见图 5-33）。

（2）在链路拓扑中添加链路。

单击“链路拓扑”界面“链路管理”数字或“添加”按钮，进入“链路拓扑列表”。

图 5-34　单击添加设备

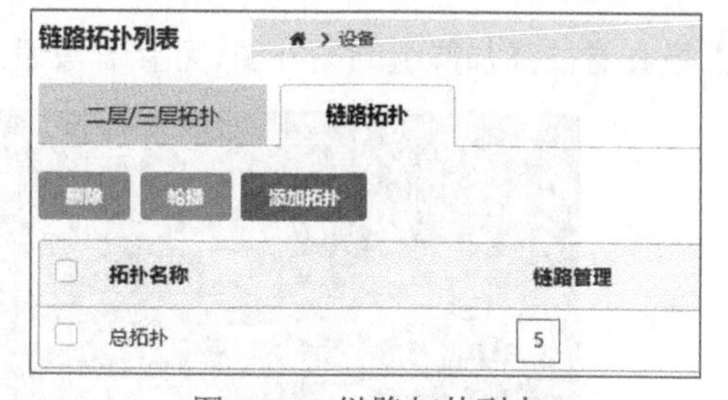

图 5-35　链路拓扑列表

在“链路拓扑列表”界面单击添加链路按钮可为当前拓扑添加链路。

或在“链路拓扑列表”界面单击“管理”中的+按钮可进行添加链路操作，如图 5-36 所示。用户可根据链路名称进行链路筛选（支持模糊匹配），筛选后勾选链路，单击“提交”按钮即可将链路添加到拓扑中，如图 5-37 所示。

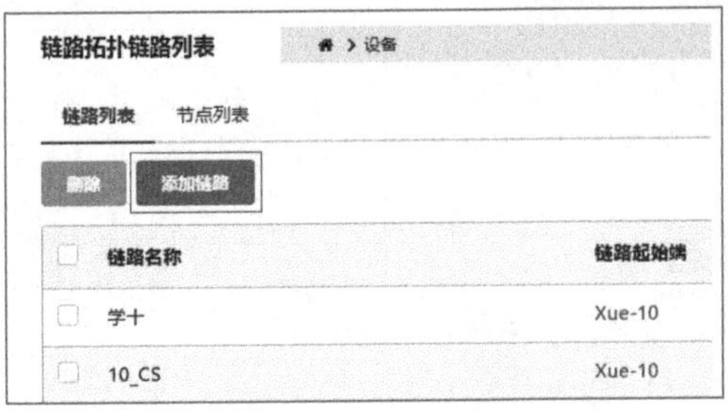

链路拓扑链路列表
设备
链路列表
节点列表
删除
添加链路
链路名称
链路起始端
学十
Xue-10
10_CS
Xue-10

图 5-36　链路列表

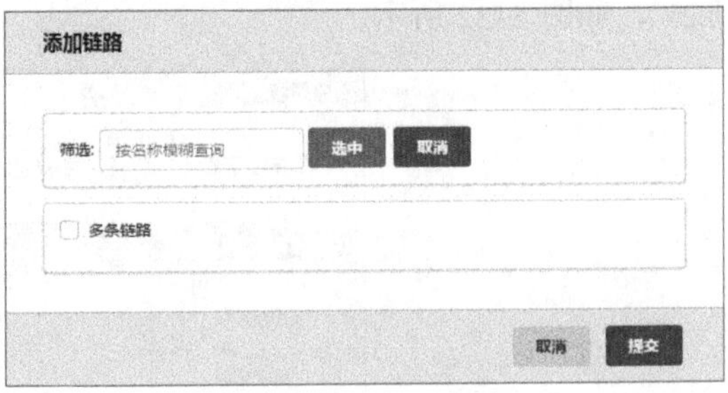

添加链路
筛选:
按名称模糊查询
选中
取消
多条链路
取消
提交

图 5-37　添加链路

第四步：在拓扑中加入设备群组，构建层级拓扑。

在“二层 / 三层拓扑”列表界面中单击“群组管理”下的数字或“添加”按钮，即可进入该拓扑的群组管理，如图 5-38 所示。

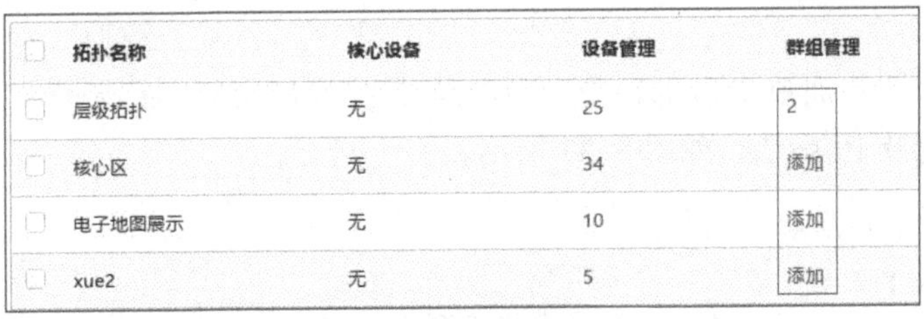

拓扑名称	核心设备	设备管理	群组管理
层级拓扑	无	25	2
核心区	无	34	添加
电子地图展示	无	10	添加
xue2	无	5	添加

图 5-38　群组管理

在“添加群组”对话框中可选择多个已存在的拓扑，将其作为一个群组加进该拓扑中。单击 提交 按钮即可在群组设备列表中看到群组信息，如图 5-39 所示。

添加群组
科技大厦
网络中心
全部设备
任务1
学2楼
学3楼
学4楼
电子地图展示
xue2
取消
提交

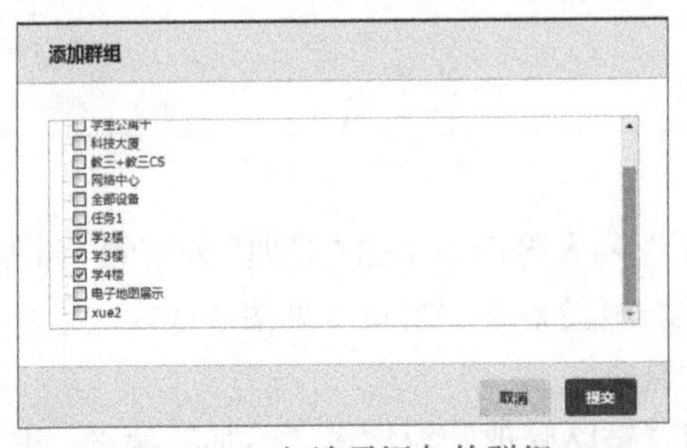

图 5-39　勾选需添加的群组

返回上级查看被添加群组的拓扑图，可查看被添加进的群组显示为圆环状，如图 5-40 所示。

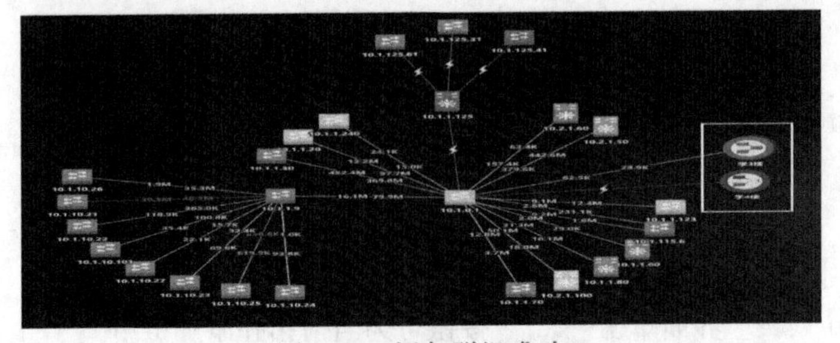

图 5-40　添加群组成功

双击图 5-40 所示的圆环形群组图标即可进入该群组的拓扑图。

任务小结

拓扑创建及管理由以下四步操作完成：

第一步：创建二层/三层拓扑。

第二步：创建链路拓扑。

第三步：在拓扑中添加设备或链路。

第四步：在拓扑中加入设备群组，构建层级拓扑。

相关知识与技能

1．二层拓扑

二层拓扑为物理拓扑，根据 MAC 及 ARP 表计算，展示设备之间的物理连接关系。

2．三层拓扑

三层拓扑为逻辑拓扑，根据路由表计算，展示设备之间的逻辑连接关系。

3．链路拓扑

链路拓扑以链路为主，展示从源端到目的端的路由信息。与二三层拓扑不同的是，二三层拓扑是添加设备后自动计算设备之间的连接关系；而链路拓扑是直接添加已创建的链路，并在链路拓扑中展示已创建链路中从源端到目的端的所有路由关系。

任务拓展

如果要在某拓扑中加入一些散落的设备作为群组，应如何操作？

任务五 拓 扑 呈 现

任务描述

上海御恒信息科技公司已建有局域网并安装了综合网络管理软件。技术部经理要求新招聘的网络工程师小张尽快学会设置拓扑轮播并学会对拓扑的节点、链路、背景图、布局等进行设置以及设置电子地图拓扑，小张按照经理的要求开始做以下的任务分析。

任务分析

（1）安装综合网络管理单元。

（2）添加若干拓扑。

（3）设置拓扑轮播。

（4）对拓扑的节点、链路、背景图、布局等进行设置。

（5）设置电子地图拓扑。

任务实施

第一步：设置拓扑轮播。

在“二层/三层拓扑”列表界面中勾选多个拓扑后单击 二层轮播 按钮可将所选拓扑的二层拓扑进行轮播展示；单击 三层轮播 按钮可将所选拓扑的三层拓扑进行轮播展示，如图 5-41 所示。

进入拓扑轮播界面后，可自定义拓扑轮播的更新周期，直接单击“上一张”或“下一张”按钮更换拓扑，如图 5-42 所示。

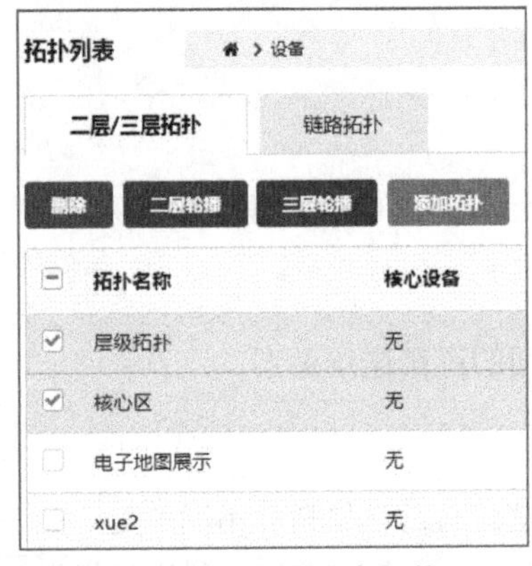

图 5-41 勾选多个拓扑

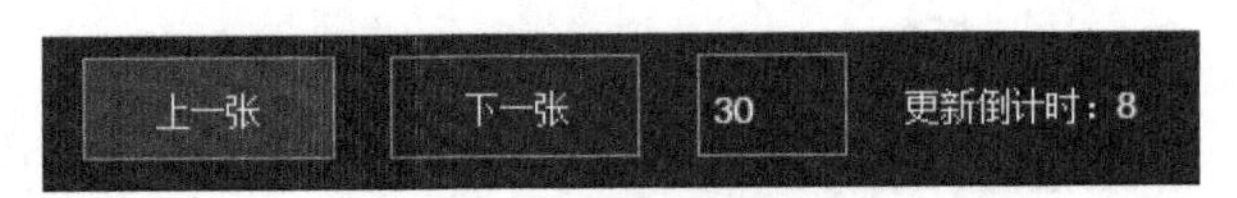

图 5-42 拓扑轮播设置

第二步：拓扑图管理。

1. 拓扑节点设置

可自定义设置拓扑节点，可设置全部节点、部分节点及单个节点。默认设置全部节点，无须选中；设置部分节点时，可按住鼠标左键拖动选中部分节点；设置单个节点时，右击所选节点，选择“节点设置”命令即可，如图 5-43 所示。

节点选择完毕后，单击拓扑图右上角的 按钮，选择“节点设置”标签，可进入节点设置框，用户可自定义设置节点参数，参数修改后实时展现在拓扑图中，单击“保存”按钮可保存当前所设置的参数，如图 5-44 所示。

图 5-43 单个节点设置

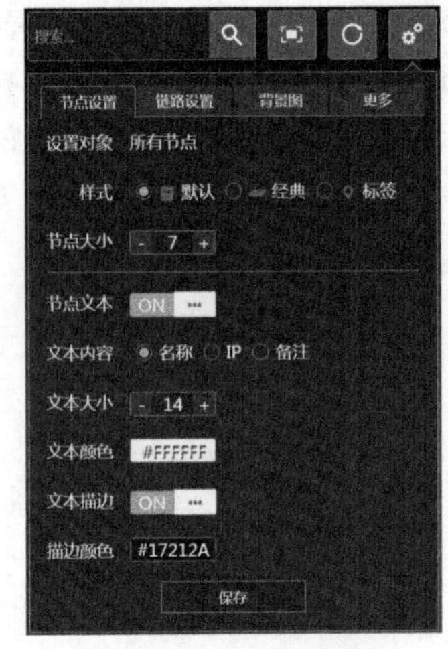

图 5-44 节点设置

2．拓扑链路设置

单击拓扑图右上角的按钮，选择“链路设置”标签，可进入链路设置框，用户可自定义设置链路参数，参数修改后实时展现在拓扑图中，单击“保存”按钮可保存当前所设置的参数，如图 5-45 所示。

3．背景图设置

单击拓扑图右上角的按钮，选择“背景图”标签，可进入背景图选择框，用户可选择默认背景、自定义背景图和纯色背景。默认背景为系统预定义的蓝色渐变背景图；自定义背景图支持用户自定义上传图片作为背景图，支持 JPG\JPEG\PNG 等主流图片格式；纯色背景图中用户可自定义选择背景颜色，如图 5-46 所示。

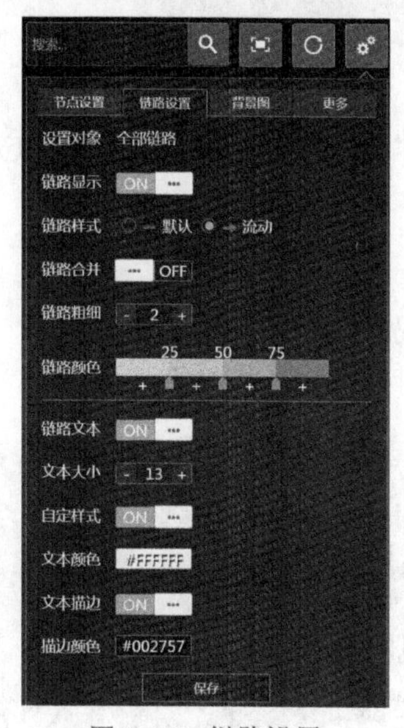

图 5-45　链路设置

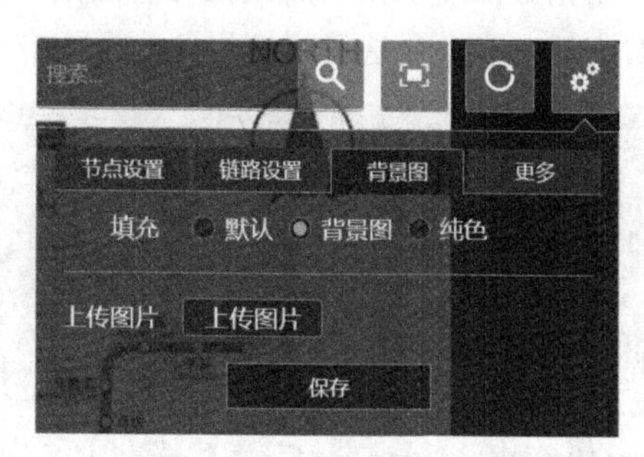

图 5-46　自定义背景图

4．小地图、告警及流量图设置

单击拓扑图右上角的按钮，选择“更多”标签，可设置小地图是否开启，可设置告警列表是否开启、告警行数展示等参数，可设置流量图是否开启，如图 5-47 所示。

小地图开启后在拓扑图左上角显示小地图，单击小地图中的按钮可关闭小地图，如图 5-48 所示。

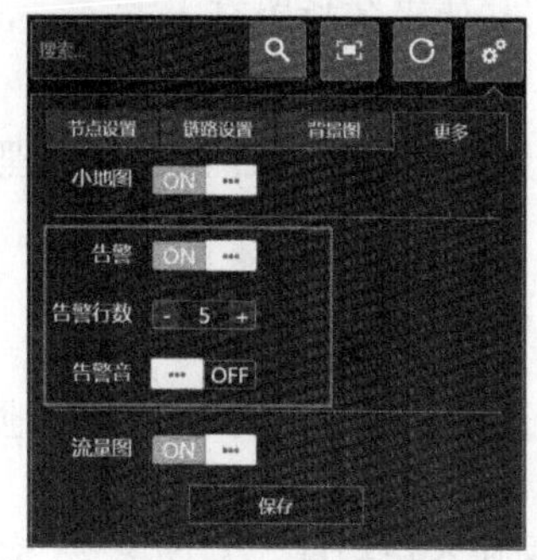

图 5-47　更多设置

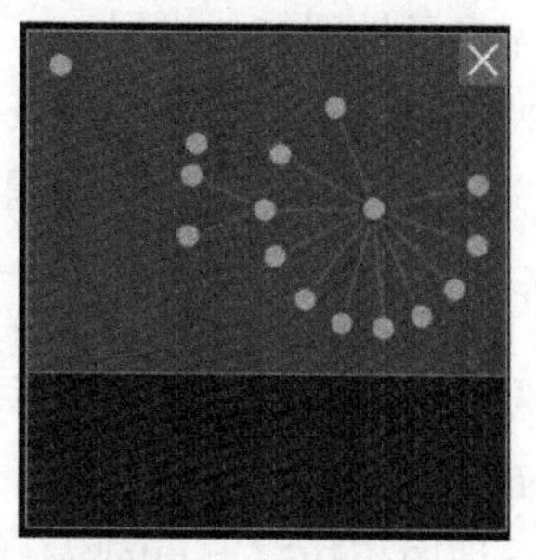

图 5-48　小地图

告警列表开启后在拓扑图中可显示告警列表，根据用户定义的告警列表行数显示，告警音开启后，当拓扑产生告警时会发出声音提示。告警列表中可查看告警的简要信息，单击可进入告警详情页面。单击☒按钮可关闭告警列表；单击▼按钮可收起告警列表；单击◀按钮可开启/关闭告警音，如图 5-49 所示。

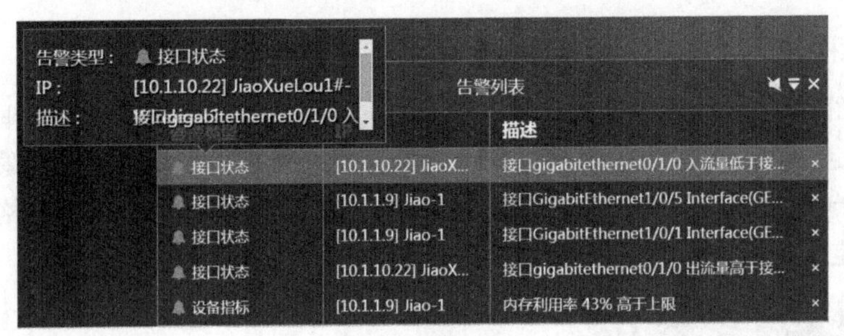

图 5-49　告警列表

流量图开启后，单击任一设备接口，可显示此接口的出入流量图，如图 5-50 所示。单击▼按钮可收缩流量图；单击☒按钮可关闭流量图。

5．拓扑布局

单击拓扑图右上角的○按钮可将当前拓扑全部重新布局。

右击任一设备，选择“布局”命令，有多种布局方式可选，如图 5-51 所示。

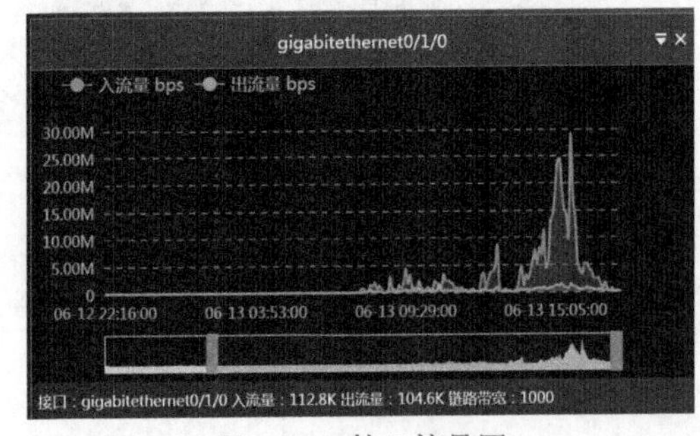

图 5-50　接口流量图

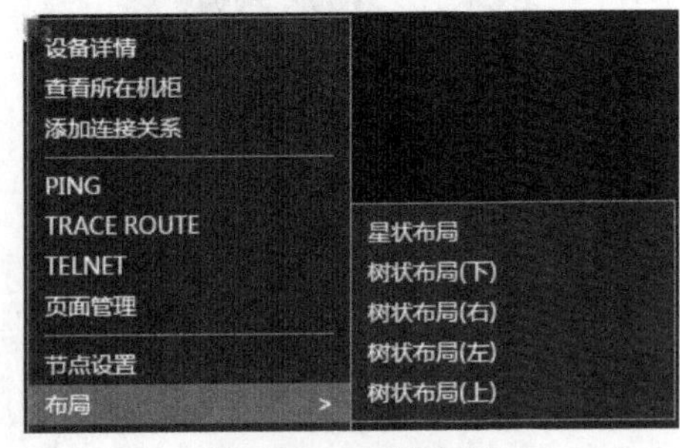

图 5-51　拓扑布局

- 星状布局：当前拓扑中所有设备进行星状拓扑布局，所选设备放置在中心。
- 树状布局（下）：以当前所选设备为根进行树状布局，其他设备放置在下方。
- 树状布局（右）：以当前所选设备为根进行树状布局，其他设备放置在右方。
- 树状布局（左）：以当前所选设备为根进行树状布局，其他设备放置在左方。
- 树状布局（上）：以当前所选设备为根进行树状布局，其他设备放置在上方。

第三步：电子地图拓扑设置。

系统支持以电子地图为拓扑背景图，用户可自由部署设备，将设备按照其实际物理位置与电子地图相关联，准确定位设备位置点。

1．全局配置

在“二层/三层拓扑”列表界面单击电子地图列下的“查看”按钮，可进入电子地图拓扑界面，如图 5-52 所示。

单击电子地图拓扑右上角的全局配置按钮可进行电子地图拓扑全局配置，如图 5-53 所示。

地图类型：可选择百度地图和谷歌地图。

地图包：可选择在线普通地图包或在线卫星地图包。

初始缩放级别：设置当前缩放的级别，注意初始缩放级别必须在缩放级别范围内。

缩放级别范围：定义在电子地图拓扑中缩放范围的上下限。

初始中心经纬度：电子地图为全球地图，用户可自定义设置初始拓扑中心经纬度；经度范围为 -180° ~180° （正数表示东经，负数表示西经）；纬度范围为 -90° ~90° （正数表示北纬，负数表示南纬）。

图 5-52 电子地图拓扑

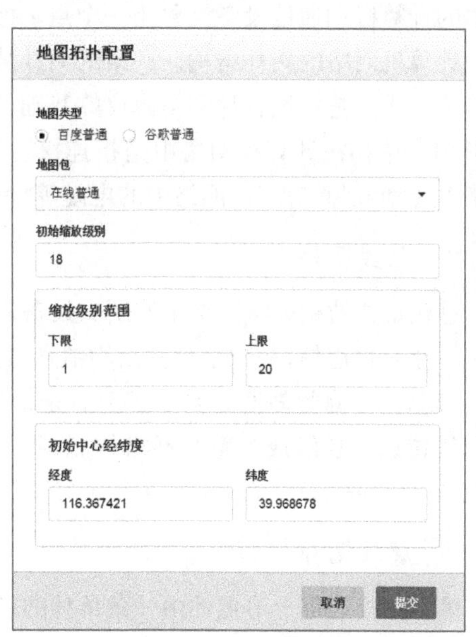

图 5-53 全局配置

2. 部署设备

单击电子地图拓扑右上角的 默认坐标 按钮可将当前拓扑中所有设置恢复为初始位置。

用户可拖动设备自由部署设备位置，将设备与真实地理位置点相关联。

注意：设备位置设置完毕后，必须单击右上角的 保存 按钮才可将当前部署进行保存，否则下一次查看电子地图拓扑时设备位置恢复为初始值。

任务小结

拓扑呈现由以下三步操作完成：

第一步：设置拓扑轮播。

第二步：拓扑图管理。

第三步：电子地图拓扑设置。

相关知识与技能

1. 拓扑

拓扑是研究几何图形或空间在连续改变形状后还能保持不变的一些性质的一个学科。它只考虑物体间的位置关系而不考虑它们的形状和大小。拓扑英文名是 Topology，直译是地志学，最早指研究地形、地貌相类似的有关学科。几何拓扑学是 19 世纪形成的一门数学分支，它属于几何学的范畴。有关拓扑学的一些内容早在 18 世纪就出现了。那时候发现的一些孤立的问题，在后来的拓扑学的形成中占据着重要地位。

2．计算机网络的拓扑结构

计算机网络的拓扑结构是引用拓扑学中研究与大小、形状无关的点、线关系的方法。把网络中的计算机和通信设备抽象为一个点，把传输介质抽象为一条线，由点和线组成的几何图形就是计算机网络的拓扑结构。网络的拓扑结构反映出网中各实体的结构关系，是建设计算机网络的第一步，是实现各种网络协议的基础，它对网络的性能，系统的可靠性与通信费用都有重大影响。拓扑在计算机网络中是指连接各节点的形式与方法。把网络中的工作站和服务器等网络单元抽象为“点”。网络中的电缆等抽象为“线”。影响网络性能、系统可靠性、通信费用。

3．总线拓扑

总线拓扑结构是将网络中的所有设备通过相应的硬件接口直接连接到公共总线上，结点之间按广播方式通信，一个结点发出的信息，总线上的其他结点均可“收听”到。优点：结构简单、布线容易、可靠性较高，易于扩充，是局域网常采用的拓扑结构。缺点：所有的数据都需经过总线传送，总线成为整个网络的瓶颈；出现故障诊断较为困难。最著名的总线拓扑结构是以太网（Ethernet）。

4．星状拓扑

星状拓扑的每个节点都由一条单独的通信线路与中心节点连接。优点：结构简单、容易实现、便于管理，连接点的故障容易监测和排除。缺点：中心节点是全网络的可靠瓶颈，中心节点出现故障会导致网络瘫痪。

5．环状拓扑

环状拓扑的各节点通过通信线路组成闭合回路，环中数据只能单向传输。优点：结构简单、容易实现，适合使用光纤，传输距离远，传输延迟确定。缺点：环网中的每个节点均成为网络可靠性的瓶颈，任意节点出现故障都会造成网络瘫痪。另外，故障诊断较困难。最著名的环状拓扑结构网络是令牌环网（Token Ring）。

6．树状拓扑

树状拓扑是一种层次结构，节点按层次连接，信息交换主要在上下节点之间进行，相邻节点或同层节点之间一般不进行数据交换。优点：连接简单，维护方便，适用于汇集信息的应用要求。缺点：资源共享能力较低，可靠性不高，任何一个工作站或链路故障都会影响整个网络的运行。

7．网状拓扑

网状拓扑又称无规则结构，节点之间的连接是任意的，没有规律。优点：系统可靠性高，比较容易扩展，但是结构复杂，每一节点都与多点进行连接，因此必须采用路由算法和流量控制方法。目前广域网基本上采用网状拓扑结构。

任务拓展

如果你是网络运维人员，你会如何部署不同层级的拓扑图？如何展现给参观领导？

任务六 事件查看分析

任务描述

上海御恒信息科技公司已建有局域网并安装了综合网络管理软件。技术部经理要求新招聘的网络工程师小张尽快学会通过综合网络管理平台对网络和设备的监控，找出合理的告警规则并学会通过查看和分析告警事件，判断出网络中可能的故障原因，小张按照经理的要求开始做以下的任务分析。

任务分析

（1）安装综合网络管理单元。

（2）添加若干网络设备。

（3）通过综合网络管理平台对网络和设备的监控，找出合理的告警规则。

（4）通过告警事件的查看和分析，判断出网络中可能的故障原因。

任务实施

第一步：全局阈值设置。

在“系统设置”界面中单击“全局指标”，设置系统指标全局的阈值，全局阈值对全部设备生效。可以设置全局采集周期、丢包、延迟、CPU 利用率、内存利用率、温度、出入流量等，如图 5-54 所示。将内存利用率的阈值上下限设置为 50 和 30。

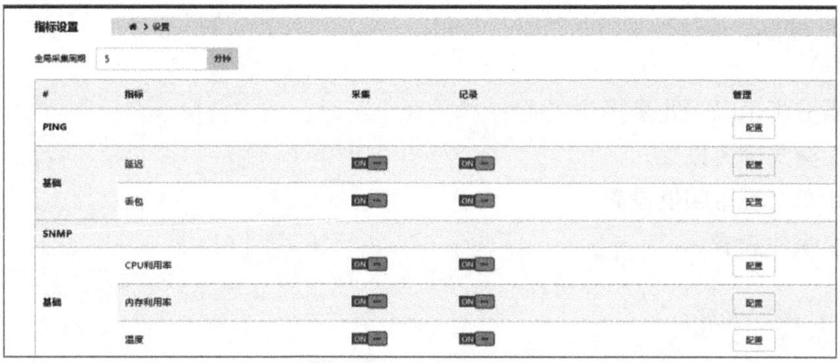

图 5-54　全局阈值设置

第二步：单个设备阈值设置。

在“设备列表”界面中打开某个设备的详情，单击设备详情页的指标设置，可以设置这个设备的各项指标的阈值，单个阈值只对当前设备生效，如图 5-55 所示。在同时设置了全局阈值和单个阈值的情况下，以单个阈值设置为准。

可以设置单个设备的采集周期、丢包、延迟、CPU 利用率、内存利用率、温度、出入流量等。

将入流量的阈值上下限设置为5000和3000。

指标设置 Jiao-2-31　　设备 > 设备列表

设备详情　接口列表　连接关系　路由关系　MAC / ARP　真实面板　设备编辑　指标设置

采集周期 5 分钟

指标	采集	记录	管理
PING			
延迟	开启 (默认)	开启 (默认)	
丢包	开启 (默认)	开启 (默认)	
SNMP			
入流量	开启 (默认)	监控接口限定 (默认)	
出流量	开启 (默认)	监控接口限定 (默认)	

图5-55　单个阈值设置

第三步：事件查看

在“事件 / 事件列表”中查看当前触发的事件，可以看到刚才设置的内存告警和出入流量告警，如图5-56所示。

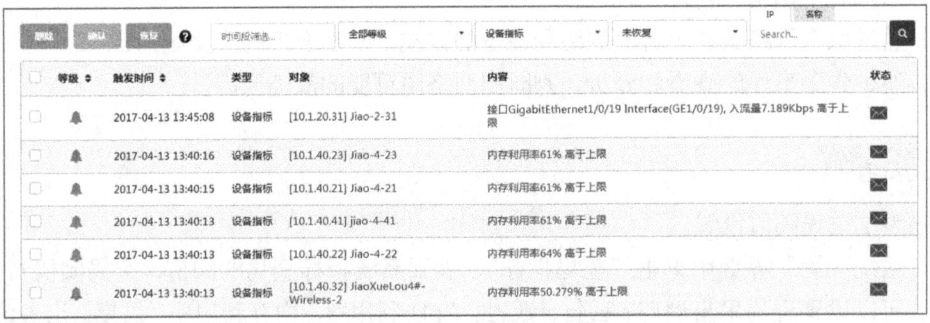

删除　确认　恢复　时间段筛选...　全部等级　设备指标　未恢复　IP　名称　Search...

等级	触发时间	类型	对象	内容	状态
	2017-04-13 13:45:08	设备指标	[10.1.20.31] Jiao-2-31	接口GigabitEthernet1/0/19 Interface(GE1/0/19), 入流量7.189Kbps 高于上限	
	2017-04-13 13:40:16	设备指标	[10.1.40.23] Jiao-4-23	内存利用率61% 高于上限	
	2017-04-13 13:40:15	设备指标	[10.1.40.21] Jiao-4-21	内存利用率61% 高于上限	
	2017-04-13 13:40:13	设备指标	[10.1.40.41] jiao-4-41	内存利用率61% 高于上限	
	2017-04-13 13:40:13	设备指标	[10.1.40.22] Jiao-4-22	内存利用率64% 高于上限	
	2017-04-13 13:40:13	设备指标	[10.1.40.32] JiaoXueLou4#-Wireless-2	内存利用率50.279% 高于上限	

图5-56　事件查看

任务小结

事件查看分析由以下几步操作完成：

第一步：全局阈值设置。

第二步：单个设备阈值设置。

第三步：事件查看。

相关知识与技能

事件确认：告警状态依旧存在，但是已有管理员知道这个事件，并且单击“确认”按钮。

事件恢复：告警状态不存在，由管理员手动恢复或系统自动恢复。

任务拓展

1．网络设备的内存利用率过高会有什么样的隐患？

2．一个指标经常性超过阈值，应该怎么做？

任务七 事件触发设置

任务描述

上海御恒信息科技公司已建有局域网并安装了综合网络管理软件。技术部经理要求新招聘的网络工程师小张尽快学会添加事件设置并学会设置事件规则，包括梯度告警、事件等级定义和延迟发送等，小张按照经理的要求开始做以下的任务分析。

任务分析

（1）安装综合网络管理单元。
（2）添加若干网络设备。
（3）添加事件设置。
（4）设置事件规则，包括梯度告警、事件等级定义和延迟发送等。

任务实施

第一步：添加事件规则。

系统支持用户自定义事件规则，当系统中触发事件后，可自动根据所定义的事件规则进行事件压缩、告警通知等策略操作。

进入“添加事件设置”界面。用户可从三个入口进入“添加事件设置”界面。

在“事件 / 首页”中单击 添加事件设置 按钮，可进入“添加事件设置”界面，如图 5-57 所示。

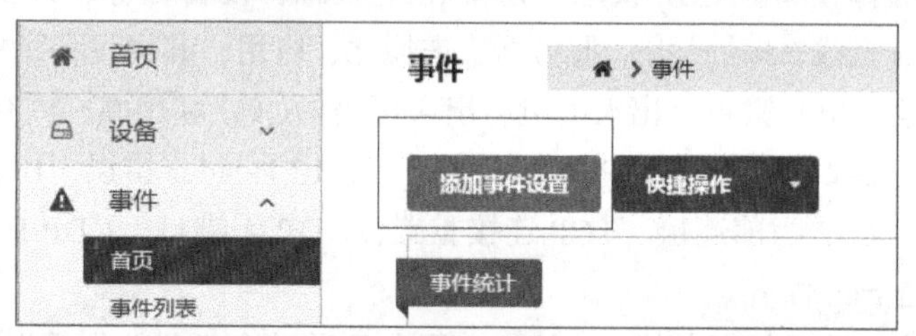

图 5-57　方法一

在系统“主界面”导航栏中单击“事件 / 事件设置”，可进入“事件设置”界面，单击 添加 按钮进入“添加事件设置”界面，如图 5-58 所示。

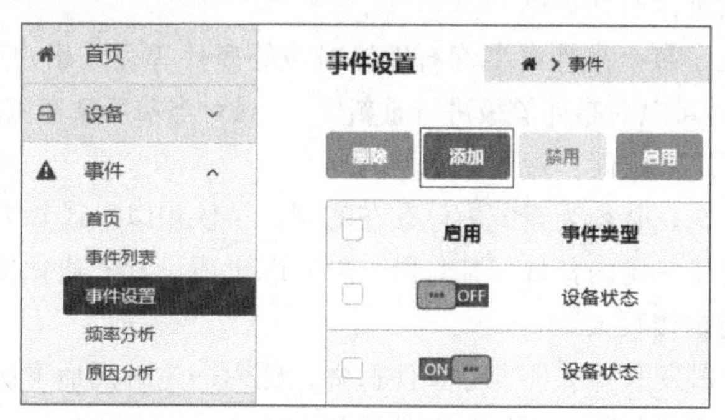

图 5-58　方法二

从系统设置界面进入：将鼠标悬停至右上角用户名处，出现选择列表后单击“设置”，进入“系统设置”界面，单击事件模块的“添加事件设置”按钮，即可进入“添加事件设置”界面，如图 5-59 所示。

进入“添加事件设置”界面后，用户可自定义事件告警策略，包括事件类型、梯度告警、事件等级、事件通知策略等，参数定义完毕后单击 提交 按钮即可成功添加，如图 5-60 所示。

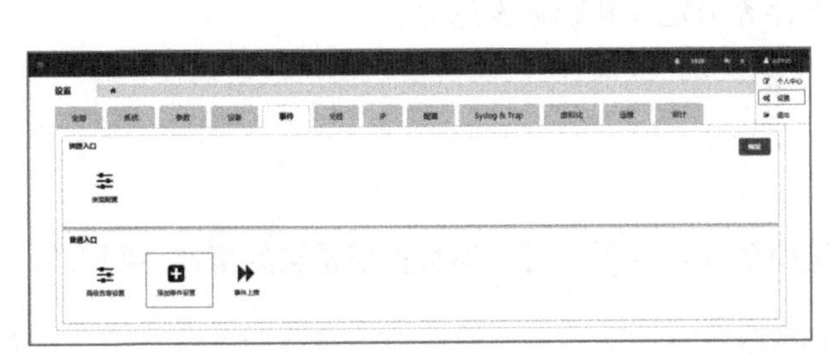

图 5-59　方法三

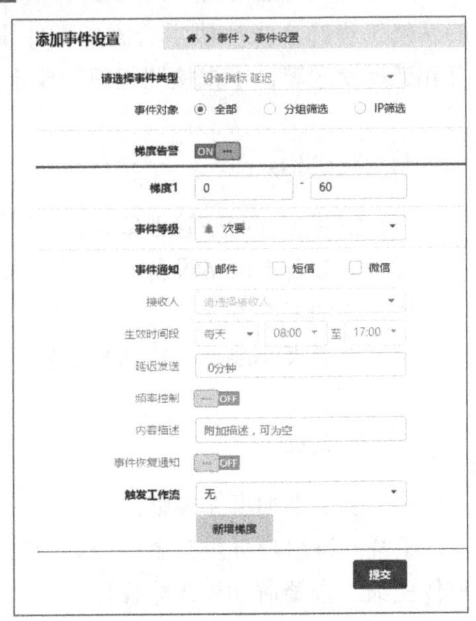

图 5-60　添加事件设置

事件类型：可选择设备 SNMP 状态、设备 ping 状态、设备指标、设备状态、接口状态、Syslog、trap、配置、无线、探针、IP、服务器、虚拟化、应用。其中设备指标包括延迟、丢包、出入流量、出入包数、出入错包、出入丢包、出入广播、CPU 利用率、内存利用率、ICMP 接收发送应答、ICMP 接收发送错误、IP 接收发送丢弃、IP Header 错误、IP 地址错误、IP 无路由、TCP 接收错误、TCP 当前连接、TCP 连接重置、UDP 无端口、UDP 接收错误、SNMP 接收 trap、SNMP 发送 trap 内容。

事件对象：即此策略所针对的设备 / 接口范围，可通过全部、分组筛选、IP 筛选三种方式添加。

梯度告警：当事件类型为设备指标时，可设置梯度告警，不同梯度可设置不同告警阈值、不同事件等级以及不同事件通知策略。

事件等级重新定义：每个事件类型都有默认对应的事件等级，用户可在系统设置中设置，应用于整个系统。而此处可以对事件等级进行重新定义，只对当前所选范围内的设备 / 接口生效。

事件通知方式：可选择邮件、短信、微信。

通知接收人：可多选，必须为系统中已存在的用户；使用以上通知方式进行通知。

生效时间段：可选择一周内某日、某时段；针对以上所设置的通知接收人生效；通知会在生效时间段内发送给指定接收人。

延迟发送：当事件触发时不立即发送事件通知，延迟一定时间后再次确认该事件状态，若此时事件已恢复则不发送通知，否则发送事件通知。

频率控制：可设置 N 天内发生 M 次事件后发送事件通知，有效压缩事件信息。

内容描述：支持自定义通知发送内容。

事件恢复通知：若开启，则当相应事件恢复后系统自动发送恢复通知。

第二步：梯度告警。

当所选事件类型为设备指标时，可设置梯度告警，分级处理告警（比如，设置设备指标入流量梯度为 0 ～ 60、60 ～ 80，则当丢包率处于 0 ～ 60 时，触发设置的第一级事件通知，丢包处于 60 ～ 80 时，触发设置的第二级事件通知。

开启梯度告警开关 梯度告警 ON 可增加梯度告警，如图 5-61 所示。

新增告警梯度后可以进行新一梯度事件等级以及事件通知等设置，如图 5-62 所示。

图 5-61　新增梯度告警设置

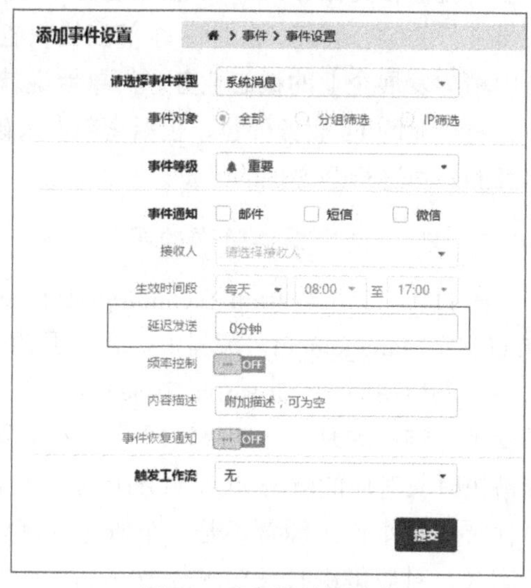

图 5-62　告警等级重定义

第三步：事件等级重定义。

系统默认提供一套事件类型与事件等级对应关系；应用于整个系统，用户可在系统设置中设置。而此处可以针对所选范围的设备 / 接口进行事件等级重定义。例如，全局设置中接口断开事件的事件等级为重要，而针对某一核心设备，可设置接口断开事件的等级为紧急，只对此核心设备生效。

第四步：事件延迟发送。

系统支持延迟告警设置（见图 5-62）。例如，如果设置 10 min 延迟告警，则在告警出现时不进行告警发送，在 10 min 后再次确认该告警状态，如果恢复则不进行发送，如果告警依旧存在则发送告警。

任务小结

事件触发设置由以下四步操作完成：

第一步：添加事件规则。

第二步：梯度告警。

第三步：事件等级重定义。

第四步：事件延迟发送。

相关知识与技能

1. IT运维

IT运维管理是时下IT界最热门的话题之一。随着IT建设的不断深入和完善，计算机硬软件系统的运行维护已经成为各行各业各单位领导和信息服务部门普遍关注和不堪重负的问题。由于这是一个随着计算机信息技术的深入应用而产生的新课题，因此如何进行有效的IT运维管理，这方面的知识积累和应用技术还刚刚起步，对这一领域的研究和探索，将具有广阔的发展前景和巨大的现实意义。所谓IT运维管理是指单位IT部门采用相关的方法、手段、技术、制度、流程和文档等，对IT软硬运行环境（软件环境、网络环境等）、IT业务系统和IT运维人员进行的综合管理。企业将IT部门的职能全部或部分外包给专业的第三方IT外包公司管理，集中精力发展企业的核心业务。简单地说就是企业在内部专职IT运维人员不足或没有的情况下，将企业的IT业务外包，包括全部办公硬件、网络及外设的维护工作，转交给专业从事IT运维的公司进行全方位的维护。

2. IT运维中事件管理的服务请求

在ITIL（Information Technology Infrastucture Library，信息技术基础构架库）的事件管理（Incident Management）流程中，有关于SLA服务级别的具体要求。其中，响应时间（Accept Time）和解决时间（Resolve Time）是非常重要的两个概念，响应时间代表的是对事件开始启动受理及响应的时间，解决时间是最终问题被处理完成的时间。两者的时间差就是解决时长。而解决时长对应的就是SLA服务级别中优先级的具体要求。优先级 = 紧急度 × 影响度。这和事件要求及事件来源都不是一个概念。例如，当影响度为高、紧急度也为高时，优先级就是最高级，对应解决时长要求是10 min。影响度为中、紧急度为低时，优先级为低，对应解决时长要求是4 h。

任务拓展

1．梯度告警在网络运维中有何意义呢？
2．事件延迟发送在网络运维中有何意义呢？

任务八 AC与AP管理配置

任务描述

上海御恒信息科技公司已建有局域网并安装了综合网络管理软件。技术部经理要求新招聘的网络工程师小张尽快学会添加AC然后扫描其所管理的AP并学会对AP进行位置管理及告警设置，小张按照经理的要求开始做以下的任务分析。

任务分析

（1）安装综合网络管理单元。

（2）安装若干无线设备（AC&AP）。

（3）添加 AC 并扫描其所管理的 AP。

（4）对 AP 进行位置管理及告警设置。

任务实施

第一步：添加无线 AC。

在“无线 / 首页”界面单击“快速添加”中的“添加 AC”，或在“无线 /AC”界面中单击 添加AC 按钮，进入添加页，如图 5-63 所示。

系统可自动识别设备列表中的无线 AC，并将所识别的无线 AC 全部列出，用户可自行选择所需监控的无线 AC 进行添加。添加后的新 AC 显示在无线 AC 列表中，如图 5-64 所示。

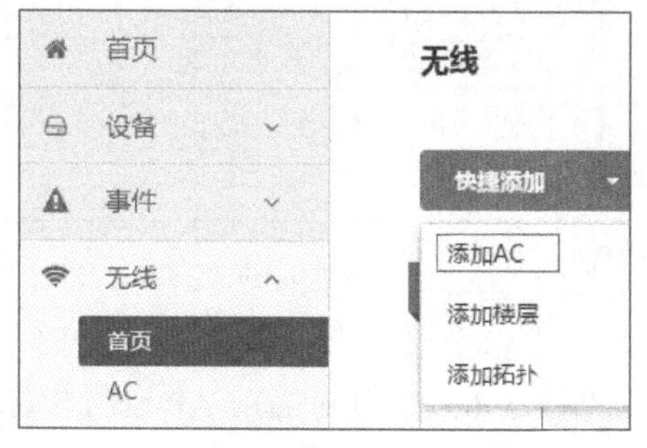

图 5-63 添加 AC

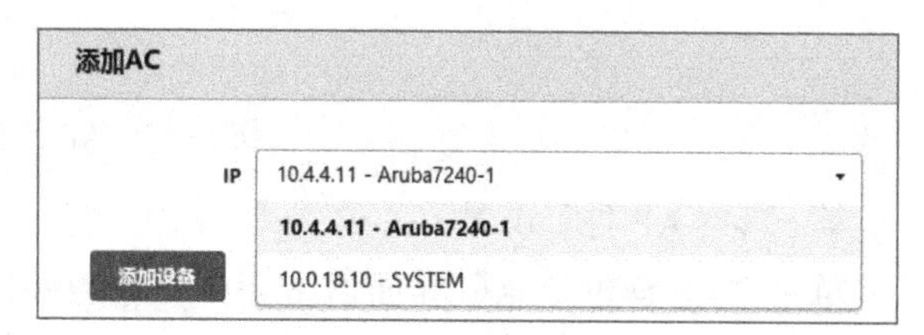

图 5-64 添加 AC 窗口

注意

在无线模块添加无线 AC 时必须先在设备模块的设备列表中添加该无线设备。若未添加，则可单击 添加设备 按钮跳转至设备添加页面。

第二步：AP 位置管理。

可通过两种方式进入“AP 位置管理”界面。

（1）在主界面单击“无线 /AP”进入“AP 管理”界面，单击“楼层”列下的“设置”可进入“AP 位置管理”界面，如图 5-65 所示。

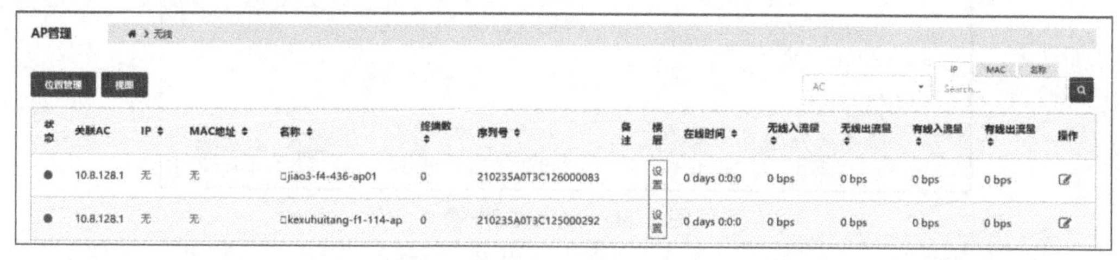

图 5-65 方法一

（2）在“AP 详细信息”界面单击 位置管理 按钮，可进入“AP 位置管理”界面，如图 5-66 所示。

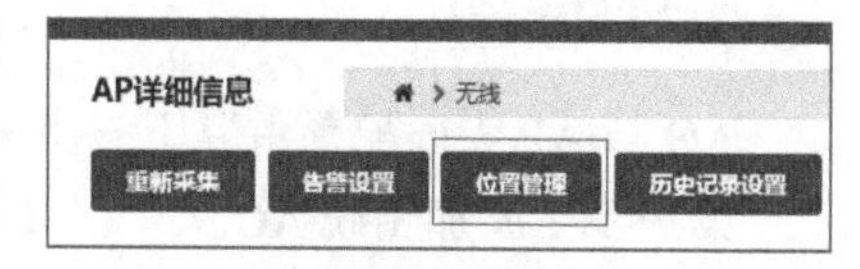

图 5-66 方法二

在“AP 位置管理”界面中，用户可通过拖动方式直接将右侧无线 AP 归置到左侧相应的建筑楼层中，也可将左侧 AP 拖动到右侧进行位置删除。

用户可在左侧筛选框中输入 AP 名称或 IP，筛选已规划 AP。

用户可在右侧筛选框中输入 AP 名称或 IP，筛选未规划 AP，如图 5-67 所示。

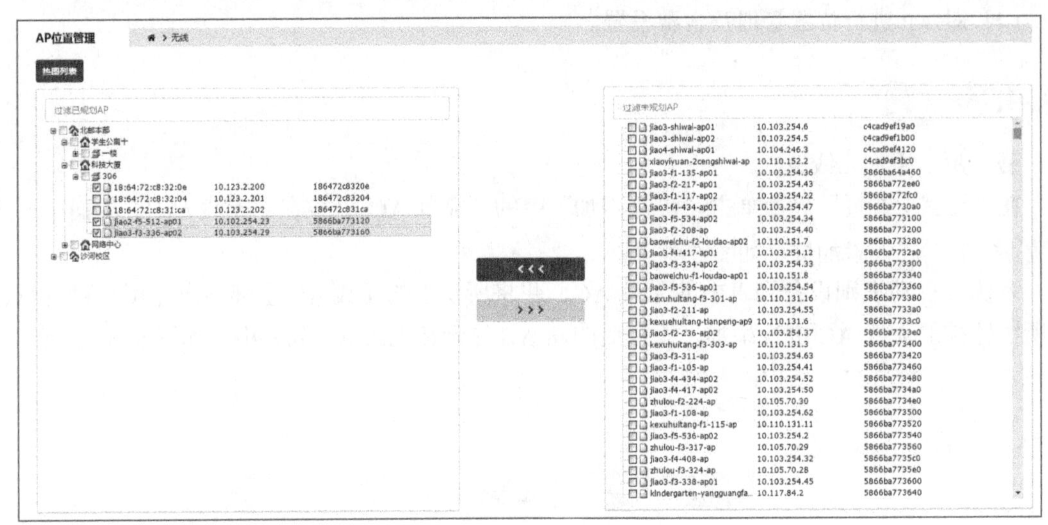

图 5-67　AP 位置管理

第三步：AP 告警设置。

单击“AP 详细信息”界面右上角的 告警设置 按钮（见图 5-66），可对当前 AP 进行指标阈值设置，如图 5-68 所示。

当 AP 状态为“监控中”时，系统根据用户所设置的指标阈值触发告警。

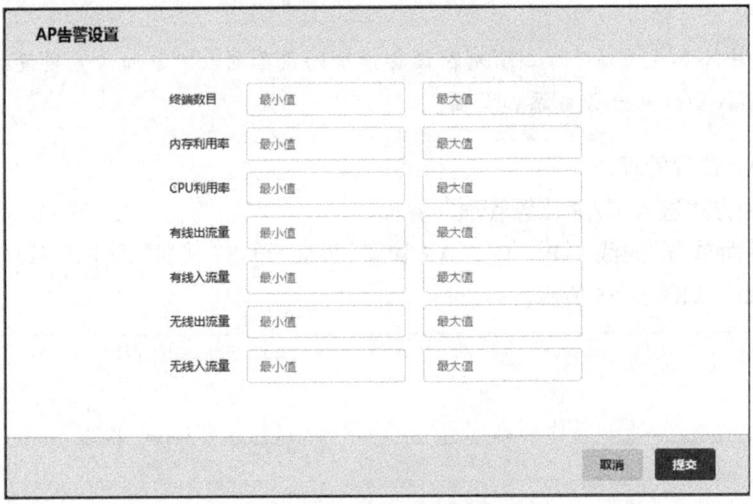

AP告警设置

终端数目　最小值　最大值

内存利用率　最小值　最大值

CPU利用率　最小值　最大值

有线出流量　最小值　最大值

有线入流量　最小值　最大值

无线出流量　最小值　最大值

无线入流量　最小值　最大值

取消　提交

图 5-68　AP 告警设置

任务小结

AC 与 AP 管理配置由以下三步操作完成：

第一步：添加无线 AC。

第二步：AP 位置管理。

第三步：AP 告警设置。

相关知识与技能

1．AC

无线控制器（Wireless Access Point Controller）是一种网络设备，用来集中化控制无线AP，是一个无线网络的核心，负责管理无线网络中的所有无线AP，对AP管理包括：下发配置、修改相关配置参数、射频智能管理、接入安全控制等。

2．AP

无线访问接入点（Wireless Access Point）是一个无线网络的接入点，俗称“热点”。主要有路由交换接入一体设备和纯接入点设备，一体设备执行接入和路由工作，纯接入设备只负责无线客户端的接入，纯接入设备通常作为无线网络扩展使用，与其他AP或者主AP连接，以扩大无线覆盖范围，而一体设备一般是无线网络的核心。

任务拓展

AC下可以架设多个不同厂商的AP吗？

任务九 终端管理配置

任务描述

上海御恒信息科技公司已建有局域网并安装了综合网络管理软件。技术部经理要求新招聘的网络工程师小张尽快学会对无线终端开启历史记录功能并学会查找终端连接关系，小张按照经理的要求开始做以下的任务分析。

任务分析

（1）安装综合网络管理单元。

（2）添加若干无线设备（AC&AP）。

（3）对无线终端开启历史记录功能。

（4）查找终端连接关系。

任务实施

第一步：开启无线终端历史记录。

1．全局设置

在系统导航栏中单击“无线 / 终端”可进入“无线终端管理”界面，以列表形式展现所监控无线终端的简要信息，如图5-69所示。

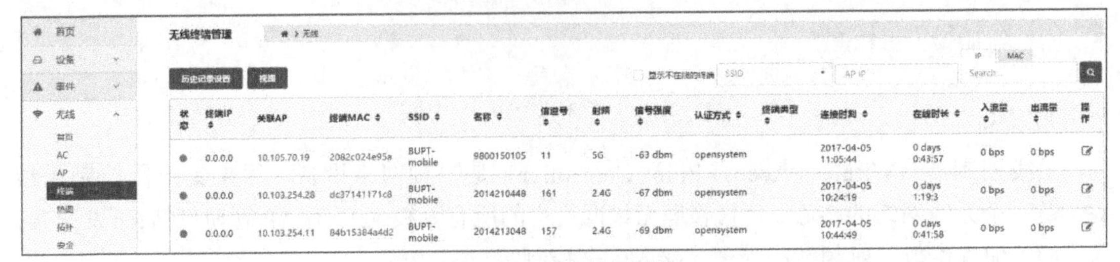

图 5-69 无线终端管理

单击 历史记录设置 按钮，打开“全局设置”窗口，如图 5-70 所示，启动无线终端记录开关。

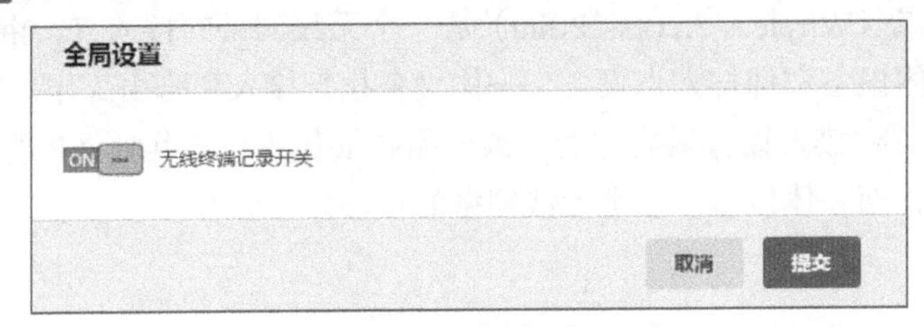

图 5-70 无线终端记录开关

或单击“用户名 / 设置”进入“全部”设置页，在无线栏中开启“无线终端记录开关”，如图 5-71 所示。

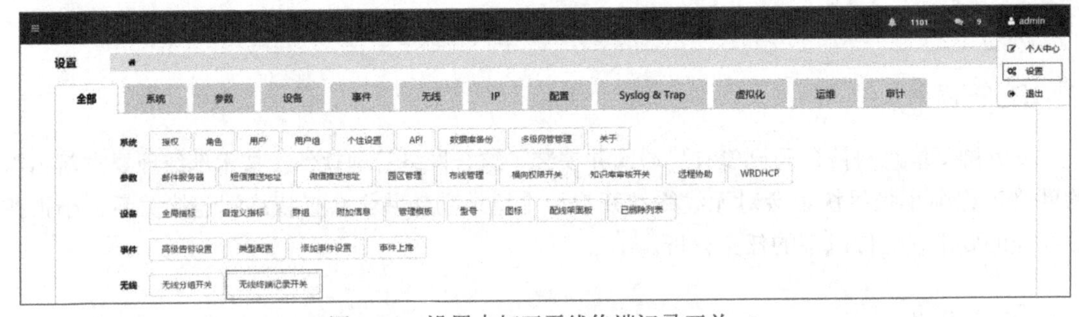

图 5-71 设置中打开无线终端记录开关 -1

或单击 无线 进入“无线”设置页，开启“无线终端记录开关”，如图 5-72 所示。

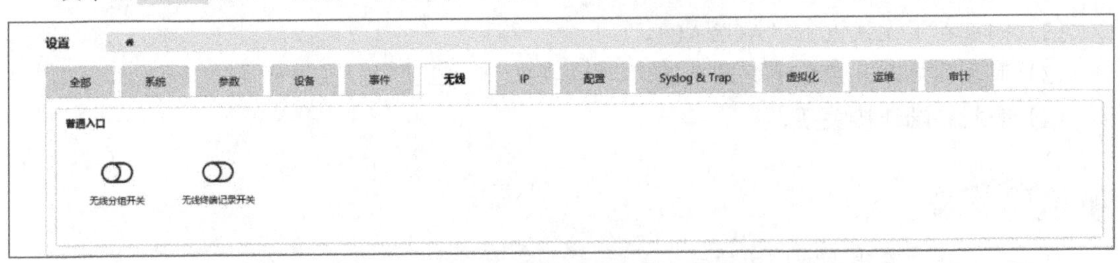

图 5-72 设置中打开无线终端记录开关 -2

2. 单个设置

在系统导航栏中单击“无线 / 终端”进入“无线终端管理”界面，通过筛选工具查找欲进行单个设置的无线终端。可根据终端在线状态、终端 IP、终端 MAC、终端所连接的 AP、终端所连接的 SSID 等信息筛选所需终端，如图 5-73 所示。

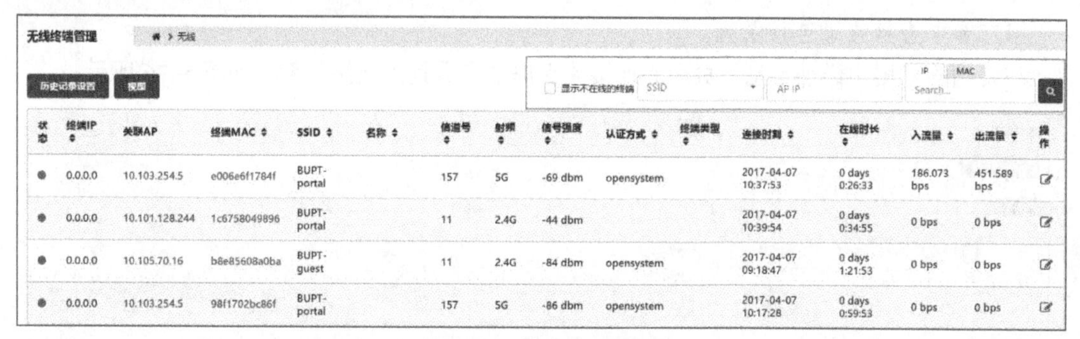

无线终端管理 ▸ 无线

状态	终端IP	关联AP	终端MAC	SSID	名称	信道号	射频	信号强度	认证方式	终端类型	连接时刻	在线时长	入流量	出流量	操作
●	0.0.0.0	10.103.254.5	e006e6f1784f	BUPT-portal		157	5G	-69 dbm	opensystem		2017-04-07 10:37:53	0 days 0:26:33	186.073 bps	451.589 bps	
●	0.0.0.0	10.101.128.244	1c6758049896	BUPT-portal		11	2.4G	-44 dbm			2017-04-07 10:39:54	0 days 0:34:55	0 bps	0 bps	
●	0.0.0.0	10.105.70.16	b8e85608a0ba	BUPT-guest		11	2.4G	-84 dbm	opensystem		2017-04-07 09:18:47	0 days 1:21:53	0 bps	0 bps	
●	0.0.0.0	10.103.254.5	98f1702bc86f	BUPT-portal		157	5G	-86 dbm	opensystem		2017-04-07 10:17:28	0 days 0:59:53	0 bps	0 bps	

图 5-73 筛选无线终端

单击终端 MAC 进入终端的“用户详细信息”页，单击历史记录设置对该设备单独设置无线终端历史记录。可查看系统自动记录无线终端的历史在线信息，其中包括历史连接时间、所连接的 AP 以及 SSID 信息，如图 5-74 所示。

历史记录　　更多

连接时间	AP MAC	SSID
2017-04-07 10:08:05	c4cad9eeefa0	BUPT-portal
2017-04-07 09:25:11	d8c7c8c8036d	
2017-04-07 09:20:19	c4cad9eeefa0	BUPT-portal
2017-04-07 09:09:23		BUPT-portal
2017-04-07 09:06:40	d8c7c8c803a7	BUPT-mobile
2017-04-06 12:07:54	9c1c12cd173c	BUPT-mobile
2017-04-06 11:47:31	186472c57b1e	BUPT-portal
2017-04-05 23:43:30	d8c7c8c803a7	
2017-04-05 18:28:10	9c1c12cd173c	BUPT-mobile
2017-04-05 18:07:09	186472c57b1e	

图 5-74 终端历史记录

或在“无线终端管理”界面中，单击对应终端后的“操作”按钮，对单个终端开启历史记录开关，如图 5-75 所示。

无线终端管理 ▸ 无线

状态	终端IP	关联AP	终端MAC	SSID	名称	信道号	射频	信号强度	认证方式	终端类型	连接时刻	在线时长	入流量	出流量	操作
●	0.0.0.0	10.103.254.71	1c6758049896			0	2.4G	-42 dbm	opensystem		2017-04-07 10:56:44	0 days 0:0:0	0 bps	0 bps	
●	0.0.0.0	10.111.238.252	7081eb00bb54			0	2.4G	-95 dbm			2017-04-07 10:56:32	0 days 0:0:0	0 bps	0 bps	
●	0.0.0.0	10.105.70.8	3480b3a1f2f6			0	2.4G	-55 dbm	opensystem		2017-04-07 10:56:48	0 days 0:0:0	497.863 bps	1.404K bps	
●	0.0.0.0	10.103.254.5	98f1702bc86f	BUPT-portal		157	5G	-86 dbm	opensystem		2017-04-07 10:17:28	0 days 1:4:53	0 bps	0 bps	

图 5-75 无线终端管理界面

第二步：查找终端连接关系。

在终端的“用户详细信息”页面的连接关系框中查看具体连接关系，如图 5-76 所示。

图 5-76　终端连接关系

任务小结

终端管理配置由以下两步操作完成：

第一步：开启无线终端历史记录。

第二步：查找终端连接关系。

相关知识与技能

1．无线

主流应用的无线网络分为通过公众移动通信网实现的无线网络（如 4G、3G、GPRS 等）和无线局域网（Wi-Fi）两种方式。GPRS 是一种借助移动电话网络接入 Internet 的手机无线上网方式，因此只要开通了 GPRS 上网业务，即可在任何一个角落通过笔记本式计算机上网。无线网络可以说是相对于有线网络而言的一种全新的网络组建方式。

2．无线网络

无线网络（Wireless Network）是采用无线通信技术实现的网络。无线网络既包括允许用户建立远距离无线连接的全球语音和数据网络，也包括为近距离无线连接进行优化的红外线技术及射频技术，与有线网络的用途十分类似，最大的不同是传输媒介，无线网络利用无线电技术取代网线，可以和有线网络互为备份。

任务拓展

1．如何对无线终端开启历史记录功能？

2．如何查找终端连接关系？

任务十　热图管理

任务描述

上海御恒信息科技公司已建有局域网并安装了综合网络管理软件。技术部经理要求新招聘的网络工程师小张尽快学会添加建筑楼层相应热图并学会启动终端定位 & 轨迹跟踪及管理楼层列表，小张按照经理的要求开始做以下的任务分析。

任务分析

（1）安装综合网络管理单元。

（2）添加若干无线设备（AC&AP）。

（3）添加若干已搜索的终端。

（4）添加建筑楼层相应热图。

（5）启动终端定位 & 轨迹跟踪。

（6）管理楼层列表。

任务实施

第一步：创建无线热图。

（1）创建楼层。无线热图以楼层为单位创建。在系统“主界面”导航栏中单击“无线 / 热图”进入“楼层列表”界面，楼层列表展示楼层简要信息，如图 5-77 所示。

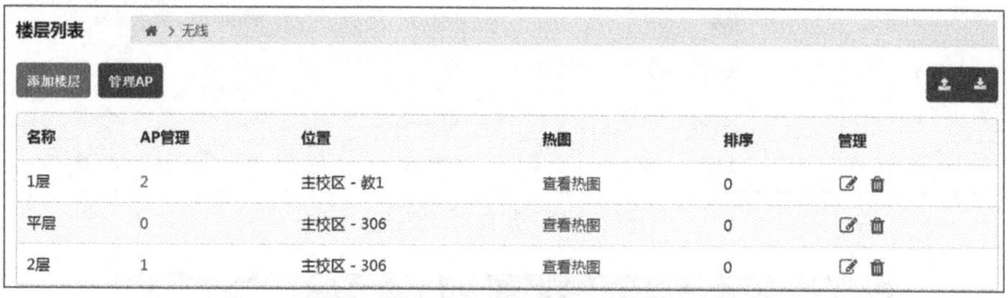

楼层列表　🏠 > 无线

添加楼层　管理AP

名称	AP管理	位置	热图	排序	管理
1层	2	主校区 - 教1	查看热图	0	
平层	0	主校区 - 306	查看热图	0	
2层	1	主校区 - 306	查看热图	0	

图 5-77　楼层列表

单击 添加楼层 按钮可创建楼层，成功创建的楼层显示在楼层列表中，如图 5-78 所示。

图 5-78　添加楼层

注意

首先在机房模块中添加建筑，才能出现建筑可选项。

（2）AP 位置部署。楼层创建完毕后，将添加相应 AP 至新建楼层中；在“楼层列表”界面中单击 管理AP 按钮可进入“AP 位置管理”界面，将右侧相应未规划 AP 拖动到左侧楼层下，如图 5-79 所示。

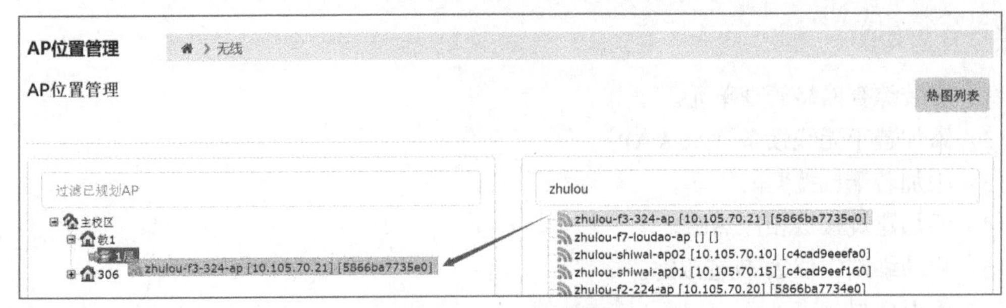

图 5-79　AP 位置管理

（3）无线热图绘制。AP 位置部署完毕后，在“楼层列表”界面中单击任一楼层的“查看热图”按钮，如图 5-80 所示，可进入该楼层的无线热图界面，如图 5-81 所示。

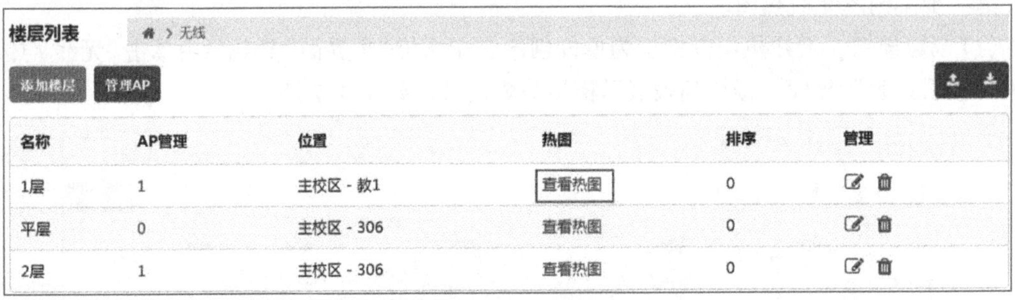

楼层列表

添加楼层　管理AP

名称	AP管理	位置	热图	排序	管理
1层	1	主校区 - 教1	查看热图	0	
平层	0	主校区 - 306	查看热图	0	
2层	1	主校区 - 306	查看热图	0	

图 5-80　进入无线热图

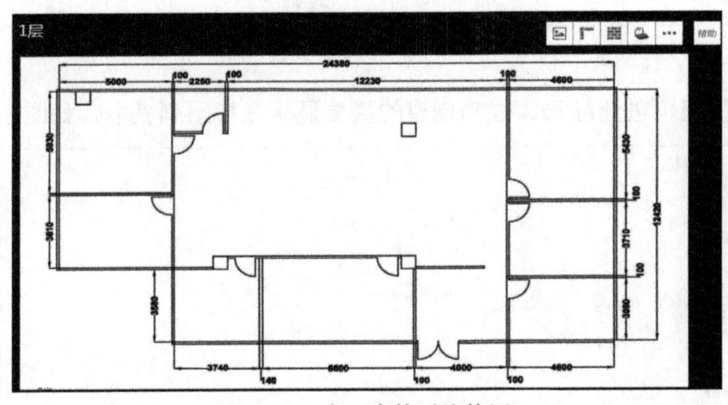

图 5-81　未开启的无线热图

（4）背景图。单击无线热图右上角的按钮弹出“添加背景图”窗口，上传背景图片后，单击“提交”按钮即可，如图 5-82 所示。上传图片大小为 1920 像素 ×1080 像素时效果最佳。

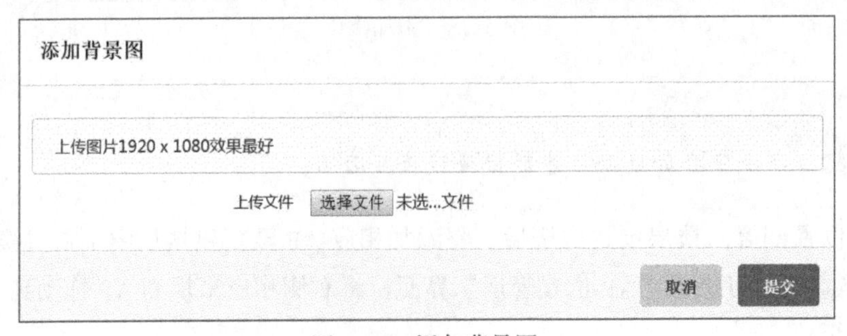

图 5-82　添加背景图

（5）自定义比例尺。单击无线热图右上角的按钮后，在图上画出一段距离，弹出“请填写测量距离”窗口，如图 5-83 所示，所填写的为实际距离；填写完毕后单击“提交”按钮即可保存比例尺。保存比例尺之后，热图会根据实际距离进行调整，并能显示符合实际情况的信号范围。

（6）自定义障碍物设置。系统提供多种障碍物类型，包括玻璃材质、金属障碍物、混凝土、地基墙等，不同材质的障碍物对信号的衰减效果不同。单击无线热图右上角的按钮，可选择多种不同障碍物或矩形区域进行绘制，如图 5-84 所示。

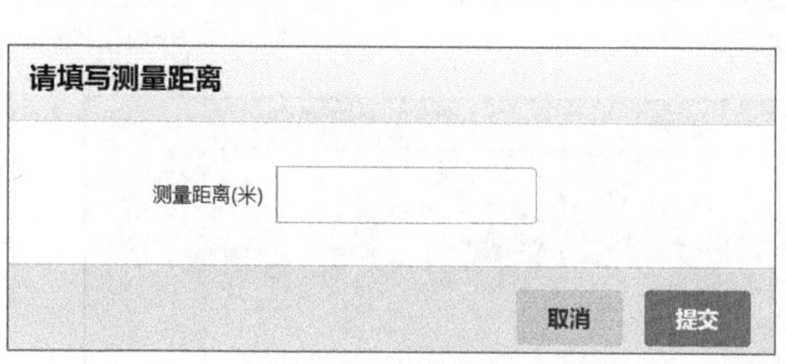

图 5-83　测量距离

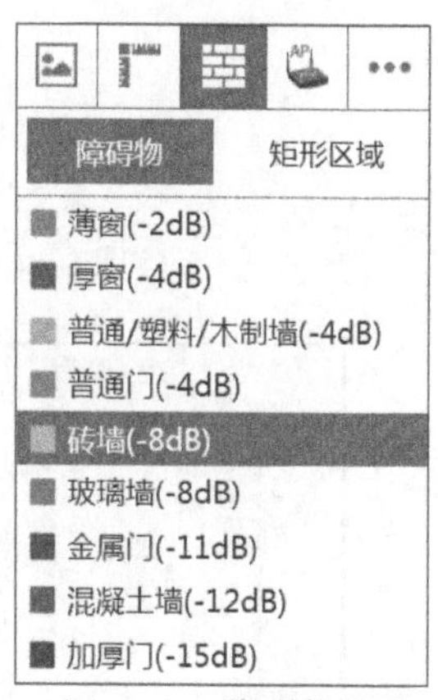

图 5-84　障碍物设置

添加障碍物时，选择“障碍物”模式时，可在热图上画成自定义形状，单击热图开始画图，在拐点处继续单击即可，右击则停止画图；选择“矩形区域模式 ”时，可在热图上直接圈画出矩形区域，如图 5-85 所示。

欲删除障碍物，可选中，变深色后按【Delete】键删除。

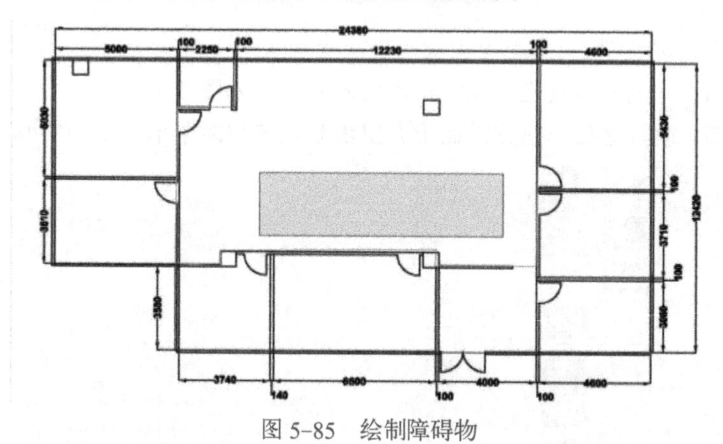
图 5-85　绘制障碍物

（7）自定义部署 AP。根据实际 AP 位置，将 AP 与背景图相关联。单击无线热图右上角的按钮，列出当前楼层中未部署的 AP，可以通过拖动方式将 AP 部署到热图的相应位置，如图 5-86 所示，欲删除时，可选中 AP 后按【Delete】键。

（8）开启热图。完成以上设置（包括背景设置、比例尺设置、障碍物设置以及 AP 部署）后可开启热图。单击无线热图右上角的按钮，开启无线热图，如图 5-87 所示。无线热图效果如图 5-88 所示。

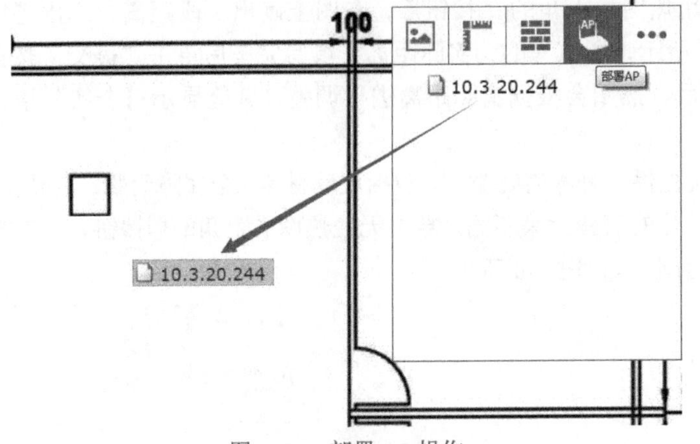

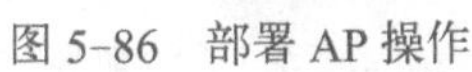

图 5-86　部署 AP 操作

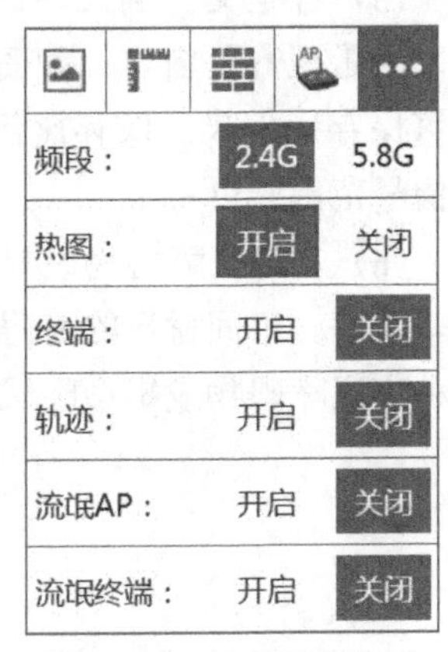

图 5-87　开启无线热图

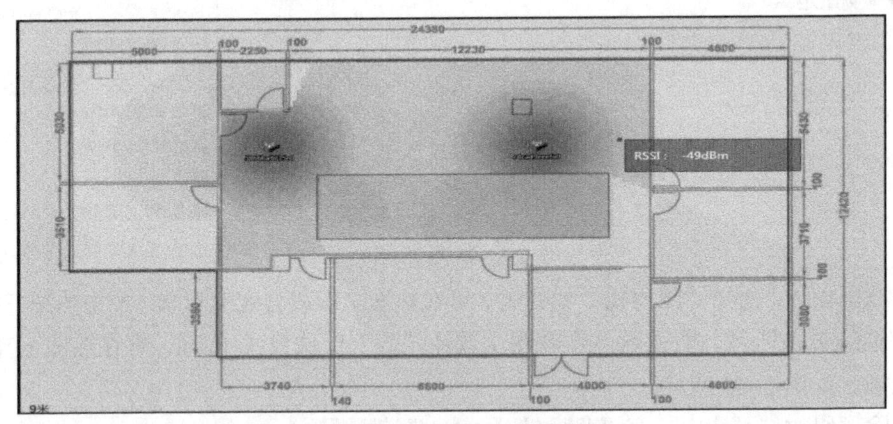

图 5-88　无线热图效果图

第二步：终端定位 & 轨迹跟踪。

通过无线热图右上角的工具栏控制终端或轨迹开关，如图 5-89 所示。

开启显示终端、轨迹之后，热图界面上方出现筛选客户端菜单，如图 5-90 所示。

频段：	2.4G	5.8G
热图：	开启	关闭
终端：	开启	关闭
轨迹：	开启	关闭
流氓AP：	开启	关闭
流氓终端：	开启	关闭

图 5-89　终端、轨迹开关

筛选客户端

图 5-90　筛选客户端

鼠标浮动到筛选客户端菜单上，显示出下拉终端列表。单击“全不选”“全选”按钮，以及终端 MAC 或“轨迹”按钮，设定需要在本热图中显示的终端以及相应轨迹，选中的背景显示成蓝色，如图 5-91 所示。

图 5-91　设置终端、轨迹显示

终端和轨迹参数设置完毕后可生成无线热图，计算机图标显示为终端当前所在位置，人形图标为终端层级所在位置，并且终端活动轨迹以白色带箭头虚线显示，如图 5-92 所示。

第三步：管理楼层列表。

在系统导航栏中单击“无线 / 热图”可进入“楼层列表”界面，楼层列表展示楼层简要信息，如图 5-93 所示。

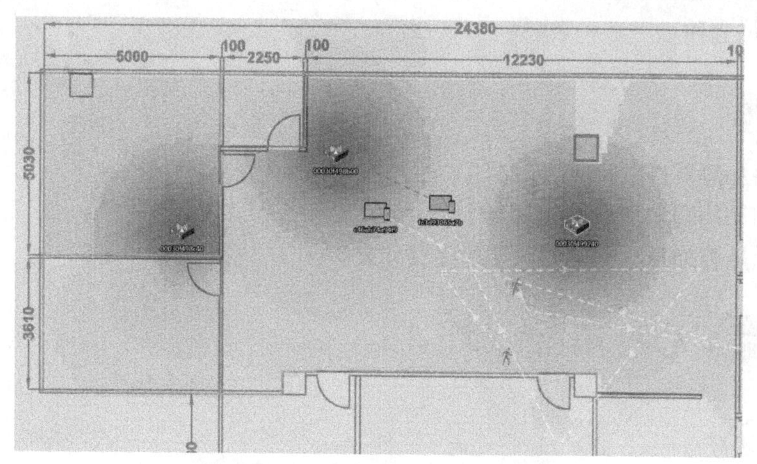

图 5-92　开启终端定位和轨迹跟踪

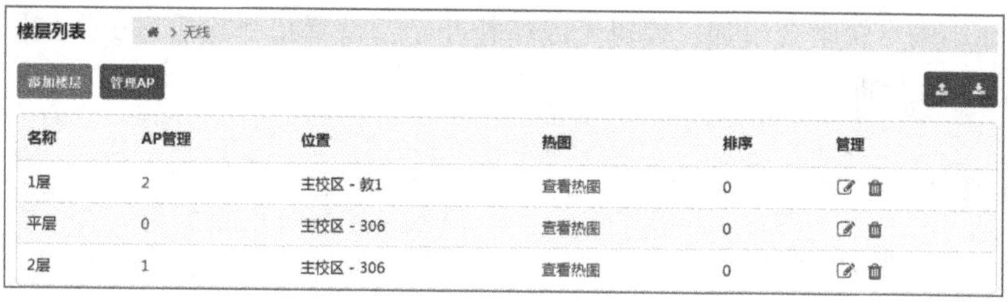

楼层列表　　⌂ > 无线

添加楼层　管理AP

名称	AP管理	位置	热图	排序	管理
1层	2	主校区 - 教1	查看热图	0	
平层	0	主校区 - 306	查看热图	0	
2层	1	主校区 - 306	查看热图	0	

图 5-93　楼层列表

单击任一楼层“AP 管理”列下的数字可进入“AP 列表”界面，筛选条件已定义为当前楼层。

单击任一楼层“热图”列下的“查看热图”按钮，可查看当前楼层的无线热图。

单击任一楼层后的按钮，可编辑该楼层的建筑、名称和排序值。

单击任一楼层后的按钮，可删除该楼层的热图。

单击添加楼层按钮，可弹出“添加楼层”窗口，进行添加楼层操作。

单击管理AP按钮，可进入“AP 位置管理”界面，可进行 AP 位置规划。

任务小结

热图管理由以下三步操作完成：

第一步：创建无线热图。

第二步：终端定位 & 轨迹跟踪。

第三步：管理楼层列表。

相关知识与技能

热图

以特殊高亮的形式显示访客热衷的页面区域和访客所在的地理区。热图是指用热谱图展示用户在网站上的行为。浏览量大、点击量大的地方呈红色，浏览量小、点击量少的地方呈无色、蓝色。常见热图目前共有点击热图、注意力热图、分析热图、对比热图、分享热图、浮层热图和历史热图等七种。

任务拓展

1．如何添加建筑楼层相应热图？
2．如何启动终端定位 & 轨迹跟踪？
3．如果你是管理员，你该如何管理楼层列表？

任务十一 无线拓扑管理

任务描述

上海御恒信息科技公司已建有局域网并安装了综合网络管理软件。技术部经理要求新招聘的网络工程师小张尽快学会添加、编辑无线拓扑并学会设置拓扑轮播，小张按照经理的要求开始做以下的任务分析。

任务分析

（1）安装综合网络管理单元。
（2）添加若干无线设备（AC&AP）。
（3）有若干已搜索的终端。
（4）添加无线拓扑。
（5）编辑无线拓扑。
（6）设置拓扑轮播。

任务实施

第一步：添加无线拓扑。

1．添加无线拓扑

在“拓扑列表”界面中单击 添加 按钮，弹出“添加拓扑”窗口，输入拓扑名称、核心 IP 及排序信息后，单击“提交”按钮即可添加拓扑，如图 5-94 所示。注意：核心 IP 必须在设备模块的设备列表中。

图 5-94　添加拓扑

2．管理拓扑中设备

拓扑添加完毕后在无线拓扑列表中显示，单击“设备管理”列下的数字，可进入“拓扑设备列表”界面，如图 5-95 所示。

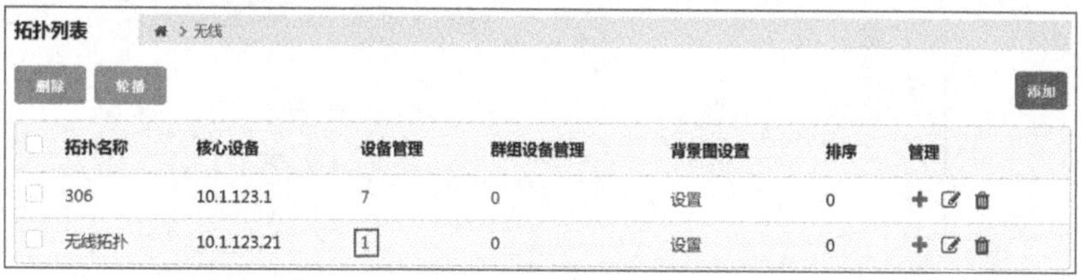

拓扑列表　🏠 > 无线

删除　轮播　　　　添加

	拓扑名称	核心设备	设备管理	群组设备管理	背景图设置	排序	管理
☐	306	10.1.123.1	7	0	设置	0	✚ ✎ 🗑
☐	无线拓扑	10.1.123.21	1	0	设置	0	✚ ✎ 🗑

图 5-95　进入拓扑设备列表

3．为当前拓扑添加设备

在“拓扑设备列表”界面中单击✚添加设备或+按钮，可为当前拓扑添加设备，系统提供三种添加方式：全部设备、分组筛选及 IP 筛选，如图 5-96 所示。

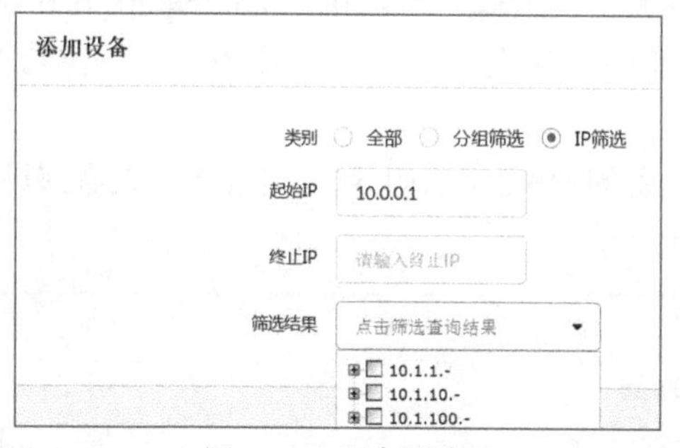

图 5-96　添加设备

全部设备：添加当前系统中所监控的全部设备。

分组筛选：按照厂商系列型号进行分组，用户可勾选相应设备。

IP 筛选：用户设定 IP 段后系统进行过滤，用户可勾选相应设备。

添加完毕后，所添加设备在拓扑设备列表中显示。

4．删除拓扑中设备

在“拓扑设备列表”界面可单个删除或批量删除设备。

单击任一设备“管理”列中的🗑按钮可删除该设备。

勾选一个或多个设备后单击删除按钮可批量删除设备。

5．添加拓扑中群组

拓扑添加完毕后显示在拓扑列表中，单击“群组设备管理”列下的数字，可进入拓扑的群组列表界面，如图 5-97 所示。

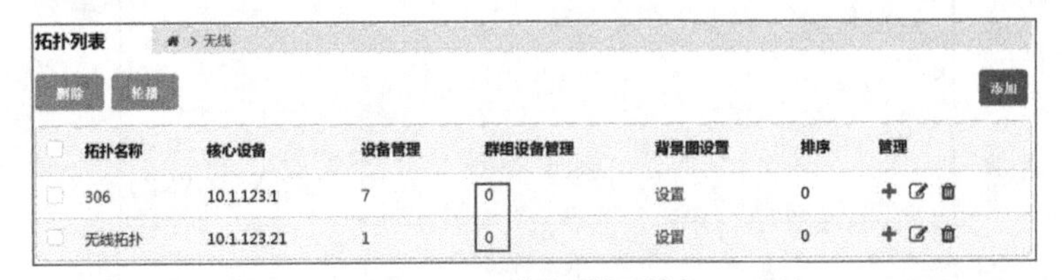
拓扑列表 > 无线

删除 轮播 添加

拓扑名称	核心设备	设备管理	群组设备管理	背景图设置	排序	管理
306	10.1.123.1	7	0	设置	0	
无线拓扑	10.1.123.21	1	0	设置	0	

图 5-97　进入群组列表

在“群组列表”界面中单击按钮，弹出“添加群组”窗口，勾选群组后，单击“提交”按钮即可将所选群组添加到拓扑中，如图 5-98 所示。

图 5-98　添加群组

在“群组列表”界面中可选择删除相应的群组，勾选群组后单击 删除 按钮即可删除。

6．采集信息

在“拓扑设备列表”界面中单击 采集信息 按钮，可采集拓扑中所有设备的 MAC 表、ARP 表。

在“拓扑设备列表”界面中勾选一个或多个设备，单击 采集 按钮，可采集所选设备的 MAC、ARP 表信息。

采集完毕后单击任一设备的 MAC 或 ARP 列下的数字可查看该设备的 MAC 或 ARP 表信息，如图 5-99 和图 5-100 所示。

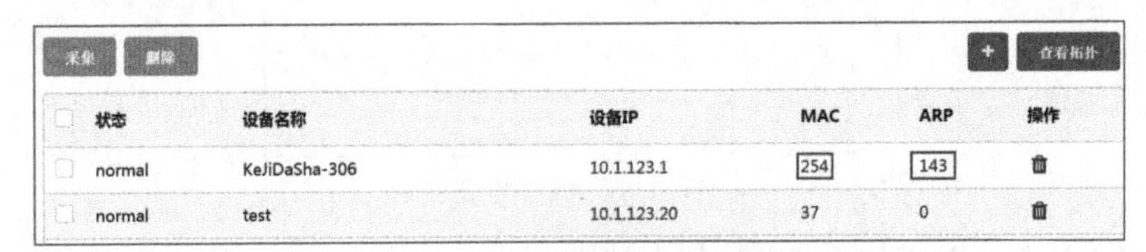
采集 删除 + 查看拓扑

状态	设备名称	设备IP	MAC	ARP	操作
normal	KeJiDaSha-306	10.1.123.1	254	143	
normal	test	10.1.123.20	37	0	

图 5-99　查看 MAC 或 ARP

MAC信息 - 10.1.123.1

接口	MAC	主机IP	VLANID
Bridge-Aggregation1	00030f2453ce	10.1.123.21	
Bridge-Aggregation1	00030f260f40		
Bridge-Aggregation1	00030f498b00		
Bridge-Aggregation1	00030f498c40		
Bridge-Aggregation1	00030f499240		
Bridge-Aggregation1	00030f61e64b	10.1.123.20	

图 5-100　设备 MAC 表信息

采集设备信息完毕后，点击▶计算拓扑按钮，可计算当前拓扑中的设备连接关系，系统可自动检测冲突链路并在界面中提示，用户可根据实际情况进行冲突处理，单击“提交”按钮后当前所计算的连接关系可在拓扑中呈现，如图 5-101 所示。

	设备IP	设备接口	互联设备IP	互联接口	是否用户配置	状态
☐	10.1.123.22	Ethernet1/0/24	10.1.123.21	Ethernet1/0/24	否	冲突链路 ?
☑	10.1.20.1	GigabitEthernet1/0/11	10.1.20.31	GigabitEthernet1/0/25	否	新增链路
☑	10.1.20.1	GigabitEthernet1/0/23	10.1.20.41	GigabitEthernet1/0/28	否	新增链路
☑	10.1.40.1	Ten-GigabitEthernet1/0/25	10.1.20.1	GigabitEthernet1/0/24	否	新增链路
☑	10.1.20.1	GigabitEthernet1/0/4	10.1.20.34	GigabitEthernet1/0/25	否	新增链路
☑	10.1.20.1	GigabitEthernet1/0/2	10.1.20.32	GigabitEthernet1/0/25	否	新增链路
☑	10.1.40.1	GigabitEthernet1/0/5	10.1.40.41	GigabitEthernet1/0/49	否	新增链路
☑	10.1.40.1	GigabitEthernet1/0/2	10.1.40.22	GigabitEthernet1/0/49	否	相同链路
☑	10.1.40.1	GigabitEthernet1/0/1	10.1.40.21	GigabitEthernet1/0/49	是	相同链路
☑	10.1.40.31	gigabitethernet0/1/0	10.1.40.1	Ten-GigabitEthernet1/0/27	否	相同链路

提交　返回该拓扑设备列表

图 5-101　计算连接关系

7. 查看拓扑

方式 1：在“拓扑列表”中单击“查看”按钮，即可查看此拓扑图，如图 5-102 所示。

拓扑列表　> 无线

删除　轮播　添加

	拓扑名称	核心设备	设备管理	群组设备管理	拓扑图	排序	管理
☐	无线拓扑	10.1.123.2	5	添加	查看	0	+ ✎ 🗑

图 5-102　查看拓扑图

方式 2：在“拓扑设备列表”界面中单击查看拓扑按钮，可查看此拓扑图。

方式 3：在“群组设备列表”界面中单击查看拓扑按钮，可查看此拓扑图。

通过以上三种方式均可查看拓扑图，如图 5-103 所示。

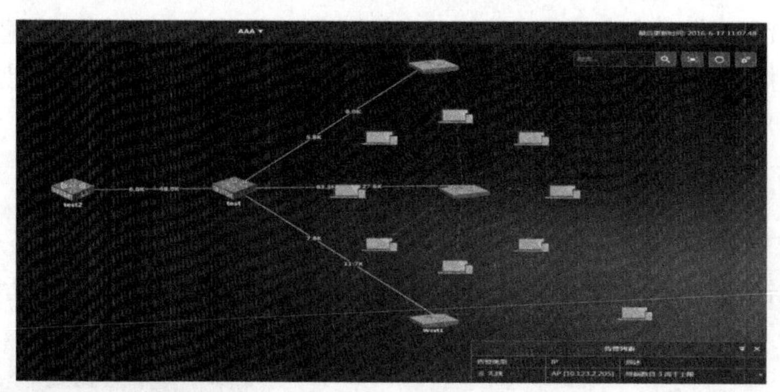

图 5-103　无线拓扑

第二步：编辑无线拓扑。

1. 拓扑节点设置

可自定义设置拓扑节点，可设置全部节点、部分节点及单个节点。默认设置全部节点，无需选中；设置部分节点时，可选中部分节点后右击；设置单个节点时，可右击所选节点，选择“节点设置”命令即可。

节点选择完毕后，单击拓扑图右上角的按钮，选择“节点设置”标签，可进入节点设置框，用户可自定义设置节点参数，参数修改后实时展现在拓扑图中，单击“保存”按钮，可保存当前所设置的参数，如图 5-104 所示。

2．拓扑链路设置

单击拓扑图右上角的按钮，选择“链路设置”标签，可进入链路设置框，用户可自定义设置链路参数，参数修改后实时展现在拓扑图中，单击“保存”按钮，可保存当前所设置的参数，如图 5-105 所示。

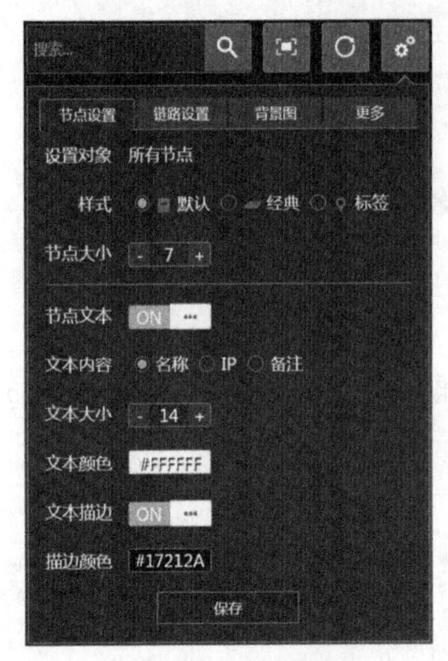

图 5-104　节点设置

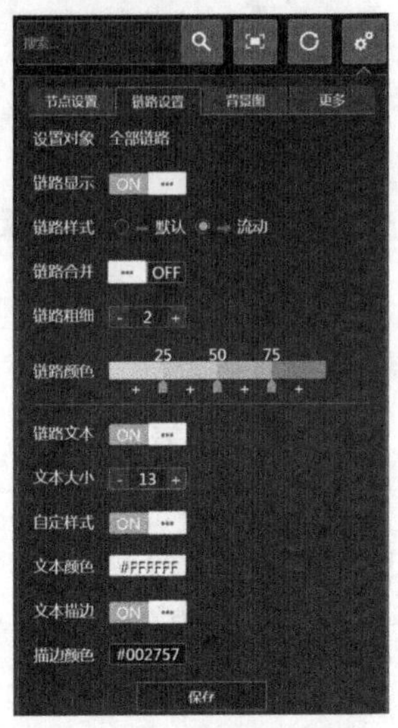

图 5-105　链路设置

3．背景图设置

单击拓扑图右上角的按钮，选择“背景图”标签，可进入背景图选择框，用户可选择默认背景、自定义背景图和纯色背景，如图 5-106 所示。默认背景为系统预定义的蓝色渐变背景图；自定义背景图支持用户自定义上传图片作为背景图，支持 JPG、JPEG、PNG 等主流图片格式；纯色背景图中用户可自定义选择背景颜色。

4．小地图 & 告警 & 流量

单击拓扑图右上角的按钮，选择“更多”标签，可设置小地图是否开启，可设置告警列表是否开启、告警行数展示等参数，可设置流量图是否开启，如图 5-107 所示。

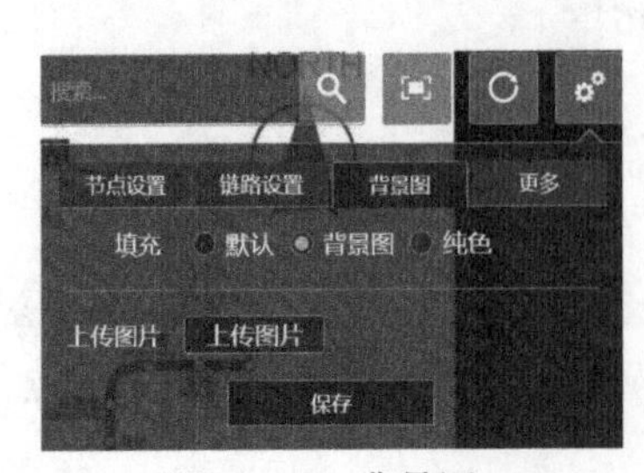

图 5-106　背景图

图 5-107　更多设置

小地图开启后在拓扑图左上角显示小地图，单击小地图中的⊠按钮可关闭小地图。

告警列表开启后在拓扑图中可显示告警列表，根据自定义的告警列表行数显示，告警音开启后当拓扑产生告警时会发出声音提示。告警列表中可查看告警的简要信息，单击可进入告警详情页面。单击⊠按钮可关闭告警列表；单击▼按钮可收起告警列表；单击◀按钮可开启/关闭告警音，如图 5-108 所示。

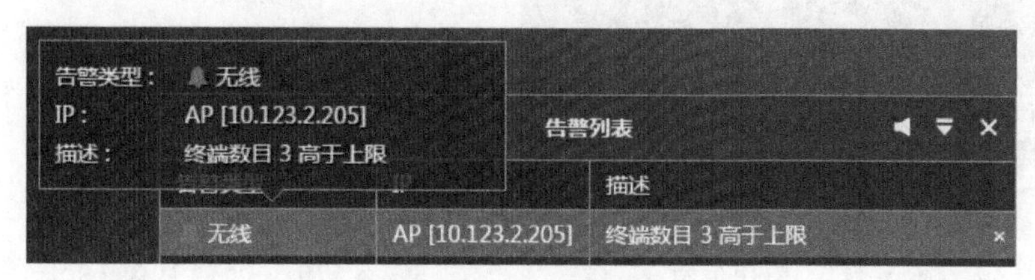

图 5-108　告警列表

流量图开启后，单击任一设备接口，可显示此接口的出入流量图，如图 5-109 所示。单击▼按钮可收缩流量图；单击⊠按钮可关闭流量图。

5．搜索设备

拓扑图右上角的搜索框为用户提供搜索工具，用户可根据设备的 IP/名称进行设备搜索（支持模糊匹配），如图 5-110 所示，所选设备在拓扑图中以发光边缘展示。

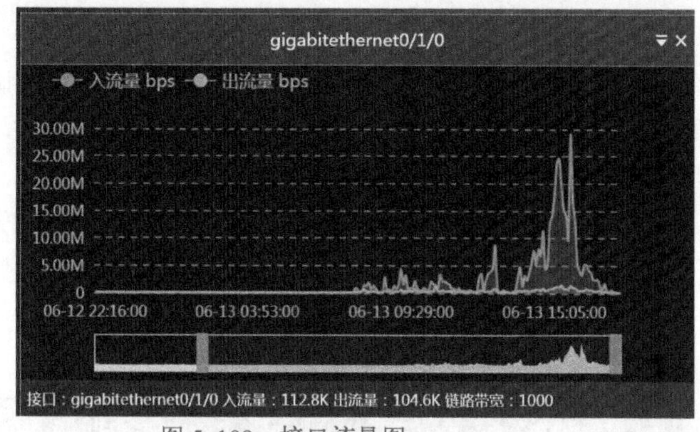

图 5-109　接口流量图

图 5-110　搜索拓扑中设备

6．全屏展示

单击拓扑图右上角的▣按钮可将当前拓扑设置为全屏展示模式，全屏模式中按【Esc】键可退出。

7．拓扑布局

单击拓扑图右上角的◎按钮可将当前拓扑全部重新布局。

右击任一设备，选择“布局”命令，有多种布局方式可选，如图 5-111 所示。

星状布局：当前拓扑中所有设备进行星状拓扑布局，所选设备放置在中心。

树状布局（下）：以当前所选设备为根进行树状布局，其他设备放置在下方。

树状布局（右）：以当前所选设备为根进行树状布局，其他设备放置在右方。

树状布局（左）：以当前所选设备为根进行树状布局，其他设备放置在左方。

树状布局（上）：以当前所选设备为根进行树状布局，其他设备放置在上方。

8. 拓扑切换

自定义切换当前页面所展示的拓扑，如图 5-112 所示。

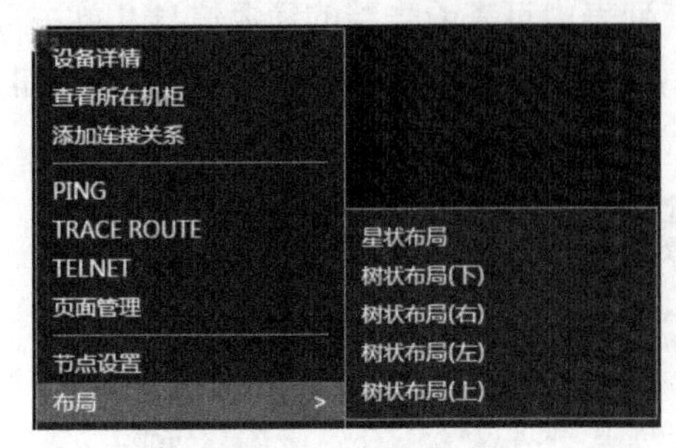

图 5-111 拓扑布局

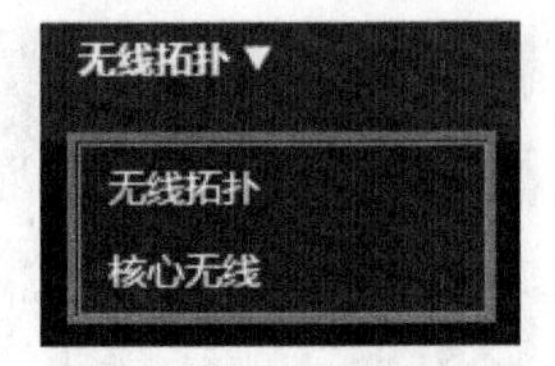

图 5-112 切换拓扑

9. 拓扑中设备管理工具

在拓扑图中查看任一有线设备的设备详情、所在机柜，可添加设备连接关系、可执行 PING、TRACE ROUTE、TELNET 和页面管理操作。右击所选设备，即可弹出工具栏，如图 5-113 所示。

> **注意**
>
> 对于无线 AP 及无线终端，无设备管理工具。

第三步：设置拓扑轮播。

在“拓扑列表”界面中勾选一个或多个拓扑，单击 按钮可进行拓扑轮播，轮播默认更新周期为 30 s，用户可自定义更新周期，可单击相应按钮直接进入上一张或下一张拓扑图，如图 5-114 所示。

图 5-113 设备管理工具

图 5-114 拓扑轮播设置

任务小结

无线拓扑管理由以下三步操作完成：

第一步：添加无线拓扑。

第二步：编辑无线拓扑。

第三步：设置拓扑轮播。

相关知识与技能

1. 冲突链路

冲突链路：如果两条链路使用了同一端口，即视为冲突链路。

2. 新增链路

新增链路：如果新计算出来的链路在系统中不存在，即视为新增链路。

3. 相同链路

相同链路 ：如果新计算出来的链路与之前原有链路相同，即视为相同链路。

任务拓展

遇到冲突链路，应当如何处理？

任务十二 无线安全管理

任务描述

上海御恒信息科技公司已建有局域网并安装了综合网络管理软件。技术部经理要求新招聘的网络工程师小张尽快学会监控流氓 AP 并学会监控流氓终端，小张按照经理的要求开始做以下的任务分析。

任务分析

（1）安装综合网络管理单元。
（2）添加若干无线设备（AC&AP）。
（3）有若干已搜索的终端。
（4）监控流氓 AP。
（5）监控流氓终端。

任务实施

第一步 ：监控流氓 AP。

在系统导航栏中单击“无线 / 安全”可进入“流氓 AP”界面，以列表形式展现当前监控的流氓 AP 信息，如图 5-115 所示。

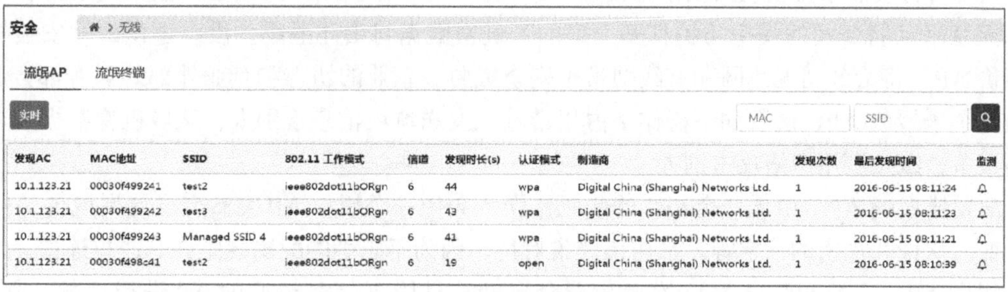

安全 　 > 无线

流氓AP 　 流氓终端

实时 　 MAC 　 SSID

发现AC	MAC地址	SSID	802.11 工作模式	信道	发现时长(s)	认证模式	制造商	发现次数	最后发现时间	监测
10.1.123.21	00030f499241	test2	ieee802dot11bORgn	6	44	wpa	Digital China (Shanghai) Networks Ltd.	1	2016-06-15 08:11:24	
10.1.123.21	00030f499242	test3	ieee802dot11bORgn	6	43	wpa	Digital China (Shanghai) Networks Ltd.	1	2016-06-15 08:11:23	
10.1.123.21	00030f499243	Managed SSID 4	ieee802dot11bORgn	6	41	wpa	Digital China (Shanghai) Networks Ltd.	1	2016-06-15 08:11:21	
10.1.123.21	00030f498c41	test2	ieee802dot11bORgn	6	19	open	Digital China (Shanghai) Networks Ltd.	1	2016-06-15 08:10:39	

图 5-115 　流氓 AP 列表

单击 实时 按钮，可实时采集流氓 AP，更新当前列表。

“流氓 AP 列表”界面右上角筛选框提供筛选功能，用户可根据流氓 AP 的 MAC 地址、关联 SSID 进行筛选，如图 5-116 所示。

图 5-116　筛选流氓 AP

第二步：监控流氓终端。

在“流氓 AP 列表”界面中单击“流氓终端”可进入“流氓终端列表”界面，以列表形式展现当前所监控流氓终端的信息，如图 5-117 所示。

WRDNMS　> 无线

流氓AP　流氓终端

MAC　实时

发现AC	MAC地址	IP地址	SSID	射频模式	认证模式	信号强度	信噪比	Vlan	制造商	名称	信道号	Ad Hoc	发现次数	最后发现时间	监测
10.1.123.21	80414e73634a	0.0.0.0		null	null	-57	39		Unknown		11	否	1017	2016-06-16 14:48:24	
10.1.123.21	7451ba3777db	0.0.0.0		null	null	-71	25		Unknown		6	否	40	2016-06-16 14:48:11	
10.1.123.21	581243cb7d22	0.0.0.0		null	null	-75	21		AcSiP Technology Corp.		11	否	12	2016-06-16 14:48:00	

图 5-117　流氓终端

单击 实时 按钮，可实时采集流氓终端，更新当前列表。

用户可根据终端 MAC 进行流氓终端搜索。

任务小结

无线安全管理由以下两步操作完成：

第一步：监控流氓 AP。

第二步：监控流氓终端。

相关知识与技能

1．流氓设备

员工自行安装未授权 AP：由于方便性，员工会把廉价的 SOHO 无线 AP 连接到企业局域网。这种无意举动将公司的安全防护打开一扇门，机密数据将由此泄露。没有遵循公司安装标准的廉价 AP，将给公司无线网和有线网带来安全威胁。企业的访客和企业外部的黑客都会通过连接这个未授权 AP，进行如下操作：占用带宽、发送垃圾信息给别人、获取机密数据、攻击网络设备，以及利用网络攻击别人。

配置错误的 AP：由于一个小小的配置错误，会使一个授权 AP 突然变成流氓设备。SSID 的改变、认证和加密的设定等，都应该严肃对待，因为不正确的配置会允许非授权连接。

邻居 AP：支持 802.11 协议的客户端会自动选择附近信号最好的 AP 进行连接。例如，Windows XP 就使用这种方法。所以，一个企业的授权客户端设备就会去连接临近企业的 AP，即使邻居 AP 并不是有意的，但这种连接也会暴露敏感数据。

ad-hoc 设备：不通过 AP，无线客户端之间也能互相通信。虽然，他们只是为了共享数据，但是同样对企业网络造成明显的威胁，因为这种 ad-hoc 设备缺少必要的安全设置，如 802.1x 用户认证和动态密钥加密。如果，ad-hoc 模式的客户端同时连接了有线网络，那么企业的有线网络也面临着危机。

未授权 AP：对于已授权 AP，企业可以制定规则。最基本的方法是 MAC 地址过滤。企业可以预先制定一份授权 AP 的 MAC 地址表，不在 MAC 地址表中的 AP 即为流氓设备。同样，对于使用 Cisco AP 的企业来说，其他厂商的 AP 也会被认定为流氓设备。另外，针对 SSID，无线媒体类型和信道，企业可指定多种安全策略。无论何时，只要一个新 AP 在网络中被发现，并且不在授权列表中，即可被认定为流氓 AP。

AP 攻击者：无线局域网存在着大量的攻击，而且开源免费的攻击工具使攻击者的工作变得简单。攻击者安装一个具有相同 ESSID 的 AP 伪装成授权 AP，并发送功率强大的信号诱使合法用户连接它，然后就可以进行“中间人”式的攻击。

客户端攻击者：只要使用支持无线的笔记本式计算机和一两个工具，就可以在远处干扰无线网络服务。大多数拒绝式服务攻击会耗尽 AP 系统资源。

总之，流氓设备是指在无线局域网中，所有未知、未被信任的无线设备。有效防御无线局域网的第一步就是检测这些流氓设备。

2．流氓设备的检测和阻断

流氓设备的检测和阻断是由至少三个部分组成的持续不断的过程。第一部分：监控无线环境和识别无线网络行为的专用探头。第二部分：从探头收集数据，并判断流氓设备的中心 IDS 引擎。与有线网络通信，识别流氓设备所连接的交换机端口并将其端口关闭的网管软件。第三部分：每个部件担任着不同 WLAN 功能，并协同工作以检测、分析和阻断流氓设备。

1）流氓 AP 检测

流氓 AP 的检测分两步进行，一是发现网络中 AP 的存在，二是识别是否是流氓 AP。常用的 AP 发现技术有以下几种：

（1）RF 扫描：大多数 WLAN IDS 厂商使用这个技术。只用于数据包的抓取和分析的专用 AP（亦称 RF 探头）分布在网络中。这些探头能快速探测任何无线设备，并发警报给 WLAN 管理员 。

（2）AP 扫描：只有少数厂商拥有此技术。在 WLAN 中使用具备扫描功能的 AP，能够快速发 现工作在该 AP 附近的无线设备，并将信息显示在 Web 上，以及存放在 MIB 库中。

（3）有线网络端识别：大多数网管软件使用此技术发现 AP。这些软件使用多种协议发现连入 LAN 中的无线设备，协议包括：SNMP、Telnet、CDP 等。另外，无线网络管理系统不仅能够发现 AP，而且可以持续监测 AP 的状态和可用性。AP 的一段时间内带宽利用率，可以输出为点状图。为了排错方便，管理员可以设定阈值，以便在出现错误时发出警告。

AP 被发现后，下一步就是识别它是否是流氓设备。一种方法是：通过预先配置的授权 AP 列表进行判断。任何被检测到的 AP，如果不在授权列表中，就会被标记为流氓 AP。其他可以纳入授权列表的信息如下：MAC 地址、SSID、厂商、无线频段、信道。

2）阻断流氓 AP

一旦查出流氓 AP，立即要做的步骤就是阻断这个 AP，防止授权客户端连接它。有两种方法用于阻断流氓 AP。

（1）以牙还牙：对流氓 AP 发起拒绝服务攻击（DoS），使其不能提供无线服务。

（2）物理上清除：WLAN 管理员定位到流氓 AP 的位置，可以直接将其从网络中拔掉，或者将其连接的网络端口关闭。

（3）对流氓 AP 发起 DoS 攻击：很多无线 IDS 厂商选择这种以攻为守的方案。一旦流氓 AP 被发现，WLAN 管理员可以使用探头发送大量取消连接数据帧，对其发起 DoS 攻击。

（4）从 LAN 中拔掉 AP：这是一种手动操作。管理员找到流氓 AP 的位置，直接将其从 LAN 拔掉。

（5）关闭交换机端口：无线网络管理软件提供此功能。当监测到有流氓 AP 出现时，无线网络管理软件会在 LAN 中每个交换机上查找流氓 AP 的 MAC 地址，找到连接该 MAC 地址的交换机端口后将其关闭。这样就自动防止了终端连接流氓 AP。

3）检测流氓终端

流氓终端是指怀有恶意目的的无线客户端设备，进行非法访问无线网络，或者发动攻击干扰正常的无线服务。在网络中，存在着大量免费的无线攻击工具。这些工具使得好奇者很容易成为专业的黑客。

WLAN 管理员不得不留意任何有不当行为的无线终端，这些不当行为通常表现为下面的形式：

（1）终端发送延长的 duration（持续时间）数据帧。当终端发送延长的 duration 数据帧时，其他终端必须等到该持续时间终止后，才能使用无线介质。如果一个终端持续不断地发出超大的 duration 数据帧，那么其他终端就会一直保持中断状态。

（2）非连接终端发送数据包。终端可以在不连接状态下发送无线数据包（广播包、连接/认证请求包）。这个特性也会被 黑客利用，他们在非连接状态下，发送大量伪造数据包攻击网络。

（3）探测“any”SSID 的终端。被错误配置的 AP 可能允许终端连接到“any”SSID，WLAN 管理员必须提前预防这种情况发生。如果一个终端试图使用“any”SSID 连接网络，很可能就是流氓终端。

（4）非授权终端。通过预设授权列表，网管人员很容易判断流氓终端。授权列表可以通过授权 MAC 地址、授权厂商等参数来建立。

4）阻断流氓终端

一旦流氓终端被检测出来，WLAN 管理员要立即阻断它访问网络，大多数实现这个目的的技术是通过设置 ACL。ACL 是 AP 的无线访问控制列表，它决定了谁能够访问网络。网管人员将流氓终端的 MAC 地址输入到所有授权 AP 的 ACL，流氓终端就被排除在网外。

对于今天的企业来说，不管规模大小和商业模式，检测和阻断流氓设备是同等重要的。但是，没有一种方案能够解决所有问题。企业选择解决方案的原则是根据无线安全需求、预算、已有工具和未来无线规划等众多因素。

任务拓展

1．流氓终端和流氓 AP 会对网络带来什么负面影响？

2．为什么要对流氓终端和流氓 AP 进行监控？

项目综合实训　流量监控与性能监控 1

项目描述

上海御恒信息科技公司办公区域现有一台装有 Windows 操作系统的计算机，已搭建好 Perl 环境，安装目录为 C:\Perl。C:\mrtg 文件夹中是完整的 mrtg 程序文件，其中包含空文件夹 web（路径为 C:\mrtg\web）。技术部经理要求新招聘的网络工程师小张尽快配置好流量监控与性能监控，小张按照经理的要求开始做以下的任务分析。

项目分析

（1）PC 上已安装 Windows +Perl 环境 + mrtg 服务。

（2）PC 上已存在 C:\I386 文件夹。

（3）PC 上已存在文件夹“C:\Performance\mrtg”，在该文件夹内已存在名为“perlcmd.txt”和“perlcmd2.txt”的空文本文件。

项目实施

第一步：利用性能监视器监视该计算机内存每秒出错页面的平均数量和以字节表示的物理内存数量，取样间隔设置为每 10 s 一次，计数器日志名和生成的日志文件名均为“memory”，保存路径为 C:\Performance, 日志存储格式为 CSV，规定手动启动日志，并在启动 1 min 后日志自动停止。

1．基本设置 1

右击“我的电脑”，选择“管理”/“性能日志和警报”/“计数器日志”，右击空白处，选择“新建日志”命令设置名称为“memory”，确定，“添加计数器”，在“性能”下拉列表中选择“memory”，从列表选择计数器中选择“page Faults/sec”，单击“添加”，继续选择“Available Bytes”。

2．基本设置 2

单击“添加”，数据采样间隔时间设为“10 s”；选择“日志文件”/“文本文件（逗号分隔）”，单击“配置”，设置位置为“C:\Performance”，确定，选择“计划”，按要求设置手动，并在启动 1 min 后日志自动停止。

第二步：为该计算机建立性能警报，命名为“处理器警报”，采样间隔设置为每分钟一次，当计数器 % Processor Time（处理器用来执行非闲置线程时间的百分比）超过 10% 时，将该项记入应用程序事件日志并启动步骤一中所创建的 memory 性能数据日志。

1．基本设置 1

右击“我的电脑”，选择“管理”/“性能日志和警报”/“警报”，右击空白处，选择“新建警报设置”命令，设置名称为“处理器警报”，单击“添加”，从列表选择计数器中选择“Processor Time”，单击“添加”，在超过中设置 10，数据采样间隔设置为 1 min。

2．基本设置 2

选择“操作”，勾选“启动性能数据日志”，选择“memory”；选择“计划”，手动启动，确定，完成。

第三步：为该计算机安装配置 SNMP 服务，设置一个名为 mrtgget 的只读属性的团体，只接收本机 WAN 口的 SNMP 数据包。

1．基本设置 1

单击“开始”/“控制面板”/“添加 / 删除”，选择“添加 / 删除 Windows 组件”，选择“管理和监视工具”，单击详细信息，选择“简单网络管理协议”，确定，下一步，安装，完成。

2．基本设置 2

右击“我的电脑”，选择“管理”/“服务和应用程序”/“服务”，单击右边的“标准”，找到“SNMP Service”，双击打开后，选择“安全”，单击添加团体名称，设置为“mrtgget”，确定，选择，“接受来自这些主机的 SNMP 包”中添加本机的 IP 地址（172.16.1.125），确定。

第四步：使用第三步的团体生成 MRTG 配置文件，要求在目录 C:\mrtg\bin 下生成名为 mrtg.cfg 的配置文件，文件夹 C:\mrtg\web 用来放置生成的流量监控结果。并把生成配置文件的命令复制在 C:\Performance\mrtg\perlcmd.txt 中。

1．基本设置 1

单击“开始”/“运行”，输入“cmd”，开始输入“cd●c:\mrtg\bin”，按【Enter】键，输入“dir”，按【Enter】键，输入“perl●cfgmaker●mrtgget@172.16.1.125● --global●"workDir:●c:\mrtg\web"●--output=mrtg.cfg”（●表示空格），按【Enter】键。

2．基本设置 2

将命令“perl●cfgmaker●mrtgget@172.16.1.125● ——global●"workDir:●c:\mrtg\web"●--output=mrtg.cfg”复制到“C:\Performance\mrtg\perlcmd.txt”下文本中保存。

备注：在“C:\mrtg\bin”下找到“mrtg.cfg”并右击，选择记事本打开前几行，可以看到生成配置文件所使用的命令。

第五步：请把为 mrtg 生成流量监控图片和 index.htm 文件所使用的命令复制在 C:\Performance\mrtg\perlcmd2.txt 中。

1．基本设置 1

将命令“perl●mrtg●mrtg.cfg”和“perl●indexmaker●mrtg.cfg●>index.htm”复制到“C:\Performance\mrtg\perlcmd2.txt”中保存即可。

2．基本设置 2

（第五步若想验证请在 MS-DOS 界面下输入“cd●c:\mrtg\bin”，按【Enter】键，然后输入命令“perl● mrtg●mrtg.cfg”，按【Enter】键，继续输入“perl●indexmaker●mrtg.cfg●>index.htm”，按【Enter】键完成，将“C:\mrtg\bin”下的“index”文件复制到“C:\mrtg\web”中进行验证，但考试时不需要验证）。

项目小结

1．建立一新的计数器日志并设置其属性。

2．建立一新的警报并设置其属性。

3．添加 SNMP 组件并按要求添加团体。

4．操作 Perl 命令创建配置文件。

5．使用配置文件在 Perl 环境下输出结果。

项目实训评价表

项目五　管理企业内部网络设备					
	内　容		评　价		
	学 习 目 标	评 价 项 目	3	2	1
职业能力	设备管理初步	任务一　网络设备基础配置管理			
		任务二　性能监测管理			
		任务三　图表展现			
	设备管理进阶	任务四　拓扑创建及管理			
		任务五　拓扑呈现			
		任务六　事件查看分析			
		任务七　事件触发设置			
	无线管理初步	任务八　AC 与 AP 管理配置			
		任务九　终端管理配置			
		任务十　热图管理			
		任务十一　无线拓扑管理			
		任务十二　无线安全管理			
通用能力	动手能力				
	解决问题能力				
综合评价					

评价等级说明表	
等　级	说　明
3	能高质、高效地完成此学习目标的全部内容，并能解决遇到的特殊问题
2	能高质、高效地完成此学习目标的全部内容
1	能圆满完成此学习目标的全部内容，不需要任何帮助和指导

项目六 规划企业内部IP和日志报表

核心概念

子网规划、地址分配、安全管理、模板管理、任务管理、备份管理、日志查看分析、自定义报表及报表配置。

项目描述

在了解计算机网络的基础上学会IP规划管理、任务管理配置、日志报表管理。

学习目标

能掌握子网规划管理、地址分配、地址安全管理，能配置模板管理、任务管理、备份管理，并能进行日志查看与分析、自定义报表显示内容、常用报表配置及导出。

项目任务

- 子网规划管理。
- 地址分配。
- 地址安全管理。
- 配置模板管理。
- 配置任务管理。
- 配置备份管理。
- 日志查看与分析。
- 自定义报表显示内容。
- 常用报表配置及导出。

任务一 子网规划管理

任务描述

上海御恒信息科技公司已建有局域网并安装了综合网络管理软件。技术部经理要求新招聘的网络工程师小张尽快学会获取子网信息、查看子网信息以及如何合理规划子网，小张按照经理的要求开始做以下的任务分析。

任务分析

（1）安装综合网络管理单元。

（2）对子网的概念进行了解。

（3）对子网的操作步骤进行了解，包括全局设置、搜索子网、编辑子网。

（4）操作后需要查看子网详情，要包括查看子网使用情况、子网告警设置。

任务实施

第一步：添加子网。

添加子网方式分为“自动扫描”和“手动添加”两种。

在“子网管理”界面单击 扫描子网 按钮，弹出选择框，可选择所需扫描的设备范围，可通过全部设备、分组筛选、IP 筛选三种方式进行扫描范围确定。确定扫描范围后单击 开始扫描 按钮即可扫描，如图 6-1 所示。

在“子网管理”界面单击 添加 按钮可手动添加子网，弹出添加框后设置子网参数，单击 提交 按钮即可添加，如图 6-2 所示。

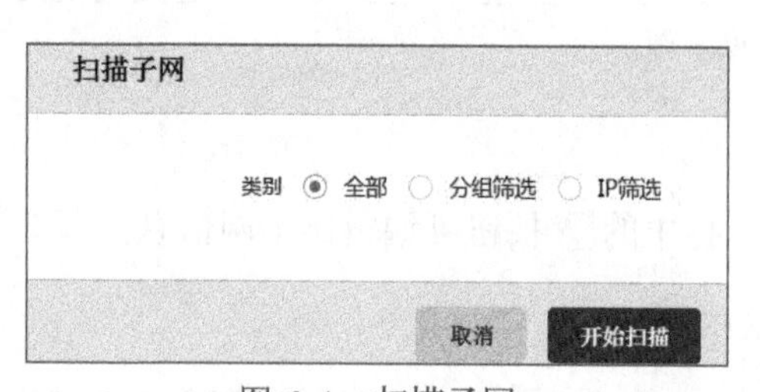

图 6-1 扫描子网

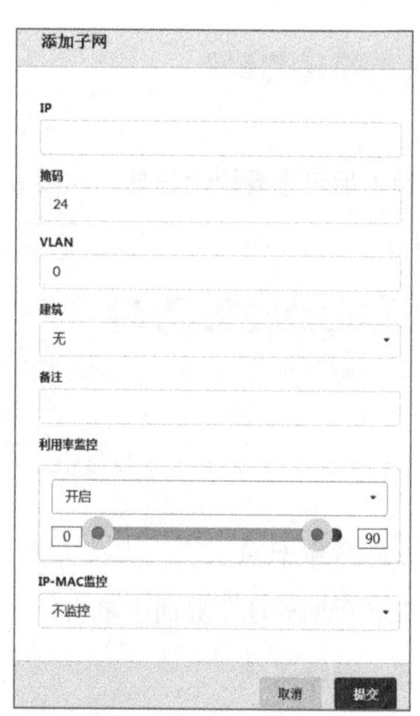

图 6-2 手动添加子网

第二步：子网操作。

1．全局设置

设置子网全局监控参数，单击“子网管理”界面上的 全局设置 按钮，弹出全局设置框，可设置是否监控子网利用率、利用率阈值、IP-MAC 监控策略等参数，单击“提交”按钮后监控参数对全局子网生效，如图 6-3 所示。

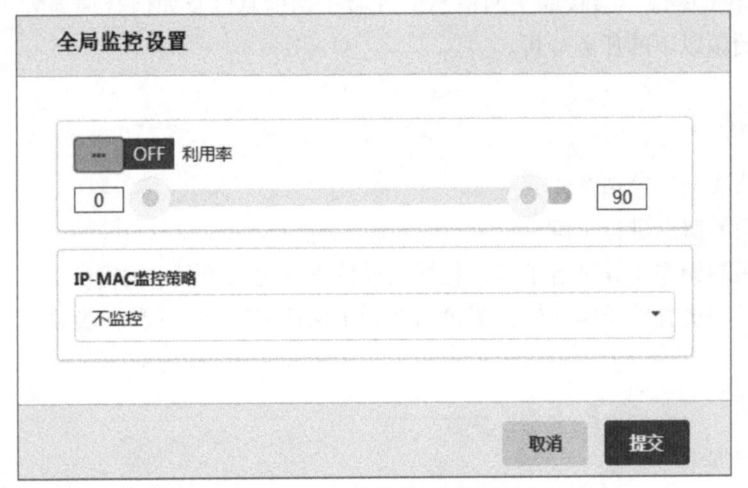

图 6-3　全局监控设置

2．搜索子网

在“子网管理”界面右上角提供子网搜索框，可根据建筑、子网名称或备注搜索子网信息，如图 6-4 所示。

图 6-4　子网搜索

搜索后可查看搜索结果，如图 6-5 所示。

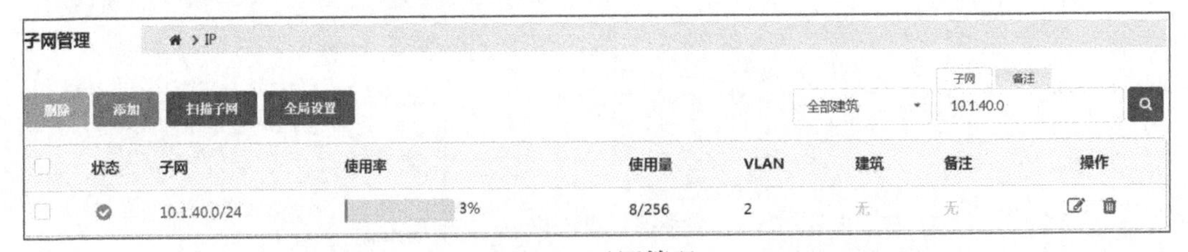

图 6-5　子网管理

3．编辑子网

在“子网管理”界面中单击任一子网“操作”栏中的按钮可编辑该子网信息。

4．删除子网

单个删除：在“子网管理”界面中单击任一子网“操作”栏中的按钮，可删除该子网信息。

批量删除：在“子网管理”界面中勾选一个或多个子网后单击 删除 按钮，可删除所选子网。

第三步：查看子网详情。

1．初步查看子网使用情况

在“子网管理”界面中单击任一子网，可进入“子网详情”界面，可查看子网基本信息、子网 IP 使用情况、子网利用历史图以及子网告警信息，如图 6-6 所示。

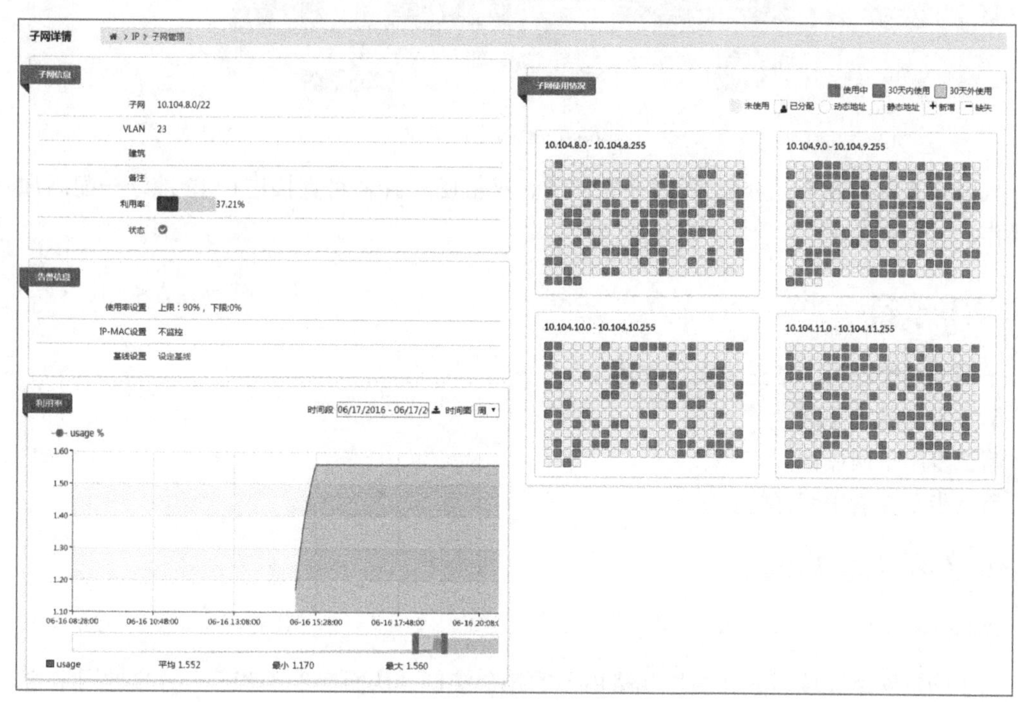

图 6-6 查看子网详情

界面右侧子网使用情况中以掩码为 24 的子网段为单位，图形化地展示了子网 IP 使用情况；单击任一子网段可查看此子网段中的 IP 分配详情。

2．子网告警设置

子网告警信息中展现了当前对子网的监控状态，包括使用率阈值、IP-MAC 监控状态，用户可将当前子网状态设置为基线，若监控子网状态偏离基线则触发告警信息；单击 设定基线 即可设定基线，如图 6-7 所示。

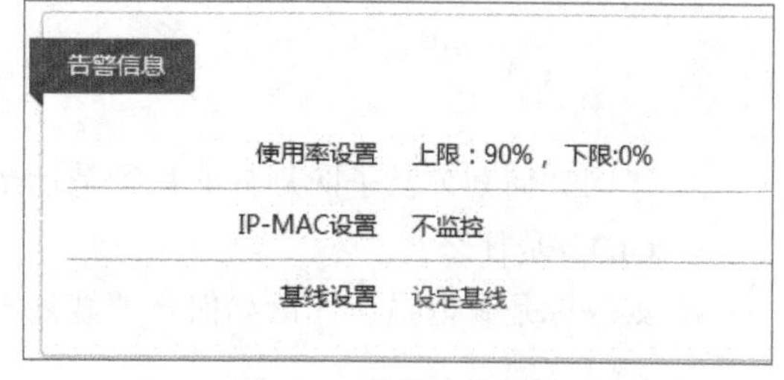

图 6-7 子网告警信息

3．再次查看子网使用情况

查看子网中 IP 地址使用情况，以不同颜色区分不同使用时间长度内使用过的 IP 地址，以 图标标注 IP 地址是否已分配，以 + 和 − 图标标注 IP 地址是新增或缺失的 IP，如图 6-8 所示。

注意

IP 地址新增和删除以基线为准，必须先设定子网基线后此功能才生效。

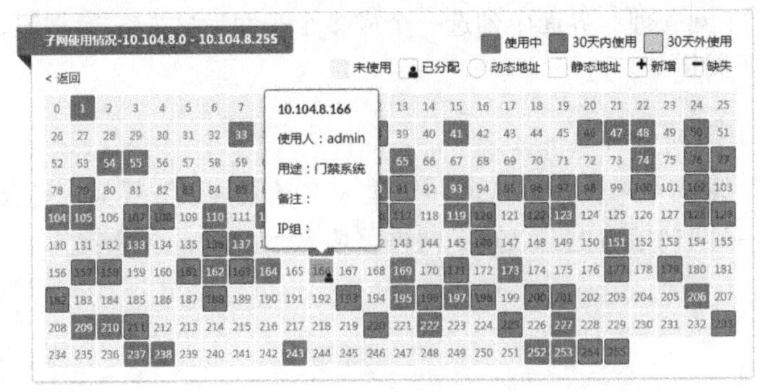

图 6-8　子网使用情况

从图 6-8 中可查看已分配 IP 的分配详情。双击任一 IP，可直接进行 IP 地址分配添加 / 修改操作。

任务小结

子网规划管理由以下三步操作完成：

第一步：添加子网。

第二步：子网操作。

第三步：查看子网详情。

相关知识与技能

子网

为了确定网络区域，分开主机和路由器的每个接口，从而产生了若干个分离的网络岛，接口端连接了这些独立网络的端点。这些独立的网络岛称为子网（subnet）。

IP 地址以网络号和主机号来表示网络上的主机，只有在一个网络号下的计算机之间才能“直接”互通，不同网络号的计算机要通过网关（Gateway）才能互通。但这样的划分在某些情况下显得并不十分灵活。为此 IP 网络还允许划分成更小的网络，称为子网（Subnet）。

任务拓展

1．子网如何划分？子网划分的目的是什么？

2．CIDR 是什么？

3．如果你是管理员，你该如何合理规划子网？

任务二　地 址 分 配

任务描述

上海御恒信息科技公司已建有局域网并安装了综合网络管理软件。技术部经理要求新招聘的网络工程师小张尽快熟悉对 IP 地址进行分配、进行子网操作和查看子网详情，小张按照经理的要求开始做以下的任务分析。

任务分析

（1）安装综合网络管理单元。

（2）对子网的概念进行了解。

（3）分别使用“手动添加”和“Excel 导入”来添加地址分配。

（4）对子网的操作步骤进行了解，包括全局设置、搜索子网、编辑子网及删除子网。

（5）操作后需要查看子网详情，包括初步查看子网使用情况、子网告警设置及再次查看子网使用情况。

任务实施

第一步：添加地址分配。

IP 地址分配即给 IP 地址进行标注，标识该 IP 的用途、使用人等信息，与 IP 的实际使用情况无关，未被分配给设备使用的 IP 地址也可进行标记，便于运维人员进行 IP 地址管理。

在系统导航栏中单击“IP/ 地址分配”可进入“地址分配”界面，用户可进行添加 / 删除、搜索 IP 地址分配记录操作。

添加 IP 地址分配可通过“手动添加”和“Excel 导入”两种方式进行。

手动添加 IP 地址分配的方法如下：

在“子网管理”界面单击扫描子网按钮，弹出选择框，可选择所需扫描的设备范围，可通过全部设备、分组筛选、IP 筛选三种方式进行扫描范围确定。确定扫描范围后单击开始扫描按钮即可扫描，如图 6-9 所示。

在“子网管理”界面单击添加按钮可手动添加子网，弹出添加框后设置子网参数，单击提交按钮即可添加，如图 6-10 所示。

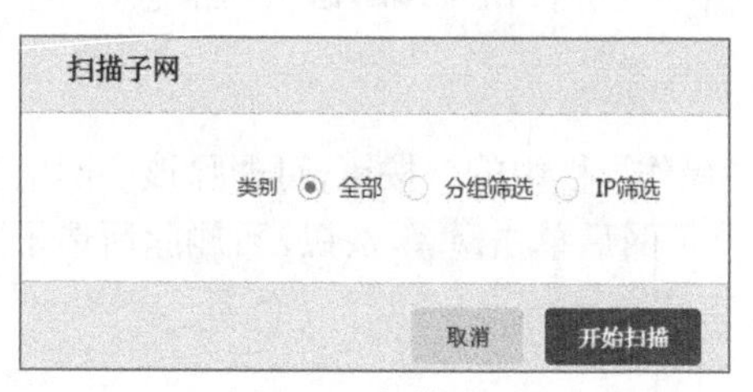

图 6-9 扫描子网

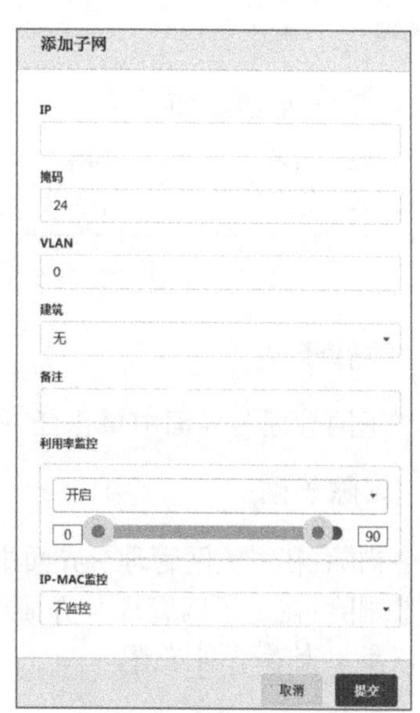

图 6-10 手动添加子网

第二步：子网操作。

1. 全局设置

设置子网全局监控参数，单击“子网管理”界面上的 全局设置 按钮，弹出全局设置框，可设置是否监控子网利用率、利用率阈值、IP-MAC 监控策略等参数，单击“提交”按钮后监控参数对全局子网生效，如图 6-11 所示。

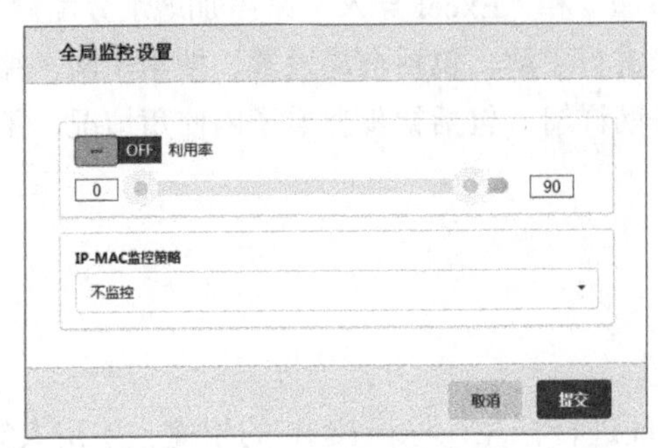

图 6-11　全局监控设置

2. 搜索子网

在“子网管理”界面右上角提供子网搜索框，可根据建筑、子网名称或备注搜索子网信息，如图 6-12 所示。

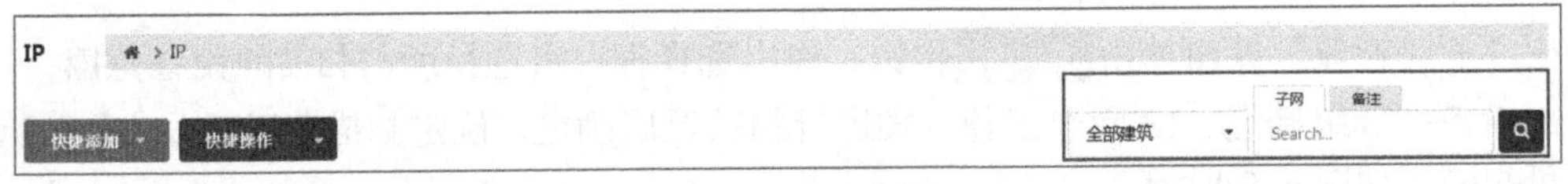

图 6-12　子网搜索

搜索后可查看搜索结果，如图 6-13 所示。

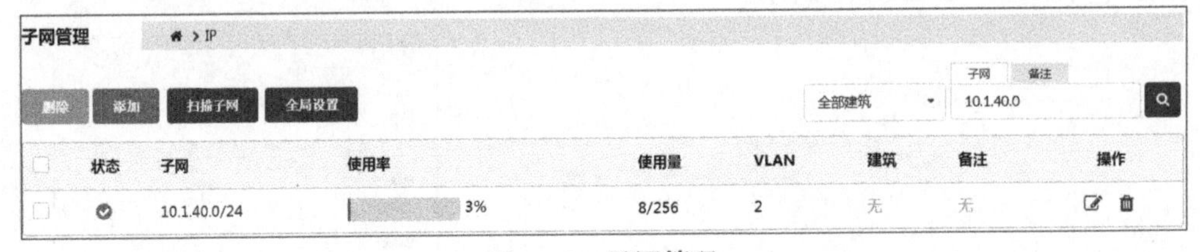

图 6-13　子网管理

3. 编辑子网

在“子网管理”界面中单击任一子网“操作”栏中的 按钮可编辑该子网信息。

4. 删除子网

单个删除：在“子网管理”界面中单击任一子网“操作”栏中的 按钮，可删除该子网信息。

批量删除：在“子网管理”界面中勾选一个或多个子网后单击 删除 按钮，可删除所选子网。

第三步：查看子网详情。

1. 查看子网使用情况

在“子网管理”界面中单击任一子网，可进入“子网详情”界面，可查看子网基本信息、子网 IP 使用情况、子网利用历史图以及子网告警信息，如图 6-14 所示。

界面右侧子网使用情况中以掩码为 24 的子网段为单位，图形化地展示了子网 IP 使用情况；单击任一子网段可查看此子网段中的 IP 分配详情。

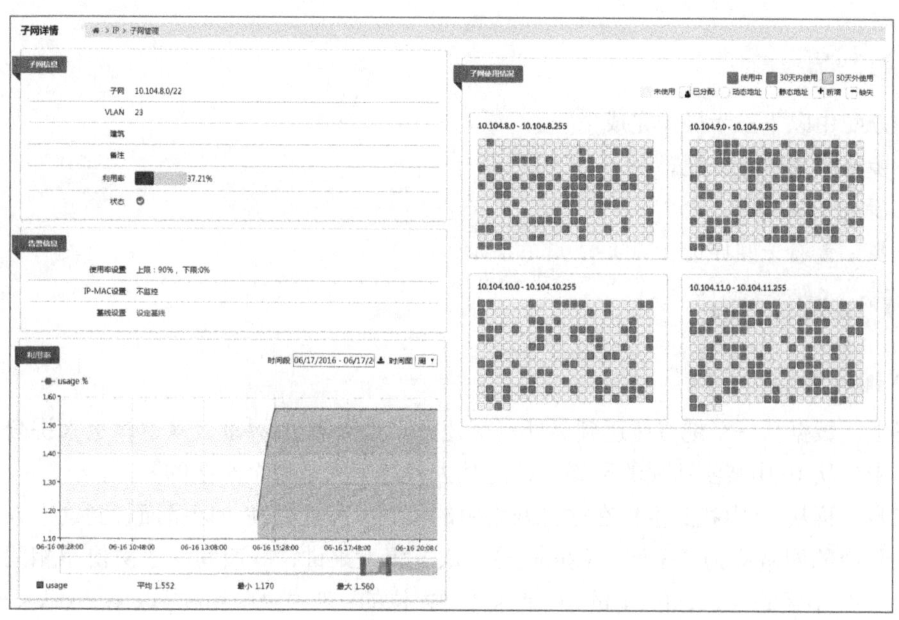

图 6-14 查看子网详情

2．子网告警设置

子网告警信息中展现了当前对子网的监控状态，包括使用率阈值、IP-MAC 监控状态，用户可将当前子网状态设置为基线，若监控子网状态偏离基线则触发告警信息；单击 设定基线 即可设定基线，如图 6-15 所示。

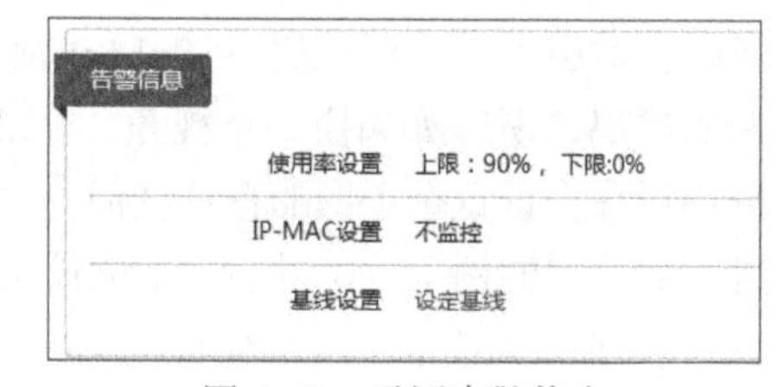

图 6-15 子网告警信息

3．查看子网使用情况

查看子网中 IP 地址使用情况，以不同颜色区分不同使用时间长度内使用过的 IP 地址，以 图标标注 IP 地址是否已分配，以 + 和 − 图标标注 IP 地址是新增或缺失的 IP，如图 6-16 所示。

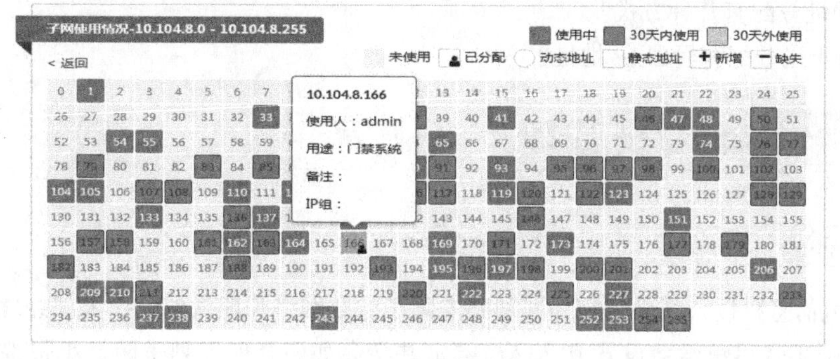

图 6-16 子网使用情况

> **注意**
>
> IP 地址新增和删除以基线为准，必须先设定子网基线后此功能才生效。

从图 6-16 中可查看已分配 IP 的分配详情。双击任一 IP，可直接进行 IP 地址分配添加 / 修改操作。

任务小结

地址分配由以下三步操作完成：

第一步：添加地址分配。

第二步：子网操作。

第三步：查看子网详情。

相关知识与技能

子网掩码中的“子网”

网络上，数据从一个地方传送到另外一个地方，是依靠 IP 寻址。从逻辑上来讲分为两步：

第一步，从 IP 中找到所属的网络，好比是去找这个人是哪个小区的。

第二步，再从 IP 中找到主机在这个网络中的位置，好比是在小区里面找到这个人。

第一步中的网络称为“子网”（Subnet）。从逻辑上来讲，一般同一子网使用相同的网关。就好比，一个小区的入口。IPv4 的 IP 地址是 32 位的，形式如 http://xxx.xxx.xxx.xxx，每一个 xxx 取值都是 0 ～ 255。到底是前三个 xxx 相同，代表同一个子网，还是前两个，还是其他？这个并不一定。就好比小区有大有小，有的小区有上千户人家，有的小区只有几户人家。所以，就引入“子网掩码”（Subnet Mask）来标识该子网的大小。一般看到的 IP 地址是十进制的编码，所以如果换一个视角，从二进制的角度看，每个 IP 地址就是 32 位 1 或 0。子网掩码用来告诉这个子网的覆盖区间。这 32 位中，前多少位是网络段？当然，余下的就是主机段。举典型的例子：IP 中前 24 位代表子网号，后 8 位代表主机号。所以子网掩码就是 24 个 1（代表前 24 位是子网部分），加 8 个 0（后 8 位是主机部分）。如果沿用 IP 的标识方式，就是 255.255.255.0 。该子网可以容纳最多 256 台主机，也就是主机号从 0 ～ 255。

任务拓展

1．IP 地址分配有几种方式？

2．如何正确分配和管理 IP 地址？

任务三 地址安全管理

任务描述

上海御恒信息科技公司已建有局域网并安装了综合网络管理软件。技术部经理要求新招聘的网络工程师小张尽快学会设置 IP-MAC 绑定并学会如何合理规划子网，小张按照经理的要求开始做以下的任务分析。

任务分析

（1）安装综合网络管理单元。

（2）对子网的概念进行了解。

（3）对添加安全策略进行了解，包括手动添加、Excel 导入。

（4）对策略设置，要包括全局设置、编辑 IP-MAC 绑定关系、删除 IP-MAC 绑定关系。

任务实施

第一步：添加安全策略。

用户可监控 IP-MAC 绑定关系，可设置宽松绑定和严格绑定，当用户上网的 IP-MAC 关系与所设定策略不一致，则触发告警。

注意

IP 模块只对 IP-MAC 绑定关系进行监控，若需要设置 IP-MAC 绑定关系，需要通过配置模块修改网络设备的配置文件。

在“主界面”导航栏中单击“IP/ 安全策略”可进入“IP-MAC 绑定”界面，用户可进行添加 / 删除、搜索 IP-MAC 绑定记录操作。

1．手动添加

单击“IP-MAC 绑定”界面的 添加 按钮，可添加 IP-MAC 绑定关系，如图 6-17 所示。

图 6-17　添加 IP-MAC 绑定关系

2．Excel 导入

在“IP 地址分配”界面中单击 Excel导入 按钮，可下载 Excel 模板，按照模板填写 IP 地址分配信息后，将 Excel 文件上传即可添加，如图 6-18 所示。图 6-19 所示为 Excel 模块。

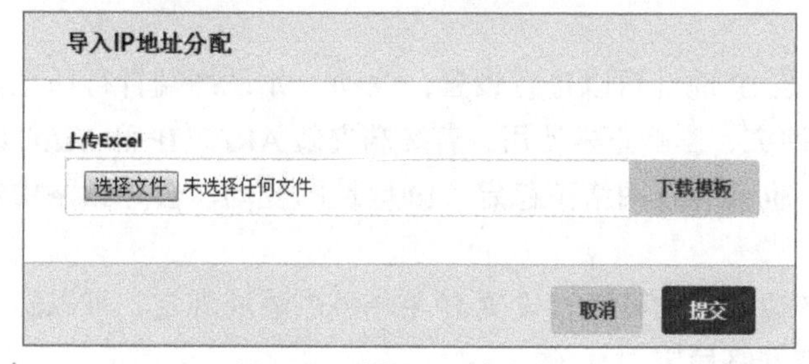

图 6-18　导入 IP 地址分配

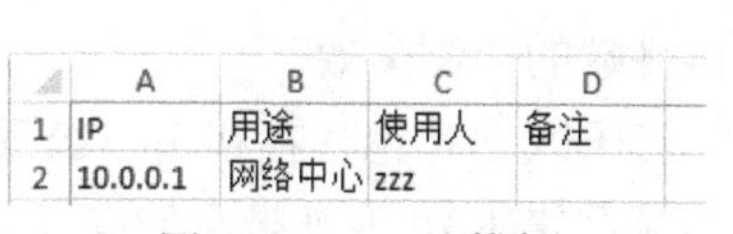

	A	B	C	D
1	IP	用途	使用人	备注
2	10.0.0.1	网络中心	zzz	

图 6-19　Excel 模板

第二步：策略设置。

1．全局设置

在“IP-MAC 绑定”界面可修改任一子网的监控策略，可开启 / 关闭子网中 IP-MAC 绑定记录的监控开关，如图 6-20 所示。

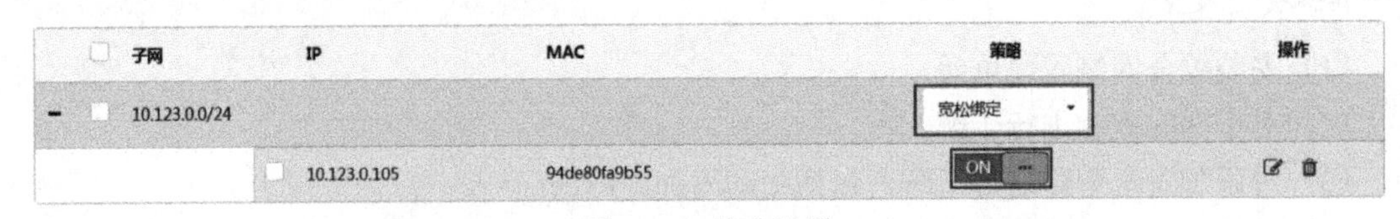

图 6-20　策略设置

子网监控策略分为宽松绑定和严格绑定。

宽松绑定：与列表中设置的绑定关系冲突则告警，不存在的关系被认可。

严格绑定：只允许列表中设置的关系，不存在或冲突的关系均告警。

若子网监控未开启，则某个 IP-MAC 绑定监控开启是无效的。

2．编辑 IP-MAC 绑定关系

在“IP-MAC 绑定”界面单击任一绑定关系“操作”栏中的按钮可编辑此 IP-MAC 绑定关系。

3．删除 IP-MAC 绑定关系

单个删除：在“IP-MAC 绑定”界面点击任一绑定关系“操作”栏中的按钮可删除此 IP-MAC 绑定关系。

批量删除：在“IP-MAC 绑定”界面中勾选一个或多个记录后单击按钮可删除所选记录。

任务小结

地址安全管理由以下两步操作完成：

第一步：添加安全策略。

第二步：策略设置。

相关知识与技能

IP-MAC 绑定

计算机的 MAC 地址是固定的，但是 IP 地址可以进行设置、改动。如果终端自行任意修改 IP 地址，可能会导致局域网 IP 地址冲突，影响正常使用。若终端安装 ARP（IP 和 MAC 的匹配关系）攻击软件、发出欺骗信息，也会导致网络不稳定。IP 地址的变动，会导致路由器对该终端的控制失效。

基于以上考虑，在宿舍、公司等终端较多的环境，设置 IP 和 MAC 地址绑定，可以防止终端私自修改 IP 地址带来的问题，保障网络稳定。

任务拓展

1．什么情况下使用 IP-MAC 绑定策略？

2．与子网安全相关的还有哪些策略？

任务四 配置模板管理

任务描述

上海御恒信息科技公司已建有局域网并安装了综合网络管理软件。技术部经理要求新招聘的网络工程师小张尽快了解配置模板的脚本在系统中的位置并学会在系统中添加模板，小张按照经理的要求开始做以下的任务分析。

任务分析

（1）安装综合网络管理单元。

（2）对配置模板的脚本在系统中所在的位置进行了解。

（3）对在系统中添加模板进行了解。

任务实施

第一步：进入模板管理。

鼠标指针悬停在右上角用户名处，出现选择列表后，单击“设置”按钮，进入系统设置界面，在“配置”模块中单击“模板管理”按钮（见图 6-21），展开模板列表，如图 6-22 所示。

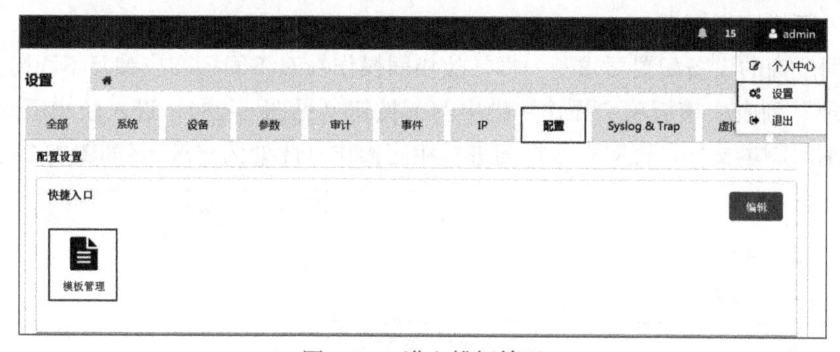

图 6-21　进入模板管理

模板管理　> 设置

添加模板

模板类型	排序	操作
登录脚本	-10	+
配置备份	-5	+
配置上传	-5	+
IOS升级	-5	+
配置存盘	-1	+
修改系统名称	0	+
添加日志服务器	0	+
删除日志服务器	0	+
修改密码	0	+
添加SNMP可读共同体名	0	+
添加NTP服务器	0	+
查看ARP表	10	+
查看MAC表	10	+
查看路由表	10	+

厂商	操作
思科	
华三	
锐捷	
神州数码	
中兴	
Juniper	
华为	
3Com	
迈普	
Aruba	
戴尔	

图 6-22　模板列表

第二步：添加模板。

单击“模板管理”界面左上角的“添加模板”按钮，进入“添加模板”界面，用户可确定模板名称和排序，如图 6-23 所示。

图 6-23　添加模板

第三步：编辑模板。

单击“模板管理”界面中模板项“操作”栏中的按钮，可编辑模板的名称和排序。

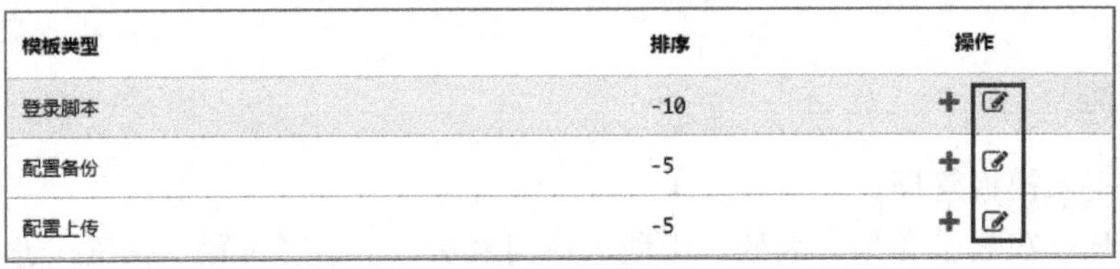

模板类型	排序	操作
登录脚本	-10	+
配置备份	-5	+
配置上传	-5	+

图 6-24　编辑模板

第四步：新增厂商模板。

由于不同厂商的设备配置要求不一样，故相同操作针对不同厂商应编写不同脚本文件。单击“模板管理”列表中模板项“操作”栏中的按钮（见图 6-25），进入新增厂商模板界面，用户可在此编写脚本文件，针对选定厂商进行相应操作（此处为登录），如图 6-26 所示。

	名称	排序	管理
+	登录脚本	-10	+
+	配置备份	-5	+

图 6-25　添加模板

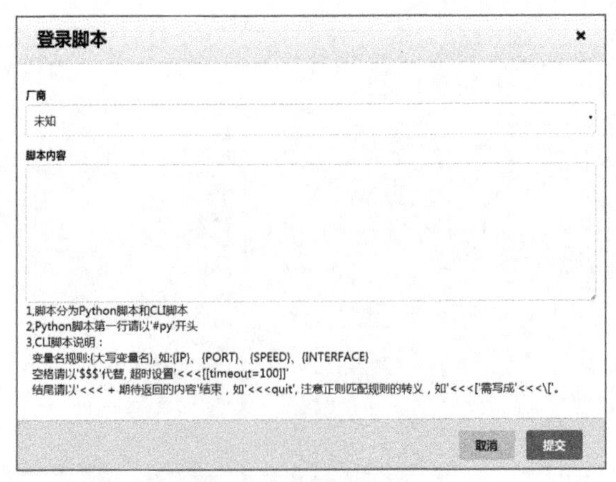

图 6-26　新增厂商模板

脚本文件填写完毕后，单击“提交”按钮即添加成功，如图 6-27 所示。

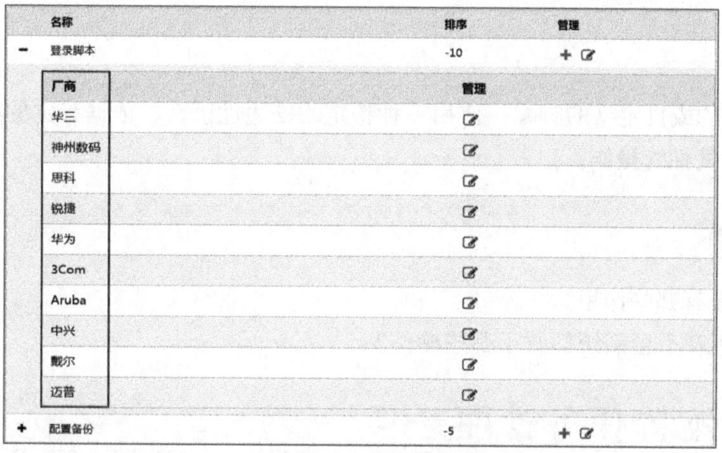

名称	排序	管理
- 登录脚本	-10	+

厂商	管理
华三	
神州数码	
思科	
锐捷	
华为	
3Com	
Aruba	
中兴	
戴尔	
迈普	

名称	排序	管理
+ 配置备份	-5	+

图 6-27　添加成功

第五步：编辑厂商模板。

单击某个模板，出现各个厂商的模板项，单击“操作”列中的按钮，可编辑厂商模板，如图 6-28 所示。

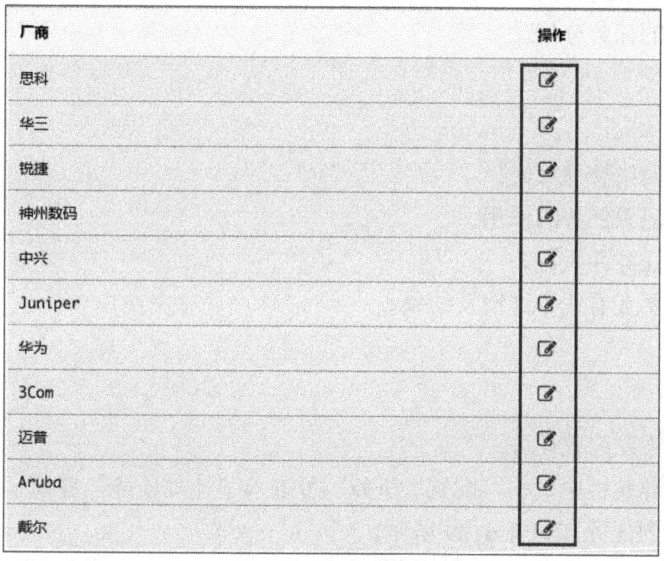

厂商	操作
思科	
华三	
锐捷	
神州数码	
中兴	
Juniper	
华为	
3Com	
迈普	
Aruba	
戴尔	

图 6-28　编辑厂商模板

任务小结

配置模板管理由以下五步操作完成：

第一步：进入模板管理。

第二步：添加模板。

第三步：编辑模板。

第四步：新增厂商模板。

第五步：编辑厂商模板。

相关知识与技能

模板

系统中内置的或自定义的脚本，使用一种特定的描述性语言，依据一定的格式编写，代替用户批量实现重复性的操作。

任务拓展

1．配置模板有哪些作用？

2．配置模板在后台系统都做了哪些操作？

任务五 配置任务管理

任务描述

上海御恒信息科技公司已建有局域网并安装了综合网络管理软件。技术部经理要求新招聘的网络工程师小张尽快掌握不同配置任务的作用，学会配置不同任务并执行，小张按照经理的要求开始做以下的任务分析。

任务分析

（1）安装综合网络管理单元。

（2）了解不同配置任务的作用。

（3）配置不同任务并执行。

（4）操作后需要查看任务详情及结果。

任务实施

第一步：创建下发配置任务。

在“主界面”导航栏中单击“配置 / 任务”可进入“计划任务”界面，以列表形式展现当前已创建的配置计划任务，如表 6-29 所示。

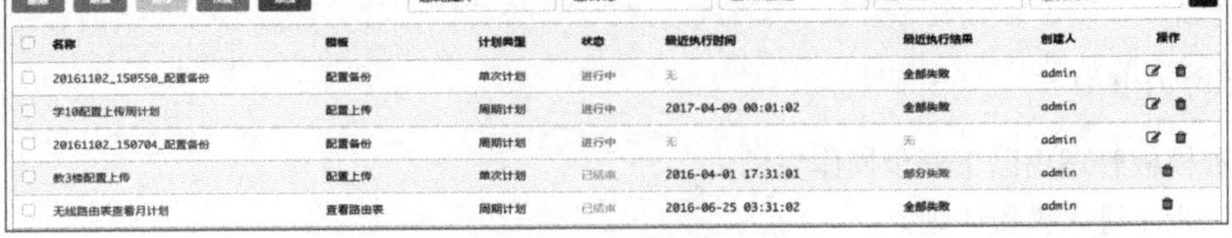

名称	模板	计划类型	状态	最近执行时间	最近执行结果	创建人	操作
20161102_150550_配置备份	配置备份	单次计划	进行中	无	全部失败	admin	
学10配置上传周计划	配置上传	周期计划	进行中	2017-04-09 00:01:02	全部失败	admin	
20161102_150704_配置备份	配置备份	周期计划	进行中	无	无	admin	
教3楼配置上传	配置上传	单次计划	已结束	2016-04-01 17:31:01	部分失败	admin	
无线路由表查看月计划	查看路由表	周期计划	已结束	2016-06-25 03:31:02	全部失败	admin	

图 6-29 计划任务

单击“添加”按钮可新建配置任务，用户可自定义配置任务参数，包括任务名称、任务类型、设备、执行时间等，如图 6-30 所示。

设备：可通过分组筛选或 IP 筛选选择设备。

选择模板：选择配置任务类型，系统提供多种预定义配置任务模板（见图 6-31），同时支持用户自定义配置任务（详见配置模板管理）。

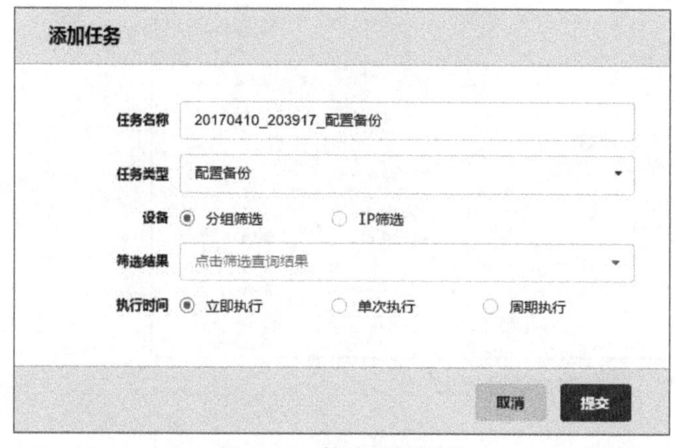

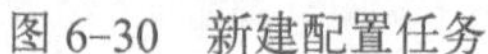
图 6-30　新建配置任务

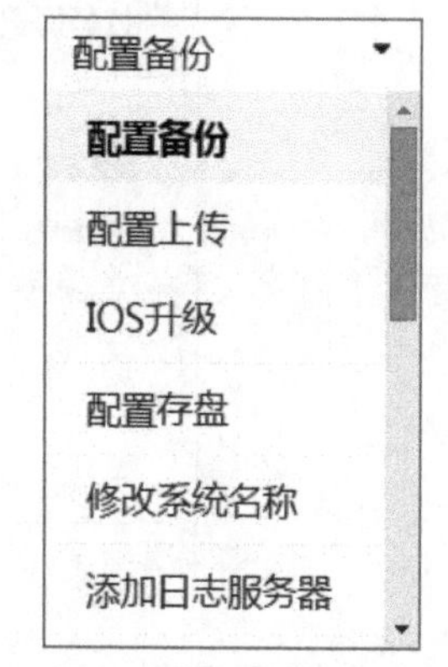

图 6-31　预定义模板

执行时间：立刻执行（单次立即执行），计划任务包括单次（指定某一时刻执行）、每天、每周、每月。

创建配置任务成功后，显示在配置任务列表中，按照所设定的时间执行此任务，并反馈执行结果。

第二步：查看任务详情及结果。

1．查看最近执行结果

在“配置任务”列表中可查看配置任务最近执行结果，如图 6-32 所示。

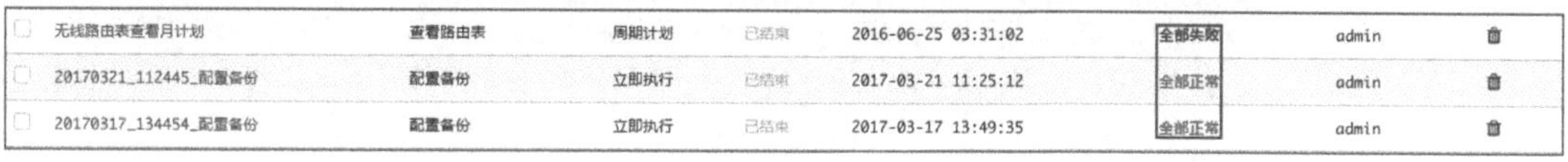

□	无线路由表查看月计划	查看路由表	周期计划	已结束	2016-06-25 03:31:02	全部失败	admin	🗑
□	20170321_112445_配置备份	配置备份	立即执行	已结束	2017-03-21 11:25:12	全部正常	admin	🗑
□	20170317_134454_配置备份	配置备份	立即执行	已结束	2017-03-17 13:49:35	全部正常	admin	🗑

图 6-32　配置任务执行结果

2．查看任务详情及执行历史

单击任务名称，进入“配置任务详情”界面，可查看配置任务详情信息及执行历史的总体结果，如图 6-33 所示。

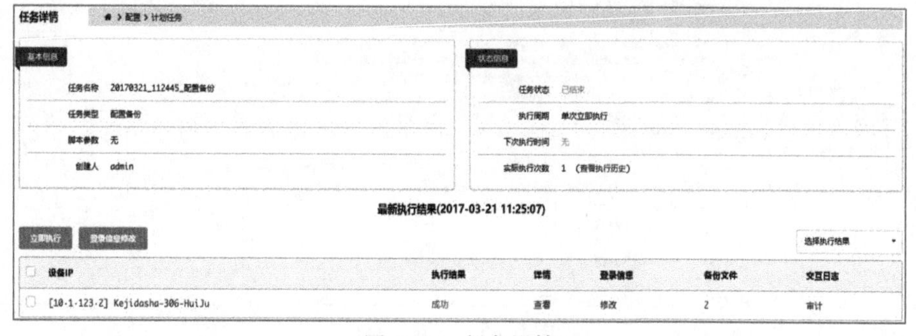

图 6-33　任务详情

3. 查看执行历史详情

在“任务详情”界面中单击右侧“状态信息”，可查看任务历史，如图 6-34 所示。

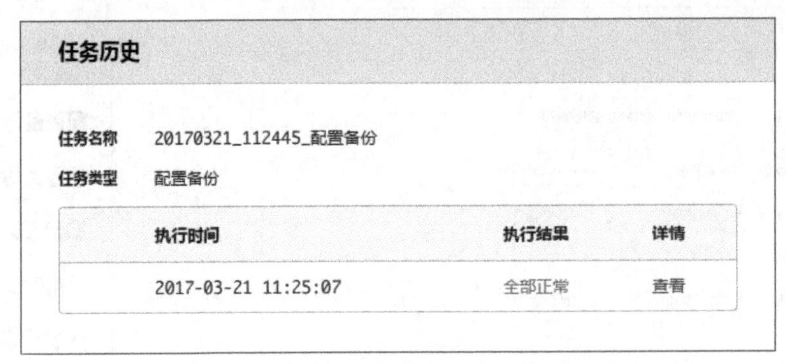

图 6-34　执行历史

4. 交互审计

单击任一设备的“审计”按钮，可查看配置任务的交互审计过程，如图 6-35 所示。

设备IP	执行结果	详情	登录信息	备份文件	交互日志
[10.1.123.2] Kejidasha-306-HuiJu	成功	查看	修改	2	审计

交互审计

```
Trying 10.1.123.2...

Connected to 10.1.123.2.

Escape character is '^]'.

******************************************************************************
* Copyright (c) 2004-2015 Hangzhou H3C Tech. Co., Ltd. All rights
reserved. *
* Without the owner's prior written consent, *
* no decompiling or reverse-engineering shall be allowed. *
******************************************************************************


Login authentication


Password:
<Kejidasha-306-HuiJu>super
User privilege level is 3, and only those commands can be used
whose level is equal or less than this.
Privilege note: 0-VISIT, 1-MONITOR, 2-SYSTEM, 3-MANAGE
<Kejidasha-306-HuiJu>sys
System View: return to User View with Ctrl+Z.
[Kejidasha-306-HuiJu]display startup
MainBoard:
Current startup saved-configuration file: flash:/startup.cfg
Next main startup saved-configuration file: flash:/startup.cfg
Next backup startup saved-configuration file: NULL
Bootrom-access enable state: enabled
[Kejidasha-306-HuiJu]quit
<Kejidasha-306-HuiJu>tftp 10.3.9.13 put startup.cfg /cfg/139/03211125

File will be transferred in binary mode
Sending file to remote TFTP server. Please wait... \□|□/□
TFTP: 6660 bytes sent in 0 second(s).
File uploaded successfully.

<Kejidasha-306-HuiJu>display current-configuration
#
version 5.20, Release 2221P15
```

图 6-35　交互审计

任务小结

配置任务管理由以下两步操作完成：

第一步：创建下发配置任务。

第二步：查看任务详情及结果。

相关知识与技能

1. 如何在任务管理系统中进行团队协作分工

伙伴协同的任务管理系统是一个专业度很强的扩展应用，任务设置简洁、灵活、易操作，功能强大，可满足日常团队协作进行任务管理与执行的需求：任务类别设定，如“我的任务”“下属的任务”“部门的任务”。优先级分为次要、一般、重要三个级别。状态设置任务的完成进度，负责人指定任务负责者或监管者，工作任务存储工作任务信息的详细信息，任务列表作为一个查询任务的界面，可以修改任务信息，但不存储数据。操作过程为：打开任务管理系统、新建任务、查看任务列表、设置任务角色、参与任务管理沟通、任务完成，被存入已完成数据库，可通过选择随时进行查看与筛选。

2. 网络计划的优化目标分类

网络计划的优化目标按计划任务的需要和条件可分为工期目标、费用目标、资源目标。

任务拓展

1. 配置任务之间的相关性是什么？
2. 不同的配置任务分别适合哪种计划类型？

任务六 配置备份管理

任务描述

上海御恒信息科技公司已建有局域网并安装了综合网络管理软件。技术部经理要求新招聘的网络工程师小张尽快学会管理备份文件，下载和设置基线并学会对比备份文件和备份文件的定位，小张按照经理的要求开始做以下的任务分析。

任务分析

（1）安装综合网络管理单元。

（2）管理备份文件，下载和设置基线。

（3）对比备份文件。

（4）进行备份文件定位。

任务实施

第一步：准备工作。

系统执行配置备份任务后，自动将配置文件存入系统中，用户可对配置备份文件执行对比、查询、合规性检查操作。

可通过两种方式进入“备份文件”界面进行配置备份文件管理操作。

方式一：在“计划任务”列表中，单击任一计划任务，进入“任务详情”界面，单击任一设备“备份文件”列的数字（见图 6-36），可进入该设备的“备份文件”界面。

立即执行　登录信息修改　选择执行结果

设备IP	执行结果	详情	登录信息	备份文件	交互日志
[10·1·1·123] KeJiDaSha-306	成功	查看	修改	62	审计
[10·1·1·30] jiao-3	成功	查看	修改	4	审计
[10·1·30·92] Jiao-3-92	成功	查看	修改	2	审计
[10·1·30·64] Jiao-3-64	成功	查看	修改	2	审计

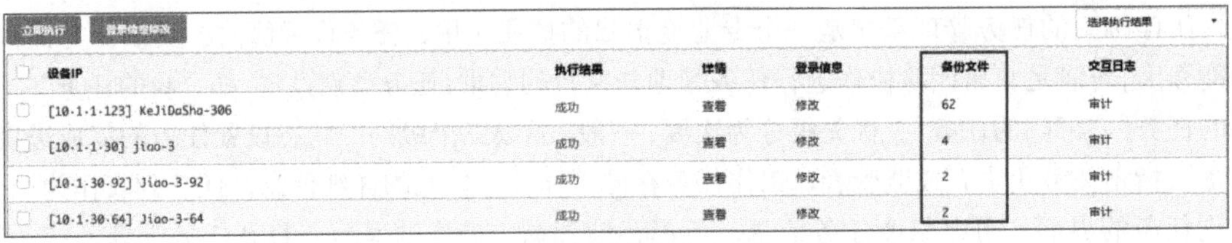

图 6-36　查看备份文件

方式二：在“备份列表”界面，单击任一备份设备“备份文件数”列的数字（见图 6-37），可进入该设备的“备份文件”界面。

已备份设备　未备份设备

已备份设备统计：共 154，备份成功 20，备份失败 8，备份未执行 126

备份文件对比　备份文件定位　通过关键字定位备份文件　全部状态　IP　名称　Search...

IP	名称	备份文件数	最新成功备份	最新备份状态
10·0·0·1	NOC-0	0	无	失败 2016-04-25 13:52:57
10·0·0·2	VSS	2	2016-07-05 10:50:22	失败 2016-04-01 16:44:24
10·0·0·4	NOC-C	0	无	失败 2016-06-22 21:35:38

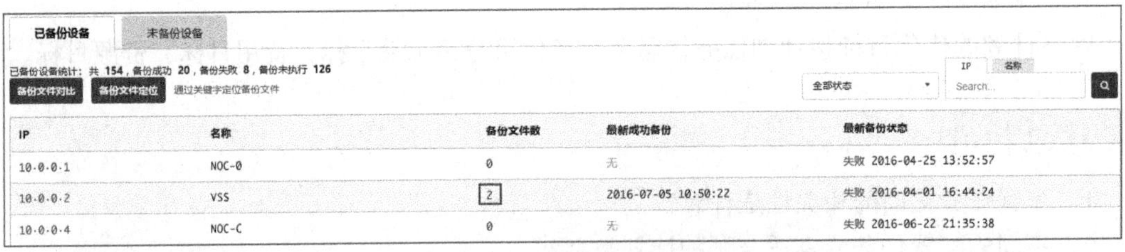

图 6-37　查看备份文件

“备份文件”界面中展示了当前设备的备份文件，用户可进行查看备份文件、下载备份文件、设置基线、备份文件对比以及备份文件定位操作，如图 6-38 所示。

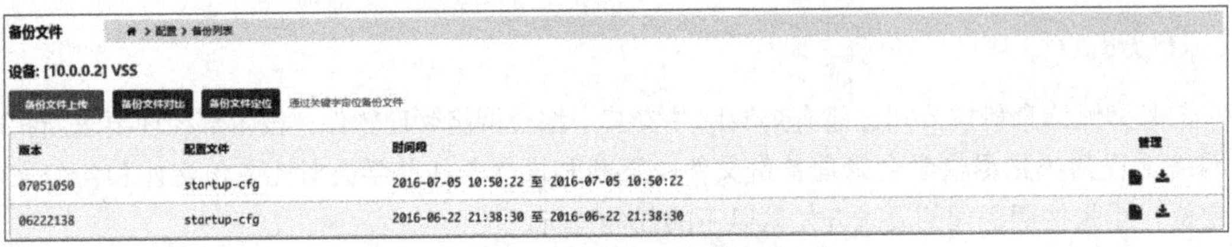

备份文件　> 配置 > 备份列表

设备: [10.0.0.2] VSS

备份文件上传　备份文件对比　备份文件定位　通过关键字定位备份文件

版本	配置文件	时间段	管理
07051050	startup-cfg	2016-07-05 10:50:22 至 2016-07-05 10:50:22	
06222138	startup-cfg	2016-06-22 21:38:30 至 2016-06-22 21:38:30	

图 6-38　设备备份文件列表

第二步：备份文件管理。

1. 下载配置备份文件

单击所需下载版本“管理”列的按钮，下载该版本的配置备份文件。

2. 设置基线

单击所需版本“管理”列的按钮，将当前版本的配置备份文件设置为基线，当备份新的配置文件时，系统自动将其与基线进行对比，若偏离基线则触发告警。

第三步：备份文件对比。

在“备份文件”界面，可将配置文件进行对比操作。

1．同一设备对比

配置文件同一设备对比，即将同一设备不同版本的配置文件进行对比，可发现同一设备上配置文件修改信息，利于用户查看配置变更情况，如图 6-39 所示。

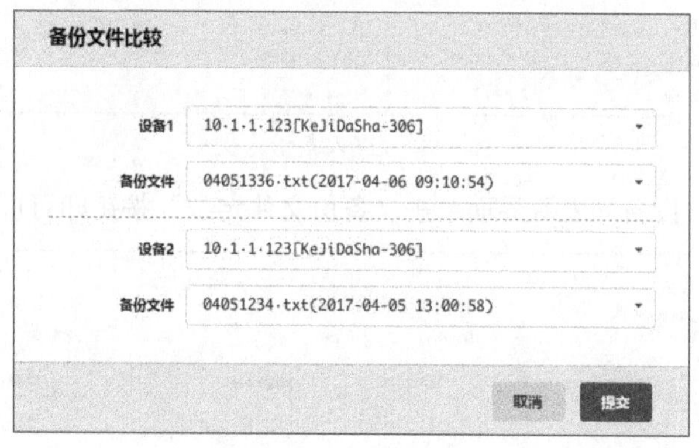

图 6-39　相同设备对比

在“备份文件”界面单击“备份文件对比”按钮，选择相同设备的不同备份文件，单击“提交”按钮后即可查看对比结果，如图 6-40 所示。

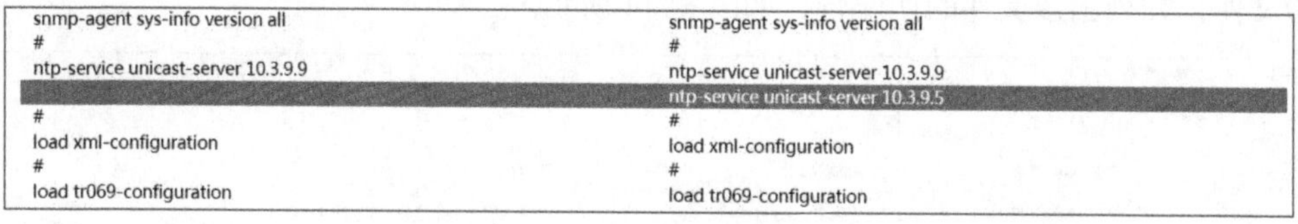

snmp-agent sys-info version all	snmp-agent sys-info version all
#	#
ntp-service unicast-server 10.3.9.9	ntp-service unicast-server 10.3.9.9
	ntp-service unicast-server 10.3.9.5
#	#
load xml-configuration	load xml-configuration
#	#
load tr069-configuration	load tr069-configuration

图 6-40　对比结果

对比结果中颜色含义说明：绿色—新增、红色—删除、黄色—修改、黑色—备注添加。

2．不同设备对比

配置文件横向对比，即将不同设备的配置文件进行对比操作，可查看两个设备配置文件不同之处，便于排查问题，如图 6-41 所示。

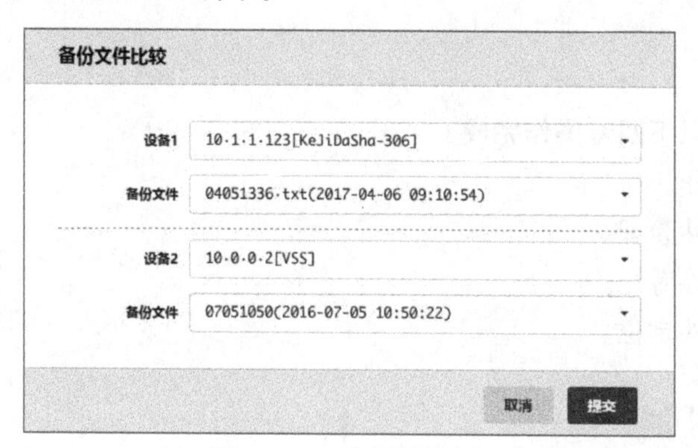

图 6-41　不同设备对比

在“备份文件”界面单击“备份文件对比”按钮，选择相同设备，不同备份文件，单击“提交”按钮后即可查看对比结果。

第四步：备份文件定位。

系统支持根据关键字定位配置备份文件。可通过两种方式进入“备份查找”界面。

方式一：在任一设备的“备份文件”界面单击“备份文件定位”按钮即可进入，如图 6-42 所示。

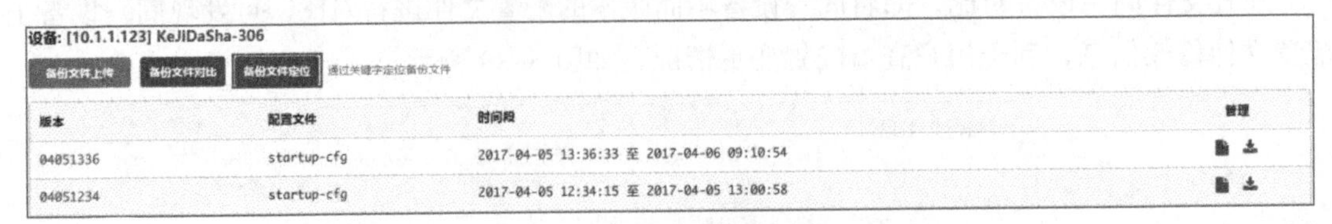

版本	配置文件	时间段	管理
04051336	startup-cfg	2017-04-05 13:36:33 至 2017-04-06 09:10:54	
04051234	startup-cfg	2017-04-05 12:34:15 至 2017-04-05 13:00:58	

图 6-42　进入备份定位

方式二：在“备份设备列表”界面单击“备份文件定位”按钮即可进入，如图 6-43 所示。

已备份设备　未备份设备

已备份设备统计：共 154，备份成功 20，备份失败 8，备份未执行 126

备份文件对比　备份文件定位　通过关键字定位备份文件　全部状态　IP　名称　Search...

IP	名称	备份文件数	最新成功备份	最新备份状态
10.0.0.1	NOC-0	0	无	失败 2016-04-25 13:52:57
10.0.0.2	VSS	2	2016-07-05 10:50:22	失败 2016-04-01 16:44:24

图 6-43　进入备份定位

在“备份文件定位”界面，选择设备，输入关键字，单击可查询到包含此关键字的所有配置备份文件，并列出该文件的匹配行，如图 6-44 所示。

备份文件定位　配置 > 备份列表

备份文件定位　10.0.0.3[NOC0-C]　version

设备	备份文件名	备份时间	匹配行	查看
[10.0.0.3]NOC0-C	06222140.txt	2016-06-22 21:40:29	snmp-agent sys-info version v2c v3	
[10.0.0.3]NOC0-C	06222140	2016-06-22 21:40:29	version 7.1.045, Release 2418P06	
[10.0.0.3]NOC0-C	06222140	2016-06-22 21:40:29	snmp-agent sys-info version v2c v3	
[10.0.0.3]NOC0-C	06222140.txt	2016-06-22 21:40:29	version 7.1.045, Release 2418P06	
[10.0.0.3]NOC0-C	07051050	2016-07-05 10:50:48	snmp-agent sys-info version v2c v3	

图 6-44　备份文件定位

单击“查看”列的按钮可查看此备份文件。

任务小结

配置备份管理由以下四步操作完成：

第一步：准备工作。

第二步：备份文件管理。

第三步：备份文件对比。

第四步：备份文件定位。

相关知识与技能

1. 备份数据的目的

为规范公司数据备份管理工作，合理存储历史数据及保证数据的安全性、完整性，防止因硬件故障、意外断电、病毒等因素造成数据的丢失，保证公司正常的知识产权利益和技术资料的储备。备份管理工作由品管部安排专人负责，备份管理人员负责制定备份、恢复策略、组织实施备份、恢复操作。

2．备份数据的规定

备份数据是信息调用、查询的重要依据，是防止意外事故发生的有效措施，各应用系统操作员、系统管理员必须按照要求进行数据备份；重要数据应坚持双备份，异地存放；备份数据需存放于防尘、防潮、抗静电干扰的磁盘柜和保险柜内，严禁乱丢乱放；属长期保存的备份数据，应及时按期转交品管部归档保管；备份介质应定期检查，定期复制，确保数据的完整性和有效性；备份数据未经总经理同意，不得擅自查阅和外借；凡属不严格履行备份制度造成泄密和损失的，要追究当事人责任。

任务拓展

1．备份文件对比的意义是什么?
2．同一设备对比与不同设备对比分别在哪些场景下需要?
3．备份文件定位在什么情况下有用?

任务七 日志查看与分析

任务描述

上海御恒信息科技公司已建有局域网并安装了综合网络管理软件。技术部经理要求新招聘的网络工程师小张尽快学会通过网管系统接收日志、检索日志并学会通过日志分析发现交换机的异常行为，小张按照经理的要求开始做以下的任务分析。

任务分析

（1）安装综合网络管理单元。
（2）如何通过网管系统接收日志、检索日志。
（3）通过日志分析可以发现交换机的异常行为。

任务实施

第一步：SNMP trap 配置。

1．配置交换机允许发送 trap

```
snmp-server enable traps
```

2．配置路由器接收 trap 的主机

```
snmp-server host 10.199.39.215 v2c public
```

指定路由器 SNMP trap 的接收者为 10.199.39.215（一般配置为采集机的 IP），发送 Trap

时采用 public 作为字串。

第二步：Syslog 配置。

指定接收 Syslog 的主机，10.90.200.93 为该主机的 IP 地址。

```
logging 10.90.200.93
```

第三步：日志设置

1．Syslog 接收设置

在“设置 /syslog & trap”界面单击 Syslog 接收，选择“入库等级”为“[5] NOTICE 以上”，防止数量较多的 6 和 7 级日志入库，如图 6-45 所示。

图 6-45　Syslog 接收设置

2．日志保存时间设置

在“设置 /syslog & trap”界面单击日志保存时间，可以分别设置数据库保存天数和文件保存天数。数据库保存天数指支持在 Web 端检索日志的时间范围，文件保存天数指支持在 Web 端下载日志的时间范围，如图 6-46 所示。

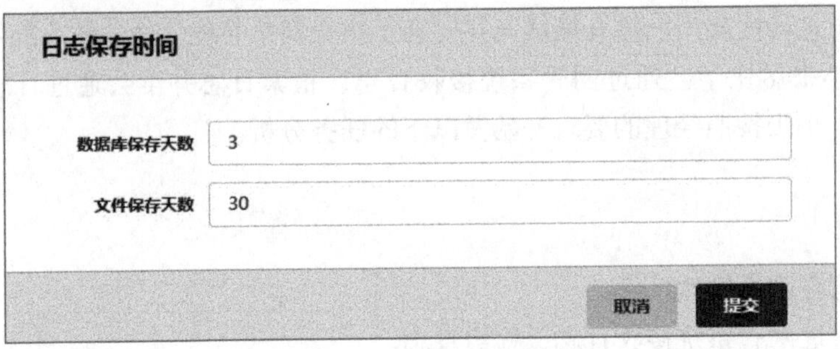

图 6-46　日志保存时间设置

第四步：监控设置。

（1）在“设置 /syslog & trap”界面单击“Syslog 监控”和“Trap 监控”，添加 Syslog 和 Trap 的告警规则，通过系统收到的日志与规则的匹配，实现日志分析功能。

（2）添加 Syslog 告警规则。在 Syslog 监控页面单击“添加”按钮，在弹出窗口的“等级”下拉列表框中选择“[5] NOTICE”，在“备注”文本框中输入“日志测试告警”，如图 6-47 所示。告警规则支持单条添加和 Excel 批量导入两种方式添加。

（3）添加 Trap 告警规则。在 Trap 监控页面单击“添加”按钮，在弹出窗口的“关键词”文本框中输入 SNMP，在“备注”文本框中输入“Trap 测试告警”，如图 6-48 所示。告警规则支持单条添加和 Excel 批量导入两种方式添加。

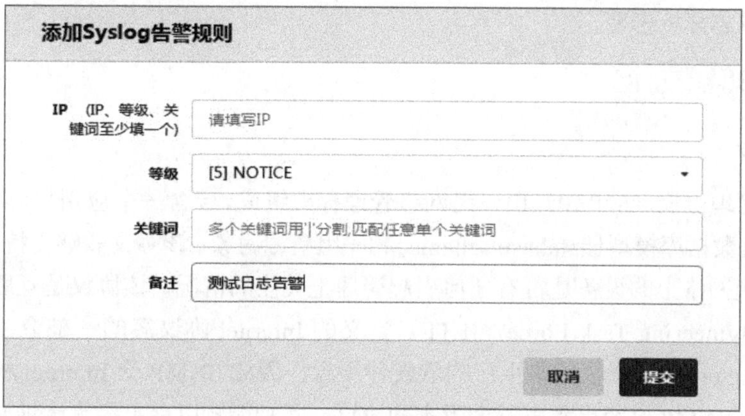

添加Syslog告警规则

IP （IP、等级、关键词至少填一个） 请填写IP

等级 [5] NOTICE

关键词 多个关键词用'|'分割,匹配任意单个关键词

备注 测试日志告警

取消 提交

图 6-47 Syslog 告警规则设置

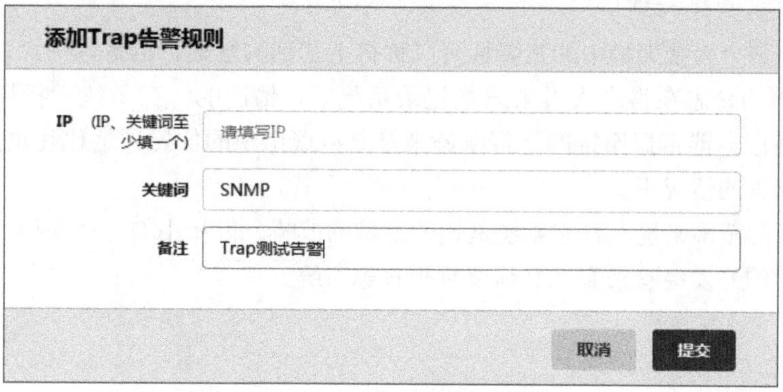

添加Trap告警规则

IP （IP、关键词至少填一个） 请填写IP

关键词 SNMP

备注 Trap测试告警

取消 提交

图 6-48 Trap 告警规则设置

第五步：日志分析告警

查看“事件 / 事件列表”界面，查看通过日志分析得到的告警，如图 6-49 所示。

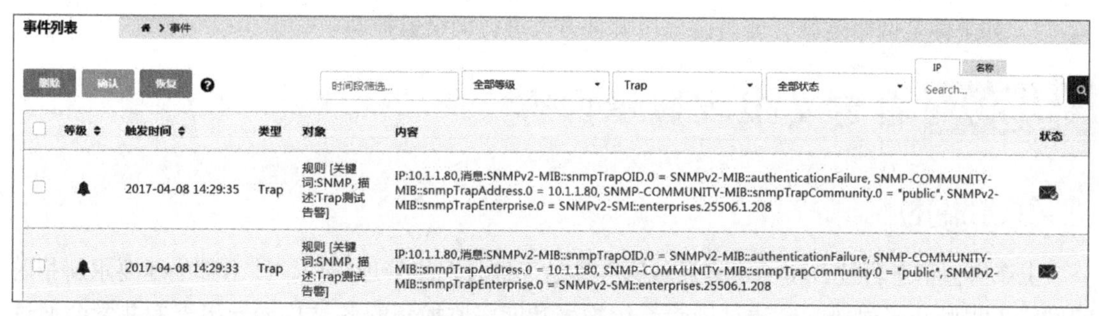

图 6-49 日志分析告警

任务小结

日志查看与分析由以下五步操作完成：

第一步：SNMP trap 配置。

第二步：Syslog 配置。

第三步：日志设置。

第四步：监控设置。

第五步：日志分析告警。

相关知识与技能

1．SNMP

简单网络管理协议（SNMP）由一组网络管理标准组成，包含一个应用层协议（application layer protocol）、数据库模型（database schema）和一组资源对象。该协议能够支持网络管理系统，用以监测连接到网络上的设备是否有任何引起管理上关注的情况。该协议是互联网工程工作小组（Internet Engineering Task Force，IETF）定义的Internet协议簇的一部分。SNMP的目标是管理互联网Internet上众多厂家生产的软硬件平台，因此SNMP受Internet标准网络管理框架的影响很大。SNMP已经出到第三个版本的协议，其功能较以前已经大大地加强和改进了。

2．日志系统的重要性

日志系统在整个系统架构中的重要性可以称得上基础的基础，但是这一点，都容易被大多数人所忽视。因为日志在很多人看来只是记录系统运行情况的。在系统运行期间，是很难一步步实现的，所以只能根据系统的运行轨迹来推断错误出现的位置，这往往也是唯一的资料，特别是在高可靠性的情况下。

从更大方面的范围来说，日志系统是运营维护的范畴。但从小的方面来说，这是必需的调试手段。从多年的开发经验来看，必须要重视日志系统。

任务拓展

1．如果日志保存天数设置的时间过长，会产生什么问题？

2．现在对网络的监控有了日志分析的告警方式和SNMP轮询采集的告警方式，两种方式的优缺点分别是什么？

3．如果你是网络运维管理员会采用哪种方式进行网络监控？

任务八　自定义报表显示内容

任务描述

上海御恒信息科技公司已建有局域网并安装了综合网络管理软件。技术部经理要求新招聘的网络工程师小张尽快学会通过网管系统报表功能将监控到的各类数据导出查看并学会通过自定义各类报表，了解各类报表所应用的场景，小张按照经理的要求开始做以下的任务分析。

任务分析

（1）安装综合网络管理单元。

（2）了解网管系统报表功能。

（3）将监控到的各类数据导出查看。

（4）通过自定义各类报表，了解各类报表所应用的场景。

任务实施

第一步：报表首页。

在“报表 / 首页”界面查看报表首页展示内容，通过报表展现内容判断出哪个设备的负载最大，流量最多，如图 6-50 所示。

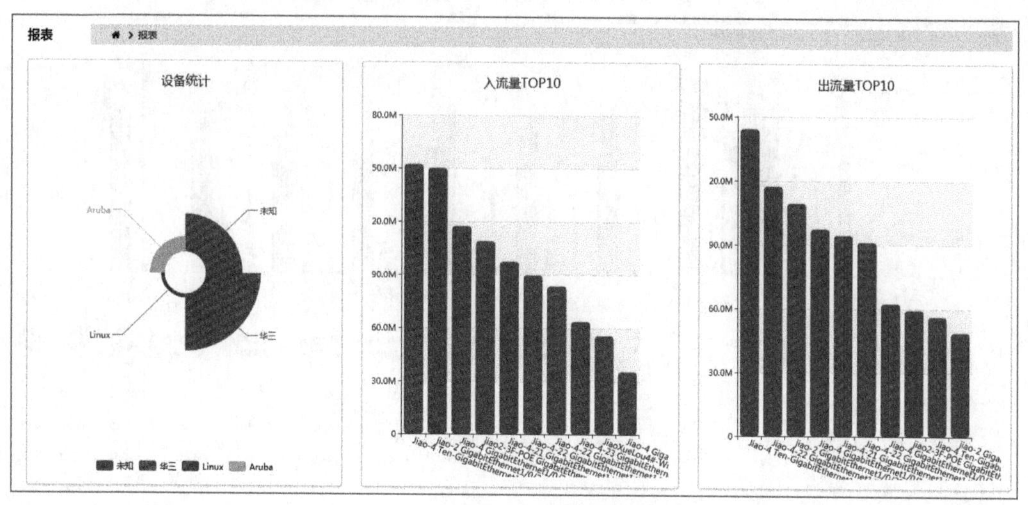

图 6-50 报表首页内容展现

第二步：设备属性报表

在“报表 / 自定义报表”界面，单击“添加”按钮，在“报表名称”文本框中输入“设备属性报表”；属性类型选择“设备属性”；设备属性选择延迟、丢包、CPU 利用率、内存利用率、温度；开始时间和结束时间选择数据采集的时间范围；报表设备选择系统中监控的设备；TOPN 选择关闭，如图 6-51 所示。

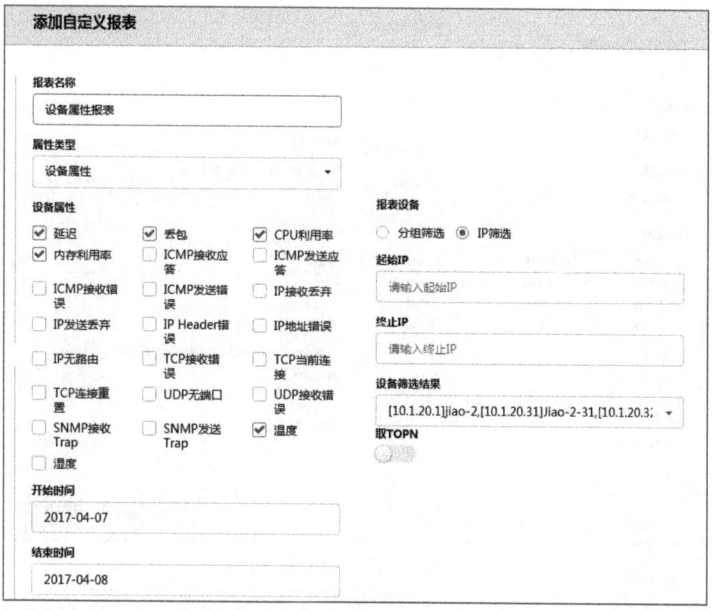

添加自定义报表

报表名称
设备属性报表
属性类型
设备属性
设备属性
延迟 丢包 CPU利用率
内存利用率 ICMP接收应答 ICMP发送应答
ICMP接收错误 ICMP发送错误 IP接收丢弃
IP发送丢弃 IP Header错误 IP地址错误
IP无路由 TCP接收错误 TCP当前连接
TCP连接重置 UDP无端口 UDP接收错误
SNMP接收Trap SNMP发送Trap 温度
湿度
开始时间
2017-04-07
结束时间
2017-04-08
报表设备
分组筛选 IP筛选
起始IP
请输入起始IP
终止IP
请输入终止IP
设备筛选结果
[10.1.20.1]jiao-2,[10.1.20.31]Jiao-2-31,[10.1.20.3
取TOPN

图 6-51 添加自定义报表

点击设备属性报表，查看报表内容。通过监控到的数据可以清楚地了解到设备的运行状态，通过丢包延迟可以判断设备和链路的网络质量，通过 CPU 和内存利用率可以判断设备的负载情况，通过设备传感器的温度可以判断设备所在机房的环境温度，如图 6-52 所示。

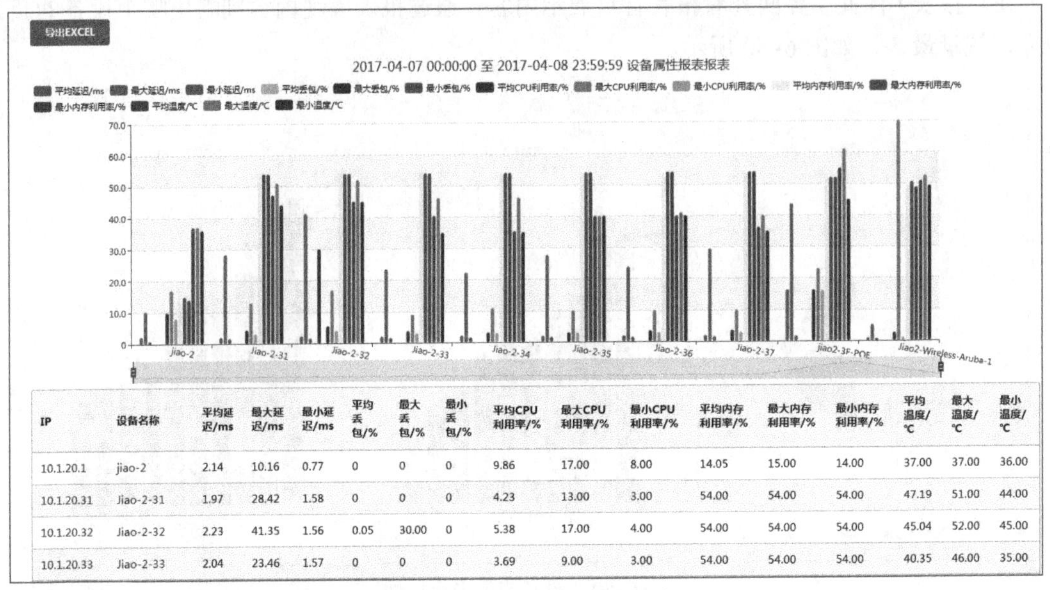

IP	设备名称	平均延迟/ms	最大延迟/ms	最小延迟/ms	平均丢包/%	最大丢包/%	最小丢包/%	平均CPU利用率/%	最大CPU利用率/%	最小CPU利用率/%	平均内存利用率/%	最大内存利用率/%	最小内存利用率/%	平均温度/℃	最大温度/℃	最小温度/℃
10.1.20.1	jiao-2	2.14	10.16	0.77	0	0	0	9.86	17.00	8.00	14.05	15.00	14.00	37.00	37.00	36.00
10.1.20.31	Jiao-2-31	1.97	28.42	1.58	0	0	0	4.23	13.00	3.00	54.00	54.00	54.00	47.19	51.00	44.00
10.1.20.32	Jiao-2-32	2.23	41.35	1.56	0.05	30.00	0	5.38	17.00	4.00	54.00	54.00	54.00	45.04	52.00	45.00
10.1.20.33	Jiao-2-33	2.04	23.46	1.57	0	0	0	3.69	9.00	3.00	54.00	54.00	54.00	40.35	46.00	35.00

图 6-52 设备属性自定义报表

第三步：接口属性报表。

在“报表 / 自定义报表”界面，单击“添加”按钮，在“报表名称”文本框中输入“接口属性报表”；属性类型选择“接口属性”；接口属性选择入流量、出流量、入包数、出包数；开始时间和结束时间选择数据采集的时间范围；接口筛选结果选择系统中监控的设备接口；TOPN 选择关闭，如图 6-53 所示。

添加自定义报表

报表名称
接口属性报表
属性类型
接口属性
接口属性
☑ 入流量 ☑ 出流量 ☑ 入包数
☑ 出包数 ☐ 入错包 ☐ 出错包
☐ 入丢包 ☐ 出丢包 ☐ 入广播
☐ 出广播
开始时间
2017-04-07
结束时间
2017-04-08

报表接口
○ 分组筛选 ◉ IP筛选
起始IP
请输入起始IP
终止IP
请输入终止IP
接口筛选结果
GigabitEthernet1/0/1,GigabitEthernet1/0/2,Giga
取TOPN

取消 提交

图 6-53 添加自定义报表

单击接口属性报表，查看报表内容。通过监控到的数据可以清楚了解到接口的流量大小，包数多少，可有效找到网络链路的瓶颈。图 6-54 所示为接口属性自定义报表。

IP	接口名称	平均入流量/bps	最大入流量/bps	最小入流量/bps	平均出流量/bps	最大出流量/bps	最小出流量/bps	平均入包数/pps	最大入包数/pps	最小入包数/pps	平均出包数/pps	最大出包数/pps	最小出包数/pps
10.1.20.1	GigabitEthernet1/0/1	0	0	0	0	0	0	0	0	0	0	0	0
10.1.20.1	GigabitEthernet1/0/2	22.29M	184.67M	194.75K	32.07M	596.77M	172.21K	3.67K	21.35K	122.60	3.81K	52.05K	78.72
10.1.20.1	GigabitEthernet1/0/3	21.66M	589.07M	142.21K	7.06M	189.89M	68.28K	2.34K	49.58K	79.78	1.54K	17.51K	46.95
10.1.20.1	GigabitEthernet1/0/4	406.84K	11.46M	9.31K	965.85K	66.19M	5.16K	111.26	4.69K	3.81	118.78	6.47K	3.84
10.1.20.1	GigabitEthernet1/0/5	1.77M	25.58M	2.36K	2.77M	111.92M	1.19K	275.22	6.44K	0.67	335.03	10.30K	0.70
10.1.20.1	GigabitEthernet1/0/6	1.99M	23.60M	58.31K	1.58M	104.40M	35.82K	294.45	3.52K	40.68	269.26	9.87K	29.15
10.1.20.1	GigabitEthernet1/0/7	2.73M	29.33M	11.41K	5.10M	171.69M	7.88K	555.70	7.61K	6.27	645.69	16.94K	4.94
10.1.20.1	GigabitEthernet1/0/8	0	0	0	0	0	0	0	0	0	0	0	0

图 6-54　接口属性自定义报表

任务小结

自定义报表显示内容由以下三步操作完成：

第一步：报表首页。

第二步：设备属性报表。

第三步：接口属性报表。

相关知识与技能

自定义报表的功能

功能一：人性化设计模式。拖动、点选、轻松几步快速搞定，真正做到无技术门槛，零代码设计；业务人员操作设置很容易。

功能二：交互式操作体验。快速响应、即时生效、灵活调整。设计模式：所见即所得的交互式设计设置，快速、精确、高效、自由完成各类业务分析报表。展现模式：交互式地展现分析页面，动态灵活地调整分析结果，让报表查看人员享受“分析”的乐趣。

功能三：全面细致的功能设置。复杂表头、排序、钻取、预警、自定义指标、汇总统计、样式设置、查询、统计图……帮助用户考虑数据分析的方方面面，不再为“分析如何实现”而发愁，立足业务专注于“要做怎么样的分析”。

任务拓展

1．通过自定义报表可以发现网络中的什么问题？

2．如果网络中有问题是否可以通过告警设置来发现？

任务九　常用报表配置及导出

任务描述

上海御恒信息科技公司已建有局域网并安装了综合网络管理软件。技术部经理要求新招聘的网络工程师小张尽快学会通过网管系统报表功能将监控到的各类数据导出查看并学会通过系统发送报表到指定邮箱，实现报表订阅，小张按照经理的要求开始做以下的任务分析。

任务分析

（1）安装综合网络管理单元。
（2）了解网管系统报表功能。
（3）将监控到的各类数据导出查看。
（4）通过系统发送报表到指定邮箱，实现报表订阅。

任务实施

第一步：设备内存 CPU 报表。

在“报表 / 常用报表”界面单击“添加”按钮，添加设备内存 CPU 报表，查看设备内存 CPU 报表内容。通过对最大 CPU 利用率和最大内存利用率的排序，可以找到负载最大的设备，如图 6-55 所示。

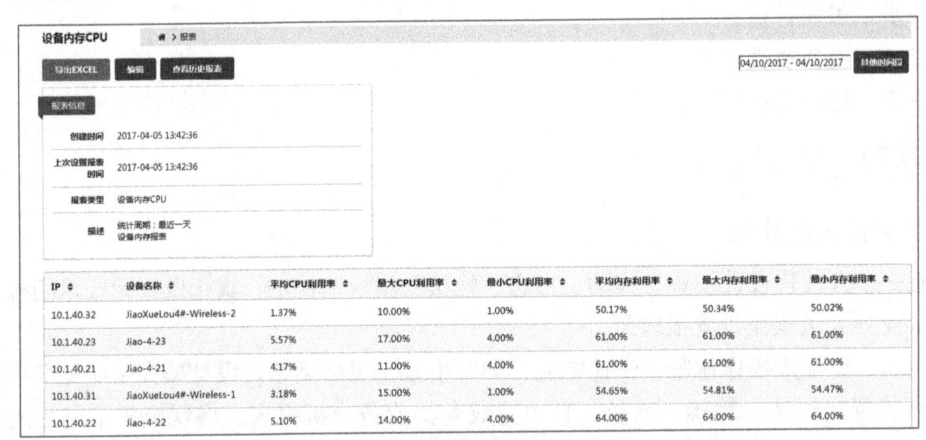

IP	设备名称	平均CPU利用率	最大CPU利用率	最小CPU利用率	平均内存利用率	最大内存利用率	最小内存利用率
10.1.40.32	JiaoXueLou4#-Wireless-2	1.37%	10.00%	1.00%	50.17%	50.34%	50.02%
10.1.40.23	Jiao-4-23	5.57%	17.00%	4.00%	61.00%	61.00%	61.00%
10.1.40.21	Jiao-4-21	4.17%	11.00%	4.00%	61.00%	61.00%	61.00%
10.1.40.31	JiaoXueLou4#-Wireless-1	3.18%	15.00%	1.00%	54.65%	54.81%	54.47%
10.1.40.22	Jiao-4-22	5.10%	14.00%	4.00%	64.00%	64.00%	64.00%

图 6-55　设备内存 CPU 报表

第二步：设备统计报表。

在“报表 / 常用报表”界面单击“添加”按钮，添加设备统计报表，查看各厂商各型号设备的数量，如图 6-56 所示。

设备统计　报表

编辑

报表信息

创建时间 2017-04-05 13:42:36

上次设置报表时间 2017-04-05 13:42:36

报表类型 设备统计

厂商	设备数	系列	设备数	型号	设备数
Aruba	4	S2500	3	S2500-24P	3
		7000	1	7210	1
华三	15	E Series	11	E552	4
				E528	7
		S5800	3	S5800-32F	3
		S5120	1	S5120-28P-HPWR-SI	1
未知	10	未知型号	10	未知型号	10
Linux	1	2.6	1	未知型号	1

图 6-56　设备统计报表

第三步：接口流量 TOPN 报表。

在“报表 / 常用报表”界面单击“添加”按钮，添加接口流量 TOPN 报表，查看入流量最大的 N 个接口。

第四步：网络设备 CPU 利用率 TOPN 报表

在“报表 / 常用报表”界面单击“添加”按钮，添加网络设备 CPU 利用率报表，查看网络设备的 CPU 利用率，与 CPU 利用率报表相比，屏蔽了其他类型的设备。

第五步：设备运行率报表。

在“报表 / 常用报表”界面单击“添加”按钮，添加设备运行率报表，查看各类型设备的运行率。

第六步：网络设备内存利用率 TOPN 报表。

在“报表 / 常用报表”界面单击“添加”按钮，添加网络设备内存利用率报表，查看网络设备的内存利用率，与内存利用率报表相比，屏蔽了其他类型的设备。

第七步：设备丢包延迟 TOPN 报表。

在“报表 / 常用报表”界面单击“添加”按钮，添加设备丢包延迟 TOPN 报表，查看设备的丢包延迟情况，了解每个设备的网络质量。

第八步：无线终端数报表。

在“报表 / 常用报表”界面单击“添加”按钮，添加无线终端数报表，查看 AP 和 SSID 下的终端数量，如图 6-57 所示。

IP ⇕	NAME ⇕	平均终端数 ⇕	最大终端数 ⇕	最小终端数 ⇕
10.104.241.222	Jiao4-F4-433-AP103H	3.89	7	1
10.123.2.202	18:64:72:c8:31:ca	4.32	17	1
10.123.2.201	18:64:72:c8:32:04	10.43	26	5
10.123.2.200	18:64:72:c8:32:0e	10.51	26	6
10.110.182.8	XinShiTang-F1-AP01	20.64	88	1
10.123.2.230	94:b4:0f:c1:9e:66	0		
10.110.189.169	NIC118-CeShi	0.04	2	0

图 6-57　无线终端数报表

第九步：无线流量报表。

在“报表 / 常用报表”界面单击“添加”按钮，添加无线流量报表，查看统计时间段内的 AP 和 SSID 的总流量，如图 6-58 所示。

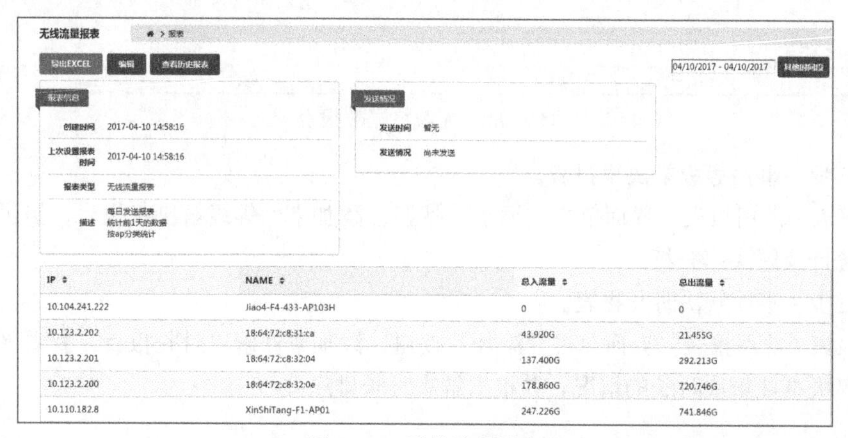

IP ⇕	NAME ⇕	总入流量 ⇕	总出流量 ⇕
10.104.241.222	Jiao4-F4-433-AP103H	0	0
10.123.2.202	18:64:72:c8:31:ca	43.920G	21.455G
10.123.2.201	18:64:72:c8:32:04	137.400G	292.213G
10.123.2.200	18:64:72:c8:32:0e	178.860G	720.746G
10.110.182.8	XinShiTang-F1-AP01	247.226G	741.846G

图 6-58　无线流量报表

第十步：无线 AP 当月流量报表。

在“报表 / 常用报表”界面单击“添加”按钮，添加无线 AP 当月流量报表，查看当月或上月的 AP 总流量，如图 6-59 所示。

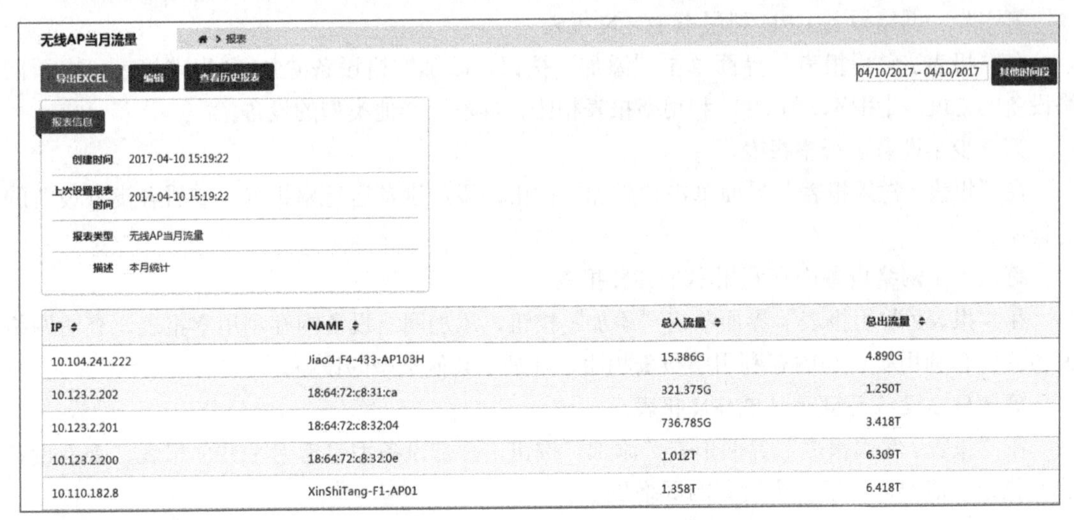

图 6-59　无线 AP 当月流量报表

第十一步：无线终端数报表。

在“报表 / 常用报表”界面单击“添加”按钮，添加无线终端数报表，查看终端在线情况，平均终端数、最大终端数、最小终端数，如图 6-60 所示。

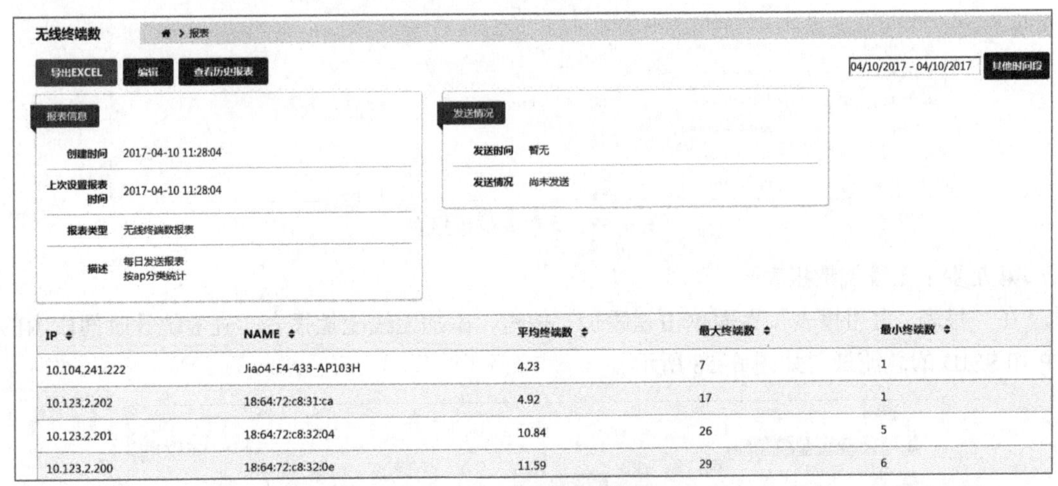

图 6-60　无线终端数报表

第十二步：事件等级解决率报表。

在“报表 / 常用报表”界面单击“添加”按钮，添加事件等级解决率报表，提供网络设备事件数量统计及解决率分析。

第十三步：事件解决时长报表。

在“报表 / 常用报表”界面单击“添加”按钮，添加事件解决时长报表，查看网络设备重要及以上等级事件解决时长的情况，并根据解决时长排序。

任务小结

常用报表配置及导出由以下 13 步操作完成：

第一步：设备内存 CPU 报表。

第二步：设备统计报表。

第三步：接口流量 TOPN 报表。

第四步：网络设备 CPU 利用率 TOPN 报表。

第五步：设备运行率报表。

第六步：网络设备内存利用率 TOPN 报表。

第七步：设备丢包延迟 TOPN 报表。

第八步：无线终端数报表。

第九步：无线流量报表。

第十步：无线 AP 当月流量报表。

第十一步：无线终端数报表。

第十二步：事件等级解决率报表。

第十三步：事件解决时长报表。

相关知识与技能

基于 Web 报表采集汇总平台

基于 Web 报表采集汇总平台，是运用领先的设计理念并结合成熟的软件开发技术进行开发而成，是集模板定制、数据采集、数据报送、汇总查询等功能为一体、适合各行各业的网络化数据采集汇总平台，其具有良好的通用性、灵活性、可操作性和可扩展性，能处理任意复杂的报表格式及采集流程，满足当代社会数据来源多样化的特点支持多种报送方式，并能通过拖拉实现个性化门户及菜单。

任务拓展

1．网络管理员最关注平均值、最大值、最小值中的哪个值，为什么？

2．当月流量报表和任意时间段的流量报表区别在哪里？

项目综合实训　流量监控与性能监控 2

项目描述

上海御恒信息科技公司办公区域现有一台装有 Windows 操作系统的计算机，已搭建好 Perl 环境，安装目录为 C:\Perl。C:\mrtg 文件夹中是完整的 mrtg 程序文件，其中包含空文件夹 web（路径为 C:\mrtg\web）。技术部经理要求新招聘的网络工程师小张尽快配置好相关的流量监控与性能监控，小张按照经理的要求开始做以下的任务分析。

项目分析

1．PC 上已安装 Windows +Perl 环境 + mrtg 服务。

2．PC 上已存在 C:\I386 文件夹。

3．PC 上已存在文件夹"C:\Performance\mrtg"，在该文件夹内已存在名为"perlcmd3.txt"和"perlcmd4.txt"的空文本文件。

项目实施

第一步：利用性能监视器监视该计算机以下计数器：CPU 的 Interrupts/sec 和 % Processor Time 以及内存的 Pages/sec，取样间隔设置为每 10 s 一次，计数器日志名和生成的日志文件名均为"computer"，保存路径为 C:\Performance，日志存储格式为 CSV，规定手动启动日志，并在启动 1 min 后日志自动停止。

1．基本设置 1

右击"我的电脑"，选择"管理"，选择"性能日志和警报"，选择"计数器日志"，右击选择"新建日志"，设置名称为"computer"，确定，"添加计数器"，在性能下拉列表中选择"Processor"，从列表选择计数器中选择"Interrupts/sec"，单击"添加"，继续选择"% Processor Time"，单击"添加"。

2．基本设置 2

在性能下拉列表中选择"Memory"，从列表选择计数器中选择"Pages/sec"数据，采样间隔时间设置为"10 秒"；选择"日志文件"，选择"文本文件（逗号分隔）"，单击配置，设置位置"C:\Performance"，确定，选择"计划"，按要求设置手动，并在启动 1 分钟后日志自动停止。

第二步：为该机器建立性能警报，命名为"中断警报"，采样间隔设置为每分钟一次，当计数器 % Interrupt Time（处理器在实例间隔期间接受和服务硬件中断的时间）超过 5 时，将该项记入应用程序事件日志并通过 Messenger 服务传给 IP 地址为 192.168.1.99 的另一台机器（不要求验证结果，只要求相关设置正确并确保 Messenger 服务能正常工作）。

1．基本设置 1

右击"我的电脑"，选择"管理"，选择"性能日志和警报"，选择"警报"，右击选择"新建警报设置"，名称为"中断警报"，单击"添加"，从列表选择计数器中选择"% Interrupt Time"，单击"添加"，在超过中设置 5，数据采样间隔设为 1 min；选择"操作"，勾选"发送网络信息到"，输入 IP"192.168.1.99"；选择"计划"，选择手动启动，确定，完成。

2．基本设置 2

在"服务"中找到"Messenger 服务"，设置启动为自动，并重启该服务。

第三步：为该机器安装配置 SNMP 服务，设置一个名为 mrtgget 的只读属性的团体，只接收本机 WAN 口的 SNMP 数据包。

1．基本设置 1

单击“开始”/“控制面板”/“添加 / 删除”，选择“添加 / 删除 Windows 组件”，选择“管理和监视工具”，单击“详细信息”，选择“简单网络管理协议”，确定，下一步，安装，完成。

2．基本设置 2

右击“我的电脑”，选择“管理”，选择“服务和应用程序”，选择“服务”，单击右边的“标准”，找到“SNMP Service”，双击打开，选择“安全”，单击添加团体名称，设置为“mrtgget”，确定，选择“接受来自这些主机的 SNMP 包”，添加本机的 IP 地址（172.16.1.125），确定。

第四步：使用上述步骤的团体生成 MRTG 配置文件，要求在目录 C:\mrtg\bin 下生成名为 mrtg.cfg 的配置文件，文件夹 C:\mrtg\web 用来放置生成的流量监控结果。并把生成配置文件的命令复制在 C:\Performance\mrtg\ perlcmd3.txt 中。

1．基本设置 1

单击“开始”/“运行”，输入“cmd”，开始输入“cd●c:\mrtg\bin”按【Enter】键，输入“dir”按【Enter】键，输入“perl●cfgmaker●mrtgget@172.16.1.125●--global●“workDir:●c:\mrtg\web”●--output=mrtg.cfg”（●表示空格）按【Enter】键。

2．基本设置 2

将命令“perl●cfgmaker●mrtgget@172.16.1.125●--global●“workDir:●c:\mrtg\web”●--output=mrtg.cfg”复制到“C:\Performance\mrtg\perlcmd3.txt”下文本中完成。

第五步：把为 mrtg 生成流量监控图片所使用的命令复制在 C:\Performance\mrtg\perlcmd4.txt 中。配置 mrtg 作为后台程序，并且每 6 min 执行一次流量查询并记录。

1．基本设置 1

将命令“perl●mrtg●mrtg.cfg”复制到“C:\Performance\mrtg\perlcmd4.txt”。

2．基本设置 2

用记事本打开“C:\mrtg\bin”下“mrtg.cfg”文件，拉到底部输入“RunAsDaemon:yes”按【Enter】键后继续输入“Interval:6”保存完成。

项目小结

1．建立一新的计数器日志并设置其属性。

2．建立一新的警报并设置其属性，确保警报能通过 Messenger 服务正常工作。

3．添加 SNMP 组件并按要求添加团体。

4．操作 Perl 命令创建配置文件。

5．使用配置文件在 Perl 环境下输出结果，并能正确在配置文件中添加相关参数使 mrtg 按要求执行。

项目实训评价表

项目六 规划企业内部 IP 和日志报表					
	内　容		评　价		
	学习目标	评价项目	3	2	1
职业能力	IP 规划管理	任务一　子网规划管理			
		任务二　地址分配			
		任务三　地址安全管理			
	任务管理配置	任务四　配置模板管理			
		任务五　配置任务管理			
		任务六　配置备份管理			
职业能力	日志报表管理	任务七　日志查看与分析			
		任务八　自定义报表显示内容			
		任务九　常用报表配置及导出			
通用能力	动手能力				
	解决问题能力				
综合评价					

评价等级说明表	
等　级	说　明
3	能高质、高效地完成此学习目标的全部内容，并能解决遇到的特殊问题
2	能高质、高效地完成此学习目标的全部内容
1	能圆满完成此学习目标的全部内容，不需要任何帮助和指导

参考文献

[1] 勒泽 . 交换式局域网实现、运行和维护 [M]. 高波，汪泳，吴鑫，译 . 北京：清华大学出版社，2004.

[2] 李世收 . 网络管理实践教程 [M]. 南京：南京大学出版社，2007.

[3] 徐雅斌，周维真，施运梅 . 计算机网络 [M]. 西安：西安交通大学出版社，2011.

[4] 程庆梅 . 教育部神州数码网络教改合作项目成果教材：路由型与交换型互联网基础实训手册 [M]. 北京：机械工业出版社，2012.

[5] 饶琛琳 . 网站运维技术与实践 [M]. 北京：电子工业出版社，2014.

[6] 孙良旭，尹航 . 路由交换技术实践教程 [M]. 北京：清华大学出版社，2014.

[7] 陈波 . 防火墙技术与应用 [M]. 北京：机械工业出版社，2016.

[8] 李国庆 . 无线局域网技术项目化教程 . 北京：电子工业出版社，2017.